室内土工试验手册

第3卷：有效应力试验
（第三版）

Manual of Soil Laboratory Testing
Volume Ⅲ：Effective Stress
Tests 3rd Edition

［英］K. H. 黑德　R. J. 埃普斯　著

倪芄芄 等 译

中国建筑工业出版社

著作权合同登记图字：01-2019-1755 号

图书在版编目（CIP）数据

室内土工试验手册. 第 3 卷，有效应力试验：第三版/
梅国雄主编；（英）K. H. 黑德，（英）R. J. 埃普斯著；倪
芃芃等译. — 北京：中国建筑工业出版社，2023.5
书名原文：Manual of Soil Laboratory Testing，
Volume Ⅲ：Effective Stress Tests 3rd Edition
ISBN 978-7-112-28568-6

Ⅰ. ①室… Ⅱ. ①梅… ②K… ③R… ④倪… Ⅲ. ①
室内试验-土工试验-手册 Ⅳ. ①TU411-62

中国国家版本馆 CIP 数据核字（2023）第 057258 号

责任编辑：刘颖超　杨　允　李静伟
责任校对：李辰馨

室内土工试验手册
丛书译委会主任：梅国雄　丁　智
室内土工试验手册
第 3 卷：有效应力试验
（第三版）
Manual of Soil Laboratory Testing
Volume Ⅲ：Effective Stress
Tests 3rd Edition
［英］K. H. 黑德　R. J. 埃普斯　著
倪芃芃 等　译

*

中国建筑工业出版社出版、发行（北京海淀三里河路 9 号）
各地新华书店、建筑书店经销
北京鸿文瀚海文化传媒有限公司制版
河北鹏润印刷有限公司印刷

*

开本：787 毫米×1092 毫米　1/16　印张：23　字数：568 千字
2023 年 9 月第一版　　2023 年 9 月第一次印刷
定价：**128.00 元**
ISBN 978-7-112-28568-6
（39511）

室内土工试验手册

丛书译委会

主　任：梅国雄（浙江大学）

　　　　丁　智（浙大城市学院）

副主任：朱鸿鹄（南京大学）

　　　　吴文兵（中国地质大学（武汉））

　　　　倪芃芃（中山大学）

第3卷：有效应力试验

本卷译委会

主任：倪芃芃（中山大学）

委员（按姓氏笔画排序）：

　　　　冯健雪（贵州民族大学）

　　　　兰海涛（剑桥大学）

　　　　刘凯文（西南交通大学）

　　　　闫雪峰（中国地质大学（武汉））

　　　　吴创周（浙江大学）

　　　　陆　毅（广州大学）

　　　　陈　阳（西安理工大学）

　　　　陈　征（海南大学）

　　　　林沛元（中山大学）

　　　　周　敏（中北大学）

　　　　赵红芬（中山大学）

　　　　赵辰洋（中山大学）

　　　　贾鹏蛟（苏州大学）

　　　　高　燕（中山大学）

　　　　蒋明杰（广西大学）

　　　　曾超峰（湖南科技大学）

　　　　戴北冰（中山大学）

序言

从 1773 年库仑创立抗剪强度理论，到 1923 年太沙基提出一维固结理论，再到近代的剑桥模型等各种模型理论的建立，土工试验都是研究的基本手段，我国土力学的研究也是始于 1945 年黄文熙先生创立的第一个土工试验室。此外，在很多重大土木工程开展之前，土工试验也是不可或缺的技术手段，可以为设计和施工的顺利实施提供可靠的参数和数据支撑。

对土工试验仪器、方法和详细的试验操作流程的熟练掌握，有助于深化对土的特性与行为的理解，有助于土力学的创新与岩土工程的发展。《室内土工试验手册（第三版）》原著由英国著名学者 K. H. 黑德和 R. J. 埃普斯担任主编，对室内土工试验相关的专业术语、试验原理和操作流程进行了系统、详细的整理和介绍，为从事土工试验人员提供了一本全面、实用、可靠的工具书。该手册一直深受专业人员的信赖，至今已修订至第三版，在国际土工试验领域具有广泛的影响力。

为了国内科研和技术人员更好地学习和了解这本手册，浙江大学梅国雄教授和浙大城市学院丁智教授，联合岩土工程博士、中国建筑工业出版社刘颖超编辑召集国内外 20 余所高校、50 余位学者，共同参与该手册的翻译和审校工作。这些学者都具有深厚的专业知识和英文功底，翻译过程中对书中的每一个细节进行了精心打磨和整理，力争最接近原著意思并符合国内专业知识环境。此外该中译本采用中英双语对照的形式，既可以快速学习土工试验操作的基本知识，也可以通过原版图书了解相关英文知识背景，符合科研全球化和工程国际化的发展方向。

侠之大者，为国为民。翻译工作常常被低估，但实际上，它是知识传递中的一项至关重要的环节。翻译是一项需要细致入微和高度专注的工作。译者们为确保每一个专业术语和概念的准确对应而进行的努力，将有助于推广中国土工试验领域的研究，促进国际合作，提高我国土木工程的国际声誉。他们的奉献精神和专业素养，必将激励更多的人投身到土工试验领域。

我相信，这套书的翻译出版能进一步激发研究人员探索土力学奥秘的好奇心，提升我国岩土工程理论和实践水平，为国家重大土木工程建设、"一带一路"等提供更好的基础保障。

张建民

2023 年 9 月

译者的话

土是岩石风化之后的产物，具有典型的碎散性、三相性和天然变异性，其力学特性与工程应用场景密切相关。卡尔·太沙基被誉为"土力学之父"，他于 1943 年出版的第一本《土力学》专著为工程师提供了一个理解土的基本力学行为的理论框架，使全球的岩土工程从业者都能使用一个共同的语言来描述岩土工程问题，从而为土力学及岩土工程几十年来的蓬勃发展打下了坚实的基础。

从太沙基时代开始，室内土工试验在土力学中的重要性便众所周知。这些试验是理解土的基本力学行为的重要手段。通过试验，我们能够深入了解土体的物理力学性质，为理论计算和工程设计提供必要的参数，并验证土力学分析理论的准确性和实用性。例如，通过测定土的强度，我们能够确定地基承载力和边坡稳定性的关键参数；通过测定土的变形性质，我们可以预测建筑物沉降和地面变形情况；通过测定土的渗流特性，我们能为路基设计、渗流侵蚀防治以及土石坝渗流分析等工程问题提供解决方案。

室内土工试验的核心目的是在实验室内重现土样在特定的埋藏深度、应力历史、应力水平和饱和度等条件下的状态，并通过试验手段模拟土样在未来工程应用中可能遇到的各种工况。基于这些试验，我们能够深入分析应力路径、边界条件和荷载类型等多种因素的作用机制及其时间效应。因此，室内土工试验是岩土工程设计和施工的基础，同时也对土力学理论的持续发展起到了关键作用。

K. H. 黑德和 R. J. 埃普斯合著的《*Manual of Soil Laboratory Testing*》是一套全面介绍室内土工试验的经典手册。该书已经修订至第三版，并在国际岩土工程界广受赞誉。译者精选这一套经典著作进行翻译，目的是让读者能够准确掌握室内土工试验相关的专业术语、试验原理和操作流程，以及了解国际上一些先进的试验方法和设备。在翻译过程中，译者努力保留了原文的语言风格，以确保读者不仅能够全面理解其内容，更能深入地领会和应用。

翻译经典著作是一项意义重大且影响深远的工作。非常感谢中国工程院院士、清华大学张建民教授长期对我们年青学者的厚爱和对这样工作的支持，欣然乐意作序推荐。浙江大学梅国雄教授和浙大城市学院丁智教授，联合岩土工程博士、中国建筑工业出版社刘颖超编辑专门召集成立了译委会，三卷手册分别由南京大学朱鸿鹄、中国地质大学（武汉）吴文兵、中山大学倪芃芃三位学者主持翻译工作。本套丛书集结了来自天津大学、湖南大学、中南大学、西南交通大学、英国剑桥大学等 20 余所高校的 50 余位青年学者参与翻译和校对。中国建筑工业出版社的杨允、李静伟编辑为手册的图表制作和文字校对付出了巨大的努力。这些年轻学者有热情，更有干劲，为土力学及岩土工程事业的发展和创新注入了新活力！

译者谨识

2023 年 9 月

第3卷前言

本卷全面介绍了有效应力试验的相关内容，涵盖了有效应力测试原理（理论与应用）、三轴试验的应力路径、试验设备、校准、校正及常规试验操作、常规有效应力三轴试验、高等三轴剪切强度试验、三轴固结与渗透试验、液压固结仪和渗透试验、以及附录、索引等部分。这些内容可为从事室内土工试验的工程师、咨询顾问、科研工作者和学生提供宝贵的参考和指导。

K. H. 黑德和 R. J. 埃普斯是国际上享有盛誉的土工实验室管理专家，在此领域的长期研究和实践中，积累了宝贵的经验和知识。他们指出，室内土工试验的每一步骤都应被操作者深入理解、掌握和严格执行。因此，本书采用了循序渐进且层次分明的叙述方式，详细描述了各种试验操作的步骤，并辅以众多的流程图、试验设备照片、试验数据和计算分析实例，使读者能够更为直观地理解这些关键内容。

在本卷的翻译过程中，湖南科技大学曾超峰、苏州大学贾鹏蛟主译第 15 章；广州大学陆毅主译第 16 章；中山大学高燕、赵红芬主译第 17 章；中北大学周敏、浙江大学吴创周主译第 18 章；剑桥大学兰海涛、中国地质大学（武汉）闫雪峰、广西大学蒋明杰、西安理工大学陈阳主译第 19 章；中山大学戴北冰、浙江大学吴创周主译第 20 章；中山大学赵辰洋、贵州民族大学冯健雪主译第 21 章；西南交通大学刘凯文、中山大学林沛元、海南大学陈征主译第 22 章；附录部分由中山大学林沛元主译。本卷的整体统稿由中山大学倪芄芄完成。

限于译者水平，书中难免有不足和疏漏之处，敬请广大读者提出宝贵的意见和建议！

译者

2023 年 9 月

第三版前言

本书为该套图书第三版第 3 卷，旨在为实验室技术人员和其他从事土工试验的人员提供工作指导。本书并不以任何方式替代书中所提到的标准，而是对试验标准的每一步提出要求。

修订的第三版新增了现行英国标准 BS 1377：1990 的相关内容，包括最新的修订内容、欧洲规范 7 中对取样影响以及试验的方法。

本书在第二版的基础上重新进行编排，前 4 章阐述了试验的理论、设备和校准，后 4 章讲述了试验步骤；删除了很少使用的测量孔隙压力系数 B 的三轴试验，对其他三轴压缩试验的章节（第 20 章）全部修订；在第 21 章介绍了填埋场垫层用黏土的加速渗透试验。考虑到可以使用电子数据记录仪和其他仪器来记录试验结果，还调整了试验的步骤。

根据现行英国标准内容和 BS EN ISO 17025：2005 的要求，对第 18 章中的校准部分进行了修订；此外还详述了评估试验仪器测量不确定性的方法和步骤，并在附录 D 中给出了范例。

本书要求读者具备基本的数学和物理知识，有助于读者理解试验的重要性和局限性以及某些复杂的基本原理。

希望这本书能够为读者提供有用的信息，并在实验室中得到很好的应用，同时也欢迎读者们提出任何宝贵的意见和建议。

K. H. 黑德
萨里郡科巴姆
R. J. 埃普斯
汉普郡奥尔顿

致谢

在本书编写过程中，我们得到了来自各岩土工程实验室和相关部门的大力支持，在此，我们谨向热情给予过帮助的机构和个人表示感谢。

本书中许多设备和仪器的示意图均由制造商提供，在此我们要感谢以下公司和个人：控制测试有限公司（Constrols Testing Limited）的梅迪奥·奥利瓦雷斯（Medeo Olivares），ELE 国际公司（ELE International）的伊恩·布希尔和蒂姆·加德纳（Ian Bushell，Tim Gardner），GDS 仪器有限公司（GDS Instruments Limited）的卡尔·斯内林和詹姆斯·霍普金斯（Karl Snelling，James Hopkins），VJ 科技有限公司（VJTech Limited）的克莱顿·多德（Clayton Dodds）。

我们与很多实验室进行了长期的合作，以下机构及个人在撰写试验章节中关于报告表格所需要的图纸、照片和实测数据提供了帮助：必维国际检验集团（Bureau Veritas），福格罗工程服务机构（John Ashworth），福格罗有限公司的托尼·杜尔特、迈克·拉奇和菲尔·罗宾森（Tony Doublet，Mike Rattley 和 Phil Robinson），岩土试验室（Geolabs）的约翰·马斯特斯、约翰·鲍威尔和克里斯·华莱士（John Masters，John Powell 和 Chris Wallace），罗素岩土创新有限公司的克里斯·拉塞尔（Chris Russell）。

我们要感谢英国皇家科学院阿瑟·特维格斯（Arthur Twiggs）对第 18 章和阐述测量不确定性的附录部分内容的审查，以及大卫·海特（David Hight）教授对第 20 章内容给予的建议和帮助。

我们特别感谢约翰·马斯特斯和他的同事克里斯·华莱士、约翰·鲍威尔对全书进行了审核。

最后，我们再次向基恩·惠特尔斯（Keith Whittles）博士表达谢意，他给我们提供了修订和出版本书的机会。

目录

第3卷中提及的试验步骤汇总

试验名称	小节
第 19 章	
三轴压缩试验：	
不排水固结(CU)	19.6.1~19.6.3,19.6.5;19.7.1~19.7.3,19.7.5
排水固结(CD)	19.6.1,19.6.2,19.6.4,19.6.5;19.7.1,19.7.2,19.7.4,19.7.5
第 20 章	
三轴压缩试验：	
多阶段	20.2
不排水-不固结(UUP)	20.3.2
不排水-固结(CUP)	20.3.3
第 21 章	
三轴固结试验：	
各向同性,竖向排水	21.2.1
各向同性,水平排水	21.2.2
各向异性	21.3.1
三轴渗透性试验：	
使用两个反压系统	21.4.1
加速试验	21.4.2
使用一个反压系统	21.4.3
使用两个量管	21.4.4
流速较慢	21.4.5
第 22 章	
Rowe 型固结试验：	
竖向(单向)排水	22.6.2
竖向(双向)排水	22.6.3
向周边径向排水	22.6.4
向中心径向排水	22.6.5
Rowe 型固结仪的渗透性试验：	
竖向	22.7.2
水平向	22.7.3

第 15 章
有效应力测试原理：理论与应用

本章主译：曾超峰（湖南科技大学）、贾鹏蛟（苏州大学）

15.1 引言

15.1.1 绪论

有效应力原理是土力学学科分支中最为重要的概念，是现代土力学的基础。本章阐述了土的有效应力原理、发展历史、实用意义，讨论了各种类型的三轴试验中用于测试土体抗剪强度有关的有效应力理论。

在工程实践中，无论是自然状态还是实验室控制条件下，大多数有效应力测试是针对完全饱和土试样进行的。本章的重点是饱和状态下的土体特性。而对于非饱和土，为了说明饱和度对孔隙水压力系数的影响，文中只简要地介绍了非饱和土的概念，非饱和土的三轴试验内容不在本书范围。

本章的目的是用简单的术语解释与土体剪切或压缩力学行为有关的物理特性，所提出的理论概念是之后各章室内测试中理解土体特性的基础。为了更完整地了解土力学理论，可参考斯科特（Scott，1980）、兰贝和惠瑟姆（Lambe 和 Whitman，1979）、阿特金森和和布兰斯比（Atkinson 和 Bransby，1978）以及鲍里（Powrie，2004）的相关图书。

15.1.2 概述

根据有效应力测试技术的简史，第 15.2 节总结了本书使用的术语定义。第 15.3 节阐述了有效应力原理，解释了室内试验中需要理解的孔隙水压力系数；讨论了取样方法和取样干扰效应，并简要介绍了欧洲规范 7 推荐的目前来说相对合理的取样方法。第 15.4 节讨论了土的抗剪强度，给出了"破坏准则"的定义，以及"临界状态"的概念。第 15.5 节中描述了三轴试验中土的典型力学特性，给出《室内土工试验手册第 2 卷》中进行测试所需的数据，并列成表格供参考。第 15.6 节介绍了三轴和固结试验中反压的使用，以及试样完全饱和的必要性。

本章最后，在第 15.7 节中，简要总结了室内试验在解决工程实践问题中的一些应用。这只能通过举例进行说明，因为选择适合现场条件的试验方法超出了实验室技术人员的能力范围，应由经验丰富的岩土工程师决定。

15.1.3 发展历史

有效应力原理在土力学的发展中具有里程碑的意义。早期许多杰出的工程师（包括本丛书第 2 卷中提到的库仑、科林和贝尔）未能真正掌握这一原理，这也是直到 20 世纪 20 年代土力学才发展成为工程学科一个分支的原因。

然而，在 19 世纪，至少有两位科学家已经意识到了有效应力原理的含义。莱尔（Lyell，1871）认识到深水压力并不能使海床泥沙固结。雷诺兹（Reynolds，1886）通过压缩装满饱和砂土的橡胶袋，证明了致密砂土具有膨胀性。他观察到孔隙水具有很大的负压，提高了土体的强度，而当向大气释放负压时，强度则大幅降低。

1920 年，卡尔·太沙基（Karl Terzaghi）率先认识到了土中孔隙水压力的重要性，并提出了有效应力原理。他认为，土体内垂直于任何平面的总应力由颗粒间的接触应力和孔隙间的水压力共同承担。有效应力被定义为总应力和孔隙间的水压力之差，孔隙间的水压力称之为"净应力"，现在通常称之为孔隙水压力。太沙基发现，土的力学性质（特别是强度和压缩性）直接由有效应力控制，也就是说与土的固相直接相关。1923 年，他首次提出有效应力公式 $\sigma' = \sigma - u$，并于 1924 年发表了描述有效应力原理的论文，这标志着真正理解土体剪切特性的开始。

在美国马萨诸塞州剑桥市举行的第一届国际土力学会议上，太沙基（1936）用英语清楚地阐述了有效应力原理。报告的第一部分定义了有效应力；第二部分明确了其重要性。

（1）"针对土体任意截面上一点的应力可以由作用在该点上的主应力 σ_1、σ_2 和 σ_3 来计算。如果在应力 u 作用下，土颗粒间的孔隙被水完全填满，则总主应力由两部分组成。其中一部分为 u，大小相等，作用于水和固体颗粒的各个方向，它被称为净应力（或孔隙水压力）。应力差 $\sigma_1' = \sigma_1 - u$，$\sigma_2' = \sigma_2 - u$，$\sigma_3' = \sigma_3 - u$ 表示超过净应力 u 的量，且仅作用于土体的固相。总主应力的这一部分被称为有效主应力。"

（2）"所有可测量的因应力变化产生的响应，如压缩、变形和抗剪强度变化，都完全由有效应力控制。"

1921—1925 年，太沙基对正常固结黏土进行了固结-不排水剪切试验，并公布了试验结果，计算了有效内摩擦角，用 φ' 表示，范围为 $14° \sim 42°$（太沙基，1925a，1925b）。受到太沙基有效应力原理指引，伦杜利奇（Rendulic，1937）在维也纳进行了最早的黏土排水和不排水三轴试验，并测量了孔隙水压力。试验结果直接证明了饱和土有效应力原理的有效性。泰勒（Taylor，1944）在美国的试验结果也提供了类似的证据。

斯肯普顿（Skempton，1960）对太沙基的工作做了详细的历史考察。太沙基（1939）在伦敦英国土木工程师学会做了詹姆斯·福里斯特（James Forrest）讲座，并在第四届国际土力学及基础工程会议（1957 年）上发表讲话，介绍了他的理念。

在英国，毕肖普和埃尔丁（Bishop 和 Eldin，1950）在帝国理工学院最早开展了测量孔隙水压力的饱和砂土三轴试验。接下来，开展了针对水坝原状黏土试样测量孔隙水压力的三轴试验，试验结果在随后的基础设计中发挥了重要作用（Skempton 和 Bishop，1955 年）。接下来几年里，帝国理工学院利用有效应力原理开展了大量试验研究及改进工作，用于岩土工程分析和设计。1957 年，毕肖普和亨克尔（Bishop 和 Henkel）出版了《三轴试验土体性质测试》（*The Measurement of Soil Properties in the Triaxial Test*），从此，有效应力测试开始作为商业化实验室的标准流程。尽管第二版（毕肖普和亨克尔，1962）不再重印再版，此书仍然被广泛使用。土的孔压和吸力会议（British National Society of

ISSFME，1960）上，进一步促进了工程师对有效应力测试程序的认知。目前世界上大多数土力学实验室，包括许多重要岩土工程的现场实验室，都可以进行有效应力三轴试验。

15.2　术语定义

本卷使用的大多数基本术语定义（第 1 卷定义的基本术语除外）及通用符号如下，同时补充了第 2 卷中的术语定义。常用的符号列举如下。

土骨架：固体颗粒的集合，它能通过颗粒间接触点传递应力。

孔隙率（n）：固体颗粒之间孔隙的体积在土体总体积中孔隙的占比。

孔隙比（e）：孔隙体积（水和空气）与土体中固体颗粒体积的比值。

饱和度（S）：土颗粒之间孔隙空间中所含的水量占孔隙总体积的百分比。

完全饱和土：孔隙中完全充满水的土（即 $S=1$ 或 100%）。

非饱和土：孔隙中既包含自由空气又包含水的土。

部分饱和：非饱和土中的饱和状态。

总应力（σ）：由于施加压力或力的作用而引起土体中的实际应力。

净应力（u）：太沙基最初用于表示孔隙水压力的术语。

孔隙压力（u）：孔隙空间中的流体压力。

孔隙水压力（u_{w}）：孔隙空间中所含水的静水压力，通常称为孔隙压力；缩写为 p. w. p. 。

孔隙气压力（u_{a}）：非饱和土孔隙中的空气压力，通常大于孔隙水压力。

有效应力（σ'）：总应力与孔隙压力之差，$\sigma'=\sigma-u$。

颗粒间总应力：土体骨架在总截面面积上承受的应力，接近于有效应力。

颗粒间平均应力：固体颗粒在接触点上传递的应力。

超静孔隙水压力（$u-u_0$）：由于突然施加外部荷载或压力，孔隙压力增加至高于静水压力 u_0；也称为超静水压力。

消散：孔隙间流体排水引起的超孔隙水压力衰减。

孔隙水压力消散比（U）：固结过程中，由于排水（$u_{\mathrm{i}}-u$）而在一定时间后损失的超孔隙压力与初始超孔隙压力（$u_{\mathrm{i}}-u_0$）的比值。通常以百分比表示，也被称为固结度。

$$U=\frac{u_{\mathrm{i}}-u}{u_0-u}\times100\%$$

围压（σ_3 或 σ_{h}）：三轴仪密闭压力室中试件的周围压力。

垂直（轴向）应力（σ_1 或 σ_{v}）：在垂直（轴向）方向上施加在试样上的应力。

主应力：作用在主平面上的法向应力，即剪应力为零的三个相互垂直的平面。

最大主应力（σ_1 或 σ_1'）：三个主应力中最大的一个。在三轴压缩试验中，$\sigma_1=\sigma_{\mathrm{v}}$ 且 $\sigma_1'=\sigma_{\mathrm{v}}'$。

最小主应力（σ_3 或 σ_3'）：三个主应力中最小的一个。在三轴压缩试验中，$\sigma_3=\sigma_{\mathrm{h}}$ 且 $\sigma_3'=\sigma_{\mathrm{h}}'$。

中间主应力（σ_2 或 σ_2'）：介于 σ_1 和 σ_3 之间的主应力。

偏应力（$\sigma_1-\sigma_3$）：轴向荷载施加在三轴试样上超过围压的应力；压缩时为正应力。

抗剪强度：土体发生剪切破坏时，作用在滑动面上剪切应力的最大值。

破坏：当剪切应力超过抗剪强度时，土体发生剪切破坏，导致土体颗粒沿滑动面产生相对滑动。破坏可以定义为应力或应变达到临界值或极限值的状态。

反压（u_b）：施加在试样孔隙间的水压力。

正常固结：正常固结土未承受过比目前覆土压力更大的压力。

超固结土：当前有效压力小于历史上曾经受到过最大有效压力的土，通常是由于上覆被侵蚀的沉积物而形成。

先期固结压力：超固结黏土历史上受到的最大有效压力。

超固结比（OCR）：先期固结压力与目前有效上覆压力之比。

各向同性固结：在静水围压作用下的固结，且垂直有效应力（σ_v'）和水平有效应力（σ_h'）相同。

各向异性固结：在不同垂直有效应力与水平有效应力下的固结。

K_0 固结：无侧向位移的垂直压缩或固结。

静止土压力系数（K_0）：在自重作用下，处于平衡状态土体的水平有效应力与垂直有效应力之比。

$$K_0 = \frac{(\sigma_h')}{(\sigma_v')}$$

15.3　有效应力理论

15.3.1　有效应力原理

1. 土的组成

在第 1 卷第 1.1.7 节中，土由散碎颗粒、不同含量的水和空气组成。固体颗粒相互接触，形成一个无胶结作用的骨架结构，土体颗粒之间的空间形成相互连接的孔隙或孔隙系统（第 1 卷第 3.2 节）。在饱和土中，孔隙被水完全填充；在干土中，孔隙只含有空气。如果孔隙中空气和水同时存在，则为非饱和土，状态是部分饱和。土体结构与孔隙流体之间的相互作用，无论是水还是水与空气的结合，都直接影响土的特性，特别是时变特性。本节和第 15.3.2 节主要介绍饱和土，第 15.3.3 节主要介绍非饱和土。

2. 应力应变符号规定

应力定义为荷载集度，即作用于单位面积的力（第 2 卷第 12.2 节）。法向应力作用于给定截面平面的法向（即垂直于特定截面），而剪应力作用于该平面的切向。对于法向应力采用的符号惯例是产生压缩的力和应力为正，因为土通常不能承受拉应力。产生压缩的位移和应变为正，因此显示长度、面积或体积减小的变化被称为正的变化。

在土颗粒之间的孔隙流体中，孔隙压力为正，孔隙吸力为负。

3. 干土中的应力

在干土中，力在颗粒之间的接触点传递。由此产生的局部粒间应力远大于施加在土体上的应力。然而，颗粒间的应力只有在颗粒相互作用的特殊研究中才有意义。在大多数实际应用中，土体被视为连续体，而截面上的粒间应力被定义为截面总面积上的平均应力。这种假设适用的条件是颗粒的尺寸远小于试样的尺寸。

4. 饱和土中正应力的传递

在荷载作用下处于平衡状态的饱和土中，垂直于给定平面的总应力（σ）一部分由其接触点处的固体颗粒承担，另一部分由孔隙间的水压力承担，称为孔隙水压力（u_w）。由图 15.1（a）所示的三轴试样横截面来进行说明。在围压 σ 作用下，产生的总应力 σ 垂直于试样边界。试样孔隙中的水压力 u_w（小于 σ）为静水压力，等值作用于各个方向上，相当于垂直于试样边界施加压力 u_w。这两个应力之间的差（$\sigma - u_w$）通过边界传递（图 15.1b），并由土骨架承载。

总应力和孔隙水压力之间的差值称为有效应力，用 σ' 表示（有时用 $\bar{\sigma}$）。定义有效应力的公式为

$$\sigma' = \sigma - u_w \tag{15.1}$$

这个公式由太沙基于 1924 年首次提出（第 15.1.3 节），是土力学中最基本的公式。虽然这一原理很简单，但它极为重要，因此必需正确理解。原理的第二个要点强调了有效应力的重要性，即所有由应力变化导致的可测得的影响，都是由有效应力变化引起的。在研究土体工程特性时，必需始终考虑有效应力及其相应变化。

有效应力有时被认为等于颗粒间应力，即在固体颗粒之间传递的应力。虽然这样的理解可能有助于形象化有效应力的物理意义，但这只是一个近似；然而，在一般适用于土的应力范围内，这种近似是完全可以接受的。

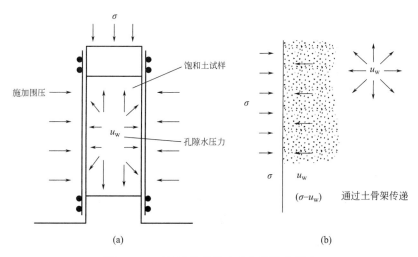

图 15.1　三轴试件的总应力和孔隙水压力

5. 压缩性

仅由正应力引起的土体体积变化，完全由有效应力变化控制，而非总应力。体积变化（表示为体积应变，$\Delta V/V$）与法向有效应力变化之间的关系由下式给出

$$\frac{\Delta V}{V} = -C_s \Delta \sigma' \tag{15.2}$$

式中，ΔV 为体积变化；V 为初始体积；C_s 为土骨架的体积压缩性；$\Delta \sigma'$ 为有效应力变化。负号的出现是因为在数学上应力的增加会导致体积的减小。

体积变化总是伴随着有效应力的变化，即由于排水而引起的孔隙水压力变化，施加的总应力保持不变。这一点可通过第 2 卷第 14.3.2 节中描述固结过程的太沙基模型来说明。在第 2 卷图 14.4 所示的弹簧和活塞类比中，施加在活塞上的荷载为总应力，总应力在气缸内的水中形成压力（相当于多余的孔隙水压力）。打开阀门代表排水，这会导致弹簧所承的荷载（有效应力）逐渐增加，并相应地向下运动（体积变化）。

土体结构、固体颗粒和水的相对体积压缩系数见表 15.1。这些近似值表明，低压缩性土比水的可压缩性高约 100 倍，比土颗粒的可压缩性高至少 1600 倍。在大多数实际应用中，水和固体颗粒的可压缩性可以忽略不计。

近似体积压缩系数 表 15.1

材料	体积压缩系数(m^2/MN)	相对于水
土颗粒	$1.5 \times 10^{-5} \sim 3.0 \times 10^{-5}$	$0.03 \sim 0.06$
水	0.0005	1
低压缩性土	0.05	100
高压缩性土	1.5	3000

6. 饱和土中剪应力的传递

液体不能承担剪切力。土体中的剪应力完全由颗粒间接触点的摩擦力传递，即由土骨架本身传递。因此，沿给定平面的剪切应力取决于垂直于该平面上的有效应力，而不是总法向应力。库仑公式［第 2 卷第 12.3.6 节式（12.7）］给出了一个平面上可能承担的最大剪切力（τ_f），由太沙基修正为

$$\tau_f' = c' + (\sigma - u_w)\tan\varphi'$$

即

$$\tau_f' = c' + \sigma'\tan\varphi' \tag{15.3}$$

式中，τ_f' 是平面上的剪应力（就有效应力而言）；σ' 是垂直于该平面的有效应力；u_w 是孔隙水压力；c' 是黏聚力；φ' 是有效内摩擦角，最后两个变量是土的有效应力参数。

当体积不变时，施加在土体上的剪应力会引起有效应力的变化。例如，当饱和试样进行不排水压缩试验时，孔隙水的排出被阻止，就会发生这种情况。由剪应力引起的剪切应变会引起土的变形，即试样会发生形状变化。

有效应力的变化总是伴随着土体结构的变形。变形可能包括体积应变（在排水条件下，即前面提到的土体压缩性）或剪切应变，或两者的组合。

在三轴试验装置中进行的剪切强度试验的结果必需用有效应力原理来解释，可用莫尔-库仑破坏准则［即式（15.3）］表示。有效应力无法直接测量，而是由后文描述的试验中测得的总应力和孔隙水压力计算得到。借助下一节介绍的试验系数，三轴试验测量的数据可建立孔隙水压力与施加的应力的关系。

15.3.2　饱和土中的孔隙水压力系数

1. 总应力和孔隙水压力变化

土的孔隙水压力变化与总应力变化之间的关系可以用斯肯普顿（1954）定义的孔隙水压力系数 A 和 B 来表示。下面通过饱和土三轴压缩试验的应力，来说明它们的意义和作用。

三轴试验中的土试样最初不承受围压的作用，内部孔隙水压力为零（图 15.2a）。在三轴试验中，对试样施加两个阶段的应力。

（1）全方位的压力，即围压，增加了 $\Delta\sigma_3$（图 15.2b）（各向同性应力增量），导致孔隙水压力增加了 Δu_c。

（2）施加（$\Delta\sigma_1 - \Delta\sigma_3$）的附加轴向应力增量（偏应力）（图 15.2c），导致了孔隙水压力的进一步增大（Δu_d）。孔隙水压力的总变化（图 15.2d）为

$$\Delta u = \Delta u_c + \Delta u_d$$

由围压变化引起的孔隙水压力变化分量 Δu_c，与由下式定义的系数 B 的变化有关。

$$\Delta u_c = B \cdot \Delta\sigma_3 \tag{15.4}$$

如后文所述，由于偏应力的增加，孔隙水压力变化的分量 Δu_d 取决于系数 B 和系数 A。

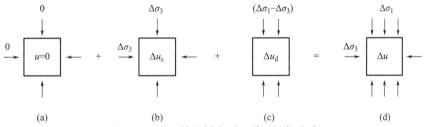

图 15.2　在三轴试样中对土单元施加应力

（a）初始应力状态；（b）围压增量；（c）偏应力增量；（d）结果变化

系数 B 和 A 在下面单独讨论。这些系数既适用于应力增加，也适用于应力减少，但它们的值对于某个数量级的应力变化可能取决于符号变换。

2. 饱和土中的系数 B

在不排水的饱和土中，假设忽略土颗粒的压缩性，土体结构在应力作用下的压缩与孔隙中水的压缩相同（表 15.1）。在体积 V 的土体试样中，孔隙间的体积（即水的体积 V_w）等于 nV，其中 n 是孔隙率（第 1 卷第 3.3.2 节）。

围压增加 $\Delta\sigma_3$ 会导致孔隙水压力增加 Δu_c，式（15.1）中有效应力变化为

$$\Delta\sigma'_3 = \Delta\sigma_3 - \Delta u_c$$

土骨架整体压缩系数用 C_s 表示，由式（15.2）计算的单位体积变化 $\Delta V/V$ 等于 $-C_s \cdot \Delta\sigma'_3$，即取决于有效应力的变化。因此

$$\Delta V = -C_s V \Delta\sigma'_3$$
$$= -C_s V(\Delta\sigma_3 - u_c)$$

用 C_w 表示水的压缩系数，由于水压的增加，孔隙间水的单位体积变化 $\Delta V_w/V_w$ 等于

$-V_w \Delta u_c$，即

$$\Delta V_w = -C_w V_w \Delta u_c$$

且由于 $V_w = nV$

$$\Delta V_w = -C_w nV \Delta u_c$$

如果固体颗粒是不可压缩的，则 ΔV 和 ΔV_w 相等，即

$$-C_s V(\Delta \sigma_3 - \Delta u_c) = -C_w nV \Delta u_c$$

整理得

$$\Delta u_c = \frac{1}{1 + \dfrac{nC_w}{C_s}} \Delta \sigma_3 \tag{15.5}$$

与式（15.4）相比，系数 B 由关系式定义

$$B = \frac{1}{1 + \dfrac{nC_w}{C_s}} \tag{15.6}$$

参考表 15.1 中给出的值，C_w/C_s 比值非常小，因此饱和土的 B 值接近于 1；实际情况中，$B = 1$ 表示 100％饱和。也就是说，如果不排水，总应力增量 $\Delta \sigma_3$ 完全由孔隙水压力增量 Δu_c 承担。

3. 系数 A

施加偏应力，在土体试样中产生的剪应力往往会引起试样体积的变化。松散砂土和软黏土容易收缩，而密砂和硬黏土则容易膨胀。在饱和土中，如果允许渗流作用，会导致水从土中排出或吸入。如果阻止渗流作用，改变土体体积会导致孔隙水压力的变化。在松散或收缩的土中，这会导致孔隙水压力的正变化（升高）（$+\Delta u_d$）；在密实或膨胀的土中，这会导致孔隙水压力的负变化（降低）（$-\Delta u_d$）。这种行为，可以用孔隙水压力系数 A 加以简单说明，具体应用如下。

如果饱和土表现为完全弹性材料，则根据弹性理论，孔隙水压力变化 Δu_d 与偏应力变化（$\Delta \sigma_1 - \Delta \sigma_3$）相关。

$$\Delta u_d = \frac{1}{3}(\Delta \sigma_1 - \Delta \sigma_3)$$

一般来说，对于任意 B 的值，可列为

$$\Delta u_d = \frac{1}{3}B(\Delta \sigma_1 - \Delta \sigma_3)$$

然而，土通常不是弹性体，这个方程需要修改为

$$\Delta u_d = A \cdot B(\Delta \sigma_1 - \Delta \sigma_3) \tag{15.7}$$

式中，A 是试验测量系数，它将孔隙水压力变化与偏应力变化联系起来。A 值取决于土的类型和它所受的剪切应变量，一般为 $-0.5 \sim +1.0$。

4. 一般孔隙水压力方程

如图 15.2 所示的应力变化综合效应可通过式（15.4）和式（15.7）表示的两个分量相加得到。

$$\Delta u = \Delta u_c + \Delta u_d = B \cdot \Delta \sigma_3 + A \cdot B(\Delta \sigma_1 - \Delta \sigma_3)$$

即

$$\Delta u = B[\Delta \sigma_3 + A(\Delta \sigma_1 - \Delta \sigma_3)] \tag{15.8}$$

对于完全饱和土的特殊情况，即 $B=1$，式（15.8）变为

$$\Delta u = \Delta \sigma_3 + A(\Delta \sigma_1 - \Delta \sigma_3) \tag{15.9}$$

在三轴试验中（σ_3 保持不变时，$\Delta \sigma_3 = 0$），当 $B=1$ 时，式（15.9）变为常数。

$$\Delta u = A(\Delta \sigma_1 - \Delta \sigma_3)$$

任意时刻的系数 A 由下式定义

$$A = \frac{\Delta u}{\Delta \sigma_1 - \Delta \sigma_3} \tag{15.10}$$

式中，$(\Delta \sigma_1 - \Delta \sigma_3)$ 是偏应力的变化，等于常规压缩试验中施加的偏应力 $(\sigma_1 - \sigma_3)$；Δu 是相应的孔隙水压力变化（从压缩试验加载开始）。

上述关系适用于最大主应力方向垂直、最小主应力方向水平的情况。劳和奥尔茨（Law 和 Holtz，1978）讨论了这些参数在涉及主应力旋转或交换情况下的应用。

5. 系数 A_f

在三轴试验中，试样破坏时，A 的值由 A_f 表示，即

$$A_f = \frac{\Delta u_f}{(\Delta \sigma_1 - \Delta \sigma_3)_f} \tag{15.11}$$

式中，Δu_f 是从试验开始到破坏过程中孔隙水压力的变化量，即 $\Delta u_f = u_f - u_0$；$(\Delta \sigma_1 - \Delta \sigma_3)_f$ 是破坏时偏应力的变化量。

A_f 值的大小不仅取决于土体的类型，还取决于土体的应力历史。表15.2 总结了一些压缩试验中 A_f 的典型值。它与超固结比（OCR）有关，即土体先期承受的最大应力与目前承受有效上覆压力之比。典型的关系如图15.3 所示，其中 OCR 为 1 表示正常固结黏土。当 OCR 超过一定的值时，A_f 值变为负值，这意味着在破坏时，土体的膨胀趋势足够强，导致孔隙水压力降低至压缩试验开始前的水平以下。

孔隙水压力系数 A_f 的典型值		表 15.2
土的类型	剪切引起的体积变化	A_f
高灵敏度黏土	大收缩	$+0.75 \sim +1.5$
正常固结黏土	收缩	$+0.5 \sim +1$
压实砂质黏土	轻微收缩	$+0.25 \sim +0.75$
轻度超固结黏土	无变化	$0 \sim +0.5$
压实黏土砾石	膨胀	$-0.25 \sim +0.25$
重度超固结黏土	膨胀	$-0.5 \sim 0$

15.3.3　非饱和土的孔隙水压力系数

1. 非饱和效应

非饱和土由三相系统组成，在固体颗粒之间含有水和气体（空气或水蒸气）。非饱和

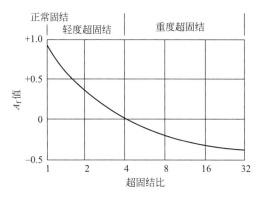

图 15.3 A_f 与超固结比的典型关系

土分析比饱和土分析复杂得多，主要有两个原因：（1）气体具有较高压缩性；（2）两类土中液相压力不相等。

原因（1）对土体的压缩性有极其重要的影响。原因（2）是水表面张力作用的结果。

"空气"一词，作用于土体固体颗粒之间的孔隙，在本书中用来表示气相，通常是空气或水蒸气，或两者的混合物。

在气-水界面上，弯液面效应导致孔隙气压力（u_a）始终大于孔隙水压力（u_w）。在工程特性方面，两种孔隙流体与土体饱和程度密切相关；在此基础上，非饱和土可分为两类。

（1）饱和度相对较高的土，其中孔隙中的水相是连续的，气相以孤立气泡的形式存在。

（2）饱和度相对较低的土，其中气相是连续的，水相在固体颗粒周围和颗粒之间以薄层的形式存在。

这两种状态的临界饱和度对于砂土来说一般为 20％，对于粉土来说一般为 40％～50％，而黏土则为 85％或更大（Jennings 和 Burland，1962）。低于临界值时，在湿水条件下，黏性土的颗粒结构可能在加载中发生塌落（Burland，1961）。

本书不涉及孔隙气压力的测量，但是对双流体体系性质的理解有助于了解饱和的过程。

2. 非饱和土的系数 B

对于孔隙中同时含有空气和水的非饱和土，复合孔隙流体的整体压缩性比单独水相的压缩性更大，B 值小于 1。总围压增量 $\Delta\sigma_3$ 部分由孔隙压力增量承载，部分由土骨架有效应力 σ_3' 增量承载。

B 值在一定程度上取决于土骨架的压缩性和饱和度，这两者决定了复合孔隙流体的整体压缩性（这里用 C_f 表示）。使用与第 15.3.2 节相同的推导，用 C_f 代替 C_w，定义系数 B 的式（15.6）变为

$$B = \frac{1}{1 + nC_f/C_s} \tag{15.12}$$

如前所述，在饱和土（$S=100\%$）中，C_f 与 C_s 的比值可忽略不计，因此 $B=1$。针

对另一个极限条件，完全干燥土中，C_f/C_s 变得非常大，因为空气的压缩性比土骨架的大得多，因此当 $S=0$ 时，B 可取为 0。

对于非饱和土，B 值介于 0 和 1 之间。B 值与饱和度 S 之间的关系不是线性的，而是如图 15.4 所示的典型形式。最优含水量和干密度下的压实土的 B 值通常在 $0.1 \sim 0.5$。第 15.6 节讨论了使土体达到完全饱和状态的步骤。

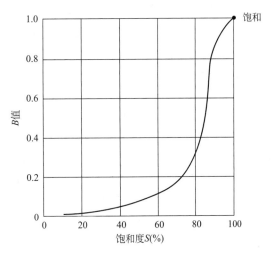

图 15.4　孔隙压力系数 B 与饱和度的关系

3. 总系数 $\overline{B}$

考虑土石坝或路堤的孔隙压力时，孔隙压力与总主应力 σ_1 之间有重要联系。可以将式（15.8）改写为

$$\Delta u = B\left[\Delta\sigma_1 - (1-A)(\Delta\sigma_1 - \Delta\sigma_3)\right]$$

因此

$$\frac{\Delta u}{\Delta\sigma_1} = B\left[1 - (1-A)\left(1 - \frac{\Delta\sigma_3}{\Delta\sigma_1}\right)\right] \tag{15.13}$$

公式（15.13）的右侧由符号 $\overline{B}$ 表示，称为"整体"孔隙压力系数，取决于主应力比。

如果最大有效主应力和最小有效主应力之比用 K 表示

$$K = \frac{\Delta\sigma_3'}{\Delta\sigma_1'} = \frac{\Delta\sigma_3 - \Delta u}{\Delta\sigma_1 - \Delta u}$$

因此

$$\frac{\Delta\sigma_3}{\Delta\sigma_1} = K + \frac{\Delta u}{\Delta\sigma_1}(1-K)$$

代入式（15.13）的右边，公式调整为

$$\frac{\Delta u}{\Delta\sigma_1} = B\frac{1 - (1-A)(1-K)}{1 - B(1-A)(1-K)} = \overline{B} \tag{15.14}$$

三轴试验中通过将主有效应力 σ_3'/σ_1' 的比值保持为恒定值 K，则可以测定 $\overline{B}$ 值。K 值的选择取决于土体发生剪切破坏的安全系数，介于静止土压力系数 K_0（第 15.3.4 节）和破坏时的 K_f 之间。对于指定的比率

$$\Delta u = \overline{B}\Delta\sigma_1 \tag{15.15}$$

人工击实土体的含水量大于其最优含水量时，$\overline{B}$ 值通常在 $0.6 \sim 0.8$。该值随着应力的增加而增大。

4. 系数 $\overline{A}$

对于非饱和土，用系数 $\overline{A}$ 代替式（15.7）中的 $A \cdot B$，可得

$$\Delta u = B\Delta\sigma_3 + \overline{A}(\Delta\sigma_1 - \Delta\sigma_3) \tag{15.16}$$

在非饱和土三轴试验中，$\overline{A}$ 的定义与饱和土相同，破坏时的值用$\overline{A}_f$ 表示。如果要用 $\overline{A}$ 计算A，则应使用压缩试验压力范围内的 B 值。

15.3.4 土单元的应力

1. 地基土

图 15.5（a）所示为地下深度 z 处自然状态下的立方体土单元。土体饱和且处于平衡状态，静水位位于地表以下深度 h 处。地下水位以上土体密度表示为体积密度 ρ。地下水位以下，单位体积的总质量定义为饱和密度 ρ_{sat}。

土单元上的最大主应力 σ_1 作用于垂直方向，用 σ_v 表示。假定中间主应力 σ_2 和最小主应力 σ_3 都作用于水平方向且大小相等，用 σ_h 表示（图 15.5b）。

作用在土单元上垂直方向的总应力 σ_v 等于其单位面积支撑的土柱重量（力）（图 15.5a）。

$$\sigma_v = h\rho g + (z-h)\rho_{sat}g \tag{15.17}$$

其中 g 是重力引起的加速度。如果土单元位于不同密度的土层中，在计算 σ_v 时，将所有土层产生的垂直应力作用进行叠加。

土单元内的孔隙水压力 u_w 等于其深度以上的水头压力（$z-h$）。

$$u_w = (z-h)\rho_w g \tag{15.18}$$

有效垂直应力 σ'_v 为

$$\sigma'_v = \sigma_v - u_w$$
$$\sigma'_v = h\rho g + (z-h)\rho_{sat}g - (z-h)\rho_w g \tag{15.19}$$
$$= [h\rho + (z-h)(\rho_{sat} - \rho_w)]g$$

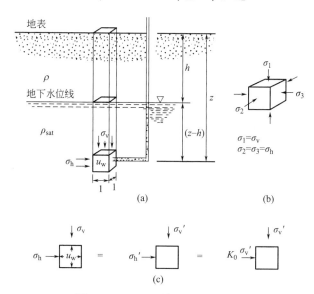

图 15.5 地下土单元的应力状态

（a）初始条件；（b）主应力；（c）有效应力

水平有效应力 σ'_h 可由垂直应力和静止土压力系数 K_0 确定

$$\sigma'_h = K_0 \sigma'_v$$

孔隙水压力 u_w 在各个方向上作用相等（图 15.5c），因此总水平应力为

$$\sigma_h = \sigma'_h + u_w \tag{15.20}$$

$$= K_0 \sigma'_v + u_w$$

平均总主应力 p 等于 $1/3$ $(\sigma_1 + \sigma_2 + \sigma_3)$，即

$$p = \frac{1}{3}(\sigma_v + 2\sigma_h) \tag{15.21}$$

平均有效主应力 p' 由

$$p' = p - u_w$$

$$p' = \frac{1}{3}(\sigma'_1 + 2\sigma'_3) \tag{15.22}$$

$$= \frac{1}{3}\sigma'_v(1 + 2K_0)$$

2. 实际应用

在实践中，使用以下单位：

深度 z、h：	m
质量密度 ρ、ρ_{sat}、ρ_w：	Mg/m^3
孔隙水压力 u_w：	kPa
水密度 $\rho_w = 1$：	Mg/m^3
重力加速度 $g = 9.81$：	m/s^2（通常取 10m/s^2）
应力 σ_v、σ_h 等：	kPa

根据上述公式计算出的应力单位为 kPa，无须进一步修正：

$\sigma_v = (10)[h\rho + (z-h)/\rho_{sat}]$	kPa
$u_w = (10)(z - h)$	kPa
$\sigma'_v = (10)[h + (z-h)(\rho_{sat} - 1)]$	kPa
$\sigma'_h = K_0 \sigma'_v$	kPa
$\sigma_h = K_0 \sigma_v + u_w$	kPa

3. 取样的干扰效应

在现场取样时，土体围压应力会被释放，几乎降为零。应力水平发生变化，导致孔隙压力变化，可以用斯肯普顿方程进行理论计算

$$\Delta u = B[\Delta\sigma_3 + A(\Delta\sigma_1 - \Delta\sigma_3)] \tag{15.8}$$

当土体饱和时，$B = 1$，服从小应变假设，正常固结黏土的 A 值可高达约 0.5。

代入上述应力值

$$\Delta\sigma_3 = 0 - \sigma_h = -\sigma_h$$

$$\Delta\sigma_1 = 0 - \sigma_v = -\sigma_v$$

因此

$$\Delta u = -\sigma_h + A(-\sigma_v + \sigma_h)$$

$$= -A\sigma_v - (1 - A)\sigma_h$$

理论上，土样中的孔隙压力 u_i 等于 $(u_w + \Delta u)$，即

$$u_i = u_w - A\sigma_v - (1-A)\sigma_h$$

其中 σ_v、u_w、σ_h 由式（15.17）、式（15.18）和式（15.20）计算得到。产生的孔隙压力为负，提供"吸力"作用，相当于施加于土体内部的有效应力，将土体结构固定在一起。土样中的负孔隙压力，即使可以被精确测量，也不一定能表示现场的平均有效应力值。

在实践中，土样在从地下移出会发生一定程度的变形，有效应力的变化是不可避免的。由于应力释放，溶解在土体中的气体可以从溶液中逸出并形成气泡；有机物的存在通常会加剧这种趋势。如果释放气体，则土样不再完全饱和，且体积发生变化。结合第15.6.2 节中给出的原因，在进行有效应力试验（测量孔隙压力）之前，最好可以消除这些误差因素。

当试验过程中重新施加应力时，试样孔隙压力发生变化，但其大小可能无法等同于应力释放时的值。因此，在三轴压力室对试样重新施加平均总应力 $p = (\sigma_v + 2\sigma_h)/3$ 的围压时，不一定能使试样达到原位条件下的有效应力状态。为此，可能需要适当调整反压。

15.3.5　试样的质量

取样会影响土的结构和构造。海特和勒鲁埃伊（Hight 和 Leroueil，2003）详细描述了取样对测量土体强度的影响。为了尽量减少干扰，他们建议在软黏土、泥浆护壁钻孔取样时使用大直径（200mm）薄壁敞口式取样器，取样器的刃角为5°。对于非常坚硬或硬塑性黏土，他们指出旋转取芯造成的干扰比管状采样器取样造成的干扰小得多；然而，在工程实践中，直径为200mm的管状取样器并未被普遍采用。

欧洲规范 7 第 2 部分（BS EN 1997-2 或 EC7-2）规定了用于室内测试的土样质量等级和取样类别。表 15.3 列出了 5 个质量等级。此表还指出对于本书中所述的试验，指定的取样类别必需为 A。BS EN ISO 22475-1（引用 EC7-2）总结了各种钻探和取样技术条件下的取样类别。一级 A 类试样可使用三管岩心筒旋转岩心钻探或用于高强度黏土和胶结沉积物的推式薄壁取样器获取，或使用用于低强度黏土和淤泥的敞口式薄壁取样器和活塞薄壁取样器获取。通常标准三轴试验试样直径为 100mm。

实验室测试土试样的质量等级及取样类别　　　　　　表 15.3

土的性质		质量等级				
		1	2	3	4	5
土性质不变	粒径	*	*	*		
	含水量	*	*	*		
	密度、密度指数、渗透性	*	*			
	压缩性、抗剪强度	*				
确定性参数		*				
	层数	*	*	*	*	*
	粗粒土层边界-大尺寸	*	*	*	*	
	细粒土层边界-小尺寸	*	*			

续表

土的性质		质量等级				
		1	2	3	4	5
确定性参数	阿太堡界限、颗粒密度、有机物含量	*	*	*	*	
	含水量	*	*	*		
	密度、密度指数、孔隙率、渗透率	*	*			
	压缩性、抗剪强度	*				
取样类别符合 EN ISO 22475-1		A				
			B			
						C

15.4　抗剪强度理论

15.4.1　土体抗剪强度

1. 抗剪强度的定义

土的抗剪强度是指土体或试样在加载或卸载时抵抗变形的能力。土的极限抗剪强度通常在"破坏"条件下测得，可通过几种不同的方式进行定义，见第 15.4.2 节。通常用作基础设计中稳定性计算的破坏准则不一定与土力学基本性质相关试验的破坏准则一致。

抗剪强度并不是土的唯一特性，影响因素较多。试样的抗剪强度是在实验室特定条件下进行某种特殊试验测得的。破坏可能发生在整个土样中，也可能发生在破坏面的有限狭窄区域内。在室内试验测量中，可能影响土抗剪强度的因素有：（a）矿物成分；（b）颗粒形状、粒径分布和结构；（c）孔隙率和含水量；（d）应力历史；（e）初始应力；（f）取样过程中应力变化；（g）土样和试样的初始状态；（h）试验前施加的应力；（i）试验方法；（j）加载速率；（k）试验期间排水情况；（l）孔隙水压力；（m）确定抗剪强度所采用的标准。

（a）至（e）项与无法控制的自然条件有关，但可通过现场观察、测试和地质情况进行评估。（f）和（g）项取决于取样质量以及处理和制备试样过程中的注意措施，但（g）项可通过重塑或击实试样（例如密度和含水量）进行控制。确定（l）项时，试验方法（h）至（k）项可能会有很大变化。三轴试验被公认为可应用于工程实践中，最常见的常规三轴试验在第 19 章进行介绍。

关于（m）项，第 15.4.2 节给出了确定破坏点的几个准则。最常用的准则是试样承受的最大轴向应力，称为"峰值"偏应力。这一准则不一定与土的基本性质有关。

2. 应力-应变关系

常规压缩试验无法测量原位土的应力-应变关系。确定原位土的应力-应变关系需要特殊的设备和方法，不在本书介绍范围内。

3. 抗剪强度参数

对于破坏准则，必需能够将潜在破坏面上的剪切应力 τ 与垂直于该面的总应力 σ_n 或

有效应力 σ'_n 联系起来。这可以通过使用莫尔-库仑准则和土的相关抗剪强度参数来实现。

关于总应力，库仑总结了在破坏面上 τ_f 和 σ_n 之间的关系（第 2 卷第 12.3.6 节）

$$\tau_f = c + \sigma_n \tan\varphi \tag{12.7}$$

然而，式（12.7）仅适用于饱和黏土，其中 $\varphi_u = 0$ 和 $c = c_u$ 为总应力下的不排水抗剪强度。

为了考虑破坏面上的有效应力，太沙基修正的库仑方程（第 15.3.1 节）为

$$\tau'_f = c' + (\sigma_n - u_w)\tan\varphi'$$

即

$$\tau'_f = c' + \sigma'\tan\varphi' \tag{15.3}$$

这个方程符合一个基本原理，即抗剪强度的变化仅取决于有效应力的变化。

式（15.3）在土体抗剪强度分析中具有重要意义。它可以用有效应力的莫尔-库仑包络线来表示。抗剪角 φ' 可以在有效应力（类似于颗粒间应力）的框架下衡量土体颗粒间的摩擦力，对所有类型的土都适用。可通过一组三轴压缩试验，绘制相应破坏条件下的有效应力莫尔圆，并绘制包络线来确定抗剪强度参数 c'、φ'。

如图 15.6 所示，特定试验中破坏面上的剪应力表示为 τ'_f（土抗剪强度）。τ'_f 的值由破坏莫尔圆（有效应力）与强度包络线的交点 P 的纵坐标给出，用 PQ 表示。因为 $PQ = PC\cos\varphi'$

$$\tau'_f = \frac{1}{2}(\sigma'_1 - \sigma'_3)_f \cos\varphi' \tag{15.23}$$

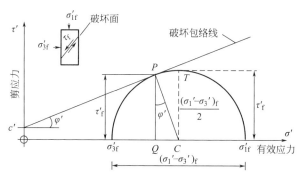

图 15.6　土抗剪强度推导

为简单起见，通常假定抗剪强度等于抗压强度的一半，即半径 TC，用 τ'_f 表示，其中

$$\tau'_f = \frac{1}{2}(\sigma'_1 - \sigma'_3)_f \tag{15.24}$$

4. 总应力与有效应力关系

剪应力可以用总应力 τ 表示，也可以用有效应力 τ' 表示。它们是相等的，因为孔隙水不能传递剪切力，通常用符号 τ 表示。

5. 排水和不排水条件

就有效应力而言，所有类型的土剪切特性基本相似。例如，在砂土和黏土之间观察到

的差异，本质上只是数量级上的差异，而不是类型上的差异，这是由于砂土和黏土的排水特性存在很大区别，而这些区别是通过渗透性来量化的。应力变化引起的土体体积变化，主要表现在孔隙间水的进入或排出。根据土渗透性的不同，水进入或排出所需的时间变化范围相差约为 10^6 倍。相比之下，荷载引起原位土剪切变形的时间尺度可以从几秒钟（如瞬时地震冲击）变到几十年、甚至几个世纪（如厚黏土层上的大型地基），变化范围相差 10^9 倍或更多。当荷载引起的剪切变形时间处于中间范围时（如典型的短期施工荷载条件），通常可以假设砂土为排水状态，而黏土为不排水状态。然而，在地震冲击的瞬态荷载下，即使是砂土也没有足够的时间通过排水来消散孔隙水压力，这种情况下仅可考虑为不排水条件。另一种极端情况是，黏土在地基或堤岸加载下产生长期固结效应，则表现为排水材料。

根据试验时间的不同，可在实验室对黏土进行不排水或排水条件的试验。排水条件通常适用于砂土试验，但在特殊试验程序中，快速加载下也可能产生不排水条件。

15.4.2 确定抗剪强度的标准

以下讨论确定土抗剪强度的五种不同"破坏"准则：（1）峰值偏应力；（2）最大主应力比；（3）极限应变；（4）临界状态；（5）残余状态。如图 15.7 所示，这些准则与土的类型无关。

前三个准则将在下面的章节中讨论。准则（4）和（5）与土基本特性有关，分别在第 15.4.3 节和第 15.4.4 节中说明。

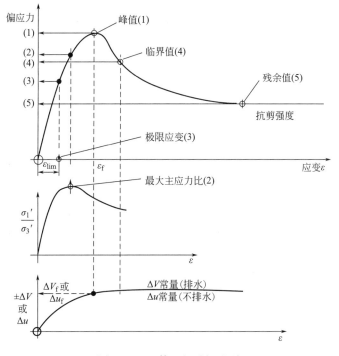

图 15.7 土体理想破坏准则

1. 最大或峰值偏应力（1）

最大或"峰值"偏应力准则是与土试样试验中"破坏"相关的传统准则，即表现最大与最小主应力的差值情况［图15.7（1）］。如果垂直和水平总主应力分别用 σ_1 和 σ_3 表示，则峰值偏应力记为 $(\sigma_1-\sigma_3)_f$，相应应变用 ε_1 表示。在不排水试验中，该应变下的孔隙水压力用 u_f 表示，由此可计算出峰值有效主应力。在排水试验中，孔隙水压力在初始值处保持恒定，只有 σ_1' 变化，而 σ_3' 保持恒定。

2. 最大主应力比（2）

对于不排水试验，根据每组试验读数计算的有效主应力 σ_1'、σ_3'，可计算主应力比 σ_1'/σ_3' 的值，并绘制应变图如图15.7所示。试验开始时，比值等于1，因为此时 $\sigma_1=\sigma_3$，即 $\sigma_1'=\sigma_3'$。该比值的最大值不一定发生在与峰值偏应力相同的应变上。

最大应力比准则（2）在某些方面优于峰值应力准则，因为它可以更好地表述剪切强度与其他参数之间的或不同类型试验之间的关联性。除此之外，最大应力比准则（2）特别适用于偏应力在大应变下继续增加的黏土，同时也可以作为多级不排水三轴试验的破坏准则。

应力比准则不能用于排水试验，除非用来表述"峰值"偏应力，因为有效应力变化等于总应力变化，且应力比曲线与偏应力曲线形状相同。

3. 极限应变（3）

对于需要非常大的变形以达到最大抗剪强度的土来说，极限应变条件可能比最大剪应力更合适。"破坏"由如图15.7中（3）处的应变 ε_{lim} 定义，并可画出相应的莫尔圆来推导包络线。

该准则可用于多级排水三轴试验。

15.4.3　临界状态

1. 应力、应变和体积变化

第2卷第12.3.7节概述了砂土抗剪强度与密度（或孔隙率）之间的关系。罗斯科、斯高菲尔德和沃思（Roscoe、Schofield 和 Wroth，1958）以及剑桥大学的其他成员扩展了有效应力原理，提出了在排水或不排水条件下剪切时土的抗剪强度、主应力和孔隙率之间的关系，采用"临界状态"的概念对观测到的土体抗剪强度和变形特点进行统一的描述，从而为理解土体的理想力学性质提供了一个基本途径。"临界状态"取决于土的组成性质，且同时适用于"黏性"和"非黏性"土，以总应力为出发点将这两类土在第2卷第13章分别阐述。本书不再对这一原理做详细叙述，读者可以参考相关教科书，如斯高菲尔德和沃思（1968）以及阿特金森和布兰斯比（1978）。以下简要的介绍有助于读者对室内试验的理解。

2. 松砂和密砂

图15.8（b）、（c）和（d）中绘制了剪切箱试验中剪切应力、体积变化和孔隙率与位

移的关系曲线，类似于第 2 卷图 12.20 中所示的曲线，适用于给定法向应力 σ_n' 作用下剪切的松砂（L）和密砂（D）。

在有关抗剪强度与法向应力的库仑曲线图（图 15.8a）中，密砂的峰值强度在 P 处急剧上升，用 DP 表示，给出抗剪强度的峰值摩擦角 φ_p'。随后，抗剪强度下降到 C，摩擦角减小到 φ_c。相反，在发生较大变形后，松散砂的抗剪角缓慢上升到最大摩擦角 φ_c'，而不是先达到峰值。对于两个试样，C 处可通过体积变化或孔隙率变化曲线（图 15.8e 和 d）趋于平缓来表示，表明两个试样在恒定体积下发生剪切，并达到了相同的密度，因此具有相同的孔隙率（临界孔隙率，e_c）。C 处被称为施加法向应力的"临界状态"。

临界状态下的抗剪强度是土的基本特性，仅取决于有效应力，而不取决于初始密度。相反，峰值强度取决于初始密度（即孔隙率）。峰值剪切摩擦角由两个分量组成：摩擦常数 φ_c' 和与初始孔隙率相关的可变剪胀分量。对于初始密度大于临界密度（$e_0 > e_c$）的砂土，剪胀角为正；对于初始密度小于临界密度（$e_0 < e_c$）的砂土，剪胀角为负。

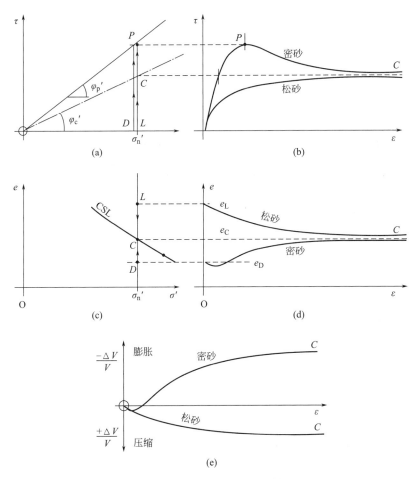

图 15.8　密砂和松砂的剪切特性

(a) 库仑图；(b) 剪应力-位移关系；(c) 剪切过程中的孔隙率变化；

(d) 孔隙率-位移关系；(e) 体积变化-位移关系

3. 黏土

排水条件下正常固结黏土的抗剪强度、主应力和变形之间的关系类似于前面提到的松砂，超固结黏土的关系类似于密砂。对于黏土，临界状态通常是黏土在恒定有效应力作用下以恒定体积继续变形的条件。临界状态概念代表重塑黏土的理想化力学特征，同时假定临界状态也适用于原状黏土的三轴压缩试验。

对临界状态概念，本书不做进一步讨论。

15.4.4 残余状态

残余状态的概念，在理论上适用于所有类型的土，但由于黏土矿物颗粒的性质，它只针对黏土有实用价值。虽然完全理解该理念存在困难，但已经被广泛认可了 40 多年（Skempton，1964，1970）。

黏土的剪切位移在超过临界状态的恒定法向应力作用下继续增加，则剪切强度继续减小，直到达到恒定值，如图 15.7 中的（5）所示。这表示"残余"状态，此时抗剪强度的常数称为"残余强度"。"残余"状态需要非常大的剪切位移才能达到——通常为 $100 \sim 500\mathrm{mm}$，也可能超过 $1\mathrm{m}$——除非黏土之前已经被天然或人工剪切过。超过临界值［图 15.7 中的（4）到（5）］的强度折减是由于靠近剪切面的片状黏土颗粒重新排列，直到它们平行于剪切面，呈现出具有"抛光"特征的表面。因此，残余状态仅发生在狭窄的剪切带内。残余摩擦角用 φ_r' 表示，c_r' 常取 0。

残余强度适用于剪切面上已经发生较大位移的原位条件，例如由滑坡或构造地质运动引起的位移。第 2 卷第 12.7.5 节描述了剪切仪测量残余强度。

15.5 三轴试验相关理论

15.5.1 基本原理

1. 三轴试验的特点

第 2 卷第 13.6 节描述了三轴试验仪的基本特点。图 15.9（a）示意了"快速-不排水"三轴压缩试验的原理。作用在试样上的垂直和水平应力分别为 σ_1 和 σ_3，见图 15.9（b）。测试期间（不包括时间因素）所观察到三组读数分别为围压（保持恒定）、轴压（偏应力）和轴向变形（应变）。

这里假定读者已经熟悉了三轴试验的原理和操作。

为了进行有效应力下的三轴测试，压力室内还需两个附加功能：孔隙水压力的测量和排水功能。

设备的详细信息参见第 17 章，为提供描述试验原理的基础，将主要功能概述如下：

孔隙水压力通常在试样底部进行测量。本书所提及的试样排水通常是在试样顶部进行，见图 15.9（c）。同样，也可在试样底部进行排水，但这种方法会导致试样内部的孔隙水压力无法测量。

排水管线可与大气连通的量管相连，或者与一固定压力源（与围压系统相互独立）连通以提供"反压"。通过结合体变传感器来测量从试样中流入或流出水的体积。

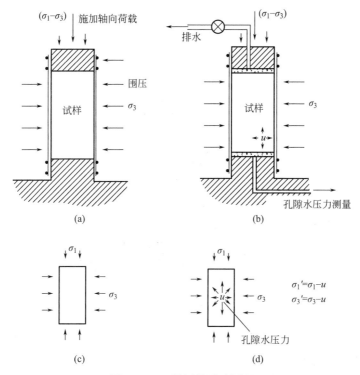

图 15.9 三轴压缩试验原理

（a）应力施加；（b）主应力的表示；（c）有效应力测试的常规布置；（d）总应力和有效应力的表示

与三轴试验压力室中试样的直接连接方式见图 15.10，在描述试验原理时可作参考。采用以下方式对阀门进行命名便于形象化地解释试验原理，本书中这些命名前后统一。

阀门"a"为连接安装孔隙水压力传感器的阀门（见第 17.5.2 节）。

阀门"a_1"将注水系统与孔隙水压力传感器隔离开来。

当进行"不排水"试验时，阀门"b"用于将试样顶端的排水管线与排水或反压系统隔离开来。

阀门"c"与压力室加压系统相连。

阀门"d"为试样底部预留阀门。

阀门"e"为压力室出气阀。

量力环，用于测量外部施加轴向荷载的测力装置，用于测量轴向应变的千分表或位移传感器，与第 13 章所述相同。因外部施加的轴力而产生的轴向应力称为偏应力。

试样上的应力如图 15.9（d）所示。

2. 试验类型

三轴压缩试验用于确定土体的剪切强度特性，主要可归为以下三类：

（1）不排水快剪试验。试验中不测量孔隙水压力，所以仅考虑总应力。

（2）固结不排水试验。施加偏应力时不允许试样排水，超静孔隙水压力不会消散，在试验过程中测量孔隙水压力的变化。

（3）固结排水试验。试验过程中允许试样排水并测量排水情况，偏应力施加过程中不产生超静孔隙水压力。

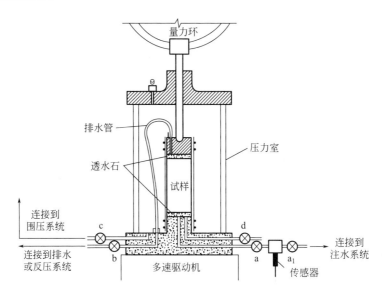

图 15.10　有效应力三轴试验设备连接

　　第一类试验描述参见第 2 卷第 13 章。本节重点介绍第二和第三类试验。在不排水试验中，可通过以下两种方法测量孔压。

　　① 施加轴向压缩前或加载过程中，施加围压时不允许排水，可称为"不固结-不排水试验"（UU）。

　　② 围压施加完毕时，允许试样排水固结，然后在压缩过程中不允许继续排水，尽可能缓慢加载使得孔隙水压力保持稳定，从而可被精确测量。称为固结-不排水（CU）试验。

　　排水试验中，在围压作用下试样发生固结，并测量体积变化，压缩阶段允许进一步排水，称为固结-排水（CD）试验。土样渗透系数越低，整个过程所需时间越长，以确保固结和压缩过程中超静孔隙水压力的消散。

　　试验相关的排水情况总结见表 15.4。

　　本书中进行饱和土的 CU 和 CD 试验被称为"基本"有效应力，详细介绍见第 18 章。步骤详见 BS 1377-8：1990。

三轴试验中的排水情况　　　　　　　　　　　　　　　　　　　　表 15.4

试验类型	施加围压	施加偏应力	备注	测量参数
不排水快剪（QU）	不排水	不排水	通常在 10min 左右达到破坏应变率	总应力 c_u
不固结-不排水（UU）	不排水	不排水	应变率足够慢，以使孔隙水压力稳定并量测	有效应力 c',φ'
固结-不排水（CU）	完全排水，三个试样通常在不同有效围压下固结	不排水	应变率必需足够慢，以使孔隙水压力稳定并量测	有效应力 c',φ'
固结-排水（CD）	完全排水，与 CU 试验相同	允许排水	应变率必需足够慢，以防止孔隙水压力积累	有效应力 c_d,φ'

15.5.2　饱和土测试

1. 饱和土的不排水试验（UU 试验）

除了尽可能缓慢地加载以满足孔隙水压力测量要求，UU 试验基本上与 CU 试验相似。具体步骤参见第 20.3.2 节。

接下来介绍饱和黏土试样的试验原理。在整个试验过程中不允许试样排水，见图 15.10，阀门"b"和"d"始终保持关闭状态。试样底部的孔隙水压力由压力传感器进行测量，压力传感器通过阀门"a"与压力室底部相连，具体描述见第 17 章。由于水和土颗粒不可压缩，试样内部无空气，因此应力施加过程中试样内部体积不变。

当围压作用于试样上时，附加应力由试样内部的孔隙水承担，根据式（15.4）可知，当 $B=1$ 时，孔隙水压力增量实际上与围压增量相同。改变总应力不会改变其有效应力，并且在压缩试验中所测得的抗剪强度不取决于总应力，不同围压下的三轴试验在破坏时测得的峰值偏应力相同。总应力中的莫尔圆（图 15.11 中的圆①、②、③）给出了饱和黏土的水平包络线（$\varphi_u=0$），截距黏聚力 c_u 为不排水抗剪强度。

由于偏应力增加而引起孔隙水压力的变化，对压缩试验期间测量的孔隙水压力进行绘图，如图 15.12（a）和（b）所示。任一点的孔隙水压力系数 A 可以通过式（15.10）求得，即相对于初始孔隙水压力 u_0 的变化量和偏应力进行计算得到。A 值与应变的关系见图 15.12（c）。破坏时的偏应力达到 $(\sigma_1-\sigma_3)_f$，测量的孔隙水压力表示为 u_f。因此，由式（15.11）得：

$$A_f=\frac{u_f-u_0}{(\sigma_1-\sigma_3)_f}$$

破坏时的有效应力莫尔圆见图 15.11（e），实际上所有总应力值画出的莫尔圆都相同，因此，通过此类试验无法求得有效应力包络线，但可通过固结不排水（CU）或固结排水试验（CD）得到不同的有效应力圆。

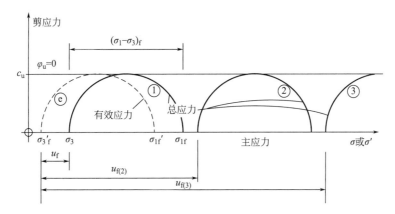

图 15.11　饱和土不排水试验的总应力和有效应力莫尔圆

需要注意的是，由于孔隙水压力可以消掉，因此无论是用总应力还是有效应力表示，偏应力始终为一定值。

$$(\sigma'_1-\sigma'_3)=(\sigma_1-u)-(\sigma_3-u)=(\sigma_1-\sigma_3)$$

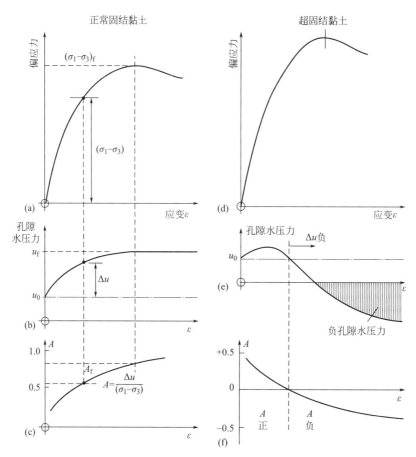

图 15.12 饱和土不排水三轴压缩试验中偏应力、孔隙水压力变化和应变系数 A 的典型示意图

(a)，(b)，(c) 正常固结黏土；(d)，(e)，(f) 超固结黏土

在一维固结试验中，正常固结黏土的不排水抗剪强度 c_u（$\varphi_u = 0$）随着含水量的减小而均匀增加，含水量则随着埋深的增加而均匀减小。因此，不排水抗剪强度随着埋深的增加而增加。对于特殊黏土，c_u/σ_v' 的比值为一常数，其中 σ_v' 是与深度有关的竖向有效应力。不同黏土的比值各不相同，斯肯普顿（1957）研究发现这一比值与黏土塑性指数（I_P）有关，见式（15.25）。

$$\frac{c_u}{\sigma_V'} = 0.11 + 0.0037 I_P \tag{15.25}$$

这一关系仅适用于正常固结黏土，对于超固结黏土则有更复杂的理论关系式（Atkinson 和 Bransby，1978）。

2. 饱和土的固结-不排水试验

本节主要介绍固结-不排水试验，其基本步骤参见第 19 章。假定试样为正常固结饱和黏土，在施加偏应力前固结至所需的有效应力，随后剪切至破坏。

为了进行固结，阀门"b"（图 15.10）的排水管线连接至开放式量管，或连接至反压系统，围压增加后，反压系统的孔压 u_b 小于试样中的孔隙水压力 u_1。如果排水与大气连通，则 $u_b=0$。

有效应力的变化见图 15.13，图中展示了孔隙比 e 随有效围压 σ'_3 变化的曲线。试样初始孔隙比为 e_0 且处于零应力状态，但是通常来说会有很小的负孔压（$-u_0$）（点 I）。施加围压 σ_3 会使得孔压增加至 u_1，孔隙比保持不变，此时有效应力为 (σ_3-u_1)（点 A）。

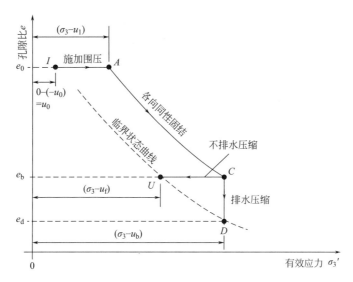

图 15.13　各向同性固结和压缩过程中孔隙比随有效围压的变化（不排水和排水）

打开阀门"b"，固结开始（图 15.10）。水从试样内部排出，进入反压系统直到孔隙水压力与反压相等。由于黏土渗透系数较小，所以这一步骤需要持续一段时间。试样固结至较高的有效应力状态时，即等于 (σ_3-u_b)，相应孔隙比 e_b 大于初始孔隙比（图 15.13 中的点 C）。因此试样也比初始状态时更加密实和坚硬。

固结完成后，关闭阀门"b"以防止进一步排水，并且使围压保持不变。尽可能慢速地进行压缩试验，保持孔隙水压力不低于原始孔隙水压力的 95%。体积压缩期间，孔隙比保持恒定，但孔隙水压力增加，有效应力降低。试样达到破坏的孔隙水压力 u_f 和有效围压 (σ_3-u_f) 见图 15.13（U 点）。如果持续压缩过程中孔隙水压力不再继续变化，U 点代表该有效应力的临界状态，位于"临界状态线"上。

根据图 15.14（a）总应力莫尔圆⑤和图 15.11 圆①的峰值偏应力相比可见，固结试样破坏时的偏应力比未固结试样应力水平高。如图 15.14（b）的圆⑧为破坏时的有效应力莫尔圆。试样在高围压下发生固结，拥有较高的初始有效应力，得到的附加有效应力莫尔圆为⑨和⑩。每个试样的 A 和 A_f 的值均可通过 UU 试验求得。

沿着莫尔圆画一条直线可得出斜率和截距分别为 φ' 和表观黏聚力 c'。有效应力参数见式（15.3），并在实际工程中得到了广泛的应用。图 15.11 中的有效应力圆ⓔ为圆④，代表未发生固结条件下的莫尔圆。

3. 饱和土的排水试验

CD 试验为第 19 章介绍的第二个基本试验。

假定试样为正常固结饱和黏土，按照 CU 试验中相同的围压进行固结（图 15.13 中

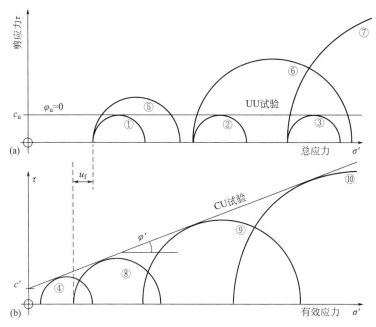

图 15.14　饱和土不排水三轴压缩试验的莫尔圆

(a) 总应力；(b) 有效应力

AC 线）。在压缩阶段，打开阀门"b"允许水进一步排出（图 15.10）。应变施加速率应该足够小，以避免产生较大的超孔隙水压力，即确保试样内的孔隙水压力与固结后的基本一致。同时有效应力变化量等于总应力变化量。孔隙水压力随着试样内水的排出而减小，试样内排水体积与试样体积变化量相等。

试样破坏时（图 15.13 中 D 点），孔隙水压力比减小至 e_d，有效围压保持恒定 $(\sigma_3 - u_b)$。若保持恒定体积进行压缩，则 D 点位于"临界状态线"上。

正常固结黏土在排水压缩试验中的应力应变曲线和体变曲线见图 15.15（a）和（b），而超固结黏土的相应曲线见图 15.15（c）和（d）。在不排水试验中，体变曲线反映了孔隙水压力变化的曲线形态（图 15.12）

三个相同的试样，分别固结到不同的有效应力，最后得到破坏时的有效应力莫尔圆，见图 15.16。这些莫尔圆的破坏包络线倾角和截距分别为 φ_d 和黏聚力 c_d。排水抗剪强度可应用于有效应力公式（15.3）中。临界状态的 φ_d 值等于从 CU 试验中测试获得的 φ' 值。对于大多数实际应用而言，参数 (c_d, φ_d) 与 (c', φ') 相同是可以接受的，通常使用后者的符号进行表示。

超固结黏土的剪切试验在第 15.5.4 节讨论。

15.5.3　非饱和土

在非饱和土试样上施加围压增量 σ_3，压缩黏土产生的孔隙水压力增量却小于 σ_3，B 值小于 1。有效应力增量等于 $(1-B)\sigma_3$，随着 σ_3 的增加，试样强度也增加，直至试样达到饱和。B 值可根据观察到的孔隙水压力变化并通过式（15.4）求得。

本书不涉及非饱和土的三轴试验。

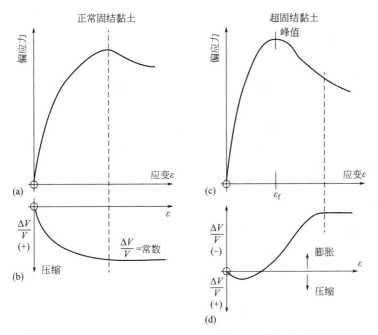

图 15.15 饱和土排水三轴压缩试验中偏应力和体积应变的关系图
（a）和（b）正常固结黏土；（c）和（d）超固结黏土

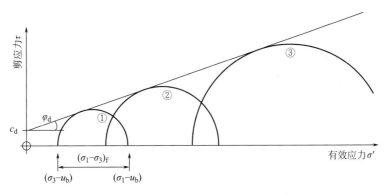

图 15.16 排水三轴压缩试验有效应力的莫尔圆

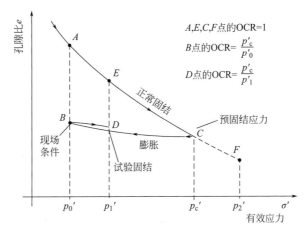

图 15.17 超固结比（OCR）与孔隙率/有效应力关系图

15.5.4　超固结黏土

1. 超固结

当前期固结应力 p'_c 大于现有固结有效应力 p'_0 的土称为超固结土。沉积过程中，固结至 p'_c 处的正常固结曲线，如图 15.17 中的曲线 AEC 所示。例如，垂直有效应力随着覆盖层的侵蚀而减小，从而导致一定深度处的土样在较低的应力 p'_0 下膨胀至 B 点，产生超固结状态。B 点的超固结比（OCR）等于 p'_c/p'_0。在相同有效应力下，超固结黏土（B 点）与正常固结黏土（A 点）相比，孔隙率更小，密度更大，并且更坚硬。

2. 排水剪切强度

试验时，向试样施加一大于 p'_0 但小于 p'_c 的有效应力 p'_1，使试样固结至图 15.17 中的 D 点，同样表示在图 15.18（d），σ' 轴上的有效应力代表与剪切面垂直的应力。固结试验的应力应变曲线，见图 15.18（a）中的曲线 D（坐标 $t = (\sigma_1 - \sigma_3)/2$）。剪切过程中相应的体积变化见图 15.18（c）。

图 15.18（a）中的曲线 E 代表相同有效应力 p'_1 下正常固结黏土的强度。曲线 D 的峰值强度大于曲线 E 的峰值强度，这表示抗剪强度的"剪胀分量"，具体见第 15.4.3 节。

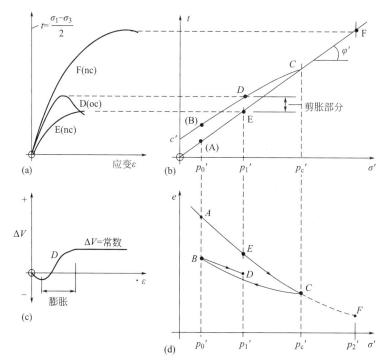

图 15.18　超固结黏土排水剪切试验

（a）破坏面上的剪切应力与应变的关系；（b）剪切应力与法向有效应力的关系；
（c）体积变化与应变的关系；（d）孔隙率与有效法向应力的关系

有效强度包络线见图 15.18（b）。对于有效应力小于前期固结应力 p'_c，包络线略微呈曲线，黏聚力为截距 c'。当压力大于 p'_c（如 F 点，p'_2），则包络线与正常固结黏土相同，包络线通过原点且倾斜角为 φ'，点 C 与应力 p'_c 对应。

从原位取土时，土样发生卸载，即使正常固结土都会发生轻微的超固结。因此，在有效固结压力小于平均原位有效应力的情况下进行试验通常得到黏聚力截距。

3. 不排水抗剪强度

超固结黏土的不排水试验应力-应变曲线见图 15.12（d）、（e）和（f），得到孔隙水压力变化和 A 值。当试样发生剪胀时，孔隙水压力变回初始值 u_0，孔隙水压力变化系数 A 则为 0。当初始孔压 u_0 不够大时，持续的剪胀会使得实际孔隙水压力降至 0，然后降为负值，见图 15.12（e）。试验中应通过反压避免这种现象的发生，详细操作见第 15.6 节。

15.5.5　三轴固结

1. 原理

在开始固结排水或固结不排水压缩试验之前，先在三轴压力室内将饱和土样进行固结。通常先对试样进行饱和以确保完全饱和，当 B 值无限接近 1 时停止，试验过程在第 15.6 节详细描述。

在三轴压力室内的固结过程中，试样各个方向施加相等的压力，因此固结可认为是"各向同性"的。超静孔隙水压力的消散通常由试样顶端开始，见图 15.19（a）。通过在低渗透性土试样侧面设置滤纸形成径向排水边界，从而增加固结速率，见图 15.19（b）。通常可忽略不排水层，因此排水仅从顶端进行（图 15.19c）。在基底进行孔隙水压力的测量，因此为不排水面。

可以在各向同性或各向异性应力条件下进行三轴固结试验，以确定固结特性。各向同性固结试验中，径向力和轴向力相等，在第 20.2 节中介绍。各向异性固结试验中，轴向力超过径向力，在第 20.3 节进行介绍。本书不涉及其他类型的各向异性固结试验。

下面的理论原理涉及各向同性固结和三轴压缩试验所需参数的推导。低渗透性土的固结原理和时间效应见第 2 卷第 14.3 节。

2. 孔隙水压力分布

图 15.19（d）为带有顶端排水装置的圆柱体黏土试样。固结前，在围压 σ_3 作用下试样内孔隙水压力为 u_i，并且沿试样高度均匀分布，如图 15.19（e）中的线"i"所示。关闭阀门"b"（图 15.10）后，压力系统保持恒定的压力 u_b，其数值小于 u_i。

打开阀门"b"，试样开始固结，顶部透水石内的超静孔隙水压力（$u_i - u_b$）瞬间降至 u_b，试样顶面的孔隙水压力也是此值。图 15.19（e）中的曲线（1）表示试样内部孔隙水压力沿试样高度的分布规律。由于黏土的渗透系数低，试样内部水只能缓慢流出。因此，随着水的排出，试样内部超静孔隙水压力也缓慢降低，试样底部孔隙水压力变化的滞后性最为显著。图 15.19（e）中的曲线（2）、（3）、（4）以及（5）表示连续时间间隔对应的孔隙水压力分布规律（等时线）。理论上均布孔压等于 u_b（曲线 f）的完全饱和条件一般无法实现，但在固结结束后，试样底部的超静孔隙水压力小于孔隙水压力消散量的 5%，即 $0.05（u_i - u_b）$ 以内是容许的。这代表超静孔隙水压力消散了 95%。

固结过程中，试样内部的孔隙水压力沿深度呈非线性分布，且是不均匀分布的，通常

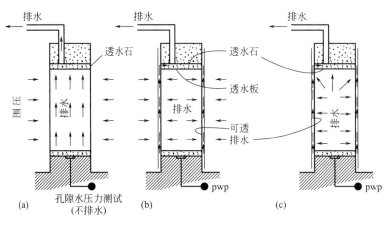

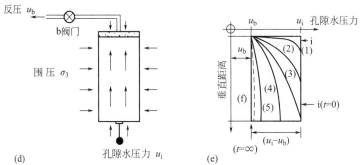

图 15.19 三轴试验试样固结

（a）顶部竖向排水；（b）径向边界排水；（c）顶部和径向边界排水；

（d）常规试验条件；（e）垂直排水固结过程中的孔隙水压力等值线

假定为抛物线分布。如果将固结开始后试样底部测得的孔隙水压力记为 u，试样内部的平均孔隙水压力 $\bar{u}$ 约等于

$$\bar{u} = \frac{2}{3}u + \frac{1}{3}u_b \tag{15.26}$$

出于实际考虑，如果 u 与 u_b 的差值不大，则假定为线性分布：

$$\bar{u} = \frac{1}{2}(u + u_b) \tag{15.27}$$

方便起见，U（％）记为孔隙水压力消散比，任一时间的孔隙水压力消散比与试样底部孔隙水压力有关，公式为

$$U = \frac{u_i - u}{u_i - u_b} \times 100\% \tag{15.28}$$

3. c_{vi} 计算

各向同性固结的固结系数记为 c_{vi}，与第 2 卷第 14.3.7 节介绍的采用平方根时间曲线进行拟合计算的方法不同，这里采用固结阶段的数据作图进行计算。记录固结期间试样内部排出水的体积（对于饱和试样来说，等于试样体积变化量），绘制随时间平方根（min）变化的曲线，见图 15.20。对于任意排水条件，从曲线的初始阶段到 50% 固结时，排水边

界条件近似为线性分布。延长直线段与水平线相交，X 点表示固结完成。固结完成时，至少 95％的孔隙水压力应该已消散。在 X 点读取 $\sqrt{t_{100}}$ 的数值，平方后得到 t_{100}，即代表理论上达到 100％固结。c_{vi} 可通过下式求得：

$$c_{vi} = \frac{\pi D^2}{\lambda t_{100}} \tag{15.29}$$

式中，D 为试样直径（mm）；L 为试样长度；λ 为与排水边界条件相关的常数；c_{vi} 的单位为 m^2/a，t_{100} 的单位为 min，因此：

$$c_{vi} = \frac{\pi\left(\dfrac{D}{1000}\right)^2}{\lambda\left(t_{100}/60 \times 24 \times 365\right)} m^2/a \tag{15.30}$$

$$= \frac{1.652 D^2}{\lambda t_{100}} m^2/a$$

试样的长径比 L/D 定义为 r。对于常规比例（$r=2$）的试样，5 种不同排水边界条件的 λ 值见表 15.5。对于仅有环向边界排水的情况，λ 与 r 无关。

式（15.30）计算的基础数据 c_{vi} 总结于表 19.5 中，详见第 19.7.2 节，通过该方法计算所得的 c_{vi} 仅可用来估算三轴试验的破坏时间，如第 15.5.6 节所述。

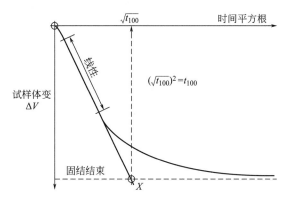

图 15.20　三轴试样体积变化平方根时间固结曲线的理论推导（t_{100}）

4. 压缩系数计算

各向同性固结试验中的体积压缩系数记为 m_{vi}，表示单位体积的变化与有效应力变量的比值（$\Delta V/V$）。

$$m_{vi} = -\frac{\dfrac{\Delta V}{V}}{\Delta \sigma'}$$

在国际单位中，$\Delta \sigma'$ 的单位为 kPa，

$$m_{vi} = -\frac{\Delta V}{V} \times \frac{1000}{\Delta \sigma'} m^2/MN \tag{15.31}$$

m_{vi} 的计算方法与 m_v 相似，但不完全一样，它是由固结试验求得（第 2 卷第 14.3.10 节）。典型的近似关系式如下：

$$m_{vi} = 1.5 m_v$$

5. 渗透系数计算

土样竖向渗透系数 k_v，可通过下式进行计算：

$$k_v = 0.31 c_{vi} m_{vi} \times 10^{-9} \, \text{m/s} \tag{15.32}$$

与第 2 卷第 14.3.11 节式（14.29）相同，当采用侧向排水时，计算该值意义不大。

15.5.6　压缩试验中的破坏时间

1. 压缩过程中的超静孔隙水压力消散

饱和土的三轴压缩试验中，根据式（15.7）可知，随着偏应力的增加试样内部超静孔隙水压力增大。在进行黏土的排水三轴试验时，试样达到破坏前，应尽可能缓慢地进行试验以确保超孔隙水压力的消散。在不排水试验中，如果要进行相应测量，则试样内部允许产生超静孔隙水压力，同时应该确保有足够的时间使试样内部压力充分平衡，时间效应将在后面介绍。

超静孔隙水压力 100% 消散时的正常固结黏土试样的排水抗压强度记为 s_d。超静孔隙水压力消散为零时的不排水抗剪强度记为 s_u。对于同一初始孔隙水压力和有效围压下的试样，s_u 应该小于 s_d。允许孔隙水压力部分消散的相似试验测量的抗压强度则位于 s_d 与 s_u 之间。如果孔隙水压力消散度为 U（%），则试样偏应力 $(\sigma_1 - \sigma_3)_f$ 可表示为：

$$(\sigma_1 - \sigma_3)_f = s_u + \frac{U}{100}(s_d - s_u) \tag{15.33}$$

亨克尔和吉尔伯特（Henkel 和 Gilbert，1954）引入固结理论计算三轴压缩试验中的超静孔隙水压力消散问题。他们给出了试样破坏时孔隙水压力消散度 $\overline{U}_f$（%）的表达式：

$$\frac{\overline{U}_f}{100} = 1 - \frac{L^2}{4\eta c_{vi} t_f} \tag{15.34}$$

式中，L 为试样长度（Bishop 和 Henkel，1962，为 $2h$）；c_{vi} 为各向同性固结系数；t_f 为试样破坏的时间，与试样边界的排水条件有关。

毕肖普和亨克尔（1962）介绍了 5 种边界条件下的 η 值，见表 15.5。对于端部排水，试样比例并不重要，但是对于径向排水，η 值取决于试样长度，即试样长度是直径的两倍。

计算 c_{vi} 和破坏时间的因素　　　　　　表 15.5

固结排水情况	η	λ		$F(r=2)$	
		$L/D=2$	$L/D=r$	排水试验	不排水试验
从一端	0.75	1	$r^2/4$	8.5	0.53
从两端	3.0	4	r^2	8.5	2.1
仅从径向边界	32.0	64	64	12.7	1.43
从径向边界到一端	36	80	$3.2(1+2r)^2$	14.2	1.8
从径向边界到两端	40.4	100	$4(1+2r)^2$	15.8	2.3

注：本表仅适用于低灵敏度土的塑性变形，表中数值与 BS 1377-8：1990 表 1 对应。

2. 排水试验中的破坏时间

在计算试样排水压缩强度时，理论上，试样内部 95％ 超静孔隙水压力消散是可以接受的。在式（15.34）中设 U_f 为 95％，代入后进行计算，排水试验中试样达到破坏所需时间为：

$$t_f = \frac{L^2}{0.2\eta c_{vi}} \tag{15.35}$$

联合式（15.35）与式（15.29），试样达到破坏所需时间 t_f，可通过 t_{100} 直接进行计算，无须预先确定 c_{vi}，即

$$t_f = \left[\frac{5r^2}{\pi} \frac{\lambda}{\eta}\right] t_{100} \tag{15.36}$$

式中，$r = L/D$。

对于常规试样尺寸 $r = 2$，可表示为：

$$t_f = \left[\frac{20}{\pi} \frac{\lambda}{\eta}\right] t_{100} \tag{15.37}$$

乘积（$20\lambda/\pi\eta$）记为 F，具体数值见表 15.5。r 值可依据表 15.5 中的相关参数 λ 和 η 结合式（15.36）计算。

3. 不排水试验的破坏时间

布莱特（Blight，1964）提出了试样内部孔隙水压力消散达 95％ 时的不排水试验试样破坏时间计算公式。t_f 与 c_{vi} 之间的关系取决于是否使用侧向排水。

对于无侧向排水的试样，布莱特公式为 $t_f = 1.6H^2/c_{vi}$，设 $H = L/2$，

$$t_f = \frac{0.4L^2}{c_{vi}} \tag{15.38}$$

将 c_{vi} 用公式（15.29）表示

$$t_f = \frac{0.4L^2}{\pi D^2} \cdot \lambda t_{100} \tag{15.39}$$

设 $L/D = r$

$$t_f = 0.127r^2\lambda t_{100}$$

表 15.5 中，对于从一端排水，$\lambda = r^2/4$。因此

$$t_f = 0.0318r^4 t_{100} \tag{15.40}$$

对于常规试样，$r = 2$

$$t_f = 0.127 \times \frac{16}{4} t_{100} = 0.508 t_{100}$$

对于仅在压缩阶段设置侧向排水边界的试验，由布莱特公式可知相应的关系如下：

$$t_f = \frac{0.0175L^2}{c_v}$$

即

$$t_f = \frac{0.0175\lambda}{\pi} \cdot \frac{L^2}{D^2} t_{100} \tag{15.41}$$

代入 $L/D = r$，$\lambda = 64$（表 15.5）

$$t_{\mathrm{f}} = \frac{0.0175 r^2 \times 64}{\pi} t_{100}$$

即

$$t_{\mathrm{f}} = 0.3565 r^2 t_{100} \tag{15.42}$$

如果 $r = 2$，则 $t_{\mathrm{f}} = 1.43 t_{100}$。

对于从径向边界排水的情况，从一端或从两端进行排水，上述系数与 λ 值成比例增加，得出的 F 值如表 15.5 的最后两行所示。

表 15.5 中给出的与 t_{f} 至 t_{100} 相关的所有因子（F）均适用于高度等于直径两倍（$r = 2$）的试样。对于其他 r 值，可通过式（15.40）或式（15.42）计算求得。

15.5.7　压力的估算

如果假定峰值摩擦角为 φ'，则可以估算在某一有效围压下，试样可以承受的理论峰值偏应力，以及引起破坏所需的轴向力。这一估算可为试验所需测力环或力传感器的量程选择提供参考（参见第 19.3.6 节）。

在图 15.21 的莫尔-库仑破坏准则中，莫尔圆代表某一有效围压 σ_3' 下的峰值破坏情况。就 σ_3' 和 φ' 而言，需要用 X 表示偏应力（$\sigma_1 - \sigma_3$）。由于 OA 是圆 C 的一条切线，则 $OC = (\sigma_1' + \sigma_3') / 2$，即

$$\sin\varphi' = \frac{AC}{OC} = \frac{x/2}{(\sigma_1' + \sigma_3')/2} = \frac{x}{(\sigma_1' + \sigma_3')}$$

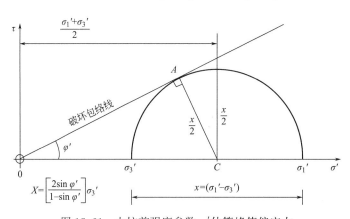

图 15.21　由抗剪强度参数 φ' 估算峰值偏应力

然而，由于 $X = \sigma_1' - \sigma_3'$

$$\sigma_1' = X + \sigma_3'$$

因此，

$$\sin\varphi' = \frac{x}{x + 2\sigma_3'}$$

即

$$x = \frac{2\sin\varphi'}{1 - \sin\varphi'} \sigma_3' \tag{15.43}$$

产生这一压力所需的轴向力 $P = A \cdot x$。其中 A 为试样破坏时的截面面积。由于试样压缩，截面面积大于初始面积 A_0。考虑到面积增加 20%（对应应变为 17%），可知轴向力 $P = 1.2 A_0 x$

$$P = 1.2 A_0 \frac{2\sin\varphi'}{1 - \sin\varphi'}\sigma_3'$$

如果 A 的单位为 mm^2，σ_3' 为 kPa，P 的单位为 N，公式可变为：

$$P = \frac{2.4\sin\varphi'}{1 - \sin\varphi'}\frac{A_0}{1000}\sigma_3' \tag{15.44}$$

此公式是第 19.3.6 节图 19.7 的基础。

15.5.8　试验类型的影响

1. 饱和黏土和砂土

将上述试验结果与第 2 卷第 13 章中所述的基于总应力的"快速不排水"试验结果进行对比，可以看出，土样强度在很大程度上取决于试验类型。例如，仅就总应力而言，饱和黏土的黏聚力 c_u 为不排水抗压强度的一半，且 φ_u 为零。然而，当与有效应力相关时，可获得较高的 φ' 值（尽管不如典型的砂土 φ' 高），而截距黏聚力 c' 却远小于 c_u。在"快速"剪切试验中，孔隙水压力和有效应力是未知的。

如果在不排水的条件下进行试验，则可以在饱和砂土中看到相反的现象。对于高于一定值的围压，测得的抗压强度与围压无关，即与饱和黏土一样，$\varphi_u = 0$。但如果施加的压力低于该值，则压缩过程中的孔隙水压力下降将受到试样剪胀变形时水气释放的限制，然后在该围压范围内获得一个 $\varphi_u > 0$ 的包络线，见图 15.22（Bishop 和 Eldin，1950；Penman，1953）。理论上，围压小于一个负的标准大气压时（$-p_a$），土体抗剪强度应等于 0，其中 p_a 为标准大气压。

在许多方面，松砂的应力应变、孔隙水压力和体积变化特征与正常固结的黏土相似。密砂的响应类似于超固结黏土。

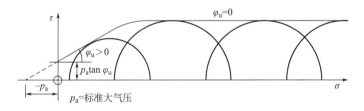

图 15.22　饱和砂土不排水三轴试验的莫尔圆

2. 测量强度对比

对于相同的正常固结土试样，在相同围压 σ_3 下进行不排水试验，固结不排水和固结排水试验结果之间的关系如图 15.23 所示。破坏时的有效应力圆全都与由试样参数 c'，φ' 定义的莫尔-库仑包络线相切。

测量试样破坏总应力莫尔圆的不固结-不排水试验用 UU 表示。从试样安装到破坏，孔隙水压力变化 u_f 由两部分组成，第一部分（u_c）是由于施加围压而产生的，第二部分

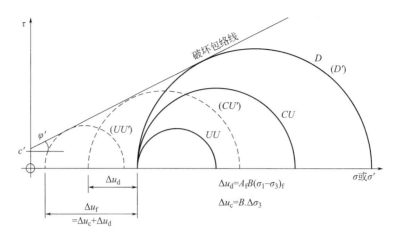

图 15.23 正常固结土三轴试验的莫尔圆

（u_d）是由于偏应力引起的。破坏时的有效应力莫尔圆 UU′ 从总应力莫尔圆向左偏移量为：

$$\Delta u_f = \Delta u_c + \Delta u_d$$

其中

$$\Delta u_c = B \Delta \sigma_3 \tag{15.4}$$

$$\Delta u_d = A_f B (\sigma_1 - \sigma_3)_f \tag{15.7}$$

固结-排水试验测量的总应力莫尔圆记为 CU，偏应力引起孔隙水压力变化（u_d），因施加围压产生的超静孔隙水压力在各向同性固结阶段逐渐消散。有效应力圆 CU′ 偏移量为 u_d，因此大于 UU′ 试验中的偏移量。

排水试验中，固结过后孔隙水压力不发生变化，因此有效应力圆与圆 D 相同，它也是三个圆中最大的。

3. 不排水和排水条件下的参数

基于峰值偏应力破坏准则，CU 试验中测量的有效应力参数 $c′$ 和 $\varphi′$ 与 CD 试验中测量的 c_d 和 φ_d，由于试验类型的不同，在理论上应该是不相等的。

排水试验中试样的体积会发生变化，如果试样在破坏时发生膨胀，则必需在围压以外施加额外的作用力。这就是第 15.4.3 节中提到的土的膨胀导致抗剪强度提升，从而使测量得到的强度增加。试样破坏时发生收缩会出现相反的情况。但是，$c′$、$\varphi′$ 和 c_d、φ_d 之间的差异仅在膨胀性强的土中较为明显（例如重超固结黏土），而在工程应用中，通常认为两者是相同的。

15.6 试样饱和与反压施加

15.6.1 原理

1. 饱和原因

饱和土的三轴压缩试验中，有一系列标准设备和步骤用于测量孔隙水压力。然而，对于非饱和土，包含与孔隙水压力不同且更为复杂的孔隙气压。孔隙气压的测量较为困难，本书不作介绍。在大量的有效应力三轴试验中，通过在试验初始阶段将试样完全饱和而避免这一难题。

有一些特殊情况是不需要甚至不希望通过常规程序实现完全饱和。但当试验的主要目的是测量最初未完全饱和的土样在破坏时的抗剪强度时，通常首先对试样进行饱和。即使对于最初看起来完全饱和的试样，通常也应按常规程序检查饱和度，并在必要时进行进一步的饱和度测量。详细过程见第 19 章的介绍。

2. 饱和原理

通过提高孔隙水压力使得最初在孔隙中的空气溶解到水中，从而实现饱和。同时提高围压以保持试样内部产生较小的有效应力。第 19.6.1 节介绍了实现此目标的几种方法。理想情况下，围压和反压同时提高，以确保二者差值保持恒定。

实际操作中常用方法：对孔隙流体施加逐步增大的反压，同时施加围压。反压通常比围压小以确保有效应力为正。每次升高围压时，同时检查 B 值。

3. 维持饱和

一旦试样饱和，升高的孔隙水压力应尽量保持恒定。当孔压降低至 150kPa 以下，这可能导致溶解的空气再次以气泡形式释放出来。对于排水试验，排水管应与反压系统连接，整个试验过程中反压应至少保持在 300kPa 以上。

4. 空气向水中扩散

通过施加反压饱和不仅能够排出试样内部的空气，而且可以减少排水管和孔压管内残留的气泡。李和布莱克（Lee 和 Black，1972）研究了反压作用下气泡溶解于孔隙水的过程。排水管中气泡的溶解时间取决于排水管的初始长度和直径。气泡在被溶解吸收之前，由大变小。与大口径管中体积相近的气泡相比，小口径管中的气泡溶解所需时间要长得多，因为其与水直接接触的气体表面积较小。李和布莱克（1972）总结了两种直径管中气泡扩散的时间效应，如图 15.24 所示。扩散速度几乎不受常温变化或 140~560kPa 水压的影响。

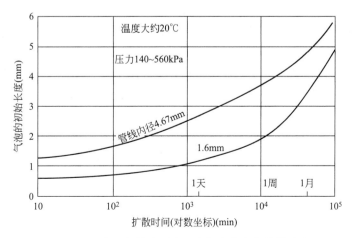

图 15.24　小口径管内压力下空气向水中的扩散速率

室内土工试验手册 第3卷：有效应力试验（第三版）

试验时必需排出小口径管中的气泡，因为它们可能会阻塞水流。

15.6.2 施加反压的优点

升高反压以使试样达到完全饱和的优点如下：

（1）当达到完全饱和时，由于压力作用使得试样孔隙中的空气溶解到流体内。孔隙中无气相存在，否则会影响孔隙水压力测量的精度。

（2）橡胶膜和试样间的空气都会被排出。

（3）剪切过程中试样如果发生膨胀，排水试验中水可自由吸入，而不会由于气泡阻碍水的流动。

（4）不排水试验中的试样，最初施加足够高的反压可以防止孔隙水压力在试样剪胀时降到大气压以下，使测得的压力保持正值。在实践中，孔隙水压力不应降至150kPa以下。

（5）孔压和反压系统中残留的气泡可被排出，提高了孔隙水压力测量的响应时间，并且避免了气泡阻止向反压系统排水。

（6）如果试样通过施加反压实现饱和，则可以在最初非饱和土试样上进行准确的渗透系数测量。

15.6.3 孔隙气体在水中的溶解度

1. 反压系统进水

由于压力使部分空气溶解在水中，在非饱和试样内部注入除气水至试样达到平衡状态时，增加了试样的饱和度。饱和度由最初的 S_0 增加至 S 所需的理论附加压力（反压）u_b，可以通过下式计算（Lowe 和 Johnson，1960）：

$$\Delta u_b = [p_0] \frac{(S-S_0)(1-H)}{1-S(1-H)} \tag{15.45}$$

式中，$[p_0]$ 为初始绝对压力；H 为亨利溶解度系数（在 20℃下，$1cm^3$ 水约含有 $0.02cm^3$ 空气）（Henry，1803）。当达到完全饱和（即 $S=1$），式（15.45）可写为：

$$\Delta u_b = [p_0] \frac{1-H}{H}(1-S_0) \tag{15.46}$$

令 $H=0.02$，

$$\Delta u_b = 49[p_0](1-S_0) \tag{15.47}$$

若初始压力 $[p_0]$ 为大气压，将标准大气压 101.325kPa 代入式（15.47）则可得：

$$u_b = 4965(1-S_0)kPa \tag{15.48}$$

两者的关系曲线见图 15.25（a），并总结至表 15.6 中。最终饱和值为 99.5% 和 99.0% 的曲线分别为曲线（a）下方的两条线 [即式（15.45）中 $S=0.995$ 和 0.990]。

2. 恒定含水量下加压

理论上，非饱和试样孔隙内部的饱和度能够通过增大围压来提高，相当于无须额外加水即可提高气压。孔隙气压力理论升高值记为 u_a，需要饱和度达到 100%（$S=1$），可通过下式计算（Bishop 和 Eldin，1950）：

$$\Delta u_a = [p_a] \frac{1-S_0}{S_0 H} \tag{15.49}$$

38

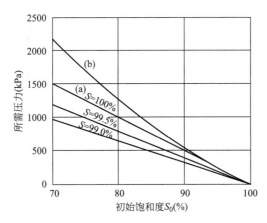

图 15.25　初始非饱和土达到饱和所需的压力
（a）施加反压；（b）仅施加围压

用 $[p_0]$ 替换 H，上式变为

$$u_a = 5066\left(\frac{1-S_0}{S_0}\right) \text{kPa} \tag{15.50}$$

图 15.25 曲线（b）和表 15.6 展示了这一关系，显然，当 S_0 小于 95%，如果仅升高空气压力，不加入额外的水，则需要足够高的压力才能实现完全饱和。当非饱和试样仅围压增加时，孔隙气压力的增加值可能小于围压增量，而在坚硬或具有"胶结"结构的试样中则要小得多。因此，对于初始饱和度相对较高的软土试样，通过只增加围压进行饱和是可行的。

饱和理论孔隙压力　　　　　　　　　　　　　　　　　　　　　　　表 15.6

初始饱和度 S_0(%)	需求的理论孔隙压力(kPa)	
	反压	仅围压
100	0	—
95	250	267
90	500	563
85	750	894
80	990	1266
75	1240	1690
70	1490	2170

15.6.4　饱和所需压力和时间

1. 传统方法

当尝试通过施加反压使试样达到饱和时，需要关注的两个因素分别是压力和时间。

当进行此步骤时[在第 19.6.1 节中的方法（1）中所述]，通过测量孔隙水压力对每次围压增量的响应并根据式（15.4）计算 B 值，从而监测饱和度。逐步增加反压，直到获得合适的 B 值。一般认为 $B=0.95$ 时代表试样几乎完全饱和。

孔隙水压力的监测需要每个阶段维持足够长的时间以达到平衡状态。因此，此处提到的两个因素是通过试验确定的，但是有时出于实际原因，如果一个阶段运行时间过长，则可以适当缩短该阶段。可以从以下概述的数据中对某些特定类型土样反压饱和所需的压力和时间进行预测。

2. 所需压力

饱和试样所需的理论压力可通过式（15.48）计算或由图15.25得到。这也说明了由式（15.45）得出的最终饱和度刚好低于100%时所需的压力。实践中，未扰动试样饱和所需的反压可能比计算值低。

如果施加的压力足以达到饱和目标，则具体数值并不重要。压缩阶段所需的有效应力是通过固结确定的，等于固结结束时围压与孔隙水压力之差，而与它们的实际值无关。

3. 所需时间

当按照博伊尔（Boyle）定律将加压的除气水注入试样孔隙中时，由于空气的压缩，饱和度会骤然增加。如果保持压力不变，则饱和度会随着水中空气的溶解而进一步增大，但是由于空间有限，气泡的扩散速度较慢，因此该过程要花费一些时间。时间长短由扩散快慢决定，而非土的低渗透性。布莱克和李（1973）研究了时间因素，此处介绍其中的一些发现。这些数据是由布莱克和李对71mm直径的纯砂土试样进行试验得出的，尽管在黏土中也可以观察到类似的时间效应。

在适当的反压（前面已提到）下达到饱和所需的时间取决于试样的初始饱和度，以及是否要得到100%的饱和度或是否可以接受稍低的值。达到最终饱和度值99.0%、99.5%和100%的理论时间，见图15.26。当初始饱和度在75%~85%范围内时，所需时间最长。当初始饱和度超过95%时，所需时间急剧下降，并且大孔隙间相互连通，水很容易渗入。如果可以接受99.5%或99.0%的饱和度，则可以节省大量时间。

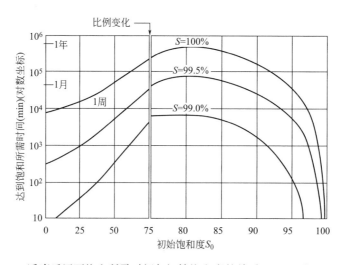

图15.26　适当反压下饱和所需时间与初始饱和度的关系（Black 和 Lee，1973）

实践中，理论上达到100%饱和度所需时间通常超过一天，甚至可达数周。为方便应用，必需接受饱和度小于 100％的折中办法。相关建议见第 15.6.6 节。

15.6.5　饱和标准

1. 土的类型

将所需的 B 值与土的性质联系起来更贴合实际，而不是在所有情况下都使用 $B=0.95$ 作为饱和标准。重要的是需要考虑饱和度小于 100％是否会对孔隙水压力响应产生重大影响，或者饱和度达到 99.0％时试样是否完全饱和。

对于软土来说，100％饱和时的 B 值接近 1，97％饱和度对应的 B 值为 0.95。因此，在软土中很容易获得公认的"饱和度"（$B=0.95$），但对于证明完全饱和假设来说还不够。在坚硬的试样中，饱和时的 B 值可能明显小于 1.0，而对于非常坚硬的材料，其 B 值可能略高于 0.9。在这些情况下，即使在 100％的饱和度下，理论上也无法达到 $B=1$，并且可能会浪费大量时间和精力。

为研究饱和效果，布莱克和李（1973）将土划分为四类：

（1）软土：松软正常固结黏土；

（2）中硬土：轻度固结的土，压实黏土和粉土；

（3）硬土：超固结硬黏土，标准砂；

（4）超硬土：十分坚硬的黏土，十分致密的砂土，高有效应力固结土，具有坚硬结构的压实黏土，胶结和弱胶结土。

大多数黏土在承受较小的压力增量时显示出较高的刚度。因此，施加的压力增量大小应合理，例如 50kPa 或 100kPa。

表 15.7 总结了这四种试样分别在 100％饱和度及以下的典型 B 值。在图 15.27 中，还以图形方式呈现了初始饱和度从 85％到 100％的 B 值。

典型土在饱和度接近饱和时的 B 值　　　　　　　　　　　　表 15.7

土体类别	饱和度（％）		
	100	99.5	99.0
软土	0.9998	0.992	0.986
中硬土	0.9988	0.963	0.930
硬土	0.9877	0.69	0.51
超硬土	0.913	0.20	0.10

注：Black 和 Lee（1973）。

2. 建议准则

上一节中提供的数据为估算特定试样的饱和度标准提供了依据，该标准与三轴试验中的孔隙水压力测量有关。出于应用考虑，如果几个连续相等的围压增量下得到相同的 B 值，则饱和度小于 100％是可以接受的。有效压力应在每次增加时保持恒定。

如果孔隙水压力响应随围压增加而增加，则试样未饱和（Wissa，1969）。

如果可以进行精准的体积测量，则另一项检查标准是仔细观察增加反压时流入试样内的水量。当试样完全饱和时，流入量应等于在压力室管线上测得的试样体积增加量（见第

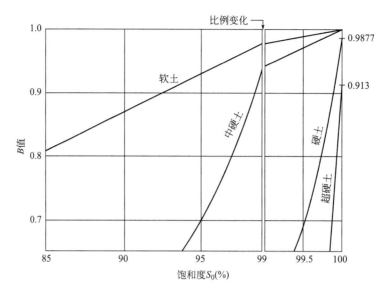

图 15.27　孔隙水压力系数 B 值与饱和度和土硬度的关系（Black 和 Lee，1973）

19.6.6 节）。

15.6.6　推荐的饱和步骤

1. 概述

在有效应力三轴试验中，一般通过施加反压来达到饱和的目的，在该试验中，以测量破坏时的剪切强度为主要目标。但这种做法可能并不适合所有土样或现场情况。理想情况下，所使用的操作应尽量模拟土样原位情况，但总是不能满足。

2. 推荐采用的操作步骤

下面概括了有关使用或不使用正常饱和程序的情况。

（1）对于以下土样类型的有效应力试验，饱和度应尽可能接近 100%，并且适宜采用第 19.6.1 节中给出的步骤。

① 原位条件下的天然饱和土（如：大坝下）；

② 在最优含水率下的压实土；

③ 达到破坏前孔隙水压力变化非常重要的非饱和土（如：小应变）。

（2）上述饱和步骤对下列条件的有效应力试验不是必需的，但是在排水管线上使用反压非常有益。

① 初始几乎饱和的土样（应检查 B 值）；

② 只有破坏（峰值）抗剪强度参数比较重要的排水试验；

③ 大于最佳含水率的压实土。

（3）对于以下类型土样，不应完全按照第 19.6.1 节所述步骤进行饱和，为了达到或验证土的完全饱和，操作步骤应按照下述方法进行改进。

① 超固结土。围压与施加的反压之间的压差可能需要大于建议的正常压差，以保持

足够高的有效应力以防止试样剪胀，这可能会导致土样结构的扰动。K_0 大于 1 的各向异性应力施加可能更适用于模拟原位条件。

② 正常固结软土。建议的压差可能会导致过早固结，因此需要采用较低的压差。同时小心测量并确定围压和反压之间的压差。小压差的测量在第 17.5.2 节中讨论。

③ 残积土。某些土样可能需要与超固结黏土一样进行处理，以防止其过度膨胀。

（4）高渗透性的土（如砂土）。内部注入除气水后试样饱和度便会发生较快的变化，可通过一个抽真空装置辅助，但应注意不能扰动土样结构。

（5）对于硬土和超硬土，几乎不可能实现 $B=1$。如第 15.6.5 节介绍，饱和度应该通过连续两个施加的反压增量后的 B 值或观察流入试样的水量来检验。

（6）对于初始饱和度相对较低的土样，不应在采用压力增量进行饱和的阶段施加有效应力循环，因为土样结构可能会发生改变。围压和反压都应连续增加，根据土样类型选择施加的压力差和压力增量。

15.7　室内试验的应用

有关将室内试验应用于不同类型实际问题的建议超出了本书的范围。但是，本卷介绍了一些强度和压缩试验以及第 2 卷提及的部分试验的应用，如表 15.8 所示。这只是提供了一般适用信息，而不是所有类型问题的解决办法的综合目录。英国岩土工程和地球环境专家协会（AGS，1998）已经发布了有关岩土工程室内试验的选取指南。该指南简要介绍了土工室内试验在不同类型的建筑、土木工程和岩土工程问题中的应用。只有完全了解现场条件和限制条件，工程师才能根据经验合理选择试验手段。

室内试验模拟现场问题的应用　　　　　表 15.8

现场问题	关键期	分析类型	参数	试验类型	备注
结构基础	（稳定）				
完整软黏土	施工结束	总应力	c_u，$\varphi_u=0$	QU 和 CU 三轴	大量不确定性
裂隙黏土			c_u，$\varphi_u=0$	QU 和 CUP 三轴	误差在一些案例可自适应补偿
（沉降）	中期	弹性	E_u	弹性模量	
	长期	固结	m_v（卸载曲线）C_c，C_s 和 p'_c	固结仪固结	通过室内试验观测沉降率不可靠
挡土墙结构	施工结束	总应力	c_u	QU 三轴	
	长期	有效应力	c'，φ'	CU 或 CD 三轴	部分固结代表阶段性施工；含水量对各向同性或各向异性的影响
路堤：填土	短期或长期	总应力	K_u	无横向变形	
	施工期	有效应力	c_u，φ_u	CD（部分饱和）	
	短期或长期	总应力	c'_d，$\varphi_d=0$	CD 三轴	

续表

现场问题	关键期	分析类型	参数	试验类型	备注
砂土	长期	有效应力	c'_d, φ_d	CD 或 CU 三轴	
	短期	有效应力	c'_d, φ_d	大剪切盒	
基础	施工期	有效应力	$\varphi', c'=0$	特定值下的 CU	
自然边坡：第一次滑动	长期	有效应力	c'_d, φ_d	CD 或 CU 三轴	
自然边坡：以前失效的斜坡（经历过溶蚀的土体）		残余强度	φ'_r	多级剪切箱或环剪	
路堑边坡	施工期	总应力	c_u	QU 三轴（拉伸和压缩）	
第一次滑动	长期	有效应力	c', φ'	CD 三轴	
以前失效的斜坡（包括经历过溶蚀的土体）		残余强度	φ'_r	多级剪切箱或环剪	
土坝	施工期	总应力	c_u	QU 或 CU 三轴	
土坝	施工期	孔隙压力影响	B	特殊应力路径试验	
	短期	有效应力	c', φ'	CU 或 CD 三轴	
水位下降，透水性土		渗透性	k	三轴渗透仪	
不渗透土	短期	有效应力	c', φ'	CU 三轴（饱和）	
		孔隙压力影响	B	特殊试验	
隧道衬砌	长期	总应力和有效应力	K_u	无横向变形	
临时开挖：完整黏土（基底隆起）	施工期	总应力	c_u	QU 或 CU 三轴拉伸（σ_v 减少）	
裂隙黏土	施工期	有效应力	c', φ'	CU 或 CD 三轴	
板桩挡土墙	当前	总应力	c_u	QU 或 CU 三轴	
	长期	有效应力	c', φ'	CU 或 CD 三轴	
在软黏土中的沉降分析	短期或长期	沉降量	C_c 和 p'_c	固结仪固结试验	
在层状土中的沉降分析	中期到长期	沉降速率	c_v, c_h	大型水力固结仪（Rowe cell）	
在裂隙土中的沉降分析	中期到长期	沉降量	E_u, E'	局部应变测量的三轴压缩：固结仪固结试验	

参考文献

Association of Geotechnical and Geoenvironmental Specialists. 1998. AGS Guide to the Selection of Geotechnical Soil Laboratory Testing. Association of Geotechnical and Geoenvironmental Specialists. Beckenham.

Atkinson, J. H. and Bransby, P. L. (1978) The Mechanics of Soils. McGraw-Hill, London.

Bishop, A. W. and Eldin, G. (1950) Undrained triaxial tests on saturated sands and their significance in the general theory of shear strength. Géotechnique, Vol. 2(1), p. 13.

Bishop, A. W. and Henkel, D. J. (1962) The Measurement of Soil Properties in the Triaxial Test, 2nd edn. Edward Arnold, London.

Black, D. K. and Lee, K. L. (1973) Saturating laboratory samples by back pressure. J. Soil Mech. Foundation Eng. Div. ASCE, Vol. 99, No. SM1, Paper 9484, pp. 75-93.

Blight, G. E. (1964) The effect of non-uniform pore pressures on laboratory measurements of the shear strength of soils. Symposium on Laboratory Shear Testing of Soils, ASTM Special Technical Publication No. 361. American Society for Testing and Materials, Philadelphia, pp 173-184.

BS 1377: Parts 1 to 8: 1990. Methods of Test for Soils for Civil Engineering Purposes. British Standards Institution, London.

BS EN ISO 1997-2:2007. Eurocode 7-Geotechnical Design-Part 2:Ground Investigation and Testing. British Standards Institution, London.

BS EN ISO 22475-1:2006. Geotechnical Investigation and Testing-Sampling Methods and Groundwater Measurements-Part 1:Technical Principles for Execution. British Standards Institution, London.

Burland, J. B. (1961) Discussion. Proc. 5th Int. Conf. Soil Mechanics and Foundation Engineering, Paris, Vol. 3, pp 219-220.

Henkel, D. J. and Gilbert, G. D. (1954) The effect of the rubber membrane on the measured triaxial compression strength of clay samples. Géotechnique, Vol. 3(1), p. 20.

Henry, W. (1803) Experiments on the quantity of gases absorbed by water at different temperatures and under different pressures. Phil. Trans. R. Soc. London, 1803, Paper Ⅲ.

Hight, D. W. and Leroueil, S. (2003) Characterisation of soils for engineering purposes. In: Characterisation and Engineering Properties of Natural Soils, T. S. Tan et al. (eds). Swets and Zellinger, Lisse.

Jennings, J. E. B and Burland, J. B. (1962) Limitations to the use of effective stresses in partially saturated soils. Géotechnique, Vol. 12, pp. 125-144.

Lambe, T. W. and Whitman, R. V. (1979) Soil Mechanics (SI version). Wiley, New York. Law, K. T. and Holtz, R. D. (1978) A note on Skempton's A parameter with rotation of principal stresses. Géotechnique, Vol. 28(1), p. 57.

Lee, K. L. and Black, D. K. (1972) Time to dissolve an air bubble in a drain line. J. Soil

Mech. Foundation Eng. Div. ASCE, Vol. 98, No. SM2, Paper 8728, pp. 181-194.

Lowe, J. and Johnson, T. C. (1960) Use of back pressure to increase degree of saturation of triaxial test specimens. ASCE Research Conference on Shear Strength of Cohesive Soils. Boulder, pp. 819-836.

Lyell, C. (1871) Students' Elements of Geology, London, pp. 41-42.

Penman, A. D. M. (1953) Shear characteristics of a saturated silt, measured in triaxial compression. Géotechnique, Vol. 3(8), p. 312.

Pore Pressure and Suction in Soils. (1960) Conference organised by the British National Society of ISSFME. Butterworths, London.

Powrie W. (2004) Soil Mechanics, Concepts and Applications. Spon Press, UK.

Rendulic, L. (1937) Ein Grundgesetz der Tonmechanik und sein experimenteller Beweis. Bauingenieur, Vol. 18, pp. 459-467.

Reynolds, O. (1886) Experiments showing dilatancy, a property of granular material. Proc. R. Inst. , Vol. 11, pp. 354-363.

Roscoe, K. H. , Schofield, A. N. and Wroth, C. P. (1958) On the yielding of soils. Géotechnique, Vol. 8(1), p. 22.

Schofield, A. N. and Wroth, C. P. (1968) Critical State Soil Mechanics. McGraw-Hill, London. Scott, C. R. (1980) An Introduction to Soil Mechanics and Foundations, 3rd edn. Applied Science Publishers, London.

Skempton, A. W. (1954) The pore pressure coefficients A and B, Géotechnique, Vol. 4(4), p. 143. Skempton, A. W. (1957) Discussion on planning and design of the new Hong Kong Airport. Proc. Inst. Civ. Eng. London, Vol. 7, pp. 305-307.

Skempton, A. W. (1960) Significance of Terzaghi's concept of effective stress. In: From Theory to Practice in Soil Mechanics. Wiley, London.

Skempton, A. W. (1964) Long-term stability of clay slopes. Fourth Rankine Lecture. Géotechnique, Vol. 14(2), p. 77.

Skempton, A. W. (1970) First-time slides in over-consolidated clays. Géotechnique, Vol. 20 (3), p. 320.

Skempton, A. W. and Bishop, A. W. (1955) The gain in stability due to pore pressure dissipation in a soft clay foundation. Transactions of the 5th Congress on Large Dams.

Taylor, D. W. (1944) Tenth Progress Report on Shear research to US Engineers. Massachusetts Institute of Technology. Editions Science et Industrie.

Terzaghi, K. (1924) Die Theorie der hydrodynamischen Spannungserscheinungen und ihr erdbautechnisches Anwendungsgebiet. In: Proceedings of the International Congress of Applied Mechanics, Delft, Cornelius Benjamin Biezeneo et al. (eds). Johannesburg Martinus Burgers, J. Walkman Jr. pp. 288-294.

Terzaghi, K. (1925a) Erdbaumechanik auf bodenphysikalischer Grundlage. Deuticke, Vienna. Terzaghi, K. (1925b) Principles of soil mechanics. Engin. News Record, Vol. 95.

Terzaghi, K. (1936) The shearing resistance of saturated soils and the angle between the planes of shear. Proceedings of the 1st International Conference on Soil Mechanics &. Foundation Engineering, Harvard Printing Office Cambridge, MA, Vol. 1, pp. 55-56.

Terzaghi, K. (1939) Soil mechanics-a new chapter in engineering science. J. Inst. Civ. Eng. , London, Vol. 12(7), pp. 106-142.

Terzaghi, K. (1957) Presidential Address. Fourth International Conference on Soil Mechanics &. Foundation Engineering, London, Vol. 3, pp. 55-58.

Wissa, A. E. (1969) Pore pressure measurement in saturated stiff soils. J. Soil Mech. Foundation Div. ASCE, Vol. 95, No. SM4, Paper 6670, pp. 1063-1073.

第16章
三轴试验的应力路径

本章主译：陆毅（广州大学）

16.1 引言

16.1.1 绪论

本章介绍应力路径的概念及其在室内土工试验中的应用。兰贝（Lambe，1967）提出将"应力路径法"作为研究土力学土体稳定性和变形问题的系统性方法。

本章还简述了应力路径图与常规三轴试验的相关性及不同应力路径下试验数据的差异，但本书未涉及应力路径在岩土工程问题中的具体应用。

16.1.2 原理

1. 土的应力变化

当实验室测试土体试样或基础施加到地基中的荷载时，各个土体单元都会发生应力状态的变化。应力路径描述了土体中某一给定的点在外力作用下应力状态的连续性变化过程。对于岩土工程师来说，使用应力路径有助于更加简洁和直观地认识土体性质的机理。同时，基于特定的目的，应力路径也为后续选择施加于土体的应力提供了依据。

2. 影响土体性质的因素

一般来说，土体不是弹性材料，实际工程中其力学性质受诸多因素影响（见第15.4.1节）。这些因素包括由人为因素（如：前期加载、开挖和改变地下水位）或者自然因素（如：地貌变化）引起的应力大小、加载方式和应力历史。因此，通过加载历史来还原土体单元的应力状态是可取的，应力路径为此提供了更便捷和直观的理解方式。

3. 应力路径的优点

相对于普通的试验方法，在实验室里应力路径可更加真实地模拟土体在现场应力的变化（过去，现在和将来）。常规方法能够满足多数需求，但对于特定的问题，需要一种能够模拟更加接近现场情况的方法。

绘制应力路径的方法有许多种，其中一部分在第16.1.4节中提及。这些应力路径绘制方式的定义可能不被广泛认可，为了便于理解，本节给出这些定义。

16.1.3 定义

应力路径：连接应力图上一系列点的曲线。

应力点：应力图上某个反映出任意时刻应力的点。

应力场：应力图中的二维面（这里不涉及"三维空间"）。

向量曲线或应力轨迹：应力路径的另一种表达方式。

有效应力路径：用有效应力表达的应力路径。

总应力路径：用总应力表达的应力路径。

16.1.4　图的种类

1. 应力状态的表示

土体单元中的应力状态可由多种方法表达。应力路径由三个相互垂直的主应力（σ_1，σ_2，σ_3）、主应力方向及孔隙水压力 u（与饱和土体中的孔隙水压力 u_w 相等）构成。当用来描述轴对称的三轴压缩试验时，水平方向主应力相等，即 $\sigma_2 = \sigma_3$。

莫尔圆是表达任意时刻应力状态的一种常用方法，但这不能过于理想地体现应力变化。其他方法虽然能用点（应力点）来表达每个圆，但点和参照轴的选择会影响应力路径。下面回顾了莫尔圆后，简单介绍几种应力路径表达方式。

2. 莫尔圆

如第 2 卷第 13.3.4 节所述，当一个土试样受轴对称应力作用时，莫尔圆可以表示任意面上的应力状态（切应力和正应力）。虽然莫尔圆可以由总应力或有效应力表示，但下面的论述仅仅针对总应力。

如图 16.1 所示，三轴试验中，当土样仅受围压 σ_3 作用时，可用莫尔圆上的点 A 表示主应力轴上的应力状态，其中 OA=σ_3。在压缩试验竖向应力 σ_1 缓慢增加过程中，相邻应力状态可由莫尔圆中的 b、c、d、e、f 表示，如图 16.1 所示。临界状态由与包络线相切（点 F）的圆 f 表示。点 F 表示理论破坏面上的应力状态，此时剪切应力与正应力的比值达到最大值。

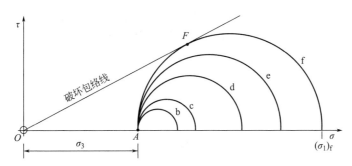

图 16.1　莫尔圆代表三轴压缩试验中增加的总应力

3. 应力路径

针对一土样，用诸如图 16.1 所示的莫尔圆来绘制应力路径容易变得复杂。但是如果用点替代圆，那么绘制方式将大大简化。各种应力路径的绘制方式概述如下：

（1）向量曲线

据奥尔茨（Holtz, 1947）介绍，有记载以来最早的应力路径图可能是由泰勒（Taylor,

1944）完成。泰勒引入了"向量曲线"连接水平方向 $45°+\varphi/2$ 平面上的应力点（图 16.2a）。这些点（$B \sim F$）是若干条倾斜角为 φ 的切线与莫尔圆的切点（图 16.2b），或者 σ 和 τ 的值可以从每个 σ_1、σ_3 的值计算得到。从 A 开始将点 A、B、C 等依次相连至代表破坏的点 F，形成向量曲线。这种绘制方法也被卡萨格兰德和威尔逊（Casagrande 和 Wilson，1953）采用。这种方法的缺点是制图前需假设土体的内摩擦角 φ，且获得每个点的过程相对繁琐。因此这种方法并不常用。

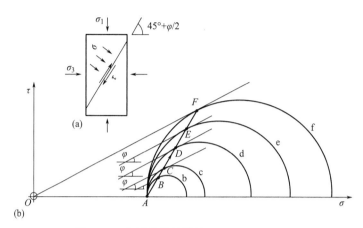

图 16.2　向量曲线的推导（Taylor，1944）

(a) 考虑的理论破坏面；(b) 理论破坏面上的应力表示

（2）MIT 应力场（常用 s，t 表示）

麻省理工学院的 T. W. 兰贝教授（Lambe，1964）提出了一种改进的莫尔圆方法，即 MIT 应力路径绘制法。该方法可参考其他文献（Lambe，1967；Simons 和 Menzies，2000；Lambe 和 Marr，1979；Lambe 和 Whitman，1991）。

这里使用的应力点为任一阶段内出现最大剪应力的点，即莫尔圆的顶点（图 16.3a 的点 J）。因此，当土体的应力状态发生变化时，应力路径是所有最大剪应力点的轨迹。在图 16.3（b）中，用直线 $A \sim P$ 表示为总应力的应力路径。

从图 16.3（a）中可知，莫尔圆中最高点 J 的横坐标为（$\sigma_1+\sigma_3$）/2，纵坐标为圆的半径，即（$\sigma_1-\sigma_3$）/2。参数 s，t 定义为：

$$s = \frac{\sigma_1 + \sigma_3}{2} \tag{16.1}$$

$$t = \frac{\sigma_1 - \sigma_3}{2} \tag{16.2}$$

这些参数均用于绘制 MIT 应力路径图。

在有效应力分析框架下，用 s' 替换 s，即：

$$s' = \frac{\sigma_1' + \sigma_3'}{2} \tag{16.3}$$

偏应力的有效应力计算与总应力一致，因为偏应力计算中孔隙水压力部分相互抵消，因此参数 t 可被同时应用于总应力或有效应力路径。

符号 s，t 是由阿特金森和布兰斯比定义的（阿特金森，1978）。但有些学者经常使用

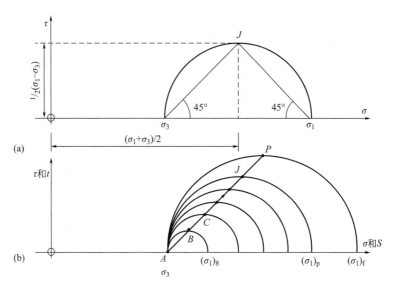

图 16.3　MIT 应力场的推导（Lambe，1964）

（a）应力点的定义；（b）应力路径为应力点轨迹

p，q，这个习惯今天已经不常见了，因为容易与后文定义的剑桥应力场的符号 p，q 混淆。

（3）剑桥应力场

剑桥大学罗斯科等（Roscoe 等，1958）提出了采用三个主应力的平均值（σ_1，σ_2，σ_3）来替代原有最大和最小主应力平均值的方法（图 16.4a）。用变量 p 表示总应力的方法即被称为剑桥应力场。

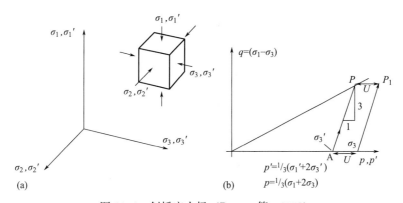

图 16.4　剑桥应力场（Roscoe 等，1958）

（a）有效主应力；（b）排水三轴压缩试验中主应力增大的有效应力路径

$$p = \frac{\sigma_1 + \sigma_2 + \sigma_3}{3} \tag{16.4}$$

有效应力表示为：

$$p' = \frac{\sigma'_1 + \sigma'_2 + \sigma'_3}{3} \tag{16.5}$$

偏应力用变量 q 定义：

$$q = \sigma'_1 - \sigma'_3 = \sigma_1 - \sigma_3 \tag{16.6}$$

在三轴试验中，水平方向的两个有效主应力相等，因此式（16.5）可变形为：

$$p' = \frac{\sigma'_1 + 2\sigma'_3}{3} \tag{16.7}$$

则平均总应力可以变为：

$$p = \frac{\sigma_1 + 2\sigma_3}{3} \tag{16.8}$$

图 16.3（b）的应力路径在图 16.4（b）中表示为斜率是 1/3 的线 AP。土的体变特性取决于平均有效应力 $\left(p = \dfrac{\sigma'_1 + \sigma'_2 + \sigma'_3}{3}\right)$，这也是应力路径图绘制的核心。引入中间有效主应力的概念可以更好地表达与超固结土应力状态变化相关的屈服和弹性变形。通过垂直于 (p', q') 应力面的孔隙率 e（或 $\nu = 1 + e$），绘制体积变化，从而得到了表示应力和变形的三维空间，该空间已在剑桥和其他应力场广泛用于临界状态分析。本书不涉及这部分内容。

（4）轴对称

针对轴对称情况，亨克尔（Henkel，1960）基于三轴试验提出了应力面（图 16.5）。因水平面上主应力相等 $\sigma_2 = \sigma_3$，引入了径向应力 σ_r 和竖向（轴向）应力 σ_a。σ_2 和 σ_3 在应力面上合成等效于 $\sqrt{2}\sigma_r$，而应力场由 σ_a（竖直向）和 $\sqrt{2}\sigma_r$（水平向）共同组成。这种方法是始于帝国理工学院的有效主应力绘制方法的变体，但是已不再应用。

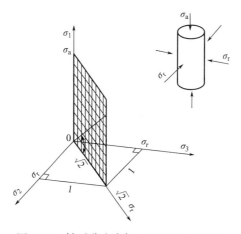

图 16.5　轴对称应力场（Henkel，1960）

（5）偏应力场

偏应力场（$\sigma_1 - \sigma_3$）和围压 σ'_3 作图（图 16.6）（Bishop 和 Henkel，1962）。应力路径上的点 P 通过左手定则将莫尔圆直径旋转 90°获得。

16.1.5　应用

1. 方法

应力路径图大多使用 MIT 或者剑桥绘图法，他们均可以用二维方法描述三维的应力

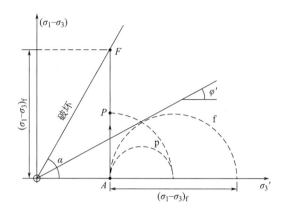

图 16.6　偏应力表达的应力场（毕肖普和享克尔，1961）

空间。MIT 绘图法对于室内试验而言更加便捷，并且考虑了破坏状态。剑桥绘图法更加基础，在考虑变形和屈服问题时有优势。本章介绍的应力路径以 MIT 绘图法为主。

2. 评价

鉴于前面介绍的几种绘制应力路径与包络线的方法比绘制莫尔圆的方法更加容易，因此长期坚持使用繁琐的莫尔圆方法是不可取的。对于测量孔隙水压力的不排水试验，需要组合应力和孔隙水压力与应变变化的多条曲线图表，应力路径可以更加直观地反映此变化过程。即使对于排水和快速不排水试验，利用单点表示破坏也有助于更准确地解释破坏包络线，并能在适当的情况下应用回归分析。因此，在常规三轴试验或特殊应用中，很多人建议采用应力路径作图来补充或代替莫尔圆。通过电子传感器测量土体中诸如孔隙水压力等参数，可以更加便捷地绘制应力路径。详细参考 BS 1377-8：1990。

16.2　应力路径的特点

16.2.1　关系

应力路径图形化地表示了应力从一种状态到另一种状态的变化。针对总应力而言的应力路径可由总应力路径（TSP）表示（MIT 法 t 与 s 的关系，或者剑桥法 q 与 p 的关系）。针对有效应力而言应力路径也可以用有效应力路径（ESP）表示（t' 与 s' 的关系，或者 q' 与 p' 的关系）。应力变化的方向通常由箭头表示，如图 16.3（b）及后图所示。当应力方向发生反转时，不一定严格沿着相同的应力路径响应。

MIT 应力场中任意一点与主应力 σ_1 和 σ_3 的关系如图 16.3（a）所示。两条过点 J 的直线与水平方向夹角为 $45°$（$s=\sigma_1$，$s=\sigma_3$）。反之，如果 σ_1 和 σ_3 已知，那么可以确定 J 点。同样的方法可以应用于有效应力 σ_1' 和 σ_3'。

第 16.2.2～16.2.5 节讨论的应力路径特点主要适用于 MIT 应力场。剑桥应力场中相应的关系（主应力场和偏应力场）总结于表 16.1 和第 16.2.5 节中。

16.2.2　三轴试验的应力路径

以下介绍由常规三轴试验获得的应力路径。

1. 总应力试验

基于 MIT 应力场，图 16.3（b）的线 AP 描述了三轴试验中的总应力路径。该线绕 A 点与水平轴夹角为 45°，并且点 A 的 s 值等于围压 σ_3。该线的最高点 P 对应最大的偏应力值。如果变形继续发生，偏应力保持不变，则应力路径将保持在点 P。如果偏应力减小，则应力路径发生改变，如从点 P 变到点 Q（图 16.10a）。

2. 正常固结土的排水试验

三轴排水试验需要缓慢地进行，以避免孔隙水压力的变化。随着轴向应力的增加，MIT 应力场中的参数 s、s′ 和 t 会同时按相同的速率增加。事实上，微小的孔隙水压力变化是不可避免的，尤其对于粉土，但是需要限制在 BS 1377 规范中规定的小于初始有效应力的 4%。如图 16.7（a）所示，总应力路径 A_1P_1（TSP）与水平轴夹角 45°，且与有效应力路径（ESP）平行。如 AP 所示，有效应力路径在总应力路径的左侧，差值为 U_b（即反压）。如果排水与大气相连或没有反压，则 ESP 与 TSP 重合。最大偏应力由 P（ESP）和 P_1（TSP）表示。

相同试样在不同有效围压下的试验可以得到相似于点 P 的点，通过这些点可以画出一条破坏线（第 16.2.3 节）。

对于剑桥应力场，排水三轴试验的 ESP 和 TSP 斜率均为 3∶1，水平间距为孔隙水压力（图 16.7b）。

3. 超固结土的排水试验

在到达峰值之后，超固结土的抗剪承载力开始下降，如果继续变形的话（图 15.7，见第 15.4.2 节），有效应力路径开始折回［类似于图 16.10（a）中的 PQ］。进一步变形导致试样局部破坏，抗剪承载力持续下降，直到残余状态抗剪强度变成常数（见第 15.4.4 节）。然而，由于三轴试验的局限性，试验一般无法达到残余状态。

4. 正常固结土的不排水试验

如第 15.5.2 节图 15.12（a）、（b）所示，在正常固结土的不排水试验中，孔隙水压力随着偏应力的增加而增加。孔隙水压力的增加，使得总应力和有效应力的区别更加显著，从而有效应力路径按 AP 所示（图 16.7，与水平轴成 45°）。相应的总应力路径是与水平轴成 45°的线 A_1P_1（图 16.8）。试验进展必需足够缓慢，保证在关键测试点（关键应变），试样中孔隙水压力的平衡。这是为了保证在试样内部和潜在破坏面测量的孔隙水压力保持一致。

总应力路径（TSP）和有效应力路径（ESP）的水平距离与孔隙水压力 u 相等。孔隙水压力由两部分组成：（1）初始孔隙水压力 u_0；（2）超静孔隙水压力 Δu（由偏应力变化产生）。参数 $t = (\sigma_1 - \sigma_3)/2$，任意点的孔隙水压力系数 A 等于 $\Delta u/2t$。当破坏发生时，超静孔隙水压力为 Δu_f，$A_f = \Delta u_f/2t_f$。

相似的曲线可用剑桥应力场获得，任意点的孔隙水压力系数 A 等于 $\Delta u/q$。剑桥应力场的特点是，因为 p′ 是常数，所以各向同性弹性土的不排水有效应力路径是垂直的。

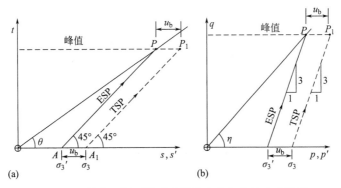

图 16.7　排水三轴压缩试验的总应力和有效应力路径

(a) MIT 应力场；(b) 剑桥应力场

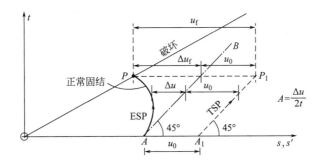

图 16.8　正常固结黏土不排水三轴压缩试验的总应力和有效应力路径

5. 超固结土的不排水试验

对于一个重超固结黏土三轴压缩试验，偏应力和孔隙水压力变化如图 15.12（d）和（e）所示（见第 15.5.2 节）。由于剪胀性，孔隙水压力开始减小，导致了有效应力路径向右发展，如图 16.9 中的 ABF。在点 B，该曲线与水平轴成 45°代表孔隙水压力未发生变化的线相交，之后 Δu 开始变为负值，在破坏阶段 A_f 为负。如果初始阶段的初始孔隙水压力 u_0 不够大，则有效应力路径可能跨越 TSP，并且实际孔隙水压力可能为负（应当尽量避免这种情况）。

图 16.9 中的曲线 AG，代表了轻超固结土。这种情况的孔隙水压力不会降低到初始孔隙水压力 u_0。

6. 压实黏土

非饱和压实黏土通常被视为"准超固结"土，如图 16.9 中 AH 线所示，其不排水有效应力路径通常呈现反弯曲。

16.2.3　剪切强度参数推导

1. 原理

剪切强度参数可由一组三轴试验的有效应力路径推导，而无须绘制莫尔圆。穿过所有

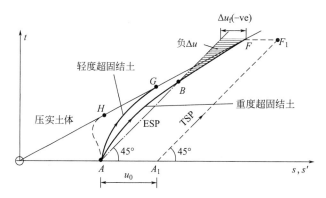

图 16.9 重度、轻度超固结黏土和压实黏土试样不排水试验的应力路径

符合破坏准则点的直线代表强度包络线，总应力路径包括 MIT 应力场（图 16.10a）和剑桥应力场（图 16.10b）。图 16.11 所描述的是针对一组不排水试验的有效应力强度包络线（K_f）。尽管这些包络线的斜率和截距不等于 φ' 和 c'，这些参数依然可由以下三种常用的应力场方法进行简单推导。

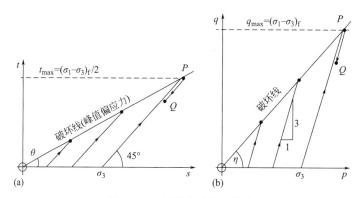

图 16.10 总应力破坏包络线

（a）MIT 应力场；（b）剑桥应力场

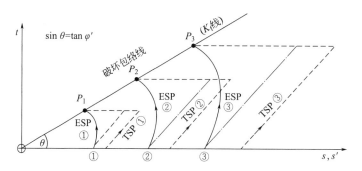

图 16.11 不排水试验中有效应力路径的破坏包络线（MIT 应力场）

2. MIT 应力场

三轴压缩试验中，代表试样破坏的有效应力莫尔圆如图 16.12（a）所示，中心点为

C。过原点的莫尔圆切线为强度包络线（假设没有黏聚力），该线的斜率为 φ'，与圆相切于点 F。该圆的最高点为点 P，AP 为破坏时的应力路径。斜率为 θ（小于 φ'）的线 OP 是等效强度包络线（即 K_{f}）。θ 与 φ' 存在以下关系：

$$\tan\theta = \frac{PC}{OC}$$

和

$$\sin\varphi' = \frac{FC}{OC}$$

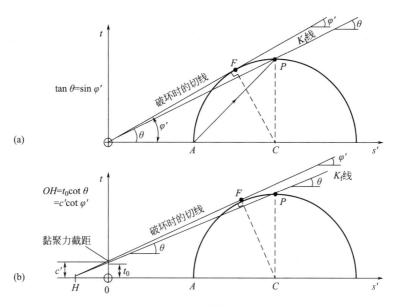

图 16.12　由 K_{f} 线计算抗剪强度参数

(a) 无黏聚力；(b) 有黏聚力

PC 与 FC 是莫尔圆的半径，数值上相等，因此

$$\tan\theta = \sin\varphi' \tag{16.9}$$

如果 t 轴上的截距为 t_0，则黏聚力 c' 可由以下公式计算。由图 16.12（b）可见，莫尔圆包络线与应力路径包络线在水平轴 H 点相交，因此

$$OH = t_0 \cot\theta$$

且

$$OH = c' \cot\varphi'$$

因此

$$c' = \frac{t_0 \cot\theta}{\cot\varphi}$$

由公式（16.9）可得

$$c' = t_0 \frac{1/\sin\varphi'}{\cot\varphi'}$$

即

$$c' = t_0 / \cos\varphi' \tag{16.10}$$

φ' 和 c' 的值由 K_f 线的斜率和截距获得 [式（16.9）和式（16.10）]。

3. 剑桥应力场

图 16.7（b）中剑桥应力场的破坏包络线 Z 的倾角与剪切强度角 φ' 的关系为：

$$\sin\varphi' = t_0 \frac{3\tan\eta}{6 + \tan\eta} \tag{16.11}$$

整理可得

$$\tan\eta = \frac{6\sin\varphi}{3 - \sin\varphi} \tag{16.12}$$

如果应力路径强度包络线在 q 轴上的截距为 q_0，则黏聚力 c' 可由以下公式获得

$$c' = \frac{3 - \sin\varphi'}{6\cos\varphi'} 2q_0 \tag{16.13}$$

4. 偏应力场

在偏应力场中（图 16.6），强度包络线的斜率 α 可由 φ' 求得

$$\tan\alpha = \frac{2\sin\varphi'}{1 - \sin\varphi'} \tag{16.14}$$

如果应力路径破坏包络线在 y 轴上的截距为 y_0，则黏聚力 c' 则可由以下公式获得

$$c' = \frac{1 - \sin\varphi'}{2\cos\varphi'} y_0 \tag{16.15}$$

强度包络线在 x' 轴上的截距为 x_0，即

$$x_0 = \frac{c'}{\tan\varphi'} \tag{16.16}$$

16.2.4　应变等值线

应力路径图本身不能描述土的应力-应变特性，因此必需参考偏应力与应变的关系曲线。然而，应变可以在应力路径图上通过轴向应变与偏应力的关系标出。当同时绘制多组曲线时，应变等值线可以连接不同点进行预估（图 16.13）。曲线的大致轮廓可以近似于一条从原点出发的直线，但在较大的应力范围内，它更有可能稍微向下弯曲。

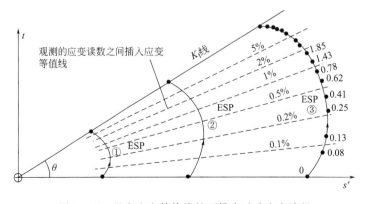

图 16.13　具有应变等值线的不排水试验应力路径

16.2.5 关系总结

MIT 应力场的应力路径关系已在前文描述并总结在表 16.1 中，同时包含了其他常用的三种应力场的应力路径关系。

应力路径关系 表 16.1

参数或函数	MIT 应力场	剑桥应力场（轴对称）	主应力场	偏应力场
总应力（横坐标）	$s=\frac{1}{2}(\sigma_1+\sigma_3)$	$p=\frac{1}{3}(\sigma_1+2\sigma_3)$	σ_3	无
有效应力（横坐标）	$s'=\frac{1}{2}(\sigma_1'+\sigma_3')$	$p'=\frac{1}{3}(\sigma_1'+2\sigma_3')$	σ_3'	$x=\sigma_3'$
总应力（纵坐标）	$t=\frac{1}{2}(\sigma_1-\sigma_3)$	$q=\sigma_1-\sigma_3$	σ_1	无
有效应力（纵坐标）	$t'=\frac{1}{2}(\sigma_1'-\sigma_3')$	$q'=\sigma_1'-\sigma_3'$	σ_1'	$y=\sigma_1'-\sigma_3'$
最大主有效应力	$\sigma_1'=s'+t$	$\sigma_1'=p'+\frac{2}{3}q$	σ_1'	$\sigma_1'=x+y$
最小主有效应力	$\sigma_3'=s'-t$	$\sigma_3'=p'-\frac{1}{3}q'$	σ_3'	$\sigma_3'=x$
穿过应力点的线斜率	$\tan\theta=t/s'$	$\tan\eta=q/p'$	$\tan\omega=\sigma_1'/\sigma_3'$	$\tan\alpha=y/x$
压缩的莫尔-库仑破坏包络线（K_f）	$\tan\theta=\sin\varphi'$	$\eta=6\sin\varphi'/(3-\sin\varphi')$	$\tan\omega=(1+\sin\varphi')/(1-\sin\varphi')$	$\tan\alpha=2\sin\varphi'/(1-\sin\varphi')$
黏聚力截距	$t=c'\cos\varphi'$	$\eta=6\sin\varphi'/(3-\sin\varphi')$	$\tan\omega=(1+\sin\varphi')/(1-\sin\varphi')$	$\tan\alpha=2\sin\varphi'/(1-\sin\varphi')$
土压力系数（K_0 线）	$K=(1-\tan\theta)/(1+\tan\theta)$	$K=(3-\tan\eta)/(3+2\tan\eta)$	$K=\sigma_3'/\sigma_1'$	$K=1/(1+\tan\alpha)$
排水压缩试验——应力路径斜率	$1:1$	$3:1$	竖直方向	竖直方向
各向同性固结——应力路径斜率（K_1 线）	沿 s' 轴	沿 p' 轴	$1:1$	沿 σ_3' 轴

16.3 三轴试验应力路径推导

1. 计算与绘图

应力路径可以通过三轴试验精准测量孔隙水压力后进行简单绘制。通过一组试验测量得到的应力路径可以推导出 c' 和 φ'，而省去绘制莫尔圆的步骤。

如果试验的目的仅仅是确定剪切强度参数 c 和 φ'，可以按照第 19 章描述的步骤进行试验。通过经校正的偏应力和孔隙水压力读数计算得到绘制有效应力路径需要的系数 s' 和 t，具体方法如下。

应力-应变曲线上任意一点的偏应力 $(\sigma_1-\sigma_3)$ 均用 q 表示，孔隙水压力为 u，围压为 σ_3（常数），有效围压为 $\sigma_3'(=\sigma_3-u)$，应力单位均为 kPa。

在 MIT 应力场 [式（16.2）]

$$t=t'=\frac{\sigma_1-\sigma_3}{2}=\frac{q}{2}$$

即

$$s = \frac{\sigma_1 + \sigma_3}{2} = \frac{(q + \sigma_3) + \sigma_3}{2}$$

$$s = \frac{1}{2}q + \sigma_3 \tag{16.17}$$

且

$$s' = \frac{1}{2}q + \sigma'_3 \tag{16.18}$$

在剑桥应力场［式（16.6）和式（16.8）］

$$q' = q = \sigma_1 - \sigma_3$$

$$p = \frac{1}{3}(\sigma_1 + 2\sigma_3)$$

整理上式可得

$$p = \frac{1}{3}q + \sigma_3 \tag{16.19}$$

和

$$p' = \frac{1}{3}q + \sigma'_3 \tag{16.20}$$

对于任意类型的三轴试验（压缩或拉伸），根据试验过程绘制有效应力路径可以清晰地描述土体的力学性能。对于一些特殊的试验，先简单绘制有效应力路径，再根据后续情况对试验进行调整，可以保证试验尽量按既定的有效应力路径进行。

利用 CU 试验的部分数据计算前几个 s' 值和 t' 值的过程如图 16.14（a）所示，当然如今这些普遍由计算机计算。一组试样的应力路径如图 16.14（b）所示。

2. 评价

绘制应力路径是为了计算破坏前孔隙水压力或应变的关系，加载过程中应变速率必须缓慢，以确保读数时试样中任意点的孔隙水压力平衡。当破坏是唯一重要的标准时，应变速率值相比于正常情况所施加的要更低。达到破坏状态的时间（t_f）可由表 19.1（第 19.6.2 节）得到，即从压缩开始到孔压读数有显著变化所需的时间（Blight，1963）。例如，如果需要以 0.5％应变间隔读数，则用于计算应变速率的应变（第 19.6.3 节）应为 0.5％，而不是估计的破坏时的应变。

应力路径表明孔隙水压力变化与加载应力的关系，在有效应力路径（ESP）上任意点的孔隙水压力系数 A 表示为：

$$A = \frac{\Delta u}{2t} \text{ 或 } A = \frac{\Delta u}{q} \tag{16.21}$$

经过原点且具有最大斜率的应力路径（点 Q，图 16.15）代表了具有最大有效主应力比值（第 15.4.2 节）的强度包络线，该直线可能不经过 t 最大时的最大偏应力点（点 P）。

3. 试验数据展示

对于大多数应用，如果使用上述应力计算关系来表述常规三轴试验或特殊"应力路径"控制试验的数据，则更有助于理解。可以对第 18 章中记录的三轴试验数据进行简单改进用于绘制如图 16.14（b）所示的应力路径。这符合 BS1377-8：1990 第 7.5（f）条的规定，绘制破坏状态时的莫尔圆，应将莫尔圆与应力路径分别绘制，而不是将其叠加。

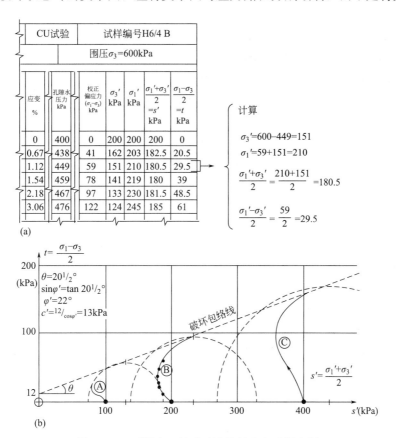

图 16.14 不排水三轴试验计算的应力路径实例

（a）s' 和 t' 的计算；（b）应力路径图

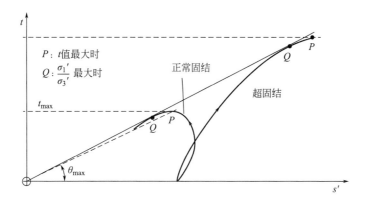

图 16.15 应力路径图中两种破坏准则示意图

参考文献

Atkinson, J. H. , 1978. The mechanics of soils. McGraw-Hill.

Bishop, A. W. , Henkel, D. J. , 1962. The measurement of soil properties in the triaxial test.

Casagrande, A. , Wilson, S. D. , 1953. Prestress Induced in Consolidated-quick Triaxial Texts. Harvard University.

Henkel, D. , 1960. The shear strength of saturated remolded clay. Presented at the Proc. of research Conf. on Shear Strength of Cohesive Soils at Boulder, pp. 533-540.

Holtz, W. , 1947. The use of the maximum principal stress ratio as the failure criterion in e-valuating triaxial shear tests on earth materials. Presented at the PROCEEDINGS-A-MERICAN SOCIETY FOR TESTING AND MATERIALS, AMER SOC TESTING MATERIALS 100 BARR HARBOR DR, W CONSHOHOCKEN, PA 19428-2959, pp. 1067-1087.

Lambe, T. W. , 1964. Methods of estimating settlement. Journal of Soil Mechanics & Foundations Div 90.

Lambe, T. W. , Marr, W. A. , 1979. Stress path method. Journal of Geotechnical and Geoenvironmental Engineering 105.

Lambe, T. W. , Whitman, R. V. , 1991. Soil mechanics SI version. John Wiley & Sons.

Roscoe, K. H. , Schofield, An. , Wroth, and C P. , 1958. On the yielding of soils. Geotechnique 8, 22-53.

Taylor, D. , 1944. Tenth progress report on shear research to US water engineers.

第 17 章
试验设备

本章主译：高燕（中山大学）、赵红芬（中山大学）

17.1 引言

17.1.1 概述

本章中，对与有效应力试验相关的试验设备做分类介绍。以下对每节介绍的常用试验设备作简要说明。

(1) 安装及测试土样的压力室/仓（通常称为"压力室"）；第 17.2 节。

(2) 在内部或外部对土样施加调节压力的设备（"压力系统"）；第 17.3 节。

(3) 对土样施加轴向力的装置（如"加载架"）；第 17.4 节。

(4) 机械和电子测量装置，用于测量施加的力、压力以及土样产生的变形和其他变化；第 17.5 节。

(5) 用于采集、处理和存储数据的电子系统；第 17.6 节。

(6) 各类小配件、管材及接头、材料和辅助工具；第 17.7 节。

本章将会提到第 2 卷中涉及的一些事项，特别是用于三轴试验的注意事项，并在必要时进一步详细描述。本章重点介绍有效应力三轴压缩试验设备，为保证试验设备的完整性，固结试验的设备也在本章列出，更多详细介绍见第 22 章。

第 17.8 节提供了试验装置的准备和检查指南。第 18 章中介绍了一般试验操作规范和测量仪器的标定，并参考第 2 卷内容。

17.1.2 模拟和数字仪器

在许多实验室中，荷载、压力、位移等的测量都是利用电子仪器进行的，通过数据记录器、台式计算机或笔记本电脑进行数据采集和存储。但是，试验人员还应熟悉"常规"或模拟仪器的测试过程和测量方法，以便完全熟悉测试流程。因此，第 17.5 节既介绍了电子仪器，又介绍了常规仪器，且在第 17.6 节描述了数据记录设备和流程。

1. 电子仪器具有许多优点

(1) 读数直接显示为工程常用单位，无须换算系数；

(2) 传感器的读数能输出和记录，以便后续分析（对于无人值守的试验尤其重要）；

(3) 数字显示能够降低仪表读数时出错的可能性；

（4）一个显示元件可以监测试验中的所有数据或多个试验的数据；

（5）测试进度可以实时地图像化表示；

（6）自动对试验数据进行计算处理；

（7）可以通过计算机的反馈对试验进行控制；

（8）能够在设备接近使用极限时向工作人员发出警报；

（9）传感器读数的非线性可以通过数据记录器的多点校准进行拟合。

2. 校准的重要性

毫无疑问，工作人员倾向于接受数字显示的读数，认为它是真实准确的，但其精度并不高于校准测量仪器的精度，因为精度与电子电路中是否设置换算系数和校准无关。电子设备的校准与传统仪器的校准同样重要，这部分内容将在第 18 章中介绍。

17.1.3　符号

本书中描述的试验设备和辅助系统一般符合 BS 1377：1990：6、8 要求。它们源自伦敦帝国理工学院毕肖普教授最初开发的设备（Bishop，1960；Bishop 和 Henkel，1962）。阀门的字母符号将尽可能与毕肖普和亨克尔（1962）使用的字母符号一致。

在示意图中，某些项由图 17.1 中所示的符号表示。

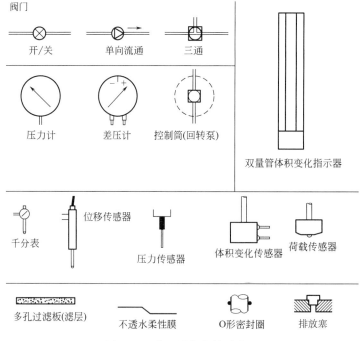

图 17.1　常用设备的符号表示

17.1.4　定义

电子仪器中使用的部分术语如下。

A/D 转换器（A/D converter，ADC）：模拟数字转换器，把连续的电源输入转换成等效数字输出的电子装置。

自动数据采集单元（Autonomous data acquisition unit，ADU）：传感器和微型计算机之间的可编程接口单元，可按预定间隔采集传感器信号并存储数据以供后续处理。

放大器（Amplifier）：放大电流或电压的电子装置。

通道（Channel）：一种电通路，通常与传感器相连。

数据采集系统（Data acquisition system）：一种用于收集和处理数据的系统，通常用于采集传感器测量的数据。

数据记录器（Data logger）：通常用于收集和存储传感器数据的设备。

数据处理器（Data processor）：处理信息的装置。

数据存储装置（Data storage）：存储信息的装置。

数字显示器（Digital display）：实际数值的可视装置。

电子仪器（Electronic instrumentation）：本书指一种基于电子元件的测量系统。

硬件（Hardware）：构成计算机系统的所有电子和机械部件。

接口（Interface）：允许计算机与外部设备通信的接口方式。

线性应变转换传感器（Linear strain conversion transducer，LSCT）。

线性可变差动变压器（Linear variable differential transformer，LVDT）：一种基于高线性位移传感器装置。

笔记本电脑、上网便携式笔记本电脑或小型计算机（Notebook or netbook）。

输出信号（Output signal）：从测量装置获得的输出信号电气值。

个人电脑（Personal computer，PC）。

计算机外部设备（Peripheral）：如打印机或磁盘驱动器。

程序（Program）：编写一组指令，驱动计算机执行一系列任务。

读出（Read-out）：显示测量值的方法。

扫描仪（Scanner）：一种部件，通常是数据记录器的部件，按顺序从多个通道中读取数据。

信号调节单元（Signal conditioning unit）：用于接收一系列电输入并在一个公共范围内产生电输出的装置。

软件（Software）：操作计算机所需的程序。

稳压供电电源（Stabilized power supply）：即使改变不稳定的荷载或电输入，供电仍保持恒定。

应变计（Strain gauge）：一种电阻系统，与表面粘贴或集成在一起，其电阻随表面变形而变化。

转换器（Transducer）：把物理量的变化转换成相应电输出变化的装置。

可视化模块（Visual display unit，VDU）：以文字、数字或图形形式显示指令和数据的屏幕。

17.2　压力室

17.2.1　压力室类型

特别是在美国，用于进行各种强度或压缩性试验的压力容器被称为"单元"，也可以被称为"压力室"或"室"。

如下所述为用于土不同类型有效应力试验的压力室：

（1）滑动轴承活塞加载三轴压力室，对承受围压的试样进行强度测试，称为"标准"三轴压力室。在第 2 卷第 13.7.2 节中提到了不同尺寸的压力室。

（2）顶部装有用于减少活塞摩擦并保证对齐的线性球套筒的三轴压力室，如美国使用的三轴压力室。

（3）为便于进行侧限试验的特殊压力室（K_0 压力室）。

（4）伦敦帝国理工学院开发的一种适用于多种用途的特殊压力室，尤其是可以进行应力路径测试（毕肖普-韦斯利压力室）。

（5）没有加载活塞的三轴固结压力室（三轴固结压力室）。

（6）英国曼彻斯特大学开发的应用液压加载系统的固结压力室（液压固结压力室或 Rowe 型压力室）。

类型（1）和（2）的标准压力室的主要特征在第 17.2.2 节中进行描述，类型（3）的压力室在第 17.2.3 节中介绍；类型（4）的压力室更加专业化，这里没有给出详细描述；类型（5）和（6）的固结压力室在第 17.2.4 节中进行介绍；不同尺寸的液压固结压力室在第 22 章中进行详细描述。

17.2.2　标准三轴压力室

1. 一般特点

以下介绍了用于各种有效应力试验的三轴压力室及其所需配件。较大尺寸压力室（即直径为 100mm 及以上的试样）的有关特点另行说明。

典型压力室的剖面图详细情况如图 17.2 所示。主要组成有：

（1）压力室基座；

（2）压力室主体和顶部；

（3）加载活塞；

（4）加载盖（顶部和底部）。

2. 组成部分

1）压力室基座

基座由耐腐蚀金属或足够硬的塑料材料加工而成。基座通常需要 4 个端口，每个端口的用途及其连接阀门的名称如下（图 17.2 和图 17.3）。

（1）连接基座与孔隙水压力测量装置（传感器安装模块）（阀门 a）；

（2）连接试样顶盖，用于试样排水以及施加反压（阀门 b）；

（3）连接压力室，用于压力室注水、加压和排水（阀门 c）；

（4）基座的第二连接阀，用于渗透试验中的注水与排水（阀门 d）。该阀门在 BS 1377 中不做强制设置，但在此为默认设置，如果没有设置，则需要调整某些步骤。

有些压力室基座附加了一个端口即顶盖的第二连接孔，在图 17.3 中用"x"表示，该附加孔可使水从顶部流出以排出空气。

压力室基座边缘的每个出口端部都有一个螺纹插孔，若不使用该口，可将阀门或堵塞

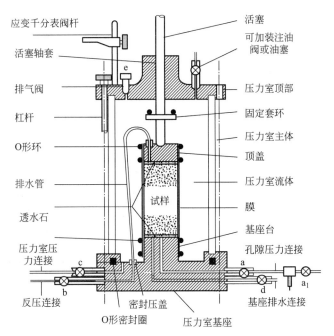

图 17.2 典型三轴压力室剖面图

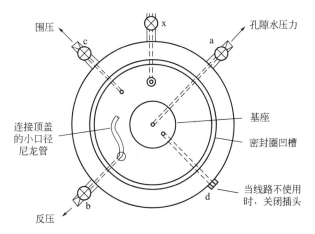

图 17.3 三轴压力室基座输出端口（详见正文）

器安装到插孔中。每个阀门都连接到相应的压力管道上。此外，在远离阀门 a 的孔隙水压力传感器模块的一侧安装一个阀门，位于该模块与所连接的冲洗系统（阀门 a_1）之间。阀门名称 a、a_1、b、c、d 在本书中统一使用。阀门和其他配件的详细信息在第 17.7.2 节中描述。

压力室端口 c 内径可以大于其他端口的内径，以便能够合理快速地填充和排空压力室。通向基座的阀门 a、b 和 d 为小孔径，以便在孔隙压力测量系统中装入最小实际体积的水（第 17.5.2 节）。

基座顶面可以是光滑的，也可以加工成具有浅的径向和环向槽。带槽的基座可以改善试样和小口径出口处透水石的排水情况，而光滑的表面使透水石下的空气不易滞留。如果底部既不需要测量孔隙水压力，也不需要排水，则在基座上放置固体有机玻璃或铝合金圆盘取代透水石。

当需要高进气值的透水石（见第 17.7.3 节）时，若透水石的直径比底座小，并与环氧树脂粘结成凹槽，则能够形成更有效的密封。如图 17.4（a）所示为直径 38mm 的试样，如图 17.4（b）所示为直径 100mm 的大尺寸试样。

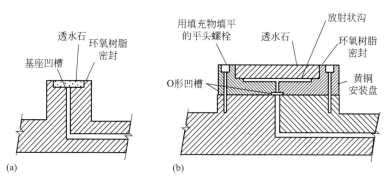

图 17.4　三轴压力室基座

（a）直径 38mm；（b）直径 100mm

有些压力室的基座可以安装适配器，使其可以用于测试多个不同直径的试样。在安装时，必需注意避免在适配器组件之间积聚空气或多余的水。对于需要精确测量孔隙水压力的试验，建议使用具有与试样直径相适应的整体基座的压力室，而不使用适配器。

基座的圆柱形侧面应打磨光滑、无划痕和变形，以确保与橡胶膜密封不透水。特别是旧铝基座容易被腐蚀和点蚀，易出现密封性问题。

从阀门 b 的反压出口连接压力室基座（图 17.2），并由一段小口径尼龙管连接到试样顶部加载盖，见下文（4）。若设有顶盖的第二个连接孔，亦遵循类似的安装方法。

2）压力室主体和顶盖

第 2 卷第 13.7.2 节介绍了几种类型的压力室及其维护和使用。

在压力室顶部支架安装应变千分表或传感器（图 17.2）。压力室顶盖亦装有排气塞。一种有效的改进方法是增加一个孔以便安装可以连接到加压供油系统的阀门，使油能够注入压力室（见下文），必要时，在试验期间补充压力。

压力室受压膨胀，该体积变化可以通过压力校准消除（见第 18.4.4 节）。

3）加载活塞

加载活塞（也称为"击锤"或"柱塞"），位于压力室顶部的轴套内，尺寸要求在一定范围内。当压力室空置时，活塞能够在自重作用下自由滑动，试验中仅允许极其少量的液体渗漏。有关详细信息，请参阅第 2 卷第 13.7.2 节。对于有效应力试验，通常持续时间较长，应该滴入一层 10～15mm 厚的蓖麻油，浮在压力室水面上，从而减少通过活塞的渗漏以及为活塞摩擦提供润滑。在第 18.3.2 节介绍了渗漏的检验方法，在第 18.4.5 节中讨论了活塞摩擦的影响。

活塞上有一个固定的或可调节的套环，以防止加载架不在适当位置时活塞被挤出，此时，套环上的 O 形橡胶圈形成密封，防止泄漏。另外，可以使用外部支架作为活塞约束装置，但应变计支架不用于约束活塞，除非是经过专门设计。

活塞的下端可以是一个锥形的凹槽，也可以是一个半球形的端部，这取决于顶部加载盖的设计（见下文）。活塞直径不应小于试样直径的 1/6。

在美国使用的一些压力室采用线性球轴套，以减少活塞摩擦。

4）加载盖

作用在活塞上的力通过顶部加载盖传递到试样上，加载盖由轻质耐腐蚀的硬质塑料或金属合金制成。几种类型的顶盖如图 17.5 所示。实心盖（图 17.5a）用于简单的不排水试验，有时设置 O 形环所用沟槽。为了进行有效应力试验，采用有孔盖，盖上配有压盖，用尼龙管将其与压力室基座上的压盖连接（图 17.5b）；盖的底面可以有与排水孔连接的浅圆形凹槽，也可以是光滑的。在试样和顶盖之间放置一个透水石，第二个顶部排水通道与加载盖连接，有助于在渗透试验之前排出空气。

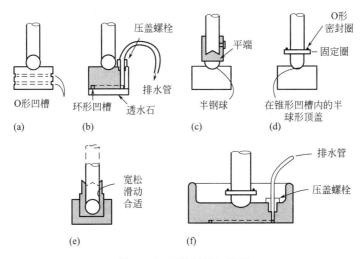

图 17.5　三轴试样加载盖

（a）实心盖；（b）附有排水管孔；（c）半球座；（d）半球形端活塞座；

（e）固结时保持对齐；（f）大直径试样

位于顶盖上的压盖与压力室基座上反压进口（排水管道）连接的管线通常为尼龙材质，内径不得超过 2.5mm。连接管线必需是不透水的，当内部压力每增加 1kPa 时，其膨胀量不应超过 0.001mL/m（即 1mL/m 对应 1000kPa 增压）。各种类型的管线参考第 17.7.1 节。

由图 17.5（a）和图 17.5（b）可见在活塞锥形端和盖中类似凹槽之间安装了一个滚珠轴承，该设置可以在逐渐加载过程中自动纠正小的偏差，但可能会引起应力-应变曲线初始的不确定性。对于这个问题，毕肖普和亨克尔（1962）建议，在小荷载下，可以采用半钢球和平端型活塞来改善（图 17.5c），但这需要更加小心地放置试样。通常的折中方案是采用如图 17.5（d）所示的半球形活塞，这样就不需要安装单独的球，顶盖也能倾斜至少 6°，以防止活塞产生弯矩。

如图 17.5（e）所示，施加轴向力之前固结阶段，应保持试样直立。管状导轨是活塞的滑动配合件。初次安装时，将活塞固定在适当的位置，使其进入导轨装置中，但远离钢球。固结后，活塞以常规的方式向下移动与球接触。

如图 17.5（f）所示为大直径试样（直径 100mm 及以上）的典型顶盖，以及一般类型的半球形活塞。顶盖必需足够深，以便将施加的集中荷载均匀地分布在试样区域。

17.2.3　特殊三轴压力室

1. K_0 压力室

该类型三轴压力室装有与试样直径相同的活塞，以确保在压力室压力轴线上测量的体积变化等于试样体积的变化。压力室的连接以及其他细节与普通压力室类似，不再赘述。

2. 毕肖普-韦斯利应力路径压力室

伦敦帝国理工学院开发了一种液压加载的三轴压力室，便于在实验室中重现各种应力路径条件，毕肖普和韦斯利（1975）对此进行了详细描述，本书不予介绍。

17.2.4　渗透仪和固结压力室

1. 渗透仪压力室

该类型压力室，可用于三轴固结试验，类似于上述三轴压力室的结构，但没有设置轴向加载的活塞。施加到试样上的唯一外部总应力，来自压力室流体各向均匀的围压。压力室可容纳直径为 70mm 或 100mm 的试样，试样高度为直径的 2 倍。该压力室有时也被称为柔性壁渗透仪。

该类型压力室基座连接端口类似于普通压力室的基座连接端口，有两个基座排水端口，顶盖上还装有两个排水孔，便于排气和冲洗。

图 17.6 展示了一个模块化系统，可以利用压力室同时进行多种渗透试验。

图 17.6　三轴渗透压力室中多个渗透试验的模块化系统

2. 液压固结压力室

液压加载固结压力室（Rowe 型压力室）在第 22 章中描述。图 17.7 展示了一个能够测试直径 100mm 试样的压力室，该压力室由英国生产销售。英国的某些实验室选用了可以测试 250mm 及更大直径试样的压力室。大直径的压力室主体可以堆叠起来，使试样的高度增加一倍，满足较大粒径土的测试。试验中，通过测量孔隙水压力，必要时测量施加的反压，获得土的固结特性。该方法类似于有效应力三轴试验。

图 17.7　用于测试直径 50mm、63.5mm、70mm、76.2mm
和 100mm 试样的液压固结（Rowe 和 Barden）型压力室

17.3　压力系统

17.3.1　压力系统的选择

第 2 卷第 8.2.4 节中介绍了实验室内施加和维持压力的系统类型，最适合用于有效应力三轴试验的是：电动压缩空气系统、电动油-水系统和数字液压控制器。

电动压缩空气系统是试验中采用的最普遍、经济的方式，在本书中经常提及，其主要特点见表 17.1，在第 17.3.2 节至第 17.3.4 节中给出了进一步说明。数字液压控制器比较昂贵，通常用于计算机控制下的高精度试验，其除了压力控制与测量，还可以提供高精度的体积变化测量。

压力系统的比较　　　　　　　　　　　　　　　　　　　　表 17.1

系统	正常压力范围	特点
电动压缩空气	0～100kPa	通用;经济;可扩展到多个系统,满足 5 台压缩机的容量;容易调节;可自动控制两台压缩机和备用发电机,适用于长期试验

系统	正常压力范围	特点
电动油-水	0～1700kPa,能扩展到3500kPa	不需辅助设备； 每个压力管线需要一个单元
数字式液压控制器	0～4000kPa	可编程； 每个压力管线需要一个单元

压力必需可控制并稳定在误差范围内：不超过 200kPa 的压力误差在 ±1kPa 内；超过 200kPa 的压力误差在 ±0.5％内。

17.3.2　电动压缩空气系统

1. 原理

斯潘赛（Spencer，1954）最早提出将压缩空气应用于维持三轴试验的压力，其中压力调节分两个阶段进行。目前普遍使用的为单级压力调节阀，即使供应管线有压力波动，也能提供稳定的恒压源。

第 2 卷第 8.2.4 节中对电动压缩空气系统的原理进行了阐述与说明。最大工作压力不超过 1000kPa，这对于大多数常规试验来说已经足够。当需要在特定的压力管线上施加更高的压力时，可以用油-水压力系统来代替。由于空气消耗低，一台压缩机可以服务于多个压力调节器。

2. 操作

因为气囊不可能完全不透气，所以气囊压力室应定期排水，并补充新鲜的除气水。同时，应检查气囊的磨损情况，特别是与进气口的连接处，必要时进行更换。如有腐蚀迹象，应检查并更换连接夹。

压缩空气在分流管线内冷凝，会导致压力调节阀失灵。该问题可通过安装空气制冷装置来解决，在空气离开压缩机时对其进行冷却。当空气冷却时，空气中的水分凝结，并被除去。因随后升温到环境温度，被干燥冷却的空气将不再释放任何水分。

考虑机械故障的可能性，对于长期试验，备用空气压缩机是有必要的。理想的配置是系统中包含两个相同的空气压缩机，每个空气压缩机均配有压力控制开关的自动启动装置。一个月内，一个空气压缩机处于使用状态，另一个处于备用状态。两台空气压缩机交替使用，以便维修故障的空气压缩机。

需要一个自动启动的汽油或柴油发电机为空气压缩机提供电力，以便在电源供应出现故障时保持压力。还需要维护任何可能正在运行的压缩机的电源。实际上，这意味着维持实验室所有电力供应，而这个因素将决定所需的发电机容量。应定期检查为启动电机供电的电池充电状态和酸液用量，备用系统应定期（如每月）进行试运行。

17.3.3　电动油-水系统

该系统已在第 2 卷第 8.2.4 节中描述，提供的压力高达 1700kPa，还有一种压力可高达 3500kPa 的高压装置。

虽然一个系统可以为三根管线提供一定的压力，但还是需要两个系统用于有效应力测试，因为提供给两根管线的压力必需是独立可控的。英国建筑研究院的彭曼（Penman）博士对这种装置进行了特殊改造，使其能够提供两种独立的压力。该改造增加了第二个自重油缸，由第一个缸多余的油供给，仅需要一个泵。进一步改进是在船上进行海上试验时，用弹簧加载代替自重加压。弹簧刚度是非常关键的因素（Penman，1984）。

17.3.4　数字液压控制器

数字液压控制器是一个由独立微处理器控制的液压伺服系统，该系统中，压力通过气缸内活塞的位移直接施加在水上，在原理上类似于第 17.3.5 节中提到的手动旋转泵。孟席斯和萨顿（Menzies 和 Sutton，1980）将该系统的最初形式称为自动可编程三轴试验（APTT）。螺纹杆安装在滚珠丝杠上以减小摩擦，螺纹杆通过线性轴承上运行的步进电机和齿轮箱进行旋转。由微处理器控制电机产生单位步进的活塞容积变化为 $1mm^3$，因此，控制器涵盖了体积变化的测量。压力和体积的变化以数字形式显示在控制面板上。工作原理如图 17.8（a）所示，现代液压控制器实例如图 17.8（b）所示。该系统的一个优点是，断电期间活塞保持在最后的动力位置，因此，即使在断电很长一段时间内，压力损失也很小。

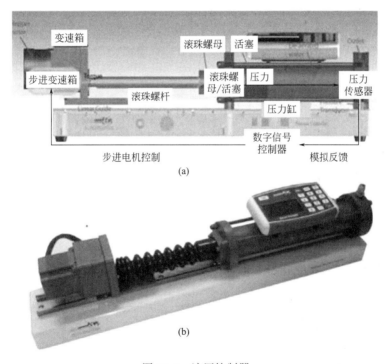

图 17.8　液压控制器

（a）数字液压控制器示意图（Menzies 和 Sutton，1980）；（b）现代液压控制器

对于三轴压缩试验或 Rowe 型压力室固结试验，每根压力管线都需要一个单独的数字控制器。系统可提供最大压力为 4000kPa，更高的压力系统则用于特殊应用。

数字控制器是一种高精度的仪器，特别适合于科研工作。数字控制器需要反馈控制连接到计算机，主要与毕肖普-韦斯利三轴压力室一起，进行特殊试验（如应力路径试验）。

17.3.5　压力的控制和分配

1. 压力分配板

第 17.3.2 节和第 17.3.3 节介绍的恒压系统产生的水压需要进行控制，并分配到待测试样所在压力室的适当连接处。在开始测试之前，连接管线和压力室端口必需经过冲洗、排气和压力检查，压力分配面板配有阀门、仪表及其他相关部件，以满足这些功能。实际上，压力分配板提供了恒压系统和测试压力室之间的连接，包括了压力表和用于其他目的的附加连接，例如通过供水系统向压力室注水或将水排出。带有多个入口和出口的更大压力分配板，可以提供几个压力系统到不同压力室的连接，并且经济地利用了墙面空间。隔离阀使压力表依次连接到每条管线上，以设置和监控压力。或者，在一个压力系统中，一个压力分配板可以永久连接多个仪表。

除了在控制板上安装一个或多个压力表外，也可以在每个压力室端口的压力管线中安装量程合适、可读数的压力传感器。当使用自动数据记录系统时，压力传感器是必不可少的。

2. 带泵控制面板

为了冲洗、排气并检查压力室的连接，需要使用手动泵。如图 17.9 所示为安装有旋转手动泵的典型控制面板，该控制面板与大多数现代系统一样，管道系统是隐蔽的，但连接在前面板上有示意图。

压力控制板的主要组成部分如下：

（1）三个出口，每个出口都有一个阀门，用于连接压力源和测试压力室。

（2）压力表（试验级），量程通常为 0～1200kPa 或 0～1700kPa。

（3）手动泵（也称为控制器）。

（4）装有新鲜除气水的贮水池。

压力控制面板设置如图 17.10 所示。

图 17.9　配有压力表和手动泵的压力控制面板

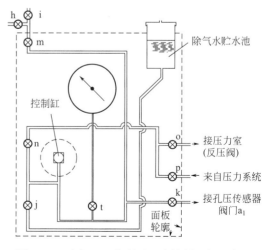

图 17.10　图 17.9 中所示压力控制面板示意图

　　这种类型的控制板适用于第 19 章中介绍的三轴试验，以及第 22 章中描述的 Rowe 型压力室试验。控制板上的第一个出口（标记为 p）连接到恒压系统，该系统提供反压。第二个出口（o）连接到体积变化指示面板，而后连接到压力室上的反压阀。第三个出口（k）连接到孔隙水压力传感器安装座上的阀门，然后将控制器放置在方便冲洗、排气和检查反压与孔隙水压力管线的位置。

　　用于提供压力室压力或隔膜压力的恒压系统通过一个单独的仪表板连接，并可以交叉连接到控制面板上。三轴试验中典型的压力控制面板和其他部件的安装如图 17.11 所示。

　　六通气动压力控制面板，适用于三个同时进行的三轴试验，如图 17.12 所示。

图 17.11　适用于三轴试验的控制面板和体积变化指示面板的布置图

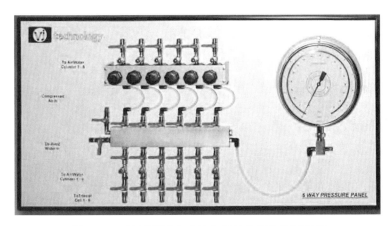

图 17.12　连接至压力表的六通气动压力控制面板

3. 控制器

如图 17.13（a）所示，基于毕肖普原始设计的控制器，构成了早期孔隙水压力测量仪的一部分。普通型控制器可提供 1700kPa 左右的压力，然而一个内径稍小的控制器可以提供更高的压力。控制器是一种精密的仪器，用于提供精确的压力控制，在低压和高压管路中必需防水。

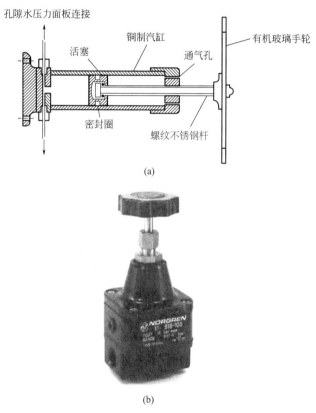

图 17.13　（a）基于毕肖普和亨克尔（1953）提出的控制器旋转手动泵；
（b）气动元件压力调节器

17.4　轴向加载系统

17.4.1　加载系统

常用的三轴压缩试验是在电动加载系统中进行的"应变控制"试验。电机以预定的位移速率（压板速度）驱动压板，使试样以恒定的应变速率变形。以选定的应变或时间间隔观测控制试样顶部的轴向力。土的压缩试验的典型加载系统见第 2 卷第 8.2.3 节中表 8.5。总体布置如图 17.14 所示。

对于有效应力三轴试验，其持续运行时间可以达到几天甚至几周，驱动压力室的位移速度必需降到约 0.0001mm/min，然而对于许多测试，速率范围为 0.001～0.5mm/min 是足够的。现代仪器设备通过配有键盘和液晶显示器的一套完整的集成微处理器控制模块

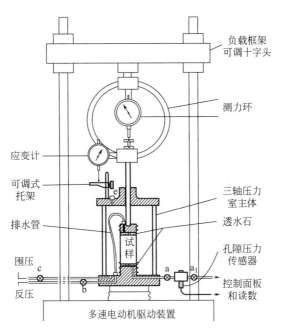

图 17.14 加载系统中三轴压力室的总体布置图

来实现运行。无级变速可以控制到 0.00001mm/min，也能够实现快速移动，以方便设置进程和卸载。

任何一台机器提供的实际位移速率都可能随所施加的力而变化，并且可以在试验期间通过记录每次读数的时间进行验证。实际速率的偏差不应超过要求值的±10%。由于测力装置的变形（对于电子测力传感器来说非常小），试样下端相对于上端的位移速率（应变速率由此计算）小于压板的速率。

17.4.2 自重加载

在"应力控制"试验中，试样上的应力通过以适当间隔施加较小力的增量的方法来增加，并观察每次力增量产生的变形。在荷载控制条件下，对三轴试验压力室中试件施加小应力的简便方法是采用一个支撑重量的轭架装置，如图 17.15 所示；对于较大的应力，采用能够平衡支撑荷载的吊架梁更为合适。

为了抵消压力室活塞受到的来自压力室内部向上的压力，可以通过在吊架上安装一个独立的平面盖板，并在吊架上放置重物来平衡；主吊架的重量代表施加在试样上的净力。另一种方法是在计算净作用力时考虑吊架的重量、压力室的压力以及活塞的面积。

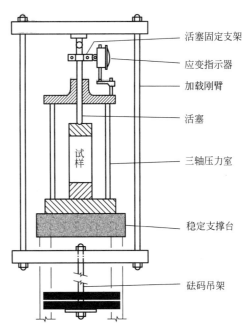

图 17.15 自重加载三轴试验的应力控制装置图

17.4.3 杠杆加载

杠杆装置可用于施加比自重更大的压缩荷载。具有刀口的支座或轴承必需精确定位，才能计算出精确的杠杆比率。加载时应特别小心，因为冲击荷载的影响会像杠杆比率一样被放大。通过吊环和杠杆施加在试样上的力的精确确定需要通过测量或计算来完成。该原理与第 2 卷第 12.5.5 节中第 7（b）段所述的剪切盒杠杆加载的原理相似。

17.4.4 液压加载

在测量孔隙水压力的一维固结试验中，包括在大直径试样上进行的试验，在柔性膜上作用的水压可作为一种加载系统，这种加载系统与杠杆加载相比有许多优点。该原理在液压固结压力室（Rowe 型压力室）中得到了应用，并在第 22 章中进行详细的描述。

17.4.5 气动加载

在美国经常使用的另一种方法，是通过在膜上或三轴试验压力室中施加不同的空气压力。不像水压，空气压力系统不能用于测量体积的变化。但压缩空气较为危险，只能在为测试空气压力专门设计的压力室或容器中使用。

17.5 测量仪表

17.5.1 仪表分类

在测量抗剪强度和压缩性的有效应力试验中，要求使用多种在第 2 卷第 8.2 节中列举的测量仪表，以及本节中描述的附加装置和组件。仪表根据测量类型进行分类：

（1）外加压力；

（2）轴向力；

（3）轴向变形；

（4）横向变形；

（5）孔隙水压力；

（6）体积位移。

仪表校准包含在第 18 章中。在后续章节中，将介绍机械和机电测量仪表，以及与数据采集仪直接相连的电子传感器（见第 17.6 节）。机电仪表（例如图 17.16 和图 17.23 所示的数字压力计和数字千分表）是自给式的，由锂电池进行供电，并由内置模数传感器（见第 17.6.2 节）提供数字读数。电池寿命通常约为 12 个月，仪表在不使用时通常具有自动断电功能。

17.5.2 压力测量

1. 压力计

土工实验室中使用的压力计在第 2 卷第 8.2.1 节中有所描述，一些压力计如图 8.3 所示。图 17.16（a）是一个典型的压力计。对于大多数三轴有效应力试验，最好使用直径为 250mm、量程为 0～1000kPa 或 0～1200kPa 的压力计。如果使用较高的压力，则需要相同标准但量程适当的压力计。每套压力系统最好有其独立且始终连接的压力计。第 8.3.4

节介绍了压力计的使用、维护和校准。对仪表进行精确校准尤为重要，校准数据应标识在每个仪表旁边。仪表的精度应在全量程读数的 0.5% 以内，仪表的重复性应在全量程读数的 10%～90% 范围内。

压力计经常需要施加真空或部分真空。真空计的尺寸可以更小，因为在大多数情况下，能够进行真空度的指示即满足要求，而无须进行精确的测量。

2. 压力传感器

压力传感器由安装在刚性圆柱形外壳中的薄膜片组成，其上粘接或蚀刻有电测应变仪电路。多孔过滤器可保护膜片，并允许膜片受到水压的影响。由此产生的电子偏转虽然非常小，但引起的不平衡电压会被放大，转换成以压力单位计的数字显示。传感器的响应时间取决于补偿膜片微小运动所需的水量，单位压力变化所对应的体积位移称为"压缩性"。1000kPa 容量的典型"刚性"压力传感器的压缩性小于 $2\times10^{-7}\,\mathrm{cm^3/kPa}$（即每 100kPa 的压力变化对应 $0.02\mathrm{mm^3}$），该数值非常小，足够使传感器直接与土样连接，实现连续测量孔隙水压力。对于直径小于 38mm 的试样，位移的大小对孔隙压力的影响可以忽略不计。典型的压力传感器如图 17.16（b）所示。

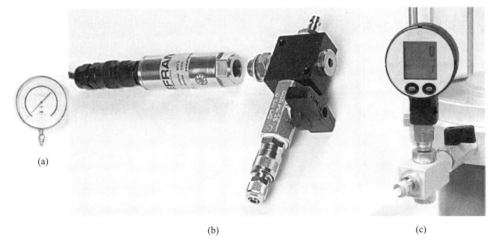

图 17.16　压力测量仪表
（a）波登压力计；（b）压力传感器；（c）数字压力计

然而，由于系统中空气的存在，或者试样和传感器之间使用柔性连接，大大增加了系统的压缩性。因此，孔隙水压力传感器应尽可能安装在试样附近，安装在基座内，或安装在压力室底座出口处。如果要依靠传感器对压力变化做出非常快速的响应，则系统需要彻底排气，同时禁止出现泄漏，以上都是必不可少的。

相对于试样的体积，孔隙水压力系统的整体刚度，通常是重要的因素。在美国材料试验标准 ASTM D4767 中，封闭系统体积变化的刚度要求由下式给出

$$\frac{\Delta v}{V} < 3.2\times10^{-3}\times\Delta u$$

式中，$\Delta v/V$ 是由孔隙水压力变化（Δu（kPa））引起的封闭孔隙水压力测量系统（传感器和连接部件）的体积变化（$\mathrm{mm^3}$）；V 是试样的总体积（$\mathrm{mm^3}$）。

压力传感器的分辨率通常比同等量程的优质压力计的分辨率要好得多。如果校准正确，其精度应在量程的 1% 以内。

如图 17.16（c）所示，压力传感器可以连接到数字读数器上用作数字压力计。

3. 校准

每个传感器必需根据已知压力进行校准，以确定施加压力和输出电信号之间的关系。数字读数通常以 kPa 为单位进行显示。第 18.2.3 节描述了校准的步骤。

4. 一般应用

压力传感器已经取代了压力计，例如在测量孔隙水压力和自动数据记录系统中。然而，压力计仍然适用于连续显示压力。第 2 卷图 8.16 中展示了典型的电压力传感器。

压力传感器的可读性需要达到 1kPa 或更高。安装时应始终使膜片朝上，以便除气。如图 17.17 所示，测量孔隙水压力的传感器应连接到有 4 个连接端口的安装和排气模块上。将传感器拧入下部接头（A），膜片朝上，以降低截留空气的可能性。两个侧端口（B 和 C）分别连接到压力源和测试设备上的阀门。顶部端口（D）装有塞子，用作排气。

5. 孔隙水压力的测量

使用压力传感器进行测量是目前测量孔隙水压力的标准做法。毕肖普和格林（Bishop 和 Green，1969）讨论了相关的基本要求。传感器安装块（图 17.17）直接安装在三轴或固结压力室的基座出口上（图 17.14 中的阀门 a），以确保传感器尽可能靠近试样。

安装块的另一侧连接第二个阀门 a_1，然后连接到控制面板，如图 17.9 所示。按照第 17.8.2 节中的描述，使用面板（图 17.9）上的旋转式手动泵（控制器）对系统进行除气。一个面板可连接多个传感器。阀门 a 关闭，a_1 打开时，面板和控制器也可用于检查传感器校准。测试期间，阀门 a_1 保持关闭，阀门 a 打开。

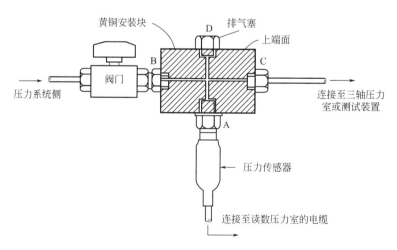

图 17.17　压力传感器安装块

图 17.18 显示了安装在三轴压力室上的 3 个压力传感器，分别用于测量孔隙水压力、反压和围压。

图 17.18　加载架中适用于 100mm 直径试样的三轴压力室，配有压力传感器，
用于测量孔隙水压力、围压和反压

孔隙水压力除了通过基座底部测量外，试样中部的水压力可以通过孔隙水压力探头测得，如第 20 章所述。通常使用的探头有两种类型：第一种是通过橡胶膜附着在试样上的传感器，如海特（Hight，1982）所述和图 17.19（b）所示；第二种探头，一般在市面上买不到，但可以在实验室组装，包括一个陶瓷探头，该探头可以推入试样的侧面，并通过 3mm 内径的窄孔不锈钢管与外部传感器相连。这种探头如图 17.19（a）和图 17.19（b）所示。

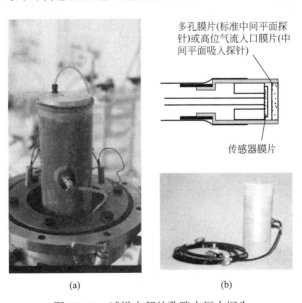

多孔膜片(标准中间平面探针)或高位气流入口膜片(中间平面吸入探针)

传感器膜片

(a)　　　　　　　　　　　(b)

图 17.19　试样中部的孔隙水压力探头
（a）陶瓷探头通过橡胶膜插入试样；（b）通过橡胶膜附着在试样侧壁上的内部传感器

6. 压差

在许多有效应力测试中，必需准确地测量两个相对较大压力之间的细微差别。常见的方法有：（1）读取两个独立压力计或传感器之间的差值；（2）使用压差表；（3）使用压差传感器。

这些方法将在以下章节中进行讨论。

（1）单独的仪表读数

记录两种压力的压力计应该进行非常仔细的相互校准，同时使用标准仪表进行校准。如果使用两个压力传感器，也是如此。校准数据必需仔细应用于读数。

（2）压差计

这种类型的压力计如图 17.20（a）所示，有两个接头，各用于连接压力管线。不管实际压力如何，该压力计都可以直接读取两根管线之间的正压力或负压力差。压差范围一般为±25kPa 或 50kPa。总安全工作压力应不低于最大可用管线压力。

（3）压差传感器

测量压差最方便和准确的方法是使用压差传感器（图 17.20b）。它与普通压力传感器的原理相同，但有两个膜片，膜片间的电路采用电气连接，从而测量其输出之间的差异。

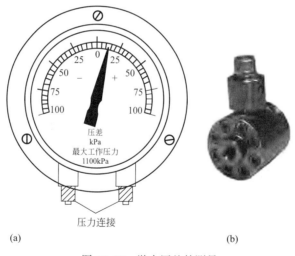

图 17.20 微小压差的测量
（a）差动式压力计；（b）差压传感器

17.5.3 轴向力的测量

1. 测力环

三轴压缩试验的常规测力环参见第 2 卷第 8.2.1 节，典型的测力环如图 8.2 所示。图 17.21（a）展示了两个测力环的示例，安装在加载架中的三轴压力室和测力环的总体布置如图 17.14 所示。

应根据待测试土样的强度来选择测力环，同时应考虑试样抗压强度随有效应力增加迅

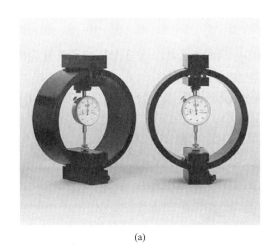

(a)　　　　　　　　　　　　　　　　　　(b)

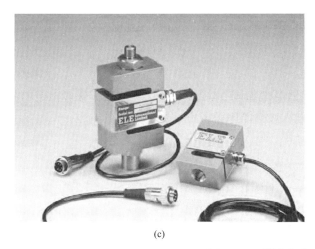
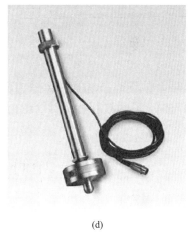

(c)　　　　　　　　　　　　　　　　　　(d)

图 17.21　测力仪表

（a）测力环；（b）带有线性传感器的测力环；（c）应变式测力传感器；（d）浸入式测力传感器

速增加（特别是排水试验中），其强度增加速度比不排水快剪中强度随总应力增加的速度要快得多。测力环必需具有足够的量程来测量试样所能承受的最大力，而且应具有足够的灵敏度以有效辨别加载的早期阶段。用于推导土的力学参数相关的力的读数必需在测力环的校准范围内。第 2 卷表 8.3 中总结了典型测力环的特点，第 8.3.3 节讨论了测力环的维护和使用以及校准的重要性。

在有效应力测试中，使用平均校准系数可能不够精确。因此，应使用如图 8.32 所示类型的校准图表来计算每个力读数所对应施加的应力。如果校准系数在平均校准系数 2％ 误差范围之外（第 18.2.4 节），英国标准 BS 1377：1990 中规定必需使用该方法。

较好的做法中要求测力装置精度应与 BS EN ISO 376：2002 中规定的 2.0 级相当或更优，即与线性度的最大偏差不应超过校准力的 2％。测力环可以安装位移传感器来代替千分表，可以实现自动数据记录。考虑到测力环固有的非线性特性，一些数据记录器可以适应多点校准。

2. 测力传感器

第2卷第8.2.6节中提到了3种类型的电子测力仪表，用于代替带有千分表的传统测力环，即：

（1）装有位移传感器的普通测力环，取代或补充普通千分表（图17.21b）。这种类型测力环的承载力可达500kN。

（2）应变式测力传感器（图17.21c），其中由荷载引起的变形使用电阻应变仪进行测量。

（3）安装在三轴压力室中的浸入式测力传感器（图17.21d），可以测量压缩或拉伸荷载，典型荷载量程为3kN、5kN、10kN和25kN。（2）和（3）类型的仪表统称为测力传感器。

在测力传感器中，所施加的力被传递到与电阻应变计相连的金属腹板或膜片上。腹板中产生的应变会导致应变仪电阻的变化，从而导致电压的微小变化，这些变化会被放大并转换成以力为单位（N或kN）表示的数字显示。

3. 浸入式力传感器

第2卷图8.15中的浸入式力传感器原理如图17.22所示。在安装三角形腹板的腔室内装满油，并通过膜片密封以防止水进入，操作中必需小心处理以免损坏。

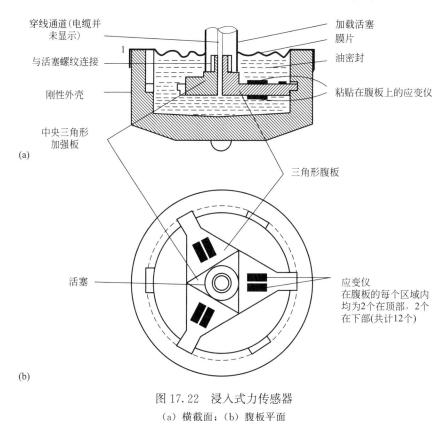

图 17.22　浸入式力传感器

（a）横截面；（b）腹板平面

压力读数不受围压变化的影响，可以使用高达 1700kPa 的围压。12 个应变计的布置给出了仅与所施加力的轴向分量相关的输出读数。剔除任何横向分量，且荷载偏心的影响并不明显。该传感器可用于测量其工作范围内的压力或张力。

对于橡胶膜周围有刚性限制的测压元件，应小心确保均衡端口不会堵塞。否则，测压元件将随反应传感器的围压变化。

浸入式传感器的显著优点是消除了轴力测量中活塞摩擦力的影响。毕肖普和格林（1965）描述了一种早期使用位移传感器来测量变形的装置。如图 17.22 所示的类型是伦敦帝国理工学院专门为三轴试验设计的，可以作为一个完整的组件提供三轴压力室。通过中空加载活塞取出的电力电缆，应具有足够的松弛度，以允许活塞在测试过程中移入压力室内。

应定期检查和维护活塞与测压元件之间的密封性，以确保泄漏到电子元件中的水不会干扰轴向力读数或破坏正在受轴向应力循环作用下的试样。

4. 校准

传感式测力环或测力传感器需要采用符合公认标准（第 18 章）的仪表进行校准，校准方式类似于具有相似特点的普通测力环的校准。

正确校准后，浸入式测力传感器的精度和重复性应优于传统测力环。在校准范围内，高质量的商用传感器可以预期精确到校准量程的 1% 以内，并且重复测量精度在力的 2% 以内。

测力传感器的校准数据可以纳入自动数据记录系统的程序中。

5. 运行检查

测试前将剪切盒或固结仪自重平衡在设备上，可以快速验证测压元件是否正常工作。

17.5.4　轴向变形的测量

1. 千分表

第 2 卷第 8.2.1 节和第 8.3.2 节中所述类型的千分尺用于测量三轴试验中的轴向变形和固结试验中的竖向沉降。通常需要读数精确到 0.01mm 的仪表，量程为 12~50mm，具体取决于试样的尺寸和预期的变形量。如图 17.23（a）所示是一对千分表。

千分表被夹在加载活塞的支架上，或靠近活塞接触点的测力环下端。仪表杆位于由三轴压力室支撑的可调支架上，如图 17.14 所示。压力室相对于活塞的运动等于压力室基座相对于顶盖的运动，即试样长度的变化量。

2. 位移传感器

测量位移的常用传感器被称为线性可变差动变压器（LVDT）。该装置由圆柱形套管内的电子线圈组成，金属杆（电枢）可以沿着套管的轴线滑动。电枢的移动会改变绕组的电感，电感是采用电气测量的，并转换成以位移（mm 或 μm）为单位的数字显示。

现在有许多可供选择的线性位移传感器，它们同样可靠，并且在较大的分辨率范围内显示出良好的线性度。这些传感器包括电位传感器、线性应变转换传感器和内部带应变计

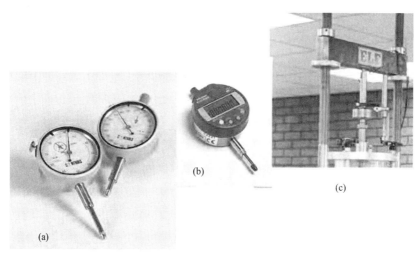

图 17.23　轴向变形的测量

(a) 千分表；(b) 数字千分表；(c) 位移传感器（LVDT）

的传感器。应变式传感器的基础是一对悬臂和一个连接到移动主轴的楔块。当引导的主轴被压下时，悬臂允许发生弯曲，产生固有的主轴弹力伴随光滑的运动。然后，利用 350Ω 惠斯通应变片电桥的 4 个主动臂，在悬臂处检测主轴的线性运动。这种配置产生线性输出，并且处于热稳定状态，不需要进行温度补偿。这些传感器采用坚固的包装，具有出色的非线性特性；误差通常小于全量程读数的 0.1%。

传感器可用于测量从几毫米到 600 毫米的位移范围。

3. 校准

如第 18.2.5 节所述位移传感器应进行系统性的校准。传感器的响应几乎是瞬间的。LVDT 类型的精度和分辨率与千分表是类似的，分辨率通常小于万分之一。读数的最后一个数字可能意味着分辨率比这个数字高 10 倍，所以应该谨慎对待该数字。

4. 运行检查

在设备和基准点之间插入六角圆珠笔或类似的平边物品，可以简单快速地检查设备是否正常运行。

5. 一般应用

位移传感器（LVDT）用于测量三轴和固结试验中试样的轴向变形。传感器可以浸入油或水中使用，因此可以在三轴压力室中使用。在撰写本书时（2013），如果数据记录仪可以使用电位传感器，那么它的性能提高可使其成为一个较好的选择。微型传感器可以安装到其他测量仪器上，如横向应变仪和体积变化传感器（第 17.5.6 节）。

6. 轴向位移

为了在三轴和固结试验中测量轴向变形，量程为 15mm、25mm、50mm 和 100mm 的传感器通常与千分表具有同样的使用功能。

图 17.23（c）显示了一个安装在支架上的位移传感器，用于连接三轴压力室。安装支架必需专门设计，以便牢固地夹紧传感器，但不要太紧而导致变形。位移传感器其他设置与千分表的设置相同，准确对齐至关重要。

在三轴压力室中使用浸入式位移传感器，可以测量试样在传感器探头方向上的局部轴向应变。在弹簧加压的分离式轴环上安装一对径向相对的浸入式位移传感器，开口轴环固定到试样的"目标位置"上。传感器主轴位于第二轴环上，第二轴环与第一轴环的距离精确已知。布朗和斯奈思（Brown 和 Snaith，1974）描述了该操作步骤。小型浸入式传感器也可由插入并密封在试样中的不锈钢销钉进行支撑。

通过使用成对安装并固定于三轴压力室底部支柱上的位移传感器，可以将试样支撑的重量降至最低，如图 17.24 所示。然后两个轴环只支撑传感器杆（Chamberlain 等，1979）。

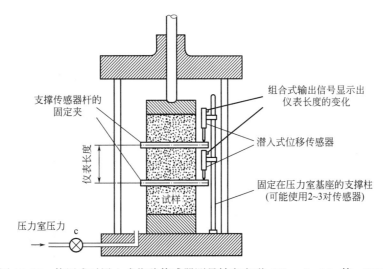

图 17.24　使用成对浸入式位移传感器测量轴向变形（Chamberlain 等，1979）

7. 在试样上直接测量

前几节所述的测量（有时称为"端盖"测量）包括端盖和活塞的嵌入作用造成的任意变形。这些测量误差对可压缩性土试样来说很小，但是对于坚硬土试样来说是不可忽略的。这些误差可通过测量试样自身两个固定点的变形来消除。实现这一点的方法包括：
（1）浸入式传感器；（2）电解液位；（3）霍尔效应传感器。

这些程序最初是基于研究目的开发的，但是现在被认为是测量小应变的唯一可靠方法。本书中没有涉及小应变测量问题。

在第 17.6.5 节中描述了浸入式传感器的使用。

17.5.5　孔隙水压力的测量

试样中孔隙水压力通常通过安装在尽可能靠近试样非排水面的压力传感器来测量（图 17.14）。第 17.5.2 节描述了压力传感器。

17.5.6　体积变化的测量

1. 历史记录

伦敦帝国理工学院的毕肖普于 1956 年利用汞作为两种液体的分界面，测量了试样在小压力下排出或者流入三轴压力室的水的体积。毕肖普和唐纳德（Bishop 和 Donald，1961）开发了一种类似的装置，使用石蜡作为第二种分界面处的液体。广泛使用的双滴定管是基于相同原理开发的。

2. 双滴定管体积变化指示器

图 17.25 所示为一个典型的双滴定管，图 17.26 给出了相应的剖面图。该仪表是一种用于滴定管回流和分流的阀门系统，由两个玻璃滴定管和含有红色染料的石蜡组成，每个玻璃滴定管安装在一个透明的丙烯酸管内。

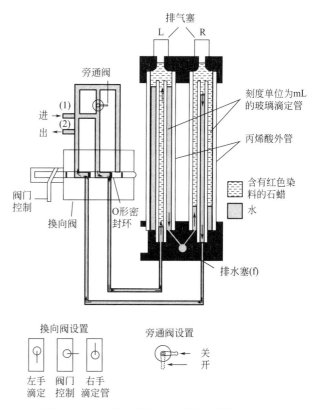

图 17.25　双滴定管体积变化指示器　　　　图 17.26　双滴定管体积变化指示器的剖面图

两根管串联连接，以便在累积流量超过滴定管容量时，通过滴定管的流体流动方向可以反转。通过图 17.26 左侧所示杠杆操作的旋转活塞阀使流体反向，这种类型的阀门几乎能够实现流动方向的瞬间反转。旁路装置能够使大量的水连续流入压力室系统进行冲洗和除气。使流体反向流动的另一种方法是使用如图 17.27 所示连接的两个三通阀，这两个阀必需同时操作。将滴定管安装在外管内可避免滴定管受到内部净压力的干扰，因此滴定管的校准与压力无关，这也是一个重要的安全因素。内部滴定管连接压力源和三轴压力室。

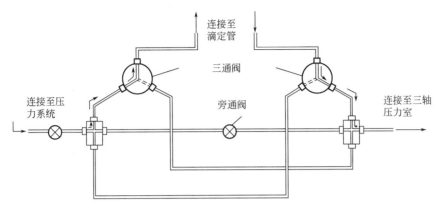

图 17.27　使用两个三通阀实现反向流动

从滴定管内的弯液面界面处读数，而不是从外侧管处。记录的观察结果应说明是从左手滴定管读取的还是从右手滴定管读取的。

滴定管的容量与试样的规格和性质相关。对于小试样或刚性土试样，应使用小直径滴定管以达到合适的读数分辨率。对于大尺寸试样或可压缩试样以及渗透试验，需要足够的容量以避免在滴定管中出现多次倒流。英国标准 BS 1377 中规定的滴定管的容量和刻度间隔如附表 17.1。

滴定管容量和刻度间隔　　　　　　　　　　　　　　　　附表 **17.1**

试样直径(mm)	滴定管容量(mL)	刻度间隔(mL)
38	50	0.1
100	100	0.2

对于高压缩的土（如泥炭），可能需要更大的滴定管。在需要更高精度的地方，应使用量程更小的滴定管，例如可读至 0.05mL。

当压力测量的精度必需高于正常精度时（例如，在确定小压差时），应考虑石蜡和水之间界面移动所引起的压力变化。单个管中界面之间每 100mm 的相对液位变化将产生约 0.2kPa 的压力变化（假设石蜡密度为 0.8g/mL）。对于双管设备，压力变化是单管的两倍。

第 17.8.3 节描述了双滴定管体积变化指示器的安装和加液方法。

3. 体积变化传感器

（1）发展

体积变化的自动测量和记录是土样压缩试验测量中最难完成的，也是最需要开发的。对此已经尝试了诸多方法，其中最早可能是由卢因（Lewin，1971）在英国建筑科学研究所提出的，使用汞零位移装置。该装置驱动一个连接到伺服机的电子继电器，该伺服机驱动活塞以保持平衡，并可操作位移传感器。罗兰兹（Rowlands，1972）和达利（Darley，1973）使用了悬挂在弹簧上的汞罐装置和位移传感器。克莱门托夫（Klementev，1974）

介绍了一种装有应变计的弹簧杆，支撑着两个汞罐。马钱特和斯高菲尔德（Marchant 和 Schofield，1978）描述了一种使用小型汞罐和电子秤输出的低压（达到16kPa）装置。夏普（Sharpe，1978）公布了另一种基于电解质柱运动引起的可变电容的方法。孟席斯（Menzies，1975）介绍了滚动膜片的使用。

（2）滚动膜片传感器

图17.28展示了基于使用滚动膜片的商用体积变化传感器，操作原理如图17.29所示。在压力室中装有柏勒夫（Bellofram）滚动密封的黄铜活塞连接到长行程浸入式位移传感器的电枢上，从该电枢读取读数，并转换成体积单位（cm^3），量程为$80cm^3$，可通过使用与传统双滴定管计量表相似的换向阀扩大量程。该装置可在高达1700kPa的压力下使用，精度约为$0.1cm^3$。

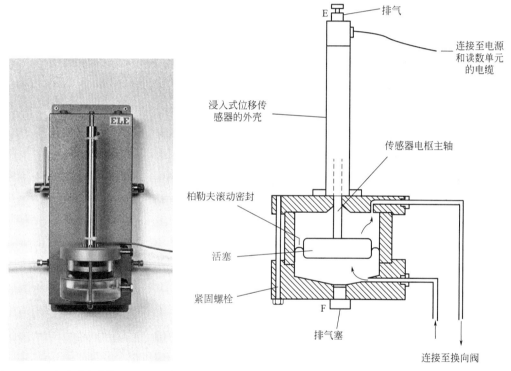

图17.28　滚动膜片式体积变化传感器　　　图17.29　滚动膜片体积变化传感器的原理

（3）帝国理工学院传感器

伦敦帝国理工学院研发的自动体积变化传感器如图17.31所示，其工作原理如图17.30（a）所示。该装置由一个中空的厚壁黄铜圆筒组成，圆筒的两端装有一个连接在柏勒夫滚动密封件上的"浮动"活塞。活塞移动距离由外部安装的位移传感器进行测量。有$50cm^3$和$100cm^3$量程的传感器可供选择，读数精度分别为$0.01cm^3$和$0.02cm^3$。位移传感器可以在高达1400kPa的压力下使用，但是需要大约最小30kPa的压力来扩大柏勒夫密封件。

支撑活塞质量需要非常小的附加压力。如图17.30（b）所示，通过将压力计连接在装置和三轴压力室之间，可以消除附加压力造成的误差。压力变化引起的体积变化非常小，蠕变效应可以忽略不计。压力计不可反向操作，在活塞到达末端时，该装置必需与测试压力室隔离，以便气缸可以重新充气或排空，使活塞返回到起始位置。

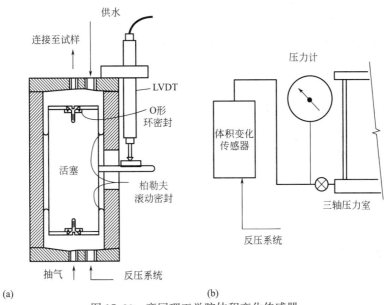

(a)　　　　　　　　　　(b)

图 17.30　帝国理工学院体积变化传感器

(a) 原理；(b) 三轴压力室连接布局

图 17.31　帝国理工学院自动体积变化传感器

　　这种传感器的一个优点是可以将压缩空气作为水的替代物施加到底部。然后，该装置作为一个增压的空气-水互换装置，不需要单独的气-水气囊。然而，可用的连续性体积运动受限于传感器本体的测试范围。

4. 数字液压控制器（DHPC）

由于步进电机控制活塞的设计，数字液压控制器可以精确测量体积变化和控制压力。然而，数字液压控制器相对昂贵，因此不经常用于常规的体积变化测量。

5. 校准

第 18.2.6 节描述了体积变化传感器的校准。校准应在正常工作范围内的不同压力下重复进行。

17.6　数据采集、处理和存储

17.6.1　引言

本节介绍了电子数据的采集、存储和处理。现在常用的做法是使用数据记录器或个人电脑来监测测试过程并记录数据，并在某些情况下随着测试的进行可以实现自动控制。

传统使用的测量仪器必需单独观察以便手动获取和记录数据，目前基本上已被电子测量仪器所取代。电子测量仪器的发展不仅使来源于多个数据源的数据在中心位置显示，而且还能够自动记录和实时显示数据。带有定时装置的"扫描器"无须手动切换即可自动快速选择任一输出通道。数据先由计算机处理，最后的测试结果以表格和图表的形式打印出来。这些数据可以存储为磁性介质，并且可以使用 CD-ROM、DVD-ROM 或在线备份服务进行长期存储。

第 17.6.2 节介绍了传感器的电源和辅助设备。数据自动记录系统和计算机控制测试见第 17.6.3 节和第 17.6.4 节。第 17.6.5 节概述了正确使用电子仪器的一些基本要求和条件。

17.6.2　电源和辅助装置

为了提供输出信号，所有类型的电子传感器都需要稳定的电源供电，通常为 10V 直流电。输出电压取决于传感器的类型，电压值可能位于 $-5\sim+5V$ 的范围内或者 $0\sim100mV$ 的范围内。若要启动数字显示器，则输出电压必需放大并适当调节。

传感器输出系统的基本部件如下：

（1）电源单元：电源电压输出，放大器及其他部件的直流电源输出，各传感器的稳定低压直流输出。

（2）低水平校准放大器用于提升和转换每个传感器的输出信号，以便给工程单位提供读数。

（3）根据需要将每个输出通道连接到显示单元的切换系统。

（4）提供数字信号的模拟转换器和放大器。

（5）数字显示面板。

所有的部件都被集成到带有数字读数的单个仪器中或构成数据记录器的一个组成部分。

　　主输入端的稳压器对于获得可靠数据至关重要。该装置可以消除电源电压的波动，电源电压波动会使传感器的输出非常不稳定。在单个的仪器中，稳定的电源电压是由锂电池提供的，该电池可以持续工作一年。整个系统应由专业人员设计，以便用于土体测试。

17.6.3　自动记录和数据处理

　　来自传感器的测试数据可以存储在计算机储存器或磁盘上进行自动处理并打印备份。当同时使用多个传感器时，如进行有效应力三轴测试，"扫描器"提供切换设备使得每个传感器能够在预先设定的时间间隔内依次读取。电子扫描速度较快，几乎可以在同一时刻记录一组读数。当实验室无人看管时（如过夜），该系统可以持续运行以获取读数。记录的数据先输入计算机处理再输入打印机或绘图仪显示结果。数据可以实时显示在屏幕上以监控每个测试的进度，在需要生成图形和执行计算时可以手动提取。

　　试验设备的制造商或供应商提供专业软件来控制有效应力三轴试验和本书中所述的其他试验。该软件为扫描器提供一个可编程接口单元，使计算机能够存储和分析测试数据。计算机启动引导操作人员的程序显示在屏幕上，在测试进行时控制打印机（绘图仪）或屏幕上的显示。此系统还提供报告质量输出，或者可以将数据导出到定制的电子表格或数据库程序以进行报告。一旦测试阶段开始，数据将自动收集无须进一步操作直到该阶段完成。

　　数据记录器有内在的处理器和满足储存测试数据的内存储量。根据测试规范，用户可以在笔记本电脑或个人电脑上对数据采集进行编程。"主机"计算机可以在需要时调用存储的数据进行处理、显示和打印。典型的数据记录器如图 17.32 所示。一台计算机最多可以控制三个单元，每个单元可以从多个同时进行的试验中收集数据。

　　这些系统是为配合标准试验设备（普通三轴仪和 Rowe 型固结仪）而设计的，还可以与更先进的设备一起使用。

　　在软件设计中，使系统足够灵活以适应不同的规范和足够友好以应对频繁的试验往往是冲突的。

17.6.4　计算机控制试验

　　微型计算机在有效应力试验中的应用，可以使多种复杂的测试过程实现自动化。这是通过使用继电器和步进电机来实现的，这些电机由通过计算机与数据采集系统相连的过程控制器驱动。例如，可以使用步进电机来操作压力调节器，并且已经开发了自给式的电动气压调节器，用于自动控制三轴围压和反压，这是根据计算机在闭环系统测试中反馈的观测信号来工作的。输入计算机的程序可以定义测试过程中测量各种因素之间的相互关系，包括遵循不同类型的应力路径。软件包可用于针对用土体开展的大部分常规试验，包括本书中描述的三轴和固结试验。

　　自动系统应始终允许手动调整，必要时可覆盖自动控制功能，以便保证操作人员对整个过程的完全控制。只有在试验进行中的任意阶段，能够以图形和数字形式获得更新的试验数据，才能保持对试验的适当控制。应考虑如果软件死机或计算机出现故障，系统将如何反应。若在软件或计算机出现故障后三轴仪仍不受控制，将会发生灾难性事故。

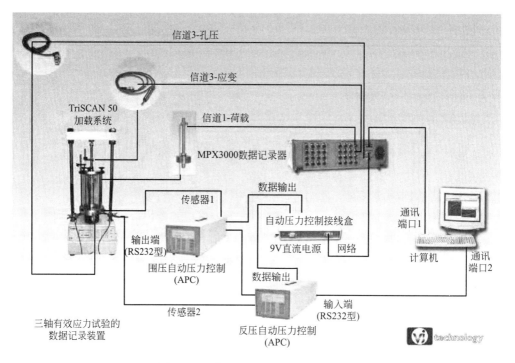

图 17.32　实验室测试自动控制示意图

17.6.5　电子系统的一般要求

第 2 卷第 8.2.6 节概述了保证电子设备可靠性的一些基本要点。以下各节概述了进一步的要点。有些可能是显而易见的，但不可忽略。

1. 电源供应

稳压电源的需求参见第 17.6.2 节。计算机控制系统的另一个重要部分是不间断的电源，在电源供应出现故障时，该电源的持续供电时间应足够长直到备用发电机投入使用。电源中断仅几毫秒就会导致存储在计算机中的程序和数据完全丢失。根据电源的电池容量，需要装置可以同时提供 2～3h 的电压调节和备用电源。

2. 布置

连接传感器和电源/读数装置的电缆应进行适当保护，小心铺设，以免妨碍正常的实验室活动。同时，应允许在两次测试之间有足够的自由移动空间来安装和拆卸设备。读数单元应安置在方便位置，便于观察和通道切换。不应阻塞暖气通风口或将其放置在通风受阻的地方。外壳不应放置纸张和书籍。数据处理设备应保持清洁，区域无灰尘，不使用时应盖住设备。

3. 连接

传感器必需准确连接到电源设备的插座上，并且应仔细检查每个连接。连接电缆上的插头应牢固地插入插座，必要时进行固定。

4. 接地

出于安全考虑，电源/读数装置的外壳应正确接地。应仔细遵循制造商的说明，以避免"接地短路"。接地也会阻隔外部的电磁干扰，并防止与设备产生类似的干扰。

5. 环境要求

欧洲和英国的立法包括电磁兼容指令（EMC）。这就要求所有的电气设备，包括传感器等外部设备，都应该不受设定的电磁干扰水平的影响，并在设计上防止对无线电和电信设备的干扰。该性能标准可以通过 EMC 测试实验室进行验证。

6. 启动

电源/读数装置应至少在使用前 15min 打开，以使其和传感器预热至稳定的工作温度。当用于连续测试时，系统应保持全天开启。

7. 调适

应按照制造商的说明，对要使用的每个通道进行以下调整。

（1）"增量"控制设置；

（2）清零设置；

（3）传感器的校准。

每个传感器应在工程装置中给出可靠读数。

8. 验证

数据处理系统的工作方式是再现所有手动过程，包括获取读数、应用校准常数、进行各种校正、以表格数据和图表形式打印结果以及在某些情况下计算工程参数。作为校准程序的一部分，应按规定的时间间隔执行验证程序，以确保所有操作正确（第18.2.7节）。

9. 设计和维护

为此需要专门设计一套用于土体测试的电子数据采集系统，否则在开发和应用中会遇到很多困难。

对于一般故障的查找通常可以使用诊断程序，使操作人员能够跟踪错误来源并进行校正。任何超出这些例行程序能力的故障以及常规维护，应由具有相关资质和经验的人员或专业服务机构进行处理。

17.7　配件、材料和工具

17.7.1　管线

表 17.2 总结了本书中所述连接设备的一般管线类型。

材料	外直径(mm)	内直径(mm)	最大压力(kPa)	主要用途
聚乙烯	5	3	1700	通用管线,水管
尼龙管	3	1	8400	压力管道
	4	2.5	8400	
	5	3.3	8400	油-水压力管线
	6	4	3500	配水管线
	8	5.5	8400	通用管线,可替代聚乙烯
	12.5	9.5	1700	压缩空气
PVC	3	1	1700	小样本引流
橡胶	16.5	6.5	0~100	真空管线

聚乙烯管不透水，但不是完全不透气。这对充满除气水的压力管线影响不大，但是非饱和土体中运移出来的空气会在很长一段时间内给体积变化的测量带来误差。另一方面，尼龙管不透气，但是当其内部和外部之间的蒸气存在压差时，水会发生运移。帝国理工学院研究使用了紧密装配在聚乙烯管内部的尼龙管。在连接方面的困难使该系统对于一般商用来说过于昂贵，不建议在常规测试中使用。

聚乙烯管有多种颜色可供选择，压力管线的颜色编码易于识别。

管线系统的流量随管线内径的增加而增加，但是带有小孔的接头或配件将对流量产生限制。

17.7.2　阀门、联轴器和配件

1. 阀门

压力管线和孔隙水压力系统中使用的阀门在工作压力下必需是完全隔水的，并且在关闭时不得排水。密封件在压力范围内应不可压缩。通常使用商用轴套式旋塞〔克林格（Klinger）阀，AB10型〕，见图17.33（c）。这些旋塞应稍微润滑，且需要经常性地对压盖进行调整。必要时，应存放备用包装套，以备更换。杠杆的位置为阀门开启或关闭提供了明确的指示。在操作阀门后，应将操纵杆或旋钮正确地设置在打开或关闭的位置，且不要将其置于中间位置。

球阀（图17.33a和图17.33b）价格昂贵但可靠。聚四氟乙烯（PTFE）密封则不需要润滑。除开关阀（带两个端口）外，在某些情况下还需要三通阀（带三个端口）。对于三通阀，可能有两个流通路径。在第17.5.6节描述了与双滴定管体积变化计一起使用的特殊换向阀。

2. 联轴器类型

各种管接头可将管道连接到阀门、接头和其他配件上。对于每种类型的管接头，可能有几种螺纹。连接时要考虑的因素包括：

（1）管接头的适用性；

（2）外螺纹与内螺纹在联轴器和其他部件上的相容性；

图 17.33　有效应力试验中常用的典型阀门
(a) 球阀 RB166（Auto-matic Valve Systems Ltd）；(b) 球阀 64020713（Legris Ltd）；
(c) Klinger 旋塞 AB10

（3）管线联轴器的正确安装；

（4）正确安装密封件，密封件必需处于良好的状态。

下面各节介绍了英国土力学实验室中使用的三种联轴器类型，分别为塑料联轴器、推入式连接器和快速释放式联轴器。

（1）塑料联轴器

聚苯乙烯薄膜尼龙配件提供了一种简单有效地将连接配件连接到塑料管或金属管且不需要扩管的方法。不锈钢抓斗垫圈抓紧管线，并将其固定在接头中，管线由推力垫圈固定在适当的位置。橡胶 O 形环密封圈压在管上形成一种密封。配件的设计压力高达 1400kPa。

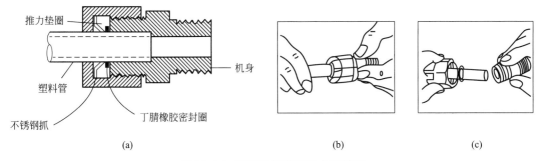

图 17.34　聚苯乙烯薄膜尼龙联轴器
(a) 组装联轴器；(b) 固定管线；(c) 将管线安装到联轴器内

塑料联轴器详细信息如图 17.34（a）所示，连接如下：

① 将盖组件拧到阀体上，长度为螺纹长度的一半，不需要橡胶密封圈；

② 管线的端部应切成方形，插入管线并牢牢地固定在阀体的凹口端部（图 17.34b）；

③ 旋开盖子并从阀体上拆下盖子和管线，取垫圈时应将盖子固定在管线上；

④ 将橡胶密封圈放在管线上（图 17.34c）；

⑤ 将管线装回阀体，拧回盖子，用手拧紧。不要使用扳手或者其他工具，扭矩过大可能会使尼龙断裂。

（2）推入式连接器

这种连接器现已被广泛使用，配件为镀镍黄铜。将尼龙管或塑料管推入锥形插入件，固定螺母拧回原位时，将其牢牢抓住。螺母仅需用手拧紧即可。典型的联轴器如图 17.35 所示。

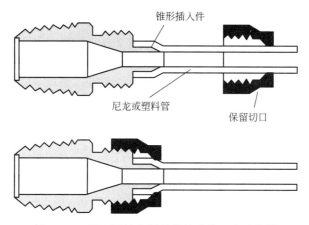

图 17.35　用于柔性塑料管的快速推入式连接器

（3）快速释放式联轴器

快速释放式联轴器如图 17.36 所示。

图 17.36　快速释放式联轴器

17.7.3　透水石

安装在三轴试样端部的透水石必需与试样具有相同的直径，且表面为平面。这些透水石必需足够坚固以承受高达约 5000kPa 的压应力而不产生变形，并且无论是否承受荷载，都允许水自由通过。透水石的透水特性取决于所用材料的细度，材料可以是烧结陶瓷、青铜或不锈钢，其渗透率应比土体的大很多。

比渗透率更重要的是多孔介质的"进气值"，即空气穿过饱和、表面干燥透水石形成的表面张力屏障而在进入孔隙空间前所能够承受的最大气压。孔隙越小（即颗粒越细），进气值就越大。通常使用两种等级的透水石，即具有较低进气值的一般透水石和较高进气值的"精细"透水石。后者是测量非饱和土孔隙水压力所必需的。表17.3给出了几个等级透水石的典型性质。

多孔介质的典型性质 表17.3

材料和名称	孔隙度(%)	透水性(m/s)	进气值(kPa)
陶瓷：			
UNI A 80kV		3×10^{-4}	低
UNI A 150kV		5×10^{-7}	中
Aerox 'Celloton' VI级	46	3×10^{-8}	210(高)
Doulton P6A 级	23	2×10^{-9}	150
压制并烧制的高岭粉尘	39	4.5×10^{-10}	520
滤纸：			
Whatman 54 号		1.7×10^{-5}	
		当 $\sigma'=30$kPa	
沿长度方向流动		达到 3×10^{-5}	
		当 $\sigma'=1000$kPa	

透水石可用于大多数标准直径的试样。如第17.2.2节图17.4所示，当安装在压力室底座时，使用直径稍小的透水石。当端部润滑时，可在压力室底座中安装直径为5～10mm的透水石。类似插入件安装在液压加载固结仪的底座上（第22章）。

使用前，应将多孔透水石在蒸馏水中煮沸至少10min，将空气从孔隙中排出然后浸泡在除气水中，直到需要时取出。经过加压和冲洗程序安装到位后，剩余的空气都会被清除。

使用后，应该用蒸馏水冲洗透水石。用天然或尼龙刷子刷去附着的泥土，然后煮沸，不能使用钢丝或者钢丝棉。应该丢弃无法使水自由渗透的被堵塞的透水石。一个简单检查堵塞的方式是试着通过透水石吹气。巴拉克斯（Baracos，1976）描述了堵塞透水石的特性。超声波清洗有助于清除粘结牢固的土颗粒。

17.7.4 橡胶膜、O形环和拉伸器

三轴试验配件的示例图如图17.37所示。第2卷第13.7.4节给出了用于三轴试验的橡胶膜的详细信息和测量拉伸模量的方法。

应该对每批收到的若干张橡胶膜用千分尺进行厚度检查，以便可以对测量试样强度进行适当校正（第18.4.2节）。用法国滑石粉轻微撒粉后，应将其存放在阴凉处。

使用前，应仔细检查橡胶膜是否存在缺陷和泄漏。通过使用O形环将橡胶膜的一端密封到实心端盖上，另一端密封到排水顶盖上，可以进行主动泄漏试验。橡胶膜通过排水

引线充入空气使其膨胀，同时将其浸泡在水中。如果在橡胶膜膨胀到初始直径的 1.5 倍之前，就可以看到气泡，那么则不能继续使用。

一般情况下，每次有效应力三轴试验都应使用新的橡胶膜。在使用前，橡胶膜应在水中浸泡至少 24h，以减少对试样中水的吸收，并降低橡胶膜的透水性。用一层硅脂隔开的两层橡胶膜可以进行长时间的测试，但是试样中的尖锐颗粒很容易穿刺橡胶膜导致泄露。

应使用两个合适尺寸的橡胶 O 形环将橡胶膜密封到每个试样端盖上。在使用前应仔细检查其是否存在局部缺陷，使用后应擦拭干净、干燥且无油脂，并与橡胶膜一起存放。

图 17.37　用于三轴试验的配件：试样劈裂器；吸力膜支架；O 形环放置工具；阀门；夹
式滴定管；带排水导线的顶盖；橡胶膜；透水石；O 形环；吸水滤纸

孟席斯和菲利普斯（Menzies 和 Phillips，1972）描述了在实验室中制备乳胶橡胶膜的过程。只有当需要非标准形状或尺寸的橡胶膜时，才这样做。

每个试样直径需要抽吸膜拉伸器（第 2 卷图 13.30 和图 17.37）。此外，必需使用 O 形环定位工具，以通过排水连接将 O 形环拉伸并安装到顶盖上。图 17.37 中包含了可实现此目的的分离杠（参见图 19.11）。

17.7.5　排水材料

1. 三轴试样的侧向排水

一些试验中，在极低渗透性的三轴试样周围安装了侧向排水条或吸水滤纸以加快排水速率。与透水石连接的夹套会显著影响测量的抗压强度，合理的折中方案是在试样和密封橡胶膜之间安装排水条。

侧向排水使用的材料是单层的 Whatman 54 号滤纸，不会在水中软化。滤纸切成的轮廓如图 17.38（a）所示直径为 38mm 和图 17.38（b）所示直径为 100mm。对于其他尺寸的试样，使用与之相似的比例。如果使用一个薄金属模板制作相同的轮廓，则可以简化切割的难度。以此为模板，可以用尖刀或者手术刀一次性切割多片。滤纸条不应该覆盖试样圆柱形表面积的 50％ 以上。这种形式的排水条会影响试样强度的测量，所以必需进行校正（第 18.4.3 节）。

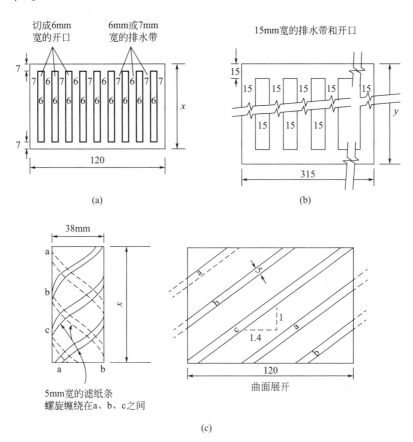

图 17.38　三轴试验滤纸侧向吸水的制作细节

（a）直径 38mm；（b）直径 100mm；（c）直径 38mm 的螺旋吸水条

x 和 y 尺寸取决于过滤器是否与透水石重叠

　　根斯（Gens，1982）使用了螺旋形式的侧向排水条，发现在压缩或拉伸时都不需要校正测量的强度。如图 17.38（c）所示，将三个 5mm 宽的滤纸以在竖直方向倾斜 1°和在水平方向倾斜 1.4°的方式螺旋缠绕在试样上。该方式的排水效果与常规的排水方式效果相当。

　　2. 固结试验的排水层

　　对于在水力固结仪（Rowe 型固结仪）中进行的试验，当需要时可通过安装一层 1.5mm 厚的 Vyon 多孔塑料材料向外排水（参见第 22 章）。有单张纸或预切长度可供选择。

　　2mm、3mm 和其他厚度的类似材料可用作顶部和底部排水层，也可用作孔隙水压力测量点处的多孔插入物以及满足需要自由排水材料的其他用途。

17.7.6　液体材料

　　三轴测试设备中的几个部件所必需的液体材料如下：

（1）石蜡

相对密度约为0.8的石蜡（煤油），用于玻璃滴定管（目测）的体积变化计量表。将红色染料加入到石蜡中，可以清楚地标记它与水之间的弯液面。将染料、苏丹粉末以大约0.02g/L的浓度溶解在石蜡中。由于苏丹粉末致癌，在处理苏丹粉末时，应采取适当的保护措施。

在玻璃滴定管注入液体之前使用有机硅防水剂冲洗其内部以保持均匀形状的弯液面。

（2）除气水

在孔隙水压力系统、反压力管线、压力室和围压系统中必需始终使用除气水。为实现此目的，传统除气方法是对其进行真空抽气，如第2卷的第10.6.2节（1）中所述。典型的真空除气装置如图10.18所示。

在第2卷第10.6.2节中介绍了两种类型的自给式除气设备，如图10.19所示。如图17.39所示为专门为大型实验室设计的系统。除气后的水通过泵不断循环，并提供不中断的供水。

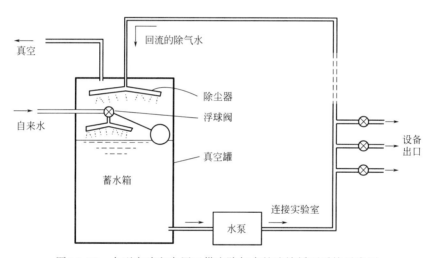

图17.39　大型实验室中用于供应除气水的连续循环系统示意图

水中的空气量可以通过测量溶解氧含量来确定。为此，需要水质测试设备。建议的溶解氧含量上限为2ppm，但在BS 1377中不做强制要求。重要的是除气过程要持续到不再观察到气泡为止，同时确保真空度。

通过分配管线，将除气水箱中除气水引流到每次试验用的小型储液筒中。储存在真空水箱中的水应每天除气。储液筒中的水不能抽空时，需要每天倒出，并用新的除气水代替。

三轴压力室中不应使用去离子水。目前已经发现除气水、去离子水对橡胶密封件等具有非常强的腐蚀性。

17.7.7　其他设备

表17.4列出了本书第1卷和第2卷所述试验需要的设备。

用于有效应力试验的各种设备　　　　　　　　　　表 17.4

项目	章节索引	备注
制样设备	9.1.2	单独的、最好可加湿的房间
修整工具		
除气水设备	10.6.2	另请参阅第 17.7.6 节
小工具	A5.4	成对的扳手是必备的
	8.2.5	
常用材料	8.2.5	
常用实验室仪器	8.2.5	主要用于称重和含水率的测定
其他：		适当选择
玻璃杯	A5.2.1	
硬件	A5.3.1	
塑料制品	A5.3.2	
真空系统	1.2.5(3)	电动泵和配电线；或水龙头上的过滤泵

17.8　设备的检查和准备

17.8.1　概述

本节给出了准备压力系统和相关测量仪器的一般指导意见，并描述了压力系统的初始检查步骤，这些指导旨在补充供应商的使用说明，应该严格遵循。同时应注意定期校准的重要性。

即将开始测试之前的检查流程参见第 18 章、第 19.3 节（三轴测试）和第 22 章（Rowe 型固结仪试验）。

17.8.2　控制面板

1. 总则

安装和检查图 17.9 中所示类型控制面板的步骤如下。合适的情况下，类似的程序也适用于仪表板和多出口压力分配板。

仪表需要垂直且牢固地安装在控制面板上，并且放置在试验设备的附近以方便使用。压力表应与试样中线大致保持水平。

开始时，控制器完全上紧，所有阀门都保持关闭状态。打开阀门 m 与大气连通。阀门名称如图 17.10 所示。在没有控制器的情况下，可以通过合适的恒压系统施加压力。

2. 注水和去除空气

水箱中充满新鲜的除气水。初次注水时，在水中添加少量液体洗涤剂，将有助于分散和去除附着在管线和配件上的气泡。在完成压力检查后，系统进行试验之前，应彻底冲洗掉该溶液，并注入干净新鲜的除气水。

控制面板管线的注水和准备方法如下：

（1）打开阀门 j 和 m，使水在重力作用下从水箱中通过管线进水，直到阀门 m 附近的水位与水箱中的水位相同。

（2）关闭阀门 m，并在阀门 j 打开的情况下，将控制器最大限度地拧开（逆时针），使其装满水。

（3）再次转动泵，将水抽回水箱。

（4）重复第 2 步和第 3 步，直到观察到抽回水箱的水中没有气泡为止。

（5）按照步骤 2 的操作加满控制器，关闭阀门 j，然后打开阀门 m。

（6）按照步骤 3 和步骤 4 操作泵，直到没有空气从阀门 m 排出，然后关闭阀门 m。

（7）按步骤 2 再次装满控制器。

（8）打开阀门 k，用水冲洗直到没有空气出现，然后关闭阀门 k。

（9）重复步骤 7 和步骤 8，冲洗连接阀门 o 的管线，然后冲洗连接阀门 p 的管线。

（10）立即打开压力表正下方的阀门 1 和排气螺栓。

（11）稳定地转动泵，直到排气螺栓中有水出现，且没有气泡，然后将其拧紧（用手而勿使用扳手），关闭阀门 1。如有必要，再次装满控制器。

（12）检查管道中是否有气泡。如有必要，继续冲洗，直到清除系统内所有空气为止。将真空水管从水龙头过滤器-泵连接到阀门 p 或阀门 o，并在阀门 j 关闭的情况下，通过阀门 k 注入除气水，可以更容易地去除空气。如果使用电动真空泵，则真空管线中应有足够大的疏水阀。

（13）再次装满控制器。

3. 压力检查

（1）除 l 以外的所有阀门都关闭后，转动泵，将系统加压至压力表所示最大工作压力。将系统置于该压力下数小时或整夜。

（2）如果只有小幅的压力下降，则可能是由于管线膨胀和残留气泡的溶解所致。通过阀门 m 释放压力并用新鲜除气水冲洗系统。再次置于压力下，重复操作，直到系统内完全无空气为止，可通过压力表压力读数不下降得到验证。

（3）步骤（1）之后的压力大幅下降表明系统中存在泄漏，必需通过观察或依次隔离和加压各个部分进行查验。整个系统必需无泄漏。

（4）压力检查完成后，通过用手松开泵或稳步降低压力供应来缓慢释放压力。避免压力突然下降对压力表的损坏或影响其校准。

至此，控制面板应无空气、无泄漏并可以使用。作为测试前操作的一部分，书中介绍了冲洗、排气和检查压力室连接管线的方法（三轴测试为第 19.3 节；Rowe 型固结仪试验见第 22.3 节）。

4. 孔隙水压力系统

孔隙水压力系统的检查程序（初次检查、两次试验之间的常规检查）参见第 19.3.2 节三轴测试和第 22.3.4 节 Rowe 型固结仪试验部分。

17.8.3　体积变化指示器

1. 组件

双管体积变化指示器的布置如图 17.26（第 17.5.6 节）所示。该装置外管内是两个刻度滴定管、换向阀、旁通阀和三个排气塞。

必需严格按照制造商的说明进行设备安装或更换滴定管。玻璃滴定管易碎，应格外小心使用。在开始组装之前，可以在接头和端面上稍涂硅脂。

浅蓝色或中蓝色的背景（手持式或永久固定在体积变化指示器后面）可增加染成红色的石蜡与水之间的对比度，有助于读取滴定管中的液位。

用于滴定管加料的液体是除气水和高级石蜡（煤油），并加入少量染料使其着色（请参阅第 17.7.6 节）。一个 100mL 的容器需要约 250mL 的石蜡，开始时可将石蜡放入烧杯中。

2. 填充滴定管

图 17.26 中的入口接头（1）在阀门 o 处连接至控制面板（图 17.10）。控制器中充满了新鲜除气水。开始所有阀门都关闭。填充过程如下：

（1）设置换向阀，将左侧的滴定管连接至进样口（1）（称为左手的位置），卸下左侧滴定管顶部的排气塞 L。

（2）打开控制面板上的阀门 o，然后将水泵接入左侧的滴定管中。如有必要，重新打开泵，继续泵送至滴定管和丙烯酸纤维（Acrylic）外管完全注满水。轻敲滴定管，以帮助气泡升至顶部并从 L 处的开口逸出。

（3）装回并拧紧排气塞 L。

（4）将换向阀切换到右侧位置，将右侧滴定管连接到入口（1），然后拆下排气塞 R。

（5）按照步骤 2 的方法填充滴定管，但是使用开口 R，然后放回并拧紧排气塞 R。

（6）松开排水塞 F 并将水泵入滴定管，直到 F 没有空气排出，重新拧紧塞子。

3. 压力检查

（1）将换向阀设置在左侧或右侧位置。将管道（2）连接至压力室上合适的阀门，确保连接管线中充满水且没有空气，并在拧紧时注入除气水。关闭压力室的阀门。

（2）操作控制面板上的泵，向滴定管施加约 700kPa 的压力。释放气泡并检查是否泄漏，若有应予以修复。连接处应仔细拧紧。考虑到组件膨胀，最初可能需要对泵进行一些调整，以保持压力。

（3）保持压力 24h，通过观察压力是否下降来验证是否泄漏。所有泄漏修复后，重新进行压力检查。

（4）当压力检查确认没有泄漏时，通过操作泵缓慢降低压力。关闭所有阀门，并将换向阀调节在中央位置。

4. 充注石蜡

（1）打开试管阀的出口管路，并将其末端放在滴定管底部以下的合适容器中（大烧杯或水桶）。

（2）拆下排气塞 L，并将换向阀调节在右侧位置，使水从左侧滴定管排放到容器中。

（3）当左侧滴定管中的水位下降至 100mL 标记时，将换向阀调回中间位置。

（4）使用一个小漏斗，从排气塞 L 注入彩色石蜡，直到滴定管及其上方至孔顶部的空间被填满。装回并拧紧排气塞 L，确保没有空气残留。

（5）拆下排气塞 R，将换向阀设置在左侧位置，并对右滴定管重复步骤（2）～（3）。

（6）将换向阀调节在左侧位置。将一个烧杯放在排水塞 F 下方，然后稍微松开塞子。

（7）重新装满控制器，并将水缓慢泵入左侧的滴定管，将石蜡排入外管。多余的水将从 F 中流出。

（8）当左滴定管中的石蜡/水界面达到零标记处时，重新拧紧排气塞 F，并将换向阀调节在中间位置。右侧液体界面应在 100mL 标记处或附近。

该设备准备好待用。通过操作控制面板上的阀门 o 和阀门 p（图 17.10），使入口（1）连接到压力系统而不带入空气，出口（2）连接到测试装置上合适的阀门。打开旁通阀，以便在进行连接时冲洗管线并稍加压力。关闭旁通阀。如果预测水会因为土体固结从试样中流出，在开始试验前将换向阀设置在左侧位置。如果试样可能浸入水中（例如在饱和阶段），将换向阀设置在右侧位置。

5. 体积变化指示器的使用

由于滴定管不受内部净压力的影响，因此无须对其进行压力校正。读数通常可以估读到刻度单位的一半，例如每 0.2mL 标记的滴定管可读取至最接近的 0.1mL。

误差的主要来源是水和石蜡之间的界面弯液面形状可能发生变化。因此，偶尔清洁管线以清除油脂和其他沉积物是十分重要的。当管中的液体流动方向反向时，弯液面的形状通常也会反向。在反转后立即记录倒弯液面的读数，可以为之后的读数提供新的数据。弯液面读数方法如图 17.40 所示。

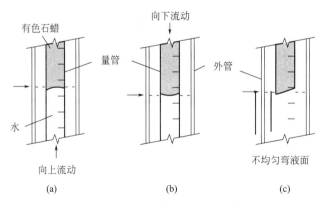

图 17.40　读取体积变化滴定管

(a) 向上流动，读取弯液面顶部；(b) 向下流动，读取弯液面底部；(c) 弯液面不均匀，读取平均值

任何一个滴定管中的石蜡/水界面不可以超过 100mL 刻度处。可以通过反转流动方向测量超过 100mL 的体积变化。

依次打开排气塞 L 和 R（第 17.5.6 节图 17.26），并通过排气塞 F 排空外管，从而排空滴定管。同样的，通过调节换向阀，排空内部滴定管。

采用漂洗的方式用温水清洗滴定管部件。有些清洁剂可能会对丙烯酸塑料管产生不利影响。

注意正确组装。断开连接之前，仔细标记每个节点的组件。检查 O 形密封圈，必要时进行更换。

6. 体积变化传感器

根据制造商的说明，自动体积变化传感器已充注，并已排气和初始化。此处强调的程序与图 17.29 和图 17.30（第 17.5.6 节）中所示连接到图 17.27 中换向阀组件的压力表类型有关。

（1）将三通阀（以下标记为 A）设置为直通水平位置，并将换向阀控制杆（标记为 B）调节在中间（关闭）位置。

（2）让除气水流入并置换空气。施加 20kPa 的压力或顶部除气水箱中的水头高度可以满足要求。

（3）将阀门 A 转到垂直位置，将控制杆 B 转到"活塞向下"位置。

（4）打开排气 E（图 17.29），然后从上腔排出空气。

（5）将整个装置反转过来。

（6）将操纵杆 B 移至"活塞向上"位置（正常观察）。

（7）打开排气塞 F，从下腔室排出空气。

（8）将操纵杆 B 调节回中间"关闭"位置。

（9）再将装置右转。

（10）检查系统是否已没有气泡。

（11）如果有气泡，则将杠杆 B 置于"向上"或"向下"位置，在 700kPa 的压力下给设备加压几个小时后用新鲜的除气水冲洗。

（12）连接到读数装置，进行一段时间的预热后，将系统加压至约 20kPa。

（13）通过将阀门 A 转到垂直位置并将杠杆 B 调节到"向下"位置，将仪表连接到系统中。观察柏勒夫活塞的运动。

（14）当活塞到达最低位置时，通过将 B 移至"向上"位置来反转流动方向，并允许活塞向上移动约 2mm。

（15）将操纵杆 B 移至"关"的位置，并将读数设置为零。

（16）装置已经准备好，可以进行校准。

17.8.4　围压和反压系统

围压和反压系统的要求不如孔隙水压力系统那么繁琐，可以使用连接到每个系统中的压力表和体积变化表进行充分的检查。系统应加压并在恒定压力下放置几个小时。初始膨胀后，如果系统是水密的，则体积计读数不会出现明显的变动。如果发现有泄漏，则应找到其位置，必要时依次隔离管线的不同部分来消除泄漏。

在开始测试前，应将新鲜除气水注入恒压系统，并冲洗与测试设备连接的管线。用除气水注满压力室（空气-水），以满足每个系统的即时要求。例如，如果要用该系统填充三轴压力室，应备有最大用水量。为了可以从试样中排水，反压系统中应有足够的水容量。

第 19.3.1～19.3.4 节（用于三轴压缩试验系统）和第 22.3.4、22.3.5 节（用于 Rowe 固结试验系统）中介绍了 BS 1377 要求的压力系统检查程序。新设备或翻新设备必需进行"完整"检查，检查间隔不得超过三个月。在每次试验开始之前，需要进行"常规"检查。

17.8.5 压力传感器

如图 17.17 所示（第 17.5.2 节），将压力传感器安装在固定块上，并使隔膜朝上。皮下注射器可用于将除气水直接注入隔膜上方的空间，且不会夹带气泡。需要注意避免损坏隔膜。将该模块连接到系统中，并注满除气水。通过排气塞 D 去除可见气泡。在排气塞 D 闭合的情况下，将系统加压几个小时检查是否泄漏，然后用新鲜除气水冲洗。如第 19.3.2 节所述，在孔隙水压力系统中对传感器块进行加压和冲洗，然后可以根据压力表校准传感器读数。

切勿突然对传感器施加或释放压力，并且应避免压力的迅速变化，否则可能会损坏膜片。出于同样的原因，只有当传感器设计为能承受负压时，才能小心进行抽吸。通常将隔离阀放在固定块的两侧。在这种情况下，仅当至少一个阀打开时，才必需拧紧或松开排气塞，以避免传感器压力过高或压力不足。

17.8.6 校准

定期校准实验室中所有测量仪器保持各设备的高度可靠性是至关重要的。校准数据应时刻可供查阅，或与压力表等固定项目一起显示。下次校准的日期应该清楚地显示出来。

在第 2 卷第 8.4 节中介绍了对千分表、测力环和压力表等测量仪器的校准，在第 13.7.4 节中介绍了橡胶膜的校准。本书中提及的其他仪器和设备的校准在第 18 章中介绍。

参考文献

Baracos，A.（1976）Clogged filter discs. Technical note. Géotechnique，Vol. 26（4），p. 634. Bishop，A. W.（1960）The measurement of pore pressure in the triaxial test. In：Conference on Pore Pressure and Suction in Soils，London，March 1960，Butterworths，London.

Bishop，A. W. and Donald，I. B.（1961）The experimental study of partly saturated soil in the triaxial apparatus. Proceedings of the 5th International Conference on Soil Mechanics & Foundation Engineering，Dunod，Paris，Vol. 1，pp. 13-21.

Bishop，A. W. and Green，G. E.（1965）The influence of end restraint on the compression strength of a cohesionless soil. Géotechnique，Vol. 15(3)，p. 243.

Bishop，A. W. and Henkel，D. J.（1953）A constant-pressure control for the triaxial compression test. Géotechnique，Vol. 3(8)，pp. 339-344.

Bishop，A. W. and Henkel，D. J.（1962）The Measurement of Soil Properties in the Triaxial Test，2nd edn. Edward Arnold，London(out of print).

Bishop, A. W. and Wesley, L. D. (1975) A hydraulic triaxial apparatus for controlled stress path testing. Geotechnique Vol. 25(1) pp. 657-670.

Brown, S. F. and Snaith, M. S. (1974) The measurement of recoverable and irrecoverable deformations in the repeated load triaxial test. Géotechnique 24(2) pp. 255-259.

BS 1377: Part 6 and Part 8: 1990. British Standard Methods of Test for Soils for Civil Engineering Purposes. British Standards Institution, London.

BS EN ISO 376: 2002. Metallic Materials: Calibration of Force Proving Instruments Used for the Verifi cation of Uniaxial Testing Machines. British Standards Institution, London.

Darley, P. (1973) Apparatus for measuring volume change suitable for automatic logging. Géotechnique, Vol. 23(1), pp. 140-141.

Gens, A. (1982) Stress-strain and strength characteristics of a low plasticity clay. PhD Thesis, Imperial College of Science & Technology, University of London.

Hight, D. W. (1982) A simple piezometer probe for the routine measurement of pore pressure in triaxial tests on saturated soils. Géotechnique Vol. 32(4) pp. 396-401.

Klementev, I. (1974) Lever-type apparatus for electrically measuring volume change. Géotechnique, Vol. 24(4), pp. 670-671.

Lewin, P. I. (1971) Use of servo mechanisms for volume change measurement and K0 consolidation. Géotechnique, Vol. 21(3), pp. 259-262.

Marchant, J. A. and Schofield, C. P. (1978) A combined constant pressure and volume change apparatus for triaxial test at low pressures. Géotechnique, Vol. 28 (3), pp. 351-353.

Menzies, B. K. (1975) A device for measuring volume change. Géotechnique, Vol. 25 (1), pp. 132-133.

Menzies, B. K. and Phillips, A. B. (1972) On the making of rubber membranes. Géotech-nique, Vol. 22(1), pp. 153-155.

Menzies, B. K. and Sutton, H. (1980) A control system for programming stress paths in the triaxial cell. Ground Engineering, Vol. 13(1), pp. 22-23, 31.

Penman, A. D. M. (1984) Private communication to author.

Rowlands, G. O. (1972) Apparatus for measuring volume change suitable for automatic logging. Géotechnique, Vol. 22(3), pp. 526-535.

Sharp, P. (1978) A device for automatic measurement of volume change. Géotechnique, Vol. 28(3), pp. 348-350.

Spencer, E. (1954) A constant pressure control for the triaxial compression test. Géotechnique, Vol. 4(2), p. 89.

第18章
校准、校正及常规试验操作

本章主译：周敏（中北大学）、吴创周（浙江大学）

18.1 引言

18.1.1 绪论和定义

1. 绪论

本章对本书中所涉及试验的校准和校正方法进行介绍。这些方法旨在减少或消除试验测试和分析中误差的影响。

在本章或其他章节中使用的计量术语，参见《国际计量通用术语（VIM）》，这些词汇在本书所涉及试验中的含义将在本节的后续部分进行介绍。

2. 定义

准确性：在试验中某一试验指标或性状的测量或校准结果与其可接受的参考值的接近程度。

校准：在特定条件下，第一步，建立通过查阅测量标准得到的具有测量不确定性的量值与同样具有测量不确定性的仪器示值之间的关系；第二步，利用此关系，通过示值得到测量结果（即，将试验仪器或系统的测量结果与参考标准值进行对比）。

校正补偿：用于系统误差的校正。

示值：由测量仪器或测量系统给出的量值。

被测量：准备测量的量。

精确度：在规定条件下，对一个量进行重复测量所得到的量值间的一致性。

测量值：代表测量结果的量值。

量值：数量值（用数字和参考单位或数字和参考测量程序一起表示其量值大小）。

重复性：重复测量的精确度，即被测对象不变，在同一个实验室采用相同的试验方法或者在短时间内同一操作者利用相同设备得到的独立的试验结果。

复现性：在复现条件下的精确度，即不同操作者利用不同设备采用相同的方法，或同一个操作者利用相同的设备在较短的时间间隔内测量相同的物理量得到的结果。

精度：引起相应示值产生可察觉到测量变化的最小值（例如对于模拟仪表，其精度取决于该仪器最小测量单元的间距及其尺寸差）。

测量不确定性：基于已有信息，被用于表征被测量的量值分散性的非负参数。

18.1.2　评述

1. 测量不确定性

任何试验都具有一定的测量不确定性，校准的目的是为了量化这一因素的影响。在 BS EN ISO 17025：2005 中，规定实验室应有相应方法对校准和试验中测量的不确定性进行估算。英国皇家认证委员会（UKAS，2012）在其发布的《指南 M3003》中给出了测量不确定性的确定方法。在本书的附录 D 中给出了进行校准的简要步骤。

BS EN ISO 17025：2005 规范指出，在某些情况下，试验本身特性决定其无法进行有效计量和统计计算。对于这种情况，实验室的操作人员应尽可能地找到影响测量不确定性的所有因素，以确保最终形成的报告不会产生误导。UKAS 鼓励实验室之间进行正式或非正式的测量结果对比或水平能力测试，以建立其测试程序的可靠性。

测量不确定性是由测量误差引起的。一般将测量误差分为两类：随机误差和系统误差。随机误差是由诸多不可预测的或随时间或空间变化的因素引起的，且在重复进行试验时，可导致测量结果发生变化。可以通过增加试验次数的方式，来减小随机误差的影响。

系统误差具有一定的规律性，容易识别，可通过一定的方法进行校正，或者引入一个校正系数进行补偿。

在《测量不确定性的表达指南》（UKAS，2012）中，根据采用数学方法的不同将测量不确定性分为两类：A 类，通过统计分析的方法，对一系列试验观测样本进行分析，估计其测量不确定性；B 类，通过统计分析以外的其他方法，对一系列试验观测样本的测量不确定性进行估计。上述内容，在附录 D 中有更加全面的介绍。

将测量不确定性分为 A 类和 B 类，仅仅是为了区分上述的两种方法，以便于讨论。该分类并不意味着采用这两种方法所得到的测量不确定性有着任何本质上的区别。这两种方法均基于概率分布理论所提出，所得到的测量不确定性均可以通过方差或标准差进行量化。

对于本书所涉及试验中校准和校正的概念，将在下节进行介绍。

2. 校准

（1）对于测量仪器，建立仪器读数（或传输的电子信号）与被测物理量之间的关系。

（2）对于其他设备，明确某个物理变化或过程对于其他被测量的影响（例如由于内部压力变化而导致的三轴压缩仪压力室体积的变化）。

（3）对于某些配件，明确某个仪器配件的物理性能对于试验结果的影响。

（4）确定或验证对于试验结果有影响的固定被测量（例如确定试样尺寸的大小）。

3. 校正

（1）将校准数据或与之相关的计算用于试验数据的校正，以消除测量结果中的误差。

（2）对试验数据进行调整，以考虑仪器设备或试验方法中不同物理因素的影响。

上述过程主要涉及三种情况，前两种均与试验的操作步骤相关，而第三种则需要应用前两种情况中的试验操作步骤以及其他的一些测试技术，对试验数据进行校正。具体介绍如下：对测量仪器的校准，尤其是电子设备，包括实验室环境的影响（第 18.2 节）——在第 1 卷第 1.7 节和第 2 卷第 8.4 节中，对其中一些仪器的校准也进行了介绍；对试验仪器设备（三轴压缩仪和固结仪）及其附属配件进行测量和校准的方法（第 18.3 节）；基于校准数据，对三轴压缩试验（第 18.4 节）和固结试验（采用 Rowe 型固结仪，第 18.5 节）测量结果的校正。

对一些测量值（例如用于计算横截面面积的线性尺寸），当其取值一经确定后，则无须再进行校核，除非需要考虑试样磨损的影响。而对其他测试量的数值，则需要不时地进行校准，以保证试验结果的准确性。

在本章的最后将对实验室的一般操作规程进行评述（第 18.6 节），涉及安全性、实验室环境、误差来源以及对试验数据和结果进行严格评价的必要性等方面。

18.1.3　校准的重要性

仪器和设备的校准是保证试验结果准确可靠的关键。同时，定期对仪器和设备进行重新校准也十分重要。试验操作人员应能方便地获取相应仪器和设备的校准数据，可以将校准数据粘贴在诸如压力计等固定仪器上，以方便试验操作人员使用。除此之外，还应注明仪器的下次校准日期。同时做好记录并存档，以备将来参考查阅。

BS 1377-1：1990：4 规定，对试验仪器进行重新校准的最大时间间隔应符合以下要求，并且对使用频繁的仪器和设备，还需进行额外的常规检查。当试验仪器被误用或怀疑其测量结果有误时，应立即进行重新校准。

建议的校准频率：

千分表（第 8.3.2 节和第 8.4.4 节）：1 年

测力环（第 8.3.3 节和第 8.4.3 节）：1 年

压力计（第 8.3.4 节和第 8.4.4 节）：6 个月

压力传感器（第 18.2.3 节）：6 个月 *

荷载传感器（第 18.2.4 节）：1 年 *

位移传感器（第 18.2.5 节）：1 年 *

体积变化传感器（第 18.2.6 节）：1 年 *

滴定管体积变化指示器：2 年

三轴压缩仪（第 18.3.1 节和第 18.3.2 节）：1 年

Rowe 型固结仪（第 18.3.3 节～第 18.3.6 节）：1 年

橡胶膜（第 18.3.9 节）：当收到每批试样时

现代电子测量仪器（带有 * 的标记）通常具有良好的稳定性，一般认为上述校准时间间隔是合适的。但长期实践表明，每个实验室都应对试验仪器的稳定性和读数偏差情况进行校准监测，确定适当的校准时间间隔。任何延长校准时间间隔的做法，都必需有足够的校准数据作为支持。

根据 BS 1377-1：1990：4.3，在第 2 卷第 8.4.8 节中给出了重新校准时间间隔的建议取值，以作为实验室参考标准。

对试验测量仪器的校准可追溯到国家测量标准中的相关规定。这意味着应采用标准测量仪器对实验室中的仪器设备进行校准。通过可追溯的校准步骤，参考国家标准组织（英国国家物理实验室（NPL））的试验仪器，对标准测量仪器进行制作。每个校准步骤均应由经过培训和富有经验的人员严格按照相关技术要求执行。

在 BS EN 30012：1992 中给出了校准系统及其使用方法的指南，取代了 BS 5781。在欧洲标准 EN 45001 中规定了用于检验测试实验室技术能力的通用标准，包括校准的相关要求。

校准的方法和步骤要全部建档，对于所有的校准读数和试验观测值均应进行记录并保存。做好与校准相关的文件整理归档工作，是对测试实验室进行资格认证的基本要求之一。英国的主要认证机构是 UKAS。

如果仪器或设备经检查发现已停止正常工作，或者在重新校准时发现仪器显示的读数超出了其正常的工作范围，则自上次检查或校准以来所有的测量数据均存在疑问，并应将这种情况告知数据的使用者。

18.1.4　试验校正的重要性

当对测量仪器进行校准时，如果对校准曲线或试验结果的准确性要求较高，则在处理测量数据的过程中，需要考虑较多的影响因素。在第 18.4 节和第 18.5 节中将会对这些内容进行介绍，且与试样的力学行为或仪器设备不同部件的性能特性有关。

对重要的影响因素，应作为例行检查，定期对仪器设备进行校准。而对其他一些相对次要的影响因素，则只需在诸如科研等对测量精度要求较高的条件下才进行校准。在第 18.4.7 节中，对常规试验中涉及的一些校正进行了汇总。

在对仪器进行校准时，还有一些地方存在着争议，为此原作者提出了一些折中的建议。

18.2　测量仪器的校准

18.2.1　原理

对一些常规测量仪器（例如千分表、测力环、压力计）进行校准的方法在第 2 卷 8.4 节中已经进行了介绍，这里就不再重复。在第 2 卷中介绍的大部分有关于仪器校准的原理，同样适用于本章 18.2.2 节介绍的电子仪器和设备。对于不同类型电子传感器进行校准的方法，将在第 18.2.3～18.2.5 节中进行介绍。在第 18.2.6 节中，对于一种安装有传感器的体积测量仪进行了介绍。

18.2.2　传感器的校准

1. 原理

对于具有连接导线和电子读数功能的传感器，在校准过程中，应当将其视为一个单独的系统。系统中任何部分的变化将导致校准不再有效。当多个系统联合工作时，在对每个单独的系统进行校准后，可以保证所有的传感器测量精度一致。

不管对何种类型的电子传感器进行校准，都应该遵守以下操作规范：

（1）只有校准过的仪器才能被作为参照仪器使用，其校准方法应严格按照相关国家规范执行，参见第 18.1.3 节。

（2）传感器安装完成后，需要通电并且经过较长时间的暖机过程，以确保读数的稳定。

（3）当传感器未加载或处于基准位置，读数需设置为零或某个合适的基准值。

（4）通常需要重复3个相对较快的加载和卸载周期（荷载从零加载到最大值，再到完全卸载，为1个周期）。

（5）输出值在每次加载和卸载后通常被重新设置为零。

（6）连续进行3个周期的满量程加载和卸载。

（7）每半个周期中，至少检测和记录10个读数。

（8）将3个周期的测量平均值绘制成表格或作图，与已知的数值进行比较。

（9）需要记录校准过程中的温度。

（10）对于数据的处理将在以下章节中进行介绍。

2. 零基准位置

测量应力或压力的传感器均具有清晰的"零点"刻度，对应于外部荷载为零或处在大气压下的情况（此时的仪器读数通常为零）。另一方面，位移的读数取决于基准位置的选择，即"浮动零点"。当采用位移传感器，测量诸如试样轴向变形的线性位移，或者将其安装在体积测量仪的隔膜上，测量试样的体积变化时，零点基准位置主要取决于测试或校准开始时传感器的位置。

3. 校准公式

传感器校准数据的使用方法与其他任何需要经校准才能使用的仪器相同，即对应仪器测试读数的真实值可从相关表格或校准曲线图中获取。然而，将试验原始数据输入电脑进行分析时，必需预先以公式的形式编入校准数据，才能够实现自动的数据校正。传感器测量值与显示值往往具有线性关系，即，测试的物理量（q）与读数（r）之间的表达式如下：

$$q = b(r - i) \tag{18.1}$$

其中，b 与 i 为校准常数，b 为 q 相对 r 的变化率，i 为试验的初始测量值。

基于原始试验数据，得到的校准线和校准公式如图18.1所示。

利用初始的零点位置（固定或任意）确定 i 的取值，校准线的斜率即为 b。在确定斜率 b 时，需要考虑以下几个因素。

4. 随机性误差

在几毫秒内对每个校准点采集大量数据，可以将电子"噪声"导致的随机误差减小到可接受的范围内。例如采集24个读数，除去最大和最小的各4个读数，对于剩余16个读数取平均值，即可得到有效的读数。采用这种统计方法，可以使随机误差低于仪器量程的0.02％，而且为线性回归分析提供了可靠的基础。

5. 系统性误差

没有任何一个传感器，在其量程范围内具有完全线性的响应，因此传感器的工作范围

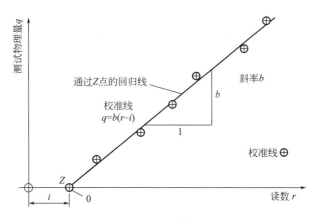

图 18.1　基于一组观测数据得到的校准线

主要取决于线性偏差的可接受范围。传感器量程两端的线性偏差最大，而其中间部分的线性偏差较小，可用于试验数据的测量。处于传感器量程中间范围内的大量数据点经校正后，通过线性回归的方法，用于确定校准线的斜率 b［公式（18.1）］，需要注意的是，由此得到的校准线不一定通过原点。

通过三个周期的测量校准（BS EN10002），传感器的可重复性可以用其显示读数的百分偏差来表征。三个周期的平均校准线被用来确定校准常数。

线性校准通常是可以接受的，但前提是最大线性偏差不超过一定的界限，而界限值的选取则主要取决于传感器的类型。最大偏差，也被称为最大百分误差，可以用仪器显示读数的百分比表示。

6. 非线性校准

当校准点的线性偏差较大时，线性校准将不再适用，这时需要建立一个更加复杂的非线性关系，诸如双线性、多线性或某种曲线。需要求取两个常数，以确定一条通过原点的二次曲线。确定更复杂的校准曲线需要求取更多的常数，但在大多数情况下，直线或二次曲线型的校准线完全可以满足要求。如果把 b 当作变量，可以避免使用二次曲线型的校准线，第 2 卷中的图 8.30 就是这样的一个例子，在对测力环进行校准时，引入一个名为"环系数"的变量。

7. 环境的影响

当对传感器进行校准时，应考虑环境变化的影响。在常规实验室条件下，大概率会遇到以下几种情况：

（1）整个系统的外部环境温度与校准实验室的温度相差较大（例如在热带环境中）。

（2）仅传感器的温度发生变化。

（3）电源或数据采集系统的温度过高（例如散热不畅导致的系统过热）。

（4）暴露在湿度较高的环境中。

（5）杂散电磁场的相互干扰。

（6）主电源电压不稳定。

如果认识到了存在的问题，就可以采取相应的补救措施，或者使用其他任何必要的校准方法，从而显著减小以上影响所引起的误差。在任何情况下，当电子设备初次安装完成后，都必需对其在所处的实验室环境下进行校准，之后，还需要按固定间隔时间进行校准。

8. 应用

将校准数据输入到全自动数据采集系统后，该系统可以对校准常数进行自动计算和存储，使得传感器可以直接显示经校正后的读数。

9. 校准示例

图 18.2（a）为一个简单的校准表格，其中给出了一组用于校准某种压力传感器的数据。在对其他类型传感器进行校准时，也可以得到类似的数据，只需要改变其单位即可。

每个输入信号（荷载，kN）所对应的输出信号（mV），以及对于一组校准点进行线性回归得到的校准线见图 18.2（b）。在通过校准表格计算得到校准线的斜率后，将其存储到数据记录器或电脑中，使传感器在后续使用中，能够将荷载的单位自动显示为kN。在图 18.2（a）的右栏中，给出了每组读数在可重复性方面的不确定度和平均不确定度。

18.2.3　压力传感器

压力传感器需要用参考标准仪器（诸如静载测量仪），或采用与经校准后的直径为250mm 的"试验"压力计进行串联的方式，进行校准。对于后面一种情况，需要将压力计和压力传感器连接到同一个压力源（诸如能够提供恒压的压力系统或螺杆式控制气缸）上。整个系统首先需要用除气水进行冲洗，以确保其中没有渗漏和滞留空气，操作方法详见第 17.8.5 节。在校准过程中，传感器放置的高度需与压力表测试仪或参考压力表的高度相同。

在温度已知的条件下，对于传感器进行三个周期的加压和减压校准，具体操作方法与第 2 卷第 8.4.4 节类似。当人工读取数据时，一般采用表格或图表的方式进行记录，如图 8.32 所示。在计算机控制的数据采集系统中，数据会被自动处理，如第 18.2.2 节所述。如果最大线性偏差不超过指示压力的 1%，则线性校准是可以被接受的。

18.2.4　荷载传感器

安装线性位移传感器或荷载传感器的测力环，需要在温度已知的条件下，利用压力传感器对其进行校准，而如果测力环达到了 BS EN ISO-376：2002 中的一级标准（参见第 2卷第 8.4.4 节），则无须校准。传感器的校准需要进行三个满量程的加载-卸载循环。BS EN ISO 7500-1：2004 规定，达到一级标准的测力环或压力传感器，其校准范围的下限为仪器自身精度的 200 倍。

与第 2 卷中图 8.29 和图 8.30 相类似的校准曲线，可通过人工观测得到。利用电子数据表可推导出相应的数学关系，并可将其存储在适当的数据库或自动数据记录仪中。

项目描述	荷载传感器	识别号		1234
测量范围	5000kg	出厂序号		6789
校准区间	1年			
环境温度	19.3℃	参考标准		DWT2345
参考温度	TC4	验收标准		±2%MR
校准方法	Proc CAL13	输入电压(V)		

施加荷载	测定					平均值	试验平均值的标准差	百分比
	1(mV)	2(mV)	3(mV)	4(mV)	5(mV)			
0	0.0144	0.0137	0.0142			0.0141	0.0002	0.020817
5	0.1934	0.1924	0.1936			0.1931	0.0004	0.037118
10	0.3934	0.3925	0.391			0.3923	0.0007	0.07
15	0.595	0.5945	0.5926			0.594	0.0007	0.073106
20	0.794	0.79	0.798			0.794	0.0023	0.23094
25	0.9992	0.9987	1.0068			1.0016	0.0026	0.262064
30	1.186	1.187	1.202			1.1917	0.0052	0.517472
35	1.415	1.42	1.365			1.4	0.0176	1.755942
40	1.5905	1.5899	1.5881			1.5895	0.0007	0.072111
45	1.7884	1.7878	1.788			1.7881	0.0002	0.017638
50	1.9848	1.9859	1.9878			1.9862	0.0009	0.087623

	内容						试验平均值的标准差的平均值	
上一次校准时间	2008/06/28							
最新校准时间	2009/07/12							
时间间隔	N	于2009年6月29日停止服务进行校准					0.0029	0.2859
下一次校准时间	2010/07/11							
操作员		日期						
登记日期		日期						
校准		日期						

(a)

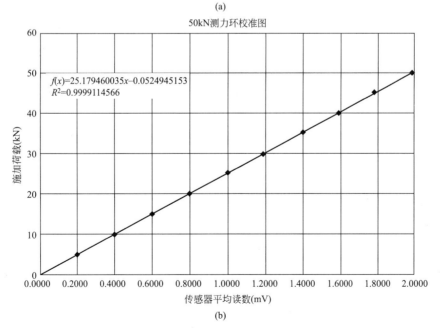

50kN测力环校准图

$f(x)=25.179460035x-0.0524945153$
$R^2=0.9999114566$

施加荷载(kN)

传感器平均读数(mV)

(b)

图 18.2　荷载传感器的典型校准数据

（a）数据；（b）图形和线性回归

荷载传感器应至少每年校准一次，如果经常使用的话，则需要相应地增加校准的频次。传感器的校准需要在具有国家级校准服务资格认证（诸如英国的 UKAS）的机构中进行，或者遵照实验室自身的校准参考标准执行，而作为参考标准的仪器应至少每两年校准一次，参见第 2 卷第 8.4.8 节。

18.2.5　位移传感器

将位移传感器垂直安装在刚性台式校准仪上，在传感器伸长杆的底部放入厚度经校准过的滑块，观测传感器的读数（图 18.3）。在校准过程中，需要对实验室的温度进行记录。

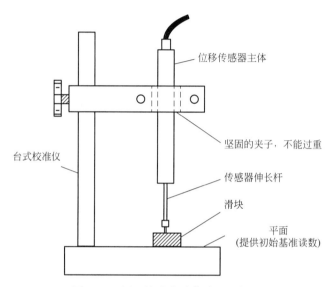

图 18.3　用于校准位移传感器的装置

位移传感器的精度取决于其量程的大小，通常高于满量程的 1/10000。例如某传感器的量程为 10mm，那么其精度为 0.001mm，而对仪器精度最小位数的后一位读数，则应谨慎对待。

如果在传感器的最大量程处，校准数据的线性偏差不超过 0.1%，那么就认为线性校准是可接受的，如图 18.4 所示。为了方便阅读，在图中有意将线性偏差进行了放大。在实际使用中，必需对线性偏差进行计算校核，这是由于其数值较小，难以直接用肉眼从图上观测得到。

18.2.6　体积传感器

在试验中所用到的体积传感器，都需要单独进行校准。将需要校准的体积传感器与具有合适精度的石蜡量筒、控制油缸以及除气水供应装置相连接，如图 18.5 所示。整个系统需要进行除气处理，且不发生任何渗漏。首先将系统的工作压力调到最大，使传感器满量程运行数次，以确保隔膜或者柏勒夫密封条正确安装。

控制油缸的作用是驱使水分流动，使其能够在恒定的压力系统中流入或流出。在石蜡量筒的活塞行程范围内，将传感器与量筒的读数进行两个方向的对比和校准。当柏勒夫传感器的校准精度要求较高时，则需要采用小型号的单管石蜡量筒。每次达到量筒容量时，

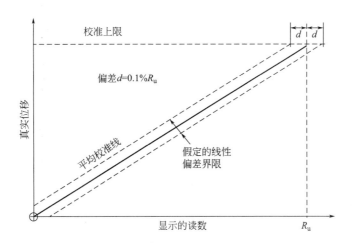

图 18.4　可接受的线性校准偏差界限（将线性偏差进行放大）

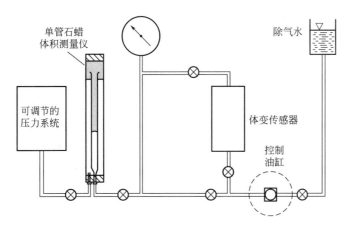

图 18.5　用于校准体积传感器的装置

都需要使用控制油缸排空或重新加注。另一种方法是将体积测量仪中的水排出到预先称重的烧杯中，通过测量烧杯中水的质量，对排出水的体积进行计算。可通过排出水的体积，对仪器显示的体积变化进行校准，并绘制校准图。

对内部只有一个隔膜的传感器来说，其活塞的运动必需限制在仪器所标示的量程范围内，否则将会对隔膜造成损坏。对水流反方向运动的影响进行研究，可明确隔膜间隙引起的所有"体积损失"。如果对这一试验误差已经进行了测量，并且将测试数据输入到了软件中，则计算机数据采集系统可以自动考虑其影响。

18.2.7　数据记录和处理系统

作为校准程序的一部分，除了对数据记录系统中每个单独的测量仪器进行校准外，还需按照规定的时间间隔（例如不少于 6 个月）对整个系统进行全面检查。该检查应涵盖从采集到打印和绘制数据处理的全过程，目的是为了让计算和校正工作能够顺利开展，测试结果准确可信。

18.3　压力室及附属设备的校准

本节将对于压力室及其附属设备的校准方法进行介绍。在第 18.3.1 节和第 18.3.2 节中，对三轴压力室的校准方法进行介绍；在第 18.3.3～18.3.6 节中，对 Rowe 型固结压力室的校准方法进行介绍；在第 18.3.7～18.3.10 节中，对上述两种仪器附属设备的校准方法进行介绍。

在第 18.4 节和第 18.5 节中，对这些校准方法的具体应用进行介绍。

18.3.1　三轴压力室的变形

1. 压力室体积随内部压力的变化

当三轴压力室的内部压力增加时，其侧壁会发生膨胀。在这种情况下，通过压力管路测得的试样体积变化存在着一定的误差。三轴压力室体积变化与其内部压力之间的关系可通过以下方法测得（参考第 17.2.2 节中的图 17.2）：

（1）将三轴压力室与恒压管路连接，并在阀门 c 处安装体积测量传感器，如图 17.2 所示。用适当的力将安装在三轴压力室上的螺栓或螺母拧紧，需要说明的是螺栓的松紧状态会对仪器的校准产生影响。

（2）将三轴压力室用除气水完全充满，确保没有滞留空气。用水冲洗压力室底座的连接口，以排出空气，然后将阀门和堵头关闭。

（3）对于三轴压力室内部施加足够的压力（例如 20kPa），使得活塞处于其最大量程位置，即将活塞的固定套环抵靠在三轴压力室的顶部，或者将活塞的顶部抵靠住反力架的十字头（而不是加载环，因为其会在压力室内部压力增加时发生变形）。

（4）当体积测量仪读数稳定后，读取并记录数据。

（5）关闭阀门 c，并将三轴压力室的内部压力增加到 100kPa。观察体积测量仪的读数变化。

（6）当体积测量传感器读数稳定后，打开阀门 c，进一步增大三轴压力室的内部压力。

（7）以固定的时间间隔（例如 5min），记录体积测量仪的读数。

（8）以 100kPa 的压力增量重复步骤（5）～（7），直至达到三轴压力室的最大工作压力。

（9）将三轴压力室内部的压力以 100kPa 逐级递减，并记录体积测量传感器的读数。

（10）记录校准过程中，三轴压力室内部的温度。

（11）绘制三轴压力室的体积与其内部压力之间的关系曲线图（将压力室在初始压力下的体积作为基准点）。

图 18.6（a）所示的校准曲线适用于最大能够容纳直径 50mm 试样的压力室。三轴压力室的尺寸越大，其体积变化量也越大。

2. 压力室体积随时间的变化

在三轴压力室的工作压力范围内，选取若干个压力值，对其体积随时间的变化进行测量。当三轴压力室的内部压力达到预定值后，立即记录体积测量传感器的读数，并在随后

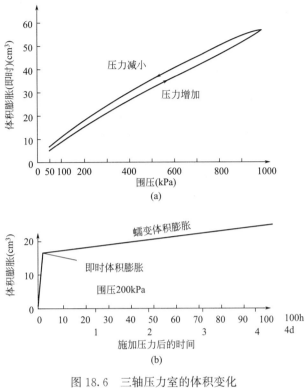

图 18.6　三轴压力室的体积变化

（a）体积-压力关系；（b）体积-时间变化

的 2～3d 内对体积测量传感器的读数进行多次记录，从而绘制出在给定的工作压力下，三轴压力室体积膨胀随时间变化的关系曲线（即"蠕变"校准曲线），如图 18.6（b）所示。

3. 试样竖向变形随压力室内部压力的变化

在三轴压力室上，通常安装有用于测量试样竖向应变的千分表或传感器，而压力室在其内部压力下的变形，将会对试样竖向应变的测量产生影响。通过在压力室中放置一个刚性金属圆柱体（与试样的体积相同），可以解决这一问题。这种方法仅适用于在三轴压缩试验中，压力室内部压力发生变化的情况，而当其内部压力恒定不变时，则不能够采用此方法对试样的竖向应变进行校正。

18.3.2　压力系统和压力室的渗漏

在排水阀关闭的情况下，可以通过在三轴压力室中放置"金属试样"的方法，对整个压力系统的渗漏情况进行检查。在压力室内部施加适当的压力并保持一段时间，压力保持的时间应不小于试验持续的时间。在此期间，体积测量传感器或孔隙水压力传感器的读数不应发生变化。压力系统在试验前的详细检查步骤，将在第 19.3 节中进行介绍。

三轴压力室可能在以下 5 种情况中发生渗漏：

（1）在活塞套管处发生渗漏。

（2）在压力室侧壁与底部基座或顶盖间的密封处发生渗漏。

（3）通过包裹在试样外部的橡胶膜及起固定作用的橡皮圈发生渗漏。

（4）水被压力室侧壁吸收以及通过压力室侧壁发生迁移。

（5）在阀门、堵头和压力管路的连接处发生渗漏。

1）活塞渗漏

活塞渗漏是三轴压力室发生渗漏最常见和最主要的情况。刚出厂的活塞一般具有良好的防水性能，但其在使用过程中会因不可避免的磨损而引发渗漏。将蓖麻油漂浮在压力室中的水面上可以减少渗漏，并且能够增加活塞的润滑性。如果在活塞外颈部有凹槽的话，可以在一段时间内，采用滤纸或吸墨纸对渗漏出来的蓖麻油进行收集，从而确定其渗漏率。如果知道蓖麻油密度的话，还可以通过对浸油纸张进行称重的方法，计算得到蓖麻油渗出的体积。由于水的蒸发作用，使得这一方法并不适用于压力室内部充满水的情况。在一定内部压力作用下测得的压力室渗透率，可用于校正通过围压管路测得的压力室体积变化。

2）密封件

如果在螺栓拧紧之前，O形环未能正确安装，则三轴压力室将发生明显的渗漏，需要重新进行组装。如果密封圈安装正确，压力室发生长时间渗漏的可能性很小。

3）橡胶膜和橡皮圈

在第18.4.2（8）节中，将对橡胶膜引发渗漏的可能性进行讨论。

4）压力室侧壁对水的吸收

透明的丙烯酸塑料通常用于制造压力室侧壁，其可以吸收和传输水分，而这一过程与压力室内部的温度、压力和湿度梯度均密切相关。有关技术数据可以从 Mat-base（www.matbase.com）等在线数据库或供应商处获得。然而，在大多数情况下，这些因素的影响可以忽略。

5）阀门和安装组件

通过在三轴压缩试验开始之前的压力检测，可以发现由于密封不良或阀门安装错误导致的明显渗漏。当试验持续时间较长时，对压力室体积变化的测量显得至关重要。在这种情况下，在试验开始之前，应通过压力检测的方法对三轴压力室的渗漏情况进行评估。

如果所有密封件、安装组件和阀门都不存在渗漏问题，则在大多数情况下，只需考虑发生于活塞套管处的渗漏，但也不能够完全排除橡胶膜引发渗漏的可能性。

18.3.3　Rowe 型固结仪的测量

对 Rowe 型固结仪压力室的尺寸（图 18.7）需要进行仔细测量，并做好记录以备将来使用。对于 Rowe 型固结仪压力室的介绍，详见第 22.1.4 节。

（1）固结仪压力室内径 a 和安装有多孔侧壁排水条的固结仪压力室内径 b。

（2）固结仪压力室总高度 c。

（3）当使用螺栓将固结仪压力室与其底部基座连接起来时，从顶部法兰盘下表面到底部基座上表面的距离 d，即固结仪压力室深度。

（4）烧结青铜多孔透水石厚度 e、多孔塑料透水石厚度 f 和多孔塑料侧壁排水条厚度 g。

（5）刚性加载透水石厚度 h。

（6）应列出装配有常规附属组件的固结仪压力室的质量。

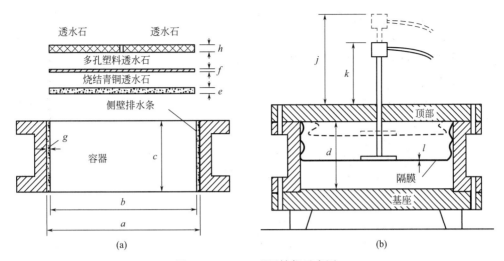

图 18.7　Rowe 型固结仪示意图

(a) 固结仪压力室及其内部组件；(b) 组装完成后的固结仪

(7) 应列出固结仪压力室与其底部基座的质量，包括连接螺栓及相应附属组件的质量。

(8) 刚性透水石和每个多孔透水石的质量（干燥）。

(9) 常用多孔衬垫的质量。

(10) 当隔膜分别位于其量程的上限 j 和下限 k 时，排水控制轴的上表面到压力室顶部的距离。

(11) 隔膜的厚度 l。

对每个压力室进行单独测量并编号，以便能够准确找到与之相对应的测量数据（包括在第 18.3.4～18.3.6 节中介绍的校准方法）。每个压力室的筒身、顶盖和底部基座应具有相同的编号。

18.3.4　Rowe 型固结仪隔膜加载

通过隔膜施加的荷载，可能小于采用液压压力和固结仪横截面积计算得到的荷载 (Shields，1976)。这是由于隔膜的自身刚度和压力室侧壁的摩擦作用所导致的。相较于大型固结仪，这一影响在小型固结仪中更为显著。荷载计算值和真实值之间的差异会随着荷载的施加和隔膜的变形而发生变化，并且在荷载较小时，两者之间的差异最大。对于小型固结仪，当施加在隔膜上的荷载较小时，这种差异可能非常大且校准过程难以重复，因此测量结果很不可靠。当固结仪压力室没有安装侧壁排水条时，通过在隔膜后的压力室内壁涂抹一层硅脂或凡士林之类的润滑剂，可以在一定程度上减少侧壁摩擦的影响。

试样实际承受的压力可由施加在隔膜上的真实荷载除以试样的截面面积得到，具体方法如下（按照 BS 1377-6：1990：3.2.5.2 的规定执行）：

(1) 从压力室的顶部，将千分表的支架卸下（参见第 22.1.4 节图 22.1）。

(2) 将固结仪组装完成之后，用水充满隔膜上方的空间，并将空气排除干净后，关闭阀门 C、阀门 D 和排气塞 E。

(3) 将组装完成的固结仪（不带底部基座）倒置放在三轴加载反力架的压板上，如

图 18.8 所示，并将一个刚性透水石放在隔膜上。

（4）在刚性透水石和上部反力架的测力环之间放置高度适宜的垫块。为了保持稳定，需要将测力环延长杆从平衡器轴承中穿过去，就如同 CBR 试验那样。如果没有这种装置，刚性透水石将无法保持水平。

（5）调整隔膜的含水量，使其接触试样且延伸度与试样初始长度大致相同。将阀门 C 连接到压力系统，该系统装有经精确校准的压力计或传感器。

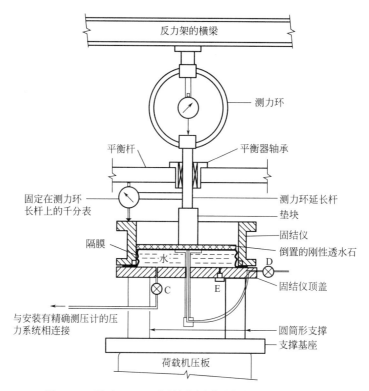

图 18.8　通过 Rowe 型固结仪隔膜进行加载的校准装置

（6）将千分表固定在适当的位置处，以测量刚性透水石与固结仪边缘的相对位移，如图 18.8 所示。

（7）设置压力系统的初始值（例如 10kPa），并打开阀门 C。记录测力环读数和刚性透水石（即隔膜）的竖向位移，其值等于测力环的偏转位移。

（8）增大施加在隔膜上的压力（例如 25、50、100kPa），并重复步骤（7），直到压力值达到测力环的工作极限或者隔膜所能承受的最大工作压力。当施加在隔膜上的压力较小时，应使用灵敏度较高的测力环；而对于试验第二阶段的校准，由于施加在隔膜上的压力较大，应使用量程较大的测力环。

（9）在允许的范围内，对隔膜的伸展长度进行调节，并重复步骤（7）和（8）。

（10）使用测得的数据，进行以下计算：

$$\text{作用在测力环上向上的力} = （千分表读数）×（测力环系数）N = PN$$
$$\text{施加在隔膜上向下的力} = （P + mg）N$$

其中，m 是刚性透水石和垫块等支撑物的质量（kg），$g = 9.81 \text{m/s}^2$。

$$试样实际承受的压力\ \sigma=\frac{p+9.81}{A}\times1000\mathrm{kN/m^2} \tag{18.2}$$

其中，A 是压力室的横截面面积（$\mathrm{mm^2}$）

$$压力差\ \delta p=p_\mathrm{d}-\sigma \tag{18.3}$$

其中，p_d 是施加在隔膜上的压力；δp 是隔膜校正压力。

（11）对于隔膜的不同伸展长度，绘制 δp（y 轴）与压力 σ（x 轴）的曲线关系图。

上述对于 Rowe 型固结仪进行校准的方法适用于以下三种情况：（1）安装了侧壁排水条；（2）未安装侧壁排水条，且隔膜没有润滑；（3）没有安装侧壁排水条，但在隔膜和压力室内壁上均涂抹了润滑剂。

Rowe 型固结仪的典型校准曲线，如图 18.9 所示，我们应当从中认识到对隔膜进行润滑的重要性（图 18.9b）。对于任何想要施加在试样上的压力，该图均给出了相应的压力差校正值 δp，通过这一数值可以计算得到施加在试样上的真实压力。

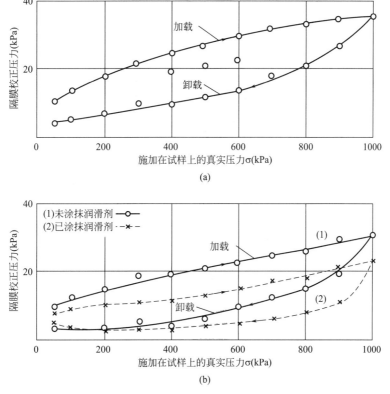

图 18.9　Rowe 型固结仪的隔膜压力校准曲线

（a）安装了侧壁排水条；（b）未安装侧壁排水条（显示在固结仪容器内壁涂抹润滑剂的影响）

该校准方法适用于在固结仪压力室内壁安装了侧壁排水条，而导致小部分区域不受压的情况。对于直径为 75、150 和 250mm 的固结仪压力室，不受压区域面积分别大约占试样面积的 1.2%、0.3% 和 0.1%，与总的隔膜校正压力相比，可以忽略不计。

此外，还应定期对固结仪进行校准，以消除隔膜材料力学特性随着使用或时间发生变化的影响。

18.3.5　Rowe 型固结仪的受压变形

当 Rowe 型固结仪压力室的内部压力较高时，其自身产生的变形可能会对试样的变形测量结果产生影响。针对这一问题，可以采用以下方法对固结仪进行校准：在固结仪压力室内部放置隔膜，并用刚性透水石对其进行支撑（图 18.10a）。对隔膜的上下表面施加大小相等且逐级递增的压力，读取并记录千分表或位移传感器的读数，然后绘制与施加在隔膜上压力相关的挠度校正曲线，以用于在任意给定压力下固结仪的校准。在对常规固结仪进行校准时，也会用到类似的方法［参见第 2 卷第 14.5.6（5）节］。由于固结仪压力室受压变形对试样变形的测量结果影响较小，其校准方法并未在 BS 1377 中提及。

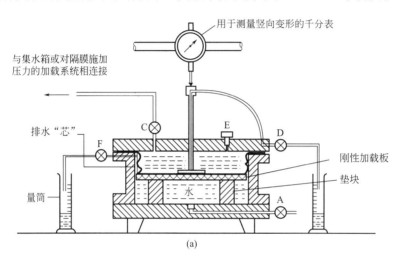

(a)

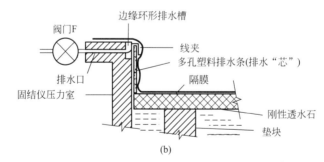

(b)

图 18.10　测量隔膜背面排出的水的装置

（a）总体布置示意图；（b）排出滞留在隔膜内水的装置

18.3.6　Rowe 型固结仪边缘环形排水

通常在隔膜和固结仪压力室内壁之间有滞留水分，而将其排出所需要的时间，可用以下方法进行估算：

（1）将固结仪压力室用螺栓固定在底部基座后，在压力室中放置一个刚性的"假试样"，比如用三个垫块支撑着的刚性加载板（参见图 18.10a）。在试验开始时，刚性加载板的顶盖高度应与正常试样保持一致。

（2）在边缘排水口上方，安装一条宽约 20mm 的多孔排水条，使其可以挡住容器边缘的环形排水槽，并将其向下延展至刚性加载板顶盖，形成排水"芯"（图18.10b），可采用与固结仪压力室材质类似的金属线夹对其进行固定。或者，也可以绕着固结仪压力室内壁，在隔膜的背面放置一层多孔排水衬垫。

（3）将固结仪压力室用水充满。

（4）用螺栓将压力室顶盖与其筒身进行连接，注意在隔膜下面不能滞留有空气。

（5）通过阀门C，使水从集水箱流入到隔膜上方的压力室空间中，集水箱放置在基准工作面上方约1m的位置处，并打开排气阀E。当空气排出后，将排气阀E关闭。

（6）在阀门D打开的情况下，用排水轴牢牢地抵住刚性透水石，将滞留在横膈膜和透水石之间的水排出后，关闭阀门D。打开阀门C，在隔膜上施加一个较小的接触压力。

（7）打开阀门F，用量筒收集排出的水，并记录其体积和时间，直到水不再排出。

（8）对隔膜施加较大的压力（例如25、50、100kPa），并重复步骤（7），直到从阀门F中流出的水可以忽略不计。确保从隔膜背面排出的水，不会使隔膜与刚性透水石发生分离，如有必要，可将排水轴进行固定。

如果未安装在步骤（2）中所提及的排水条，则隔膜与压力室内壁相接触的部分可能会阻挡水的排出。此外，该过程可能会持续一个小时或者更长的时间，应做好时间记录，以备将来参考。

在固结试验中，对排出水的体积进行记录，可以表征在固结试验每级加载前，应该从隔膜后侧排出多余水分的体积。

18.3.7 压力室连接管路的水头损失

1. 水头损失的原因

当采用三轴压缩仪或Rowe型固结仪进行渗透试验时，水与管路和透水石之间的摩擦及湍流作用，以及过水断面在阀门、管路连接头和压力室端口处的缩窄均会导致不可避免的压力水头损失。在对黏性土试样进行渗透试验时，由于水流速度很小，由上述因素导致的水头损失对试验影响不大。然而，对于水流速度较大的情况，例如对粉土试样进行渗透试验时，在管路和压力室连接端口的水头损失（统称其为"管路水头损失"）与水流经试样而导致的水头损失相差并不大，甚至可能更高。对于这种情况，我们必需考虑管路水头损失对渗透试验的影响。

2. 三轴压缩仪中的水头损失

对于三轴压缩仪中的管路水头损失，可通过以下方法进行校正：

（1）将在渗透试验中要用到的两个透水石，相互重叠地放置在三轴压缩仪压力室的基座上，然后把加载帽放在透水石上，并用橡胶膜包裹起来（图18.11）。透水石上下表面的压力水头与当采用真实试样进行渗透试验时保持一致。

（2）用除气水将压力室充满。在整个试验过程中，压力室内部压力应始终大于施加在透水石上的压力。

（3）将压力系统与三轴压缩仪压力室通过其底部基座端口进行连接，并将另一个装有体积测量计的压力系统连接到加载帽的端口上。

（4）将整个试验装置内部滞留的空气排除干净，在检查其密闭性后，用除气水将其充

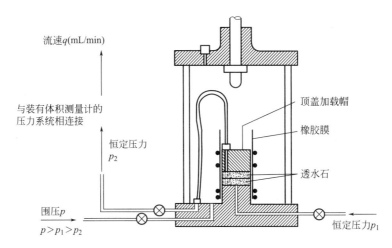

图18.11　三轴压缩仪压力室连接端口和管路水头损失的测量装置示意图

满。此时，两个压力系统的初始压力值应保持一致。

（5）缓慢增加基准压力，虽然初始阶段的压力水头差（$p_1 - p_2$）（kPa）较小，但应该保证其可以被差压计或压力传感器测量到。

（6）通过一段时间的观察，待水流稳定下来后，记录此时的水流速度 q（cm^3/min）。

（7）当压力水头差升高时，重复步骤（5）和（6），直到其达到100kPa或当水流速度达到试验设计最大允许值时，结束测量。

（8）将试验记录的数据绘制成水流速度 q 与压力水头差（$p_1 - p_2$）的关系曲线图。该图的用法将在第18.4.6节中进行介绍。

3. Rowe 型固结仪中的水头损失

对于 Rowe 型固结仪中的竖向渗流速度进行校正时，可先将一个透水石放置在固结仪的底部，再利用垫块将另一个透水石放置在其上方的某个适当高度处，然后在后放置的透水石上面再铺设一层隔膜（图18.12a）。用除气水将固结仪充满，并使得施加在隔膜上的压力略高于固结仪容器中的水压，以确保隔膜能够平展地铺在第二个透水石的表面，而对底部透水石的环向则没有必要进行密封。

Rowe 型固结仪的校准过程及相应的校准曲线与三轴压缩仪类似。校准曲线的使用将在第18.4.6节中进行介绍。

使用垫块可能会对水流产生阻挡作用。为了考虑这一影响，可以将垫块的数量或其横截面面积增加一倍，然后重复进行试验。如果在某个给定压力下，通过两次试验测得的水流速度不同，则可将其差值与初始流速相加，从而得到流速的校正值，以消除使用垫块造成的影响。

当对 Rowe 型固结仪压力室中的径向渗流速度进行校正时，需要在其内壁处放置多孔塑料排水条，并用细网包裹住位于容器中心的排水砂井，由于该排水砂井用细砂做成，细网的网格大小要能够约束住排水砂井中粒径最小的砂粒。在排水砂井周围充填均匀的细砾石作为支撑，并用除气水将固结仪充满。对径向渗流速度进行校正的方法，与之前的竖向渗流速度类似。

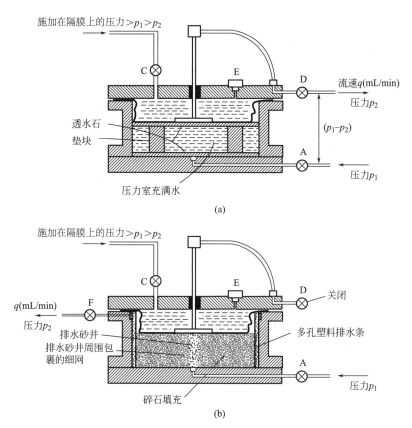

图 18.12　Rowe 型固结仪中水头损失的测量装置示意图

（a）水竖向流动；（b）水径向流动

18.3.8　透水石

1. 渗透系数

通过测量和对比不同透水石的渗透系数，可以大致判断出试样土颗粒造成透水石堵塞的程度，或者确保透水石的渗透率大于试样的渗透率。对于三轴压缩仪或 Rowe 型固结仪中透水石的渗透率，可以采用第 18.3.7 节中介绍的方法，在已知压力水头差的情况下，通过测量流速来确定。

首先将透水石放置在两层渗透性较好的材料（例如玻璃纤维）之间，对水头损失进行第一次测量，如图 18.13（a）所示，然后将透水石移除，让上下两层材料直接接触，对水头损失进行第二次测量，从而可以得到由透水石导致的水头损失，具体计算方法如下：

绘制通过第一次和第二次测量得到的水头损失与流速之间的关系曲线图，分别用曲线 OD 和 OA 表示，如图 18.13（b）所示。在某个给定的流速 q_{m}（mL/min）下，两条曲线的纵坐标差值 δp（kPa）即为由透水石所导致的水头损失。如果透水石的直径和厚度分别用 D（mm）和 t（mm）表示，则其横截面面积 A（mm²）等于 $\pi D^2/4$，透水石的渗透率 k_{D} 可由下式求得：

$$k_{\mathrm{D}} = \frac{q_{\mathrm{m}}t}{60A \times 102(\delta p)} \tag{18.4}$$

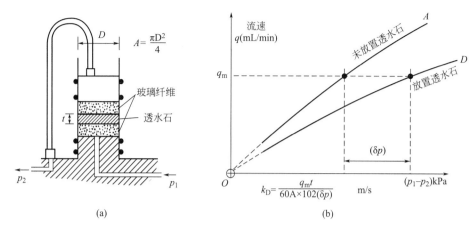

图 18.13　对于透水石渗透率的测量

（a）试验装置示意图；（b）压力水头差与流速的关系曲线图

2. 透水石的进气值

相较于透水石的渗透率，进气值对试样孔隙水压力测量的影响更为显著。在三轴压缩试验中，对透水石进气值进行测量的方法如下：

（1）将三轴压缩仪压力室的底部基座与压力系统的控制面板相连接，如第 19.2.3 节图 19.4 所示，连接控制面板与压力传感器，并将整个试验系统中的空气排除干净，确保其完全密闭。

（2）用除气水湿润压力室的基座后，将完全浸水的透水石放在其上面，并确保在两者的接触面上没有滞留空气。

（3）采用密封剂或用 O 形橡皮圈将橡胶膜包裹固定在透水石的表面，或采用如第 17.2.2 节图 17.4 所示的方法，将透水石与压力室基座的接触面外边缘进行密封。

（4）通过液压缸用除气水浸润透水石，以确保其处于完全浸水状态。

（5）将透水石表面的水吸干，使其处于表面干燥而内部完全浸水的状态。

（6）通过液压缸对透水石施加逐级递增的负压，并采用压力传感器对其进行监测，直到外部空气压力大于透水石的表面张力，使得其内部吸力不再增加。

（7）将对透水石施加的最大负压值作为其进气值。

3. 数据测量

其他还需要记录的数据包括每个透水石的直径和厚度，以及其处于干燥和完全浸水状态的质量。如果在三轴压缩试验结束后，对试样进行"水分平衡"检查，则需要用到后两个数据。

18.3.9　橡胶膜和侧向排水

1. 橡胶膜

在第 2 卷第 13.7.4 节中，介绍了对橡胶膜的弹性模量进行测量的方法。当试样发生鼓状变形时，可以用这个方法对其抗压强度的测量结果进行校正；对于包裹在试样表面的橡胶膜对其抗压强度的影响，以及其他方面的影响，更多公开发表的数据及相应的校正方法，详见第18.4.2节。

2. 侧向排水

除了需要考虑橡胶膜的影响，还需要对侧向排水的影响进行校正。当试样发生鼓状变形破坏时，毕肖普和亨克尔（1962）针对采用常规滤纸侧向排水的情况，提出了对试样抗压强度测量值进行校正的方法，详见第18.4.3节中的介绍。同时，在第18.4.3节中，还给出了当采用螺旋形侧向排水和试样发生剪切滑移变形时的一些校准方法和建议。

18.4 三轴试验数据的校正

本节将对三轴压缩试验数据的校正进行介绍。在第18.4.7节给出了一些常规的校正方法，而除此之外其他的方法，通常只用于某些特定的环境中，例如科研工作。

18.4.1 面积校正

1. 鼓状变形

在不排水三轴压缩试验中，当试样的横截面面积增大时（即发生鼓状变形），对其偏应力进行校正的方法，详见第2卷第13.3.7节中的介绍。对于偏应力（$\sigma_1 - \sigma_3$）的校正值，可用式（13.7）进行计算，即：

$$(\sigma_1 - \sigma_3) = \frac{P}{A_0}\left(\frac{100 - \varepsilon}{100}\right)$$

若将试样的轴力记为 P（N），其初始横截面面积和轴向应变记为 A_c（mm^2）和 ε（%），那么可将式（13.7）写为：

$$(\sigma_1 - \sigma_3) = \frac{P}{A_c}\left(\frac{100 - \varepsilon}{100}\right) \times 1000\text{kPa} \tag{18.5}$$

对于固结排水三轴压缩试验，则需要对上式进行修正，以考虑试样排水所引起的体积变化 ΔV（cm^3）（将水从试样中排出所引起的体积变化记为正值）。试样的体积应变等于 $\Delta V / V_c$，其中，V_c（cm^3）是试样在压缩过程刚开始时的体积，即其刚完成固结时的体积。

经校正后的面积 A，可通过下式进行计算：

$$A = \frac{1 - \dfrac{\Delta V}{V_c}}{1 - \dfrac{\varepsilon}{100}} A_c \tag{18.6}$$

由此，式（18.5）可写为：

$$(\sigma_1 - \sigma_3) = \frac{P}{A_c}\left(\frac{100 - \varepsilon}{100}\right) \times \frac{1000}{1 - \dfrac{\Delta V}{V_0}}\text{kPa}$$

即

$$(\sigma_1 - \sigma_3) = \frac{P(100 - \varepsilon)}{A_c\left(1 - \dfrac{\Delta V}{V_c}\right)} \times 10\text{kPa} \tag{18.7}$$

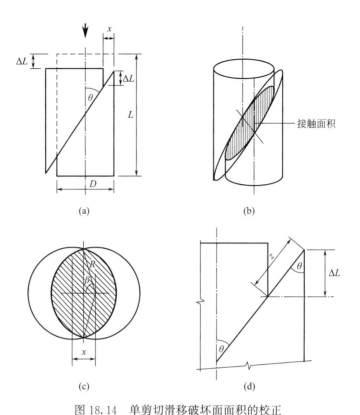

图 18.14　单剪切滑移破坏面面积的校正

（a）剪切滑移变形机理；（b）试样发生剪切滑移变形后两个部分间的接触面；（c）接触面在
水平面上的投影；（d）与竖向变形相关的沿滑移面方向上的位移

2. 单剪切滑移破坏面

当试样发生单剪切面滑移变形时，可通过其两部分间的接触面在水平面上的投影面积，对试样的轴向应力进行计算，如图 18.14（a）所示。需要注意的是，这一投影面积会随着试样剪切变形的增大而逐渐减小。试样两个部分间相互接触的区域为椭圆形（图 18.14b），其在水平面上的投影由两个"弓形"组成，如图 18.14（c）所示。

图 18.14（c）中阴影区域的一半是半径为 R（$=D/2$）的圆的一部分，中心角为 2β（rad），其面积可由下式计算得到：

$$\frac{1}{2}R^2(2\beta - \sin2\beta)$$

因此，阴影区域的面积 A_s 为：

$$A_s = 2 \times \frac{1}{2}\left(\frac{D}{2}\right)^2(2\beta - \sin2\beta) = \frac{1}{2}D^2(\beta - \sin\beta\cos\beta) \tag{18.8}$$

角度 β 取决于水平位移 x，即

$$\cos\beta = \frac{\dfrac{x}{2}}{\dfrac{D}{2}} = \frac{x}{D}$$

由图 18.14（a）可知，应变 $\varepsilon_s = \dfrac{\Delta L}{L}$，$x = \Delta L \tan\theta = \varepsilon_s L \tan\theta$。

因此

$$\cos\beta = \varepsilon_s \frac{L}{D} \tan\theta \tag{18.9}$$

式中，θ 为剪切滑移面倾角；ε_s 为试样的轴向应变。

如果试样高度 L 与直径 D 的比值为 2：1，则式（18.9）可写为：

$$\cos\beta = 2\varepsilon_s \tan\theta \tag{18.10}$$

钱德勒（Chandler, 1966）利用试样剪切滑移面与水平面间的夹角（记为 α，$\alpha = 90 - \theta$），推导得出了上述计算公式的不同表达形式，并通过对高度为 1.5 英寸（38mm）的试样进行三轴压缩试验，绘制出了试样两部分间的接触面面积与轴向应变之间的曲线关系图（$\alpha = 60°$、55°、45°）。

为了使上述校正方法能够适用于任何直径的试样，引入面积比（A_s/A）的概念，其中，$A\left(= \dfrac{\pi D^2}{4}\right)$ 为试样的初始横截面面积，A_s 为试样发生剪切滑移破坏后两部分间接触面积在水平面上投影的面积。因此，面积比可通过下式进行计算：

$$\frac{A_s}{A} = \frac{2}{\pi}\beta - \sin\beta\cos\beta \tag{18.11}$$

剪切滑移面面积校正系数 f_s 是面积比的倒数，用于修正通过 $\dfrac{P}{A}$ 计算得到的试样轴向应力，即：

$$f_s = \frac{\pi}{2(\beta - \sin\beta\cos\beta)} \tag{18.12}$$

其中，β 用 rad 表示。

图 18.15 给出了当试样轴向应变小于 25％ 且 θ 在 25° 到 45° 之间时 f_s 的取值。图中的曲线适用于高度与直径比值（L：D）为 1：2 的任何直径的试样。对其他尺寸的试样，如果预先将其轴向应变乘以 $\dfrac{L}{2D}$，则也可以使用图 18.15 中的曲线。图 18.15 中的虚线对应于试样发生对角线剪切滑移变形破坏时的情况（即 $\theta = \tan^{-1}0.5 = 26.68°$）。

若试样发生剪切滑移变形时的初始应变不为零，则应采用当试样发生鼓状变形时的公式，对于其初始横截面面积 A 进行计算［见式（13.6）］：

$$A = \frac{100}{(100 - \varepsilon\%)} \times A_c$$

试样的轴向应变 ε_s 是从剪切滑移变形的起始位置开始计算的，这一位置通常难以在试验中立即观测到，但在试验结束后，通过对试样的剪切滑移破坏面进行测量，可以较为容易地确定这一位置。如果通过测量得到了试样在剪切滑移面方向上产生的相对位移变形 z（图 18.14d），那么相应的轴向变形 ΔL 等于 $z\cos\theta$，而将此值从总的轴向变形中减去，即可得到试样刚开始发生剪切滑移变形时的轴向变形。

得出的近似校正系数为：

$$f_s = \left[1 + \left(0.06\theta \times \frac{\varepsilon}{1000}\right)\right] \tag{18.13}$$

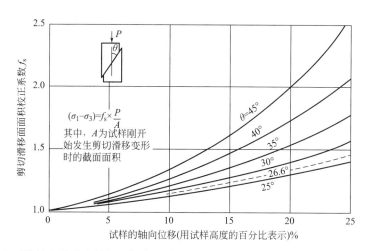

图 18.15　与试样轴向位移和剪切面倾角相关的剪切滑移面面积校正系数 f_s（当 $L/D = 2$ 时）

式中，θ 为滑移面的倾角，用度表示；ε（％）为试样刚开始发生剪切滑移变形时的轴向应变。如果 ε_s 不超过 15％，且 θ 在 27°~35°，则式（18.13）的计算结果是可以接受的。

需要注意的是为了计算方便，此处使用了"应变"一词，但其与试样发生剪切滑移变形后的"应变"含义有所不同，而与"位移"一词的含义更为接近（与试样的长度无关）。

18.4.2　橡胶膜校正

在三轴试验中，试样的外表面包裹着一层橡胶膜，本节将从以下几个方面对橡胶膜的影响进行校正：（1）鼓状变形；（2）剪切滑移面；（3）橡胶膜嵌入效应对试样体积变化的影响；（4）橡胶膜嵌入效应对试样孔隙压力的影响；（5）试样发生剪切破坏时对橡胶膜的拉伸；（6）滞留的空气；（7）透气性；（8）透水性；（9）替代橡胶膜的方法。

1. 鼓状变形

当试样发生鼓状变形破坏时，对橡胶膜的校正方法详见第 2 卷 13.3.7 节中的介绍。图 18.16 给出了对橡胶膜进行校正的曲线（图 13.17）。这条曲线是作者在其他学者（Wesley，1975；Sandroni，1977 和 Gens，1982）的试验数据基础上绘制的，并且已经被BS 1377-8：1990 所收录（图 4）。

该修正曲线适用于试样直径和橡胶膜厚度分别为 38mm 和 0.2mm 的情况，而对于其他的试样直径 D（mm）或橡胶膜厚度 t（mm），则需要乘以一个修正系数 $38/D \times t/0.2$。对于试样直径较大且土质较坚硬的情况，橡胶膜的约束作用对试验结果的影响较小。

2. 剪切滑移面

在三轴压缩试验中，当试样发生剪切滑移破坏时，需要采用更为精确的方法对橡胶膜进行校正。许多学者针对这一问题进行了研究（Chandler，1966；Blight，1967；La Rochelle，1967；Symons，1967；Symons 和 Cross，1968；Balkir 和 Marsh，1974），表明橡胶膜的约束作用在很大程度上取决于试样围压的大小。现有试验方法主要是利用橡皮泥或有机玻璃制作"模拟试样"，并采用将滚珠放置在试样预定剪切滑移面上的方式，对橡

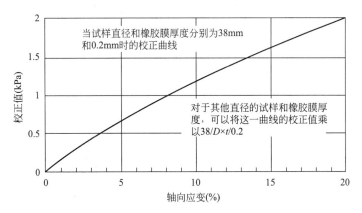

图18.16 对橡胶膜进行校正的曲线（直径为38mm的试样发生鼓状变形破坏时）

胶膜进行校正，但试验结果的可重复性较差。

笔者建议使用图18.17（a）所示的校正曲线［基于拉罗谢勒（La Rochelle，1967）提出的计算公式绘制而成］。该校正曲线适用于试样剪切滑动破坏面倾角为35°、直径和高度分别为38mm和76mm、橡胶膜厚度为0.2mm的情况。对于其他的试样直径 D（mm）、高度 L（mm）和橡胶膜厚度 t（mm），应乘以校正系数 $\sqrt{\dfrac{38}{D} \times \dfrac{t}{0.2} \times \dfrac{L}{2D}}$。

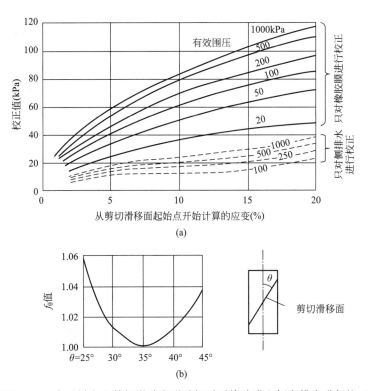

图18.17 当试样发生剪切滑移变形破坏时对橡胶膜和侧向排水进行校正
（a）校正曲线；（b）对不同剪切滑移面倾角的校正系数（La Rochelle，1967）

在图中校正曲线上标注的围压为有效围压（可通过施加的围压减去试样孔隙水压力计算得到）。"应变"为试样发生剪切滑移变形后的位移，可以在试验结束后，通过对试样的剪切滑移破坏面进行测量得到。对剪切滑移面倾角的影响，可通过查阅图 18.17（b）得到相应的校正系数 f_θ，尽管其不是一个关键的影响因素。

当试样发生剪切滑移破坏时，对橡胶膜进行校正的方法并没有在 BS 1377 中给出。

3. 橡胶膜嵌入效应对试样体积变化的影响

当对由粗粒土制成的试样进行三轴压缩试验时，随着围压的增大，橡胶膜会嵌入到试样的土颗粒之间，从而对试样体积变化的测量产生影响。这一现象被称为橡胶膜嵌入效应，如图 18.18 所示，其对通过反压和围压管路测量得到的试样体积变化均有影响。橡胶膜嵌入效应的主要影响因素是试样土颗粒的大小，其次是试样的密实程度（密度）、土颗粒的形状、橡胶膜的厚度和软硬程度。当砂土试样的平均粒径 D_{50} 大于 0.1mm 时，橡胶膜嵌入效应会对试样体积变化的测量产生影响，尤其是对大直径的试样，影响最为显著；而对由细粒土制成的试样，其影响则可以忽略不计。

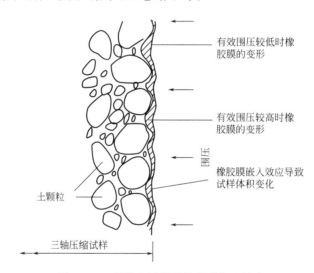

图 18.18　粗粒土试样的橡胶膜嵌入效应

纽兰和阿勒利（Newland 和 Allely，1959）和罗斯科等（Roscoe 等，1963）分别采用铅粒和渥太华砂对橡胶膜嵌入效应进行了研究。弗里德曼（Frydman）等（1973）针对橡胶膜嵌入效应对砂质粉土试样的影响进行了研究，提出了一种基于平均粒径 D_{50} 的图解法。普洛斯（Poulos，1964）基于橡胶膜的弹性性质，通过理论计算推导得出了一种校正方法，该方法的校正值与弗里德曼等（Frydman 等，1973）所提出图解法的校正值在同一数量级。莫伦坎普和卢格尔（Molenkamp 和 Luger，1981）也开展了相关的研究工作。需要注意的是，橡胶膜嵌入效应对常规三轴压缩试验的影响并不显著。

4. 橡胶膜嵌入效应对孔隙水压力的影响

当对粗粒土试样进行三轴压缩试验时，橡胶膜嵌入效应（图 18.18）将对孔隙水压力测量系统形成一定的干扰。橡胶膜嵌入效应会改变试样孔隙水的流动，干扰孔隙水压力的测量，进而对孔隙水压力参数以及有效应力的确定产生影响。尽管如此，试样的有效应力抗剪强度包络线及其抗剪强度参数并不会受到影响。

拉德和埃尔南德斯（Lade 和 Hernandez，1977）采用级配均匀的砂土和玻璃珠，针对橡胶膜嵌入效应对试样孔隙压力的影响进行了研究，但其理论分析和试验研究主要偏重于科研方面。对于由大粒径土颗粒制成的试样，橡胶膜嵌入效应的影响最大。当对高压缩性软黏土试样进行常规三轴压缩试验时，橡胶膜嵌入效应的影响可以忽略。

5. 试样发生剪切破坏时对橡胶膜的拉伸作用

当试样发生剪切变形破坏时，其两部分间的相对移动（"楔入效应"）将使橡胶膜发生拉伸，增大试样和橡胶膜之间的空隙体积（图 18.19）。在排水三轴压缩试验中，试样孔隙水将流入由此形成的空隙中。在三轴压缩慢剪不排水条件下，将产生负的孔隙水压力，而使整个试样的孔隙水压力减小，增大其有效应力，试样的抗剪强度也将随着轴向应变的增加而继续增大。钱德勒（1968）对这一现象进行了研究。尽管如此，"楔入效应"对超固结土抗剪强度的影响并不显著，其抗剪强度在试样发生剪切变形破坏时将发生明显的下降。在任何试验条件下，试样发生局部变形所引起的橡胶膜拉伸均小于图 18.19 所示的理想情况，因此"楔入效应"的影响通常不予考虑。

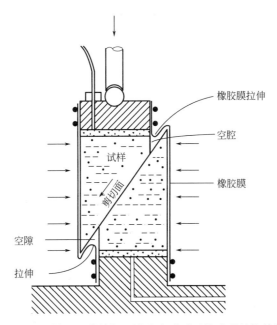

图 18.19　试样发生单剪切面滑移变形时对橡胶膜的拉伸作用

6. 滞留的空气

不管将橡胶膜包裹在试样表面的时候有多么小心，两者之间总会有滞留的空气。用水浸润试样表面的方法是行不通的，因为会在一定程度上增加试样的含水量。在任何情况下，这种方法都不能用在非饱和土或者超固结土试样中。在饱和试样的制备过程中，施加反压能够迫使空气溶解于水中，从而消除反压管路中的气泡，但前提条件是需要保持反压的稳定。

滞留在橡胶膜和试样之间的空气体积将不会低于试样体积的 0.2% （Bishop 和 Henkel，1962）。对直径为 100mm 的压实试样，滞留空气的体积可达 1% 左右。在表 18.1 中，对常见尺寸的试样（高度/直径＝2∶1），给出了其滞留空气体积的校正值。

这些校正值可以看作是基准误差，而在高反压的条件下，则无须对其进行考虑。试样滞留空气的体积 V 可由下式进行计算，而对于尺寸较小的试样，则可以忽略其影响。

$$V = \frac{\dfrac{\Delta V}{V_0}}{\dfrac{101}{101+P}-1} - n_0 \left(\frac{100-0.98S_0}{100}\right) V_0 \, \text{cm}^3 \tag{18.14}$$

该公式适用于不排水三轴压缩试验，此时，试样孔隙水压力随着围压的增大而增加。

如果反压升高到足以使试样完全饱和，则滞留空气的初始体积可由下式进行计算：

$$V = \Delta V - n_0 \left(\frac{100-S_0}{100}\right) V_0 \, \text{cm}^3 \tag{18.15}$$

滞留在橡胶膜和试样之间空气的体积校正值　　　　　　　　　　　　表 **18.1**

试样直径(mm)	体积校正值(cm³)	
	修剪试样	压实试样
38	0.2	1
50	0.2	2
70	1.1	5
100	3.1	16
150	11	53

注：引自毕肖普和亨克尔（1962）。

在式 （18.14） 和式 （18.15） 中，n_0 为试样的初始孔隙率 $n_0 = e_0 / (1+e_0)$；S_0 为初始饱和度 （%）；V_0 为试样的初始体积 （cm³）；ΔV 为试样孔隙水中的空气体积变化 （cm³） （等于通过围压管路测量得到的试样体积变化）；P 为最终孔隙水压力 （kPa）。大气压取为 101kPa。

7. 透气性

由于橡胶膜的透气性较高，溶解在水中的空气能够透过橡胶膜迁移到试样中，从而引起试样体积变化导致孔隙水压力的测量误差。这是对饱和土试样进行长期三轴压缩试验时需要使用除气水的主要原因。反之，当除气水注满压力室时，非饱和土试样中的空气也能够透过橡胶膜迁移到压力室中。在试样表面包裹两层或两层以上的橡胶膜并不能改善这一情况，因为橡胶膜和水的透气性处于同一个数量级，彼此差别并不明显。

8. 透水性

橡胶膜并不是完全不透水的，如果压力室中的水经除气处理过，且三轴压缩试验的持续时间小于 8h，则通过橡胶膜发生迁移的水的体积可以忽略不计。根据毕肖普和亨克尔（1962）的研究，当试验时间较长时（大于 8h），每天通过橡胶膜发生迁移的水所引起的试验误差小于试样体积的 0.02%；而对于小直径的试样，在大部分试验条件下，这一误差可以忽略。

将橡胶膜包裹在多孔陶瓷圆柱体的表面，并放置于三轴压缩仪的压力室中，通过对其施加适当围压的方式，可以对橡胶膜的透水率进行测量。普洛斯（1964）研究表明，橡胶膜的透水率在 5×10^{-18} m/s 左右，但这一数值会随着橡胶膜材料质量的不同而有所变化。

将两层橡胶膜包裹在试样的表面，并且在膜与膜之间均匀涂抹一层凡士林，可以显著减小水的迁移。在试验之前，提前将橡胶膜浸润在水中 24h 以上，能够显著降低其透水性。另外，水也会沿着橡胶膜和试样顶盖之间的接触面发生迁移，针对这一问题，可以通过抛光并清洁顶盖的弯曲表面予以解决。在包裹橡胶膜之前，应在试样表面均匀涂抹一层薄的硅脂，并至少用两个 O 形橡皮圈将橡胶膜在试样的端部进行固定。

9. 替代橡胶膜的方法

在特定的试验条件下，利用其他的一些方法可以不使用橡胶膜，从而消除其对试验的诸多不利影响。艾弗森和穆恩（Iversen 和 Moum，1974）研究发现，用煤油代替除气水作为三轴压缩仪压力室中的传压介质，可以不需要在试样表面包裹橡胶膜，避免了其对高灵敏性软黏土（例如挪威流动黏土）试样的扰动。这是因为当围压小于 1000kPa 时，煤油与黏土试样中的孔隙水是互不相容的。另外，试样的端盖需要由小孔隙高进气值的透水石制成。需要注意的是，这一方法并不适用于腐殖土试样（即，土中包含根孔或壳状物）。

将水银用作三轴压缩试验中的传压介质，可以消除在长期不排水试验条件下空气扩散的影响，参见毕肖普和亨克尔（1962）附录 6（2）图 134。然而，试验操作人员在接触和处理水银的过程中，所面临的健康和安全风险限制了这一方法在一些常规试验中的使用。

18.4.3　对侧向排水的校正

1. 鼓状变形

在对试样的偏应力进行校正时，除需要考虑橡胶膜的影响外，还要考虑常规滤纸侧向排水对试样的约束作用。侧向排水对试样偏应力的影响随着试样应变的增大而愈加显著，当试样的应变大于 2% 时，该影响逐渐趋于稳定。如第 19.4.7 节中第 5 步所述，当采用 Whatman 54 号滤纸作为侧向排水时，对直径为 38mm 的试样，其偏应力的侧向排水校正值大约是 9.5kPa。当采用同样型号的滤纸作为其他直径试样的侧向排水时，试样偏应力的侧向排水校正值与试样的直径成反比例关系。对一些最常见的试样直径，偏应力的侧向排水校正值（适当取整）如下：38mm，10kPa；50mm，7kPa；70mm，5kPa；100mm，3.5kPa；150mm，2.5kPa（以上两个数值分别为试样的直径和偏应力的侧向排水校正值，需要注意的是该校正值并没有考虑橡胶膜的影响）。

在 BS 1377-8：1990 表 2 中给出了上述试样偏应力的侧向排水校正值，其适用于当试样应变大于 2% 时的情况。当试样应变小于 2% 时，偏应力的侧向排水校正值随着应变的增大而线性增加。例如对直径为 38mm 的试样，每当应变增加 0.1%，其偏应力的侧向排水校正值增加 0.5kPa，直到其应变大于 2% 后，偏应力的侧向排水校正值保持在 10kPa 不再改变。试样偏应力的真实值可用其计算值减去总的校正值得到。

　　研究表明，在第 17.7.5 节中介绍的螺旋形侧向排水与传统侧向排水一样有效，不会对试样压缩或拉伸强度的测量产生影响（Gens，1982）。

　　2. 剪切滑移面

　　拉罗谢勒（1967）、西蒙斯（1967）、巴尔克尔和马什（1974）等将滚珠放置在直径为 38mm 的有机玻璃"试样"的滑移面上，对"试样"发生单剪切滑移变形时侧向排水的影响进行校正。已有一些试验数据表明，试样的抗剪强度将会随着围压的增大而略有提高。

　　以上这些学者还建议使用简化的侧向排水校正曲线［基于拉罗谢勒（1967）的试验数据］，如图 18.17（a）中的虚线所示。对于直径为 38mm 的试样进行侧向排水校正，其中，试样的轴向应变（以百分比表示）从剪切滑移面的起始点开始计算。对于其他直径 D（mm）的试样，可通过在上述方法中引入一个修正系数 $38/D$，实现对其侧向排水的校正。如果试样在发生剪切滑移之前，其鼓状变形导致的应变已经达到或超过 2%，则还应该考虑鼓状变形的影响。所有针对侧向排水的校正，均是对在第 18.4.2 节中介绍的橡胶膜校正的补充。

　　对试样的残余剪切强度进行测量时，如果能够将其压缩应变控制在较小的范围内，则不需要对橡胶膜和侧向排水进行校正。当试样峰值强度已知或不重要时，更好的方法是采用已经发生剪切滑移破坏的试样进行三轴压缩试验。在这种情况下，试样产生较小的轴向变形便可达到其残余剪切强度，此时只需要对剪切滑移面面积的变化进行校正。

　　在 BS 1377 中没有给出当试样发生单剪切滑移破坏时的校正方法。

18.4.4　对体积变化的校正

　　1. 反压管路

　　在第 18.4.2、18.4.3 节中，讨论了橡胶膜和侧向排水对通过反压管路测量得到的试样体积变化的影响。如果三轴压缩仪完全密闭（即，没有渗漏），并且在打开排水阀之前，可以通过连接导管的膨胀或收缩调节试样所受到的压力，则通过反压管路测量得到的试样体积变化无须再进行任何其他校正。

　　利用正负号表示水在反压管路中的运动方向，如下：

　　试样中的水排出（即，试样固结）：正变化（＋）；

　　水进入试样（即，试样趋于饱和并发生体积膨胀）：负变化（－）。

　　2. 压力室的体积变化

　　通过围压管路测量得到的试样体积变化需要进行多次校正，而且其准确性要低于通过反压管路得到的测量结果。在 BS 1377-8：1990 中，开展三轴压缩试验不需要对压力室的体积变化进行测量。然而，通过从反压系统进入到非饱和土试样中的水或从非饱和土试样中排出的水的体积，并不能真实地反映非饱和土试样的体积变化。特别是对某些特殊土试样（例如膨胀性黏土），要测量其体积的变化，则必需考虑压力室体积变化的影响。

　　进入到压力室或从压力室中流出的水的体积受到多个因素的影响，而通过围压或反压管路对试样体积的变化进行测量时，下列因素必需予以考虑（图 18.20）：

　　（1）试样表面不平整；

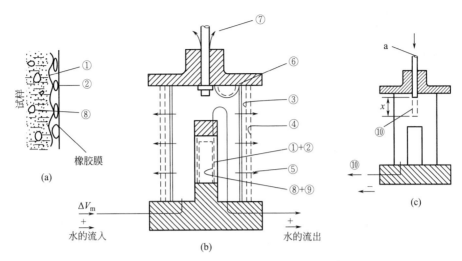

图 18.20 影响压力室体积变化测量的因素

（a）试样安装阶段；（b）试样饱和固结阶段；（c）试样压缩阶段

（2）滞留在试样表面、橡胶膜和侧向排水之间的空气（如果安装有侧向排水）；

（3）由于内部压力增大，压力室发生的体积膨胀；

（4）在恒定的内部压力作用下，压力室发生的持续体积膨胀（即，蠕变）；

（5）被压力室侧壁吸收或通过其发生迁移的水；

（6）滞留在压力室顶部的空气；

（7）通过活塞衬垫、橡胶膜、橡皮圈、连接管路或阀门渗出的水；

（8）试样中的孔隙；

（9）试样由于排水而导致的体积变化（即，发生固结或膨胀）；

（10）活塞的移动。

上述影响因素均在图 18.20（a）和（b）中进行了标注。当压力室内部的水压升高时，需要考虑这些因素的影响，但前提是要将压力室活塞置于其行程的上限位置处，使其无法发生移动。

3. 试样在饱和固结阶段的校正

在试样的固结阶段，其孔隙水将进入到三轴压缩仪的压力室中（参见图 18.20b），将水的这一运动过程用正变化（＋）表示，而将水从压力室中流出的过程用负变化（－）表示。

（1）围压的升高会导致橡胶膜嵌入到试样的孔隙中（表现为橡胶膜表面不平整），使得孔隙水进入到压力室中（＋）。

（2）滞留在试样与橡胶膜之间的空气被压缩，使试样中的孔隙水进入到压力室中（＋）。

（3）压力室体积发生膨胀，使更多的水进入到压力室中（＋）。

（4）由于蠕变，压力室体积持续发生膨胀，使更多的水进入到压力室中（＋）。

（5）如果压力室侧壁是由有机玻璃或丙烯酸材料制成，则水可通过侧壁进入到压力室中（＋），而不是被压力室侧壁所吸收。

（6）压力室中滞留的空气被压缩，使水进入到压力室中（＋）。

（7）进入到压力室中的水的体积大于从压力室中渗出的水的体积（＋）。

（8）试样中的孔隙趋于闭合，使水进入到压力室中（＋）。

（9）在固结过程中，试样的体积减小，使水进入到压力室中（＋）。如果试样完全饱和，其体积变化应等于从试样中流入到反压系统中水的体积。

（10）如果活塞没有移动，则水不发生流动。

由上述第1个至第9个因素所引起的水的流动方向一致，即，水均流向三轴压缩仪的压力室中，使得其内部压力增大（即，正变化）。在给定的压力增量下，测得的压力室体积变化（ΔV_m）是上述9个因素共同作用的结果。然而，试样的真实体积变化（ΔV）仅与第8个和第9个因素有关，其与ΔV_m的关系可表示为：

$$\Delta V = \Delta V_m - [(1) + (2) + (3) + (4) + (5) + (7)] \tag{18.16}$$

由上述第1个、第2个、第3个、第6个以及第8个因素所引起的压力室体积变化几乎都是在瞬时或在很短的时间内发生的。在试样的固结阶段，由于第8个因素的作用时间较长，因此也应考虑第4个、第5个和第7个因素的长期影响。在第18.3.1节中所介绍的三轴压缩试验校准方法，考虑了上述第3个和第6个因素的瞬时影响，以及第4个、第5个和第7个因素的长期影响。在给定的压力和温度下，上述因素对三轴压缩试验结果的影响几乎可以认为是恒定不变的，但前提是要经常对三轴压缩仪的各项性能指标进行检查。

在第18.4.2（3）节中讨论了橡胶膜嵌入效应以及滞留在试样和橡胶膜之间空气的影响（即上述第1个和第2个因素）。

4. 试样在压缩阶段的校正

在试样的压缩阶段，必需考虑上一小节中第10个因素的影响，这是因为当试样的轴向变形增加时（即正变化），活塞会向压力室内部运动，导致水从压力室中流出，即，负变化（－）（图18.20c）。由于活塞运动，导致的压力室内部水的体积变化ΔV_p，可通过下式进行计算：

$$\Delta V_p = \frac{-ay}{1000} \tag{18.17}$$

其中，ΔV_p为压力室内部水的体积变化（cm^3）；a为活塞的截面面积（mm^2）；y为试样的轴向变形（mm）。

在试样的压缩过程中，当围压保持恒定时，试样体积的真实变化（ΔV）可通过下式进行计算：

$$\Delta V = \Delta V_m - [(4) + (5) + (7) + \Delta V_p]$$
$$\Delta V = \Delta V_m - \left[(4) + (5) + (7) - \frac{a \cdot y}{1000}\right] \tag{18.18}$$

在三轴排水压缩试验中，从压力室中流出的水的体积（由上一小节中的第9个因素引起），可直接通过安装在反压管路上的体积测量传感器得到，水从压力室中流出时其读数为正。在不排水试验条件下，试样由于孔隙压缩（上一小节中的第8个因素）所引起的体积变化，可由式（18.18）计算得到，而对完全饱和的试样，孔隙压缩将不会引起其体积的变化。

18.4.5　活塞与衬垫之间的摩擦作用

1. 标准衬垫

在三轴压缩试验中，活塞与衬垫之间的摩擦作用会对试样轴力的测量产生影响。针对这一影响，可以通过三轴压缩仪的压力系统，对压力室的内部压力进行调节，从而控制试样的剪切速率，对其进行校正。注意在这一校正过程中，活塞始终不得与试样的顶盖接触。如果在试验开始之前，已经对活塞与衬垫之间的摩擦作用进行了校正，则在将测力环千分表的指针归零后，无须再对三轴压缩仪进行任何其他校正，而只要保证在试验过程中，试样的加载方向与其轴向一致。

如果在试验过程中没有发生偏心加载，且在活塞与衬垫之间均匀涂抹了一层油脂作为润滑剂，那么活塞与衬垫之间的摩擦对试样轴力测量的影响将会很小。毕肖普和亨克尔（1962）指出在这种情况下，随着试样轴向应变的增加，其轴力的测量误差介于 1%～3% 之间。当采用活塞直径为 19mm 的三轴压缩仪对直径为 100mm 的试样进行压缩试验时，每当其轴向应变增加 5%，轴力测量值相应地减小 1%。

当试样发生剪切变形破坏时，在偏心矩的作用下，活塞与衬垫之间的摩擦将会显著增大。毕肖普和亨克尔（1962）指出在这种情况下，试样轴力的测量误差将增大到 5% 左右。对试样轴力的校正主要取决于其轴向应变的大小，即，从试样发生剪切变形破坏开始，每当其轴向应变增加 2%，轴力测量值相应减小 1%。

采用上述方法校正后的试验测量值，对于大多数的工程来说，其准确性是可以满足要求的。如果活塞与衬垫之间的摩擦力有可能超过试样轴力测量值的 2%，那么最好在三轴压缩仪的压力室内部安装专门用于测量试样轴力的仪器（请参阅下文）。

2. 水下荷载传感器

如果在三轴压缩仪的压力室内部安装一种能够在水下测力的装置，那么活塞与衬垫之间的摩擦作用对试样轴力测量产生的影响就可以被完全消除。这种被称为水下荷载传感器的电子设备，在试验中常被用于代替测力环使用，尤其是在数据自动记录和处理系统中。对荷载传感器的介绍，详见第 17.5.3 节。

18.4.6　管路压力水头损失

当采用三轴压缩仪进行渗透试验时，可以利用第 18.3.7 节中介绍的方法对其管路压力水头损失进行校正，具体过程如下：

试样上下表面所受到的压力分别表示为 p_1 和 p_2，其中，p_1 为较大值。在总压力水头 $(p_1 - p_2)$ 的作用下，水将在试样中自上而下发生流动，将水流速度记为 q_m（cm^3/min）（图 18.21a）。水流与连接管路内壁之间的摩擦将引起总压力水头损失，通过图 18.21（b）中的校正曲线，可以得到与 q_m 相对应的压力水头损失校正值，记为 δp_c。试样上下表面的真实压力水头 Δp，可以通过总压力水头减去压力水头损失校正值计算得到，即

$$\Delta p = (p_1 - p_2) - \delta p_c \tag{18.19}$$

当采用相同的三轴压缩仪和连接管路进行试验时，试样的渗透率可以通过 Δp 计算得到（渗透试验的方法步骤详见第 20.3 节）。

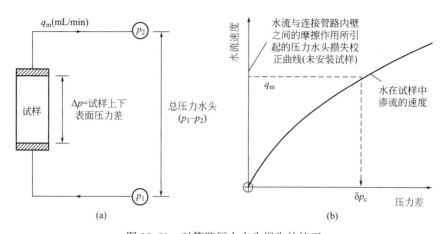

图 18.21 对管路压力水头损失的校正

（a）试验压力和流速测量值；（b）管路压力水头损失校正值的获取

18.4.7 常规试验的校正

在前面章节中，对常规试验所涉及的一些校正进行了介绍，详见表 18.2。除此之外，在某些特殊条件下或者在对测量精度要求较高的工作环境中（例如科研工作），还需要采取一些其他的校正方法。

有效应力试验中需要进行的校正 表 18.2

章节	校正类型	备注
18.4.1	面积校正： 鼓状变形 单一剪切滑动面	
18.4.2 （1） （2） （8）	橡胶膜校正： 鼓状变形 单一剪切滑动面 透水性	
18.4.3	侧向排水： 鼓状变形 单一剪切滑动面	当采用螺旋形侧向排水时，无须进行校正
18.4.4	体积变化校正： 反压管路 压力室的体积校正： 饱和 固结 压缩	采用预压的方法可消除连接管路发生膨胀所产生的影响
18.4.5	活塞与衬垫之间摩擦的校正	当活塞顶着压力室内部压力运动时，将外部测力环千分表的指针归零后，无须再进行校正
18.4.6	管路压力水头损失	渗透试验

18.5　液压固结仪试验数据的校正

本节将对液压固结仪（Rowe 型固结仪）试验数据的校正进行介绍。第一，在试样的加载过程中，对施加在隔膜上的每一级荷载进行校正；第二，在固结试验的每一阶段，对试样的排水体积进行校正；第三，在渗透试验中，对仪器的连接管路进行校正。

18.5.1　隔膜荷载的校正

在第 18.3.4 节中，给出了隔膜校正压力与施加在试样上的真实压力之间的校正关系曲线，其可用于对施加在试样上的某一特定压力进行校正，也可在已知加载压力的条件下，用于确定施加在试样上的真实压力。针对具体的试验条件、隔膜的拉伸以及施加在试样上的压力增大或减小等情况，需要参考相关的资料绘制专门的校正曲线图。当施加在试样上的压力较小时，尤其是对于小型的固结仪，通过试验得到的校正数据有可能是不可靠的。

1. 施加在试样上竖向压力的应用

将施加在试样上的竖向压力记为 σ。通过校正曲线（图 18.22），可以得到与 σ（点 A）相对应的隔膜校正压力 δ_p，则需要施加在隔膜上的压力（p_d）为：

$$p_d = \sigma + \delta_p \tag{18.20}$$

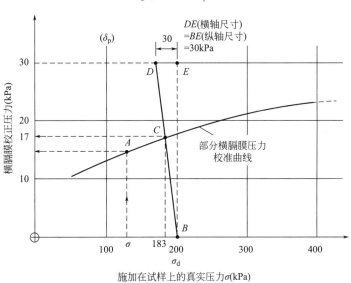

图 18.22　Rowe 型固结仪横膈膜压力校正曲线的使用

2. 施加在试样上真实压力的确定

将施加在隔膜上的压力记为 p_d，为了确定试样所受的真实压力，需要在校正曲线的横坐标轴上找到 p_d 所对应的位置（即图 18.22 中的点 B）。

过点 B 作垂直于横坐标轴的直线，沿着纵坐标轴的方向，在该直线上选取一个合适的位置取点 E。过点 E 作水平线，并取点 D，使得 $DE = BE$。将点 B 和点 D 相连，则

BD 与校正曲线交点（点 C）的纵坐标即为 δ_{p}。施加在试样上的真实压力可通过下式进行计算：

$$\sigma = p_{\mathrm{d}} - \delta_{\mathrm{p}} \tag{18.21}$$

以图 18.22 为例，$p_{\mathrm{d}} = 200\mathrm{kPa}$，点 E 的纵坐标为 $30\mathrm{kPa}$，可得 $DE = 30\mathrm{kPa}$。连接 BD，则点 C 的纵坐标 $\delta_{\mathrm{p}} = 17\mathrm{kPa}$，因此，施加在试样上的真实压力为 $200 - 17 = 183\mathrm{kPa}$。该方法的有效性可通过作点 C 在水平坐标轴上的投影进行证实。

18.5.2　边缘环形排水修正

在根据第 18.3.6 节中介绍的试验方法，测得相应的数据后，可以在固结试验开始之前，对从隔膜背面排出水的体积及所需要的时间进行估算。排出水的体积和所需要的时间主要取决于施加在试样上的有效压力，并且在固结试验的每一个阶段都应考虑这一因素的影响。这一影响在试验的初始加载阶段最大，而随着压力的增加而逐渐减小，甚至忽略不计。当施加在隔膜上的压力增加时，应将排水控制轴固定，以避免隔膜与试样发生分离。

如果假设隔膜不会阻挡水的运动（例如可以通过在隔膜背面安装一个小的排水单元实现，如图 18.10（b）所示），那么在打开阀门 D，开始固结试验之前，仅需将控制边缘环形排水的阀门 F 打开几秒钟的时间。当土样的渗透性较低时，这一影响并不显著。

18.5.3　管路压力水头损失

当采用 Rowe 型固结压力室进行渗透试验时，连接试样的管路将会导致压力水头的损失，对其进行校正的方法与第 18.4.6 节中介绍的采用三轴压力室进行渗透试验时的校正方法类似。针对不同的试验条件（例如竖向渗流、径向渗流、从外部渗入到容器中或者从容器中渗出），需要使用与之相对应的校正曲线。当水在试样中竖向渗流时，由于与三轴压缩试样相比，Rowe 型固结仪中的试样高度与直径的比值较小，使得其连接管路所导致的压力水头损失对试样上下表面真实压力水头的影响更为显著。

18.6　通用实验室管理规范

18.6.1　绪论

在第 1 卷第 1.3 节和第 2 卷第 8.1.4 节中介绍了一些有关于实验室实践和技术方面的内容。本节将针对本书所涉及的试验仪器设备及其操作规范，就之前的内容进行一些补充。

安全的工作环境至关重要，但安全防护措施却往往容易被忽视。对所有的实验室工作人员都应该进行基本的安全防护措施教育（第 18.6.2 节）。

在第 18.6.3 节中，对实验室环境进行了简要的讨论。在第 18.6.4 节中回顾了在实验室测试和结果分析中可能发生的错误。在第 18.6.5 节中重点强调了对试验数据和结果进行检查和分析的重要性。

对试验仪器设备进行定期校准和检查的重要性，已在第 18.2 节和第 18.3 节中进行了讨论。

18.6.2　安全

应对安全急救设施做好标记，使之处于完好、备用状态。在大型实验室中，应有部分工作人员接受过安全急救培训，并持有相应的国家职业资格证书。

在第 1 卷第 1.6 节中，讨论了关于实验室安全的相关内容。其他方面的内容在第 2 卷第 8.5 节中进行了介绍。特别地，与本书所涉及试验相关的内容是压缩空气的安全操作规程（第 8.5.3 节）。

一些其他的安全预防措施如下：

（1）使用真空吸尘器时，需要确保所有的容器、管道和连接件都能承受得住外部的大气压力。

（2）应通过降低气源压力的方式来释放高压，而不要突然地将密闭阀门或堵头打开。

（3）除非经过专门的设计，并通过了相关的压力测试和资格认证，否则不得将压缩空气作为三轴压缩仪压力室中的传压介质使用。

18.6.3　环境

在进行有效应力试验时，应保持外部温度的恒定，因为不管是人工观测还是通过仪器自动记录，温度的变化都会引起孔隙水压力读数的剧烈变化。理想的外部温度在 20～25℃，但在炎热的气候下，外部温度势必会超出这一范围。根据 BS 1377：1990 的第 6 和第 8 部分，应将外部环境温度的变化控制在 ±2℃ 之内。

在一天中的任何时候都不应将试验仪器（包括电子设备）直接暴露在阳光下。切勿将试验仪器放置在离散热器等热源太近的位置，并应避免其受到通风或冷却系统，或打开门窗所产生气流的影响。

试样的制备应在空间独立且湿度可控的实验室中进行，以保证试验主要区域的干净整洁。

试样应存放在温度可控的加湿室中。采用釉面瓷砖或铜皮等不吸水的材料作为加湿室的墙面，通过向墙面连续喷射水雾的方式，以保持室内的湿度。如果用于加湿室内的水是循环使用的，则可以对其进行冷却或加热处理，也可以采用抗菌剂进行灭菌处理。博佐扎克（Bozozuk，1976）对这种系统进行了介绍。加湿室中用于放置试样的架子应为铝合金、塑料或铝制成，不得使用铁制部件（不锈钢除外）。电子照明设备的配件应具有防水性，并禁止使用除此之外其他类型的电器。

实验室需要具备下述功能，才能够进行有效应力试验：（1）地面能够排水；（2）充足的照明和通风设施；（3）水槽、水龙头和排水装置；（4）足够的电源插座；（5）压缩空气、抽真空*、除气水相关的配电线路；（6）耐用的工作台表面；（7）各种尺寸的储物柜和抽屉；（8）用于书写、绘图以及计算的办公空间和计算机设施。

＊注意：为防止事故发生时，避免水流入真空泵中，需要在真空管路上安装一个存水弯。

作为惯例，应定期对实验室进行清洁。当在实验室中进行长期试验或者使用敏感仪器设备（包括计算机）时，应将相关试验区域明确标记为"禁止进入区域"，不允许清洁人员进入。一般而言，作为日常工作，对这些区域的清洁应由负责相关试验设备的实验室人员完成。

18.6.4 误差

人为的操作失误或使用仪器设备的方法不当均会引起测量误差，其可分为以下三类：（1）错误；（2）系统误差；（3）观测误差。

下面将对土体性质参数的实验室测量误差，尤其是本卷涉及的试验，进行讨论。在本节中将对如何消除测量误差或将其影响最小化进行简要介绍，更多的内容详见其他章节中的介绍。

1. 错误

错误（包括过失误差）产生的原因如下：

（1）测量仪器的初始设置不正确，例如没有将位移千分表的量杆调回到零刻度的位置。

（2）仪表发生意外的移动或翻倒。

（3）误读了千分表的量程或其显示读数的位数。

（4）数错了千分表指针的旋转圈数或误读了显示读数的小数点（典型的过失误差）。

（5）错误地记录了观测数据。

（6）电线连接错误。

（7）忽视了试验的某个阶段。

（8）错误地绘制数据点。

（9）错误地解释或阅读图表。

（10）出现计算错误。

错误的发生通常是由于试验操作人员注意力不集中而导致的。通过认真系统地检查可以将错误检测出来，并可以采用正确的技术和方法将其消除（请参阅第 1 卷第 1.3 节和第 2 卷第 8.1.4 节）。在试验过程中，应保持注意力的高度集中（请参阅第 18.6.5 节）。目前电子传感器和数据记录仪的使用已经非常普遍，采用这一方法可以最大程度避免对类似试验仪表的误读。在电子表格或其他软件程序中，可以通过使用自动防故障程序对试验结果进行处理分析，从而避免计算错误的产生。

当试验结果出现错误时，首先应对计算过程进行检查。如果确定没有计算错误，则应对其他可能的错误来源进行检查。

在有效应力三轴试验中，常见的错误是在试样的压缩阶段，由于剪切速率过快，导致试样在不排水条件下孔隙水压力不能够达到平衡，或者在排水条件下不能完全排水。当试样孔隙水压力随偏应力的增加而增大时，测得的 φ' 值将偏低，而对于膨胀土，测得的 φ' 值将偏高。另一个常见的错误是在孔隙水压力完全消失或达到平衡之前，过快地完成了某一个试验加载阶段。这种做法将会导致在试验的后续阶段得到错误的孔隙水压力值。

在有关章节中给出了对试样剪切速率和结束某一加载阶段时间的建议，这些建议都是从实践中总结出来的宝贵经验，应始终遵照执行。如果最终的试验结果不可靠的话，那么为了节省时间而对试验方法和步骤进行简化，无疑是一种既浪费时间又耗费精力的做法。

2. 系统误差

系统误差与长期影响因素有关，并且是可累积的，其主要由以下因素引起：

（1）试验仪器自身的微小误差。

（2）由于个人操作习惯造成的试验技术误差。

（3）由于忽略了试验开始前的例行检查，或没有进行（或忽视）与试验仪器设备相关的准备工作（例如在测量孔压之前需要对试样进行抽气饱和），而测得的错误数据。

（4）环境的影响：温度、压力、湿度的变化；振动或其他的扰动。

（5）仪器配件对测量结果的影响（例如三轴试验中的橡胶膜、被堵塞的透水石）。

（6）由未经核实的名义测量得到的错误结果或数据（通常是为了节省时间）。

如果试验人员拥有熟练的操作技能（可参考之前介绍过的内容），并能够认真遵循系统的预测试程序，对试验仪器和设备进行校准，则可以将系统误差最小化甚至完全消除。需要注意的是，对多次试验测量结果取平均值并不能够消除系统误差。

对名义或"标准"测量值应进行核实。例如试样环刀的尺寸会因磨损而发生变化，尤其是在切削刃处。试样的直径和取样器的直径不一致。橡胶膜的厚度和硬度可能会有很大差异，应分批次对橡胶膜进行取样检查（第2卷第13.7.4节）。

将试验仪器和设备提前准备好，并对其进行全面彻底的检查非常重要，尤其是在测量孔隙水压力时。在第17.8节中介绍了对试验仪器和设备进行准备的详细步骤，而对其他的常规预测试检查将在第19.3节中进行介绍。如果上述操作没有正确执行，那么试验结果将很有可能毫无意义。

不充分或错误的校准过程通常会引起误差。不应忽视外部环境的影响，尤其是温度的变化。

3. 观测误差

观测误差受到诸多微小因素的影响，其中有些因素不受观测者的控制，且对测量结果有一定补偿的作用。观测误差通常由以下因素引起：

（1）仪表读数的微小变化（例如指针处于刻度线之间，需要进行估读时）。

（2）测试技术的微小变化（例如调试水银零位指示器测量孔隙水压力时）。

（3）随机影响，例如传感器显示或记录系统中的电子"噪声"。

观测误差的大小主要取决于仪器的精度或观测者的能力和经验，其无法完全消除，且可以被视为一个概率问题，服从概率定律。通常，正负误差出现的概率是相同的；相较于误差大的试验观测值，误差小的观测值更为常见，而误差很大的试验观测值则很少出现。采用多次测量取平均值的方法可以减小观测误差，即测量次数越多，观测误差越小。

18.6.5 测试数据和结果

本节将对有效应力试验数据的获取进行介绍，其与第2卷第8.1.4节中所阐述的内容密切相关。试验技术人员应时刻注意可能出现的测量偏差或错误数据。当试验持续时间较长时，应经常问自己的问题是：试验的读数和结果是否会受到外部条件和土体类型的影响？当在试验中发现疑点时，应终止此次试验，并换另一个试样重新开始试验，而不是完成一个结果模棱两可或毫无意义的试验。

一些常见的典型问题如下：

排水或吸水速率与试样的渗透性是否匹配？

试样的固结速率是否合理？

试样的体积变化与孔隙水压力消散速率相匹配吗？

孔隙水压力快速消散是由橡胶膜渗漏引起的吗？

试样完成主固结了吗？

试样的应力-应变关系看起来合理吗？

试样的孔隙水压力或体积变化合理吗？

如果实验室观测结果的校正值偏大（例如大于观测值的5%），则应对其进行仔细检查。在试验结束后，应将试验结果连同校正值和校正类型一起进行汇总。

当在三轴试验中使用滤纸侧向排水时，将无法获得与试样渗透和固结相关的参数。这是因为即使对渗透性很低的土样，采用滤纸侧向排水的排水效果也不是十分有效。

当一组三轴试验结束后，在绘制试样的抗剪强度破坏包络线之前，应对其莫尔圆或应力路径进行仔细检查。如果获得的抗剪强度破坏包络线与试验数据拟合度较好，则还需要回答的问题是：对于试样的土体类型而言，这一抗剪强度破坏包络线是否合理？当由试样的莫尔圆或应力路径无法获得清晰的破坏包络线时，工程师应谨慎参考三轴试验数据，或者在必要时要求对与试样土体相类似的土样进行补充试验。

当使用电子仪器时，这种质疑态度显得尤为重要，因为试验误差经常由电子系统的自身原因所引起。例如实验室中的主电路发生电涌或其他电子噪声，或者温度的每天周期性波动均会使仪器读数的离散程度增大。另外，机械制造方面的缺陷或电子测量或显示系统中的故障均可能引起数据图形曲线的变化（例如曲线突然变平）。

操作人员应充分了解试验的操作方法和步骤，使得试验的每个阶段都在可控的范围内。当采用数据自动采集（控制）仪时，操作人员在整个试验过程中应不时地查看仪器显示的读数，以确保试验的正常进行，并在必要时做出一些调整。在有效应力测试中，最重要的是获取土样的力学行为，但这一信息的获取不应完全依赖于最终的试验结果。

参考文献

Balkir，T. and Marsh，A. D.（1974）Triaxial tests on soils：corrections for effect of membrane and filter drain. *TRRL Supplementary Report* 90 *UC*. Transport and Road Research Laboratory，Crowthorne.

Bishop，A. W. and Henkel，D. J.（1962）*The measurement of Soil Properties in the Triaxial Test*，2nd edn，Edward Arnold，London（out of print）.

Blight，G. E.（1967）Observations on the shear testing of indurated fissured clays. *Proceedings of the Geotechnics Conference*，*Oslo*，Vol. 1，pp. 97-102.

Bozozuk，M.（1976）Soil specimen preparation for laboratory testing. *ASTM STP*，No. 599，American Society for Testing and Materials，PA，p. 113.

BS 1377：Part 6 and Part 8：1990. *British Standard Methods of Test for Soils for Civil Engineering Purposes*. British Standards Institution，London.

BS EN ISO-376：2002. *Metallic Materials-Calibration of Force Proving Instruments Used for the Verification of Uniaxial Testing Machines*. British Standards Institution，London.

BS EN ISO 10012:2003. *Measurement management systems Requirements for measurement processes and measuring equipment*. British Standards Institution, London.

BS EN ISO 7500-1:2004. *Metallic Materials-Verification of Uniaxial Testing Machines-Part 1: Tension/Compression Machines-Verification and Calibration of the Force Measuring System*. British Standards Institution, London.

BS EN ISO 17025:2005 *General Requirements for the Competence of Testing and Calibration Laboratories*. British Standards Institution, London.

Chandler, R. J. (1966) The measurement of residual strength in triaxial compression. *Géotechnique*, Vol. 16(3), pp. 181-186.

Chandler, R. J. (1968) A note on the measurement of strength in the un drained triaxial compression test. *Géotechnique*, Vol. 18(2)p. 261.

Frydman, S. , Zeitlen, J. and Alpan, I. (1973) The membrane effect in triaxial testing of granular soils. *J. Testing Evaluation*, Vol. 1(1), p. 37.

Gens, A. (1982) Stress-strain and strength characteristics of a low plasticity clay. *PhD Thesis*, Imperial College of Science and Technology, London.

International Vocabulary of Metrology-*Basic and General Concepts and Associated Terms (VIM)JCGM* 200:2012. Bureau Internationale des Poids et Mesures. Paris.

Iversen, K. and Moum, J. (1974) The paraffin method: triaxial testing without a rubber membrane. Technical Note, *Géotechnique*, Vol. 24(4), p. 665.

Lade, P. V. and Hernandez, S. B. (1977) Membrane penetration effects in undrained tests. *J. Geo. Eng. Div. ASCE*, Vol. 103, No. GT2, pp. 109-125.

La Rochelle, P. (1967) Membrane, drain and area correction in triaxial test on soil samples failing along a single shear plane. In: *Proceedings of the 3rd Pan-American Conference on Soil Mechanics & Foundation Engineering*, Caracas, Venezuela, Vol. 1, pp. 273-292.

Molenkamp, F. and Luger, H. J. (1981) Modelling and minimization of membranepenetration effects in tests on granular soils. *Géotechnique*, Vol. 31(4), p. 471.

Newland, P. L. and Allely, B. H. (1959) Volume changes in drained triaxial tests on granular materials. *Géotechnique*, Vol. 7(1), p. 18.

Poulos, S. J. (1964) Report on control of leakage in the triaxial test. *Harvard University Soil Mechanics Series*, No. 71, Harvard University, Cambridge, MA.

Roscoe, K. H. , Schofield, A. N. and Thurairajah, A. (1963) An evaluation of test data for selecting a yield criterion for soils. Laboratory shear testing of soils. *ASTM Special Technical Publication*, No. 361, American Society for Testing and Materials, PA, pp. 111-128.

Sandroni, S. S. (1977) The strength of London Clay in total and effective shear stress terms. *PhD Thesis*, Imperial College of Science and Technology, London.

Shields, D. H. (1976) Consolidation tests. Technical Note, *Géotechnique*, Vol. 26 (1), p. 209.

Symons，I. F. (1967)Discussion. In：*Proceedings of the Geotechnics Conference* ，*Oslo* ，TRRL Vol. 2，pp. 175-177.

Symons，I. F. and Cross，M. R. (1968)The determination of the shear-strength parameters along natural slip surfaces encountered during Sevenoaks by-pass investigations. *Report LR* 139. Transport and Road Research Laboratory，Crowthorne.

Wesley，L. D. (1975)Influence of stress path and anisotropy on the behaviour of a soft alluvial clay. *PhD Thesis* ，Imperial College of Science and Technology，London.

UKAS(2012) M3003. *The Expression of Uncertainty and Confidence in Measurement*. *Edition* 3. *November* 2012，United Kingdom Accreditation Service.

第 19 章
常规有效应力三轴试验

本章主译：兰海涛（剑桥大学）、闫雪峰（中国地质大学（武汉））、蒋明杰（广西大学）、陈阳（西安理工大学）

19.1 引言

19.1.1 绪论

本章主要讨论两种最常见的测量土体有效抗剪强度的常规三轴压缩试验。本章所涉及的试验流程全称和缩写如下：

（1）测量孔隙水压力的固结不排水三轴压缩试验（简称 CU 试验）；

（2）测量体积变化的固结排水三轴压缩试验（简称 CD 试验）。

BS 1377-8：1990 标准包含了这些试验内容。ASTM 标准 D4767-11 中也描述了一种类似的不排水三轴压缩试验。本章所述试验流程遵循 BS 1377 标准，与 ASTM 标准有明显差异的地方进行单独标注。BS 1377 标准流程由毕肖普和亨克尔（1962）制定，现已成为多个国家的标准流程。这些常规试验也为其他类型的有效应力试验提供基础参考。

相关理论背景可以参考第 15 章，所用设备描述可以参考第 17 章，设备校准和测试数据修正可以参考第 18 章。

19.1.2 试验流程介绍

固结不排水三轴压缩试验（CU 试验）和固结排水三轴压缩试验（CD 试验）有许多共同之处，区别只体现在实际压缩阶段和相关试验结果的分析与展示。所需设备将在第 19.2 节进行介绍。

详细的试验流程主要包括以下步骤：

（1）试验前设备检查（第 19.3 节）

（2）制备试样（第 19.4 节）

（3）放置试样（第 19.4 节）

（4）饱和（第 19.6 节）

（5）固结（第 19.6 节）

（6）加压破坏（第 19.6 节）

（7）分析数据（第 19.7 节）

（8）准备图表数据（第 19.7 节）

（9）报告结果（第 19.7 节）

CU 试验和 CD 试验的步骤 1～5 基本相同。适用于 CU 试验的步骤 6 在第 19.6.3 节描述，适用于 CD 试验的步骤 6 在第 19.6.4 节描述。第 19.7.3 和 19.7.4 节分别描述了适用于两类试验的步骤 7、8、9。第 19.5 节叙述了关于试验流程的一般性意见。

第 18 章第 18.4 节详细介绍了试验数据修正的方法。本章还包括几个该方法的应用案例。

第 19.4、19.6 和 19.7 节叙述了适用于单个试样的详细试验步骤。为了推导适用于特定破坏准则的有效抗剪强度参数，需要对不同有效围压下相同材料制作的多个试样进行测试，基于试验结果绘制莫尔应力圆包络线。通常三个试样为一组，在直径为 100mm 的试样中，从一个水平面上取三个直径为 38mm 的试样。试验数据分析方法分别在第 19.7.3 节（CU 试验）和第 19.7.4 节（CD 试验）的末尾进行了介绍。

标准试验流程需要在固结前通过施加反压使试样达到饱和。尽管这个流程在英国普遍接受，但这个步骤并不总是必需的。反压的使用方法在第 15.6 节中作了介绍。

19.1.3 试验设备

在试验流程说明中，重点介绍需要手动操作的传统仪器使用方法、观察和记录情况（孔隙水压力测量除外），原因如下：

（1）笔者认为，通过这种方式读者更容易掌握试验原理，熟悉试验流程。

（2）手动操作可以使试验人员熟悉试验进度，在必要时进行决策，在早期发现错误。

（3）电子系统并非绝对可靠，掌握手动操作技能可以保证电子系统发生故障时试验的顺利进行。

（4）自动系统测试结果需要细心检查。

孔隙水压力测量是特例，这是因为现在孔隙水压力传感器已经得到普遍的使用，在试验过程中成了标准配件。

电子传感器已经广泛应用于测量压力、荷载、位移和体积变化。第 19.2 节中同时列举了传统手动测量仪器和电子测量仪器，在 BS 和 ASTM 规范中，允许使用任意一种测量仪器进行试验。

试验前设备的常规检测和其他准备措施都为了保证压力系统在试验中的良好运转，具体检查和措施在第 19.3 节中介绍。这些检查是试验流程的重要组成部分，也都在 BS 和 ASTM 标准中作为强制性条款。

19.2 试验设备

19.2.1 仪器

根据 BS 1377-8：1990 的要求，进行有效应力抗剪强度三轴试验并列出如下数据记录。同时在其他地方给出了详细的说明和要求。

（1）三轴压力室，包括阀门、连接件和其他配件（详见第 16.2.2 节）。

（2）两个独立控制的恒定压力系统，量程达到 1000kPa（详见第 17.3 节和第 2 卷第 8.2.4 节）。实验室通常使用带气压控制的阀门和丁基橡胶气囊的空气-水加压系统（详见第 17.3.2 节），但是油-水动力加压系统或者自重加压装置也同样适用。每个系统最好永久连接一个高精度的压力表（详见以下第 3 条）。如果通过合适的阀门设置使每个压力系统的数值能独立显示，那么两个系统可以共用一个压力表。

（3）两个高精度的压力表或者两个电子压力传感器（详见第 17.5.2 节和第 2 卷第 8.2.1、8.2.6 节）。压力表读数精度要求低于 5kPa，对于一般量程为 1000kPa 或者 1700kPa 的压力表，其刻度间隔一般不超过 10kPa。

为了精确测量低于 50kPa 或者 100kPa 的压力，需要使用较高精度的压力传感器。如果需要对作用在试样上或试样内的压力进行高精度测量，则需要考虑基准面对压力表、压力计、压力传感器的影响。一般将试样的一半高度截面作为基准面，因此，在试验中通常将测量仪器安装在该基准面高度，避免后期对试样压力进行校正。

（4）安装在除气塞上，经校准后量程范围为 0～1000kPa 的孔隙水压力传感器（详见第 17.6.3 节）。

（5）旋启（控制缸）式手摇泵，用于把水装进压力系统中，同时对压力系统进行检查（详见第 17.3.5 节）。

（6）经过校准的体积变化传感器（双管石蜡滴定管式或者带位移传感器的体积变化传感器（详见第 17.5.6 节）连接到压力表和压力室之间的反压管路上。对一些试验，也可以在压力室的压力管路上连接一个体积变化传感器。

（7）玻璃滴定管，与大气连通，刻度间隔 0.2mL。在敞开的液面上平铺一层薄的彩色石蜡，既可以防止水的蒸发，又方便读数。

（8）管路（通常为外径 6.5mm、内径 4mm 的尼龙管），用于将压力系统部件与三轴压力室连接。由内压引起的管路膨胀系数不应超过 0.001mL/（m·kPa）。

（9）尼龙管，作为承压 1700kPa 以下的压缩空气管路。

（10）校准精度为 1s 的计时器。

（11）从供水系统或者高架蓄水池供应的大量除气水（非去离子水）（详见第 17.7.6 节）。

（12）装有除气水的洗瓶。

（13）多级调速加载的三轴压缩加载架，直径 38mm 的试样加载量程为 10kN，直径 100mm 的试样加载量程为 50kN（详见第 17.4.1 节）。

（14）经过校准的荷载测量装置（测力环或者电子压力计），量程与灵敏度需与待测试样相配套。一般使用量程为 2～50kN 的测力环（详见第 17.5.3 节、第 2 卷第 8.2.1 节和第 8.3.3 节）。第 19.3.6 节介绍了如何选择合适量程的测力环。

（15）经过校准的千分表或者电子位移传感器，量程 25mm 或者 50mm（取决于试样尺寸），量测精度为 0.01mm。千分表安装在固定测力环的支架上，靠近压力室的底座，用于测量试样的轴向变形（详见第 17.5.4 节、第 2 卷第 8.2.1 节和第 8.3.2 节）。

（16）两个直径与试样相同的透水石：砂和粉质土用粗孔透水石，黏土用细孔透水石（详见第 17.7.3 节）。

（17）橡胶膜（详见第 17.7.4 节，第 2 卷第 13.7.4 节）。

（18）4 个 O 形密封环（详见第 2 卷第 13.7.3 节）。

（19）尺寸适中、带有橡胶管和夹箍的吸膜架（详见第 2 卷第 13.5.7 节）。

（20）供 O 形环使用的管架分离器（图 17.37）。

（21）能侧向排水的滤纸（详见第 17.7.5 节）。侧向排水只能用于渗透性极低的土，避免排水时间过长。

（22）用于准备测试试样的分割器（环刀）（详见第 2 卷第 9.1.2 节）。

（23）管装硅脂或者凡士林。

（24）大块的海绵、抹布、纸巾。

（25）薄橡胶手套。

（26）抗腐蚀的金属盒或塑料小托盘。

（27）测斜仪或量角器。

（28）连接装置，包括真空管路、电动真空泵以及防止倒流的装置（详见第 1 卷第 1.2.5 节（3）），或者水龙头上的真空过滤装置。

加载架中三轴压力室布置如图 19.1 所示。整个三轴测试系统的典型布局如图 19.2 所示。

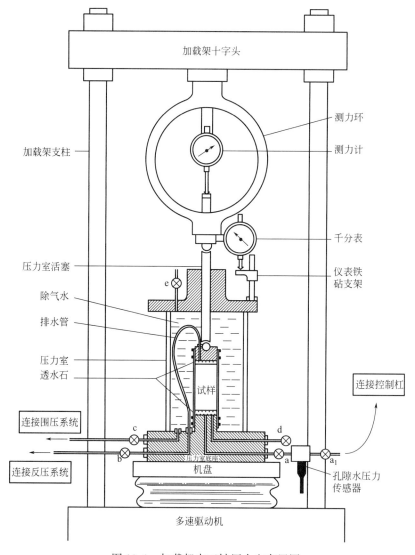

图 19.1 加载架中三轴压力室布置图

第19章 常规有效应力三轴试验

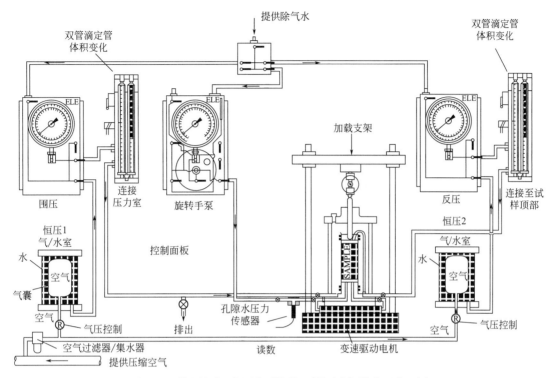

图 19.2 使用空气-水压力系统的三轴测试仪器典型布置图

ASTM D 4767 规范中对三轴仪器的要求原则上与上述一致，但一些细节略有差别：

（1）空气-水压力系统允许压缩空气与水直接接触。

（2）建议使用除气水，但并不强制使用。

（3）孔隙水压力测量系统的刚度是根据试样体积来确定的：

$$\frac{\Delta V/V}{\Delta u} < 3.2 \cdot 10^{-6}\,\mathrm{m^2/kN}$$

其中，ΔV 是孔隙水压力测量系统的体积变化（mm^3）；V 是试样总体积（mm^3）；Δu 是孔隙水压力变化（kPa）（注意：如果 V 使用 mL 或者 cm^3 作为计量单位，则上述公式的限定值变为 $3.2 \times 10^{-3}\,\mathrm{m^2/kN}$）。

（4）要求透水石最小渗透率约为 $10^{-6}\,m/s$，与细砂相同。

（5）侧向排水使用的滤纸，在 550kPa 压力作用下其渗透率不得低于 $10^{-7}\,m/s$。

（6）橡胶模使用前需要检查密封性（详见第 17.7.4 节）。

（7）压缩机的加载速率偏差不得超过设定值的 $\pm 1\%$。

（8）机器产生的振动应该足够小（放置在加载平台上水杯内的水不因振动产生波纹）。

（9）顶盖、橡胶模和 O 形密封圈的质量和尺寸公差允许有细微区别。

当使用电子测量仪器时，需要下列仪器，可替换上面列举仪器的名称标记在括号中。可以使用混合系统，一部分使用电子测量，一部分采用人工读数。

（1）采用两个连接除气塞的电子压力传感器，一个连接到压力室管路，一个连接到反压管路。将压力传感器与压力线路连接，可以实现压力数据的连续显示读取。

（2）电子位移传感器放置在安装支架上，用来测量试样的轴向变形（替代应变式千分表）。

（3）安装在压力室内部的防水型电子力传感器，或者安装在压力室外部的带有传感器或应变片的测力环（替代带有应变式千分表的测力环）。

（4）经校准的带有电子位移传感器的体变测量仪器，用于显示和记录反压管路中水体积的变化；如果需要，也可以测量压力室内水体积的变化（替代双管体变量筒）。

（5）给每个传感器配备电源和读数装置，或者把所有传感器集成在一套读数系统。

（6）电子测量仪器的读数对温度变化比较敏感，因此要求实验室内的昼夜温差控制在±2℃以内。

数据记录、计算机控制和自动数据处理系统相关内容详见第17.6.8节。

19.2.2 仪器布置

1. 常规布置

三轴压力室和加载支架的布置如图19.1所示。使用压缩空气的完整系统常规布局如图19.2所示。上半部分为常规测量控制装置，与加载支架相邻。下半部分包括两套空气-水压力调节控制系统。这两个图中的阀门命名与第17章中相同。图19.3是一套典型的系统装配图。图19.4为各组件的接法。

图19.3 用于有效应力测试的典型三轴试验系统装配图

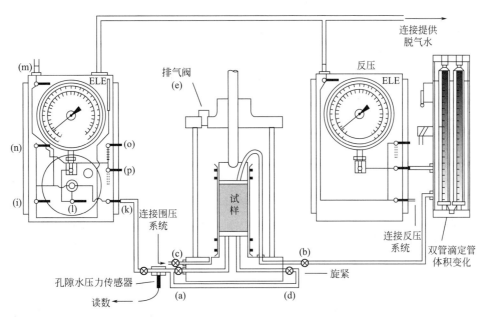

图 19.4　用于有效应力测试的三轴压力室管路连接

2. 压力室管路连接

连接三轴压力室的三个基本管路包括（图 19.1 和图 19.2）：

（1）通过阀门 c 连接到压力室的供压管路；

（2）通过阀门 b 连接到试样顶部的反压管路，也被称为排水管路；

（3）通过阀门 a 连接到试样底部的孔隙水压力管路。

部分三轴压力室还会有一个额外的管路通过阀门 d 与基座连接（图 19.1）。这个阀门连接可以在必要时用于进水和基座排水。

阀门 a、b、c、d 应该安装在压力室本身的基座上，使得所有柔性管道的连接在远离压力室的一侧。

3. 孔隙水压力测量

如图 19.1 和图 19.4 所示，通常在试样底部测量孔隙水压力，从试样顶部排水。这样确保试样和孔隙水压力测量装置之间水的体积尽可能小，同时体积也能受到严格的控制。

4. 压力传感器

如图 19.5 所示，使用压力传感器进行测量时，各传感器应尽量靠近压力室远离阀门 a、b 和 c 的一侧。孔隙水压力传感器应与固定在压力室基座上的阀门 a 连接，确保其尽可能靠近试样。阀门 a_1 与控制面板连接，用于测试前进行装水和除气。

19.2.3　体变传感器的使用方法

大多数试验只需要一个体变传感器，将其连接到反压管路中来测量流入或者流出试样的水量。

但是，如果需要测量非饱和试样的体积变化，则需要在三轴压力室的压力管线中增加一个体变传感器。在 BS 1377 规范中不包含这个步骤，本书将在第 19.6.6 节进行单独介绍。在除气作业中，如果压力室需要流入大量的水，则需要启用旁路。

19.3 测试前设备检查（BS 1377-8：1990：3.5）

19.3.1 绪论

本节内容介绍的试验前设备检查是三轴试验操作步骤的重要组成部分，不可忽视。有效应力试验通常需要较长时间，持续数日。任何细微故障（比如接头轻微泄漏）都可能导致试验失败，浪费时间成本。因此，对比于数日的测试，花费少量时间进行测试前检查，确保设备仪器处于良好运行状态是十分必要的。

孔隙水压力系统（详见第 19.3.2 节）需要格外注意。第 19.3.3～19.3.5 节介绍了压力系统的常规检查及其使用前的准备工作。第 19.3.6 节介绍了一些其他检查的项目。

本节所述检查流程是使用手动压力控制缸进行快速加水和加压；如果没有控制缸，压力系统本身也可以用来进行快速加压和加水测试。

在 BS 1377-8：1990 中第 3.5 节中规定了三轴试验系统在试验前的检查流程，具体分为如下两种：

（1）完整检查使用条件：①试验系统中增加了新的设备；②试验系统部分部件拆除、拆卸、检修或修理；③使用间隔不超过三个月。

（2）常规检查：每次试验开始前进行例行检查。

后文引用的阀门名称与图 19.2、图 19.4 和图 19.5 有关。注意所有阀门在最初阶段保持关闭状态。

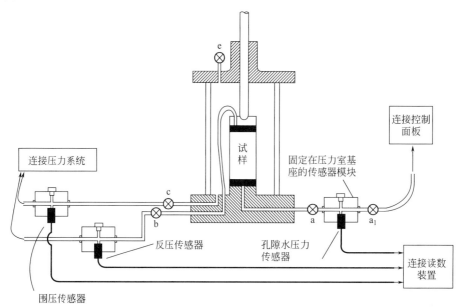

图 19.5 压力室围压、反压和孔隙水压力传感器布置

19.3.2　检查孔隙水压力传感器系统

1. 检查的必要性

在使用前必需仔细检查孔隙水压力系统，消除系统中所有空气，不允许出现任何漏水的情况。本节介绍了故障检查的标准流程，并且需要系统执行。任何细微问题都应立即处理，不能敷衍了事。

在除气装置或者高架蓄水池中应当有充足除气水以供随时加水（第 19.3.6 节）。除气水输出管路需要通过一个控制缸连接到阀门 a_1。布置可见图 19.4.

通过在除气水源和 a_1 阀门之间连接一个高灵敏体变传感器，可以检测到由于泄漏造成的管路内水的流动。该方法比肉眼观测管路泄漏更加有效，但需要包括一条旁路。

2. 完整检查

（1）打开阀门 a 和 a_1（图 19.1 和图 19.4）。使用控制缸将除气水经压力传感器模块、压力室底部从基座端口排出。持续压入除气水，直至滞留压力室内的空气或气泡全部排出，确保整个系统中充满除气水。关闭阀门 a_1。

（2）将压力室固定在压力室底座上，安装过程中注意不要挤压到试样顶部的排水管。

（3）打开压力室放气阀 e，同时打开阀门 a_1，使除气水充满压力室空间。

（4）取下孔隙水压力传感器安装支架上的排气孔塞子，关闭阀门 a 和 a_1。

（5）将肥皂液注入排气孔。如果使用针头注射，需要注意远离传感器隔膜。

（6）打开阀门 a，让压力室中的水从孔隙水压力传感器安装模块上的排气孔中流出，然后打开阀门 a_1，让除气水也从该排气孔流出。

（7）趁水继续溢出时，重新将塞子塞回孔隙水压力传感器安装模块上的排气孔中，避免空气进入，达到水密效果。重新向压力室内注水，直到水从压力室顶部排气孔溢出，然后关闭压力室排气孔 e。

（8）打开阀门 d，压入约 500mL 的除气水通过底座排出，以确保安装模块中没有任何的空气或者含空气的水。

（9）将系统内的压力提高到 700kPa，再次压入大约 500mL 的水通过阀门 d 排出。

（10）系统内压力保持一晚（或者至少 12h）。记录体变传感器读数（考虑管线膨胀的影响）。

（11）记录传感器（如果已经安装）读数，并仔细检查系统（尤其是接头处和连接处）是否泄漏。如果传感器读数发生变化，则系统发生了泄漏的情况。此时须立即处理泄漏点，并重复上述检查。

（12）确认系统无漏水后，关闭阀门 a_1，打开阀门 c 释放压力室内的压力。打开压力室排气阀 e，通过阀门 c 排出压力室内的水。

（13）移除压力室筒身。用防水密封塞密封基座上的孔隙水压力测量接口，防止空气进入。防水密封塞可以是橡胶塞或者橡皮配合 G 形固定卡钳，也可以用一个特制的尼龙插头代替。

（14）打开阀门 a_1，施加允许的最大压力（考虑压力系统和传感器可承受的最大压力）到基座。

（15）关闭阀门 a_1，记录孔隙水压力传感器的读数。这个过程最少需要 6h。

（16）如果经过步骤（15）的过程后，孔隙水压力读数保持稳定则可认为连接没有空气、没有泄漏。

（17）孔隙水压力读数下降说明系统存在缺陷，有泄漏情况发生，或系统中有空气被压进水中。这些问题需要立即处理，并重复步骤（1）到步骤（15）直至系统中没有空气和泄漏的情况。

3. 日常检查

在设置试样之前，根据上节步骤 1 到步骤 12 对系统进行检查，保证底座充满除气水，没有残留的土颗粒，并且保证系统没有泄漏和空气。

移除压力室筒身，在下一组试验开始前，将底座浸入在除气水中，直到安装下一组试样。这一步骤是为了保证没有空气进入到底座中，也可以在基座上用 O 形环固定尺寸合适的橡胶膜，并保有一定量的水。

19.3.3 检查反压系统

1. 除气

必需保证反压系统（包括连接基座和试样顶盖的柔性管路）在第一次设置时以及每一次测试新的试样之前已经除气且未被阻塞。如果试样在试验开始前没有完全饱和，试样中的气体会在压力下溶进水中进入到反压系统。当压力降低的时候，气泡会重新出现在反压系统内。

2. 全面检查反压系统

（1）保证反压系统充满新鲜的除气水。

（2）打开阀门 b，新鲜的除气水通过体变传感器和连接到试样顶盖的排水管进入反压系统。保持足够的压力，使除气水有一定的流速。在这个过程中，至少让体变传感器达到最大量程两次。如果把顶盖放置在充满水的烧杯中，气泡会很明显。在必要时候，还可以重新加入新鲜的除气水。

（3）持续操作直至没有气泡出现。如果气泡持续出现，按照以下步骤使体变传感器彻底除气。

（4）在试样顶盖连接孔，利用 G 形卡钳插入并固定合适的防水密封条，将顶盖放置入水下。

（5）打开阀门 b，增加反压系统压力至 750kPa。观察体变传感器并记录稳定初始读数（连接管在压力下膨胀之后的初始读数）。

（6）维持系统压力一个晚上或至少 12h，然后再次记录体变传感器读数。

（7）观察这两次读数差别并减去因为管路膨胀引起的初始体积变化量。如果读数差别不超过 0.1mL，说明系统没有漏水和漏气情况。

（8）如果差别超过 0.1mL，系统需要再次检查并修复漏水、漏气问题，直至满足上述条件。

3. 体变传感器

以下步骤对去除体变传感器中的空气是很有必要的。需要严格执行生产厂家说明书上的操作步骤。

（1）通过打开排气塞 D 和 E（图 19.6），可以在很小压力下暂时去除滴定管中的空气。需要打开滴定管的总阀，使水可以进入到滴定管中。

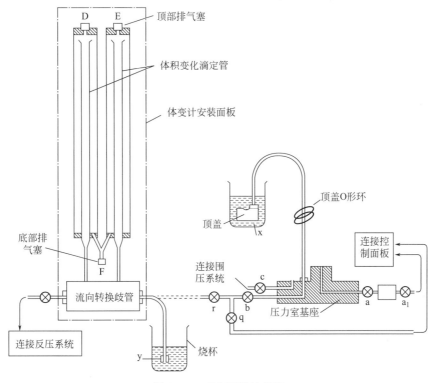

图 19.6　充水系统的布置

（2）通过水压可以使阀门、总阀和管路中的空气从 y 处排出。

（3）如果除气不成功，需要对系统施加压力，直至空气溶进水中，然后通过 y 排出；或者排入量筒，因此当压力降低时重新产生的气泡可通过阀门 D 和 E 排出。

（4）如果仍有相当数量的空气没办法排出，可以考虑使用第 17.8.3 节描述方法排空量筒并重新注水。

4. 日常检查

（1）在设置每一个试样之前，遵循操作全面检查程序的步骤（1）～（3），保证在管路中没有空气和任何其他阻塞。关闭阀门 b。

（2）增加反压管路中的压力至 750kPa，5min 后记录体积变化。

（3）系统在压力环境下工作一段时间，并根据上节步骤（6）～（8）记录体积变化。如果必要，采取修复措施，然后重新检查。

19.3.4　检查围压系统

围压系统的全面检查需要在充满水的情况下施加最大压力。经过一段时间（至少经过测试一个试样的时间），观察压力的变化（压力能维持在 ±0.5%）。

当体变传感器连接到围压管路上，需要根据反压系统的检查步骤，检查系统和传感器之间管线的排气和漏水情况。如果没有体变传感器，可以不用考虑去除最后一小部分的空气。

如果试样在饱和情况下进行测试，需要使用除气水以确保空气不会通过橡胶膜进入试样中［详见第 18.4.2 节（7）］。

19.3.5 检查压力控制系统

1. 压缩空气系统

在开始试验前，确保连接围压线路的气囊完全放气。当围压增加的时候，它能够压水进入压力室中。反压系统的气囊应该处于半充满状态，加压时能保证水压入试样中，并保证固结时水从试样中排出。

通过迅速增加、降低压力来检查每条线路上的空气阀门情况。线路堵塞或在气囊中有水汽会造成读数反应迟滞。

2. 油-水系统

需要加入足够的油到油水交换系统中，使得两条压力线路中的水保持流畅。

3. 压力传感器

无论采用哪种恒压系统（手动和电子），需要对压力传感器进行准确标定，并且标定参数能够随时查到（详见第 2 卷第 8.4.4 节）。在试验中的某些阶段，需要准确知道两类传感器读数的细微压力差别。一对传感器需要进行相互检查，或者使用压差计（详见第 17.5.2 节）。

19.3.6 其他装置和设备的准备和检查

1. 除气水

需要有足够量的新鲜除气水。在第 2 卷第 10.6.2 节（1）中已经介绍了简单的真空除气和储存装置，简易装置见 17.7.6 节。除气水需要储存在密封的容器中直至使用。

可以采用清洁的自来水，而不是蒸馏水或去离子水。后者在无空气的情况下，有一定的腐蚀性，尤其是对密封材料和橡胶膜。

2. 透水石

检查透水石，确保其表面干净，水可以顺利通过（详见第 17.7.3 节）。如果透水石被土颗粒阻塞，不应该继续使用。

透水石需要浸泡在蒸馏水中，加热沸腾 10min 除去透水石中的空气，然后保存在除气水中直至使用（详见第 17.7.3 节）。没必要在土样和透水石之间放置滤纸。

3. 测力环或者压力传感器

选择的测力环应与试样强度相近，以保证小荷载作用下测量仪器有足够的灵敏度和精度。可能的话，同一土样在不同的围压下的测试可采用不同的测力环。

选择合适测力环的参考方法见图 19.7。理论上，对应特定内摩擦角 φ'，排水压缩试验中最大偏应力作用下轴向力 P 可以通过第 15.5.7 节式（15.44）计算得到。

$$P = \frac{2.4\sin\varphi'}{1-\sin\varphi'}\frac{A_0}{1000}\sigma_3'\text{N} \tag{15.44}$$

其中，A_0 是土样的初始截面面积（mm^2）；φ' 是估算内摩擦角（如果无法确定，选择上限值）；σ_3' 是有效围压（kPa）。公式中的常数 2.4 包括了考虑试样膨胀的调整系数 1.2，大概相当于 17% 的应变。

图 19.7 中的曲线给出了不同 φ' 和 4 种试样直径条件下理论最大值力（kN/100kPa 有效围压）。测力环应该至少超过理论最大值的 50%，使得试验中测量数值在仪器承受范围内。考虑到不排水试验中土样膨胀后孔隙水压力减少（A_f 是负值），最大荷载会远远大于式（15.44）和图 19.7 计算的值，但是如果孔隙水压力增加（A_f 是正值），最大荷载会小于计算值。

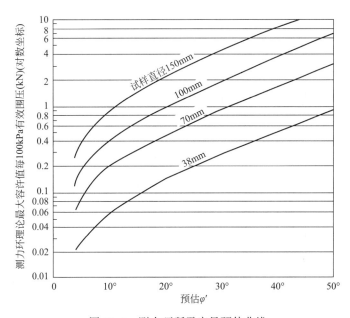

图 19.7　测力环所需容量预估曲线

测力环也需要考虑围压 σ_3（kPa）作用在加载活塞后产生的向上的力，等于 $a\sigma_3$（10^6 kN）。其中 a 是活塞的截面面积（mm^2）。这个作用力量级很小，对于围压 1000kPa 的情况，截面为直径 19mm 的活塞上作用力小于 0.3kN；截面为直径 31.75m 的活塞上作用力只有大约 0.8kN。

这里以图 19.7 举例说明，一个直径 100mm 的试样，估算摩擦角 φ' 为 30°，拟在有效围压 600kPa 下进行试验，设计图中给出对于围压 100kPa 情况下的实效荷载为 1.9kN。所以在有效围压 $\sigma_3' = 600$kPa 情况下，所需的力为 $1.9 \times 6 = 11.4$kN。使用量程 14kN 的测力环可以满足要求，但是考虑到其他不确定的因素，使用量程 20kN 的测力环更优。

测力环要牢牢固定在加载架十字头上。千分表探头应与测力环上的铁砧相接触，砧座锁紧螺钉应拧紧。千分表固定好后做归零操作，或者设置合适的初始读数，当开始增加围压的时候，千分表要归零。

测力环的维护、使用和标定已经在第2卷第8.3.3和8.4.4节中讨论过。测力环的标定值需要时可以随时查阅。

4. 应变千分表或者位移传感器

直至压缩阶段开始，传感器不需要放置在系统中，但是要检查量程范围内传感器探头的移动情况。检查传感器的固定和支架。对于直径38mm的试样，传感器量程需要达到10mm，灵敏度达到0.002mm或者0.01mm；对于大一点的试样，除非试样的应变很小，否则量程需要达到50mm。

5. 电子传感器

电子传感器要提前进行标定，根据手册安装好。对于瞬时施加的很小的压力、荷载或者位移，仪器需要有反应。特别重要的是，要确保传感器读数的方向（正负号）与位移和体积的变化一致。

电源设备应该提前打开几个小时（最好是整晚），以预热并达到工作温度。除非很长一段时间不进行试验，通常需要保证传感器连接电源。实验室放置电源处，需要控制温度变化维持在±2℃范围内。

电子设备的使用详见第17.6.5节。

6. 三轴压力室

三轴压力室（透明罩）经常使用，基本不需要特殊检查。需要保证三轴压力室密封环的清洁性，保证三轴压力室与基座上的凹槽内没有土颗粒和灰尘。活塞需要用干布擦拭干净并检查其移动情况。

压力室内压力变化标定参数和恒压下蠕变情况应可方便取阅（第18.3.1节）。

7. 橡胶膜

每次试验需要采用新的橡胶膜。橡胶膜价格相对很低，没必要考虑成本问题，重复利用没有价值。如果橡胶膜出现漏水情况，会导致很严重的试验渗漏问题。橡胶膜需要小心检查，可以在光线比较强的地方向两边拉伸看是否有缺陷或者孔洞。也可以进行空气漏气检查，见第17.7.4节。出现问题的橡胶膜需要立即处理掉。

橡胶膜使用前需要泡在水中24h。

8. O形橡胶圈

在使用之前，需要对O形橡胶圈进行检查，可以拉伸保证没有缩颈和薄弱点。保持清洁、干燥，而且没有油脂。

9. 滤纸

对于放置在侧面的滤纸（第17.7.5节），在使用前需要浸泡在除气水中。在放置试样前，要先让多余的水排出。

10. 计时器

醒目处放置经校准的计时器或带有秒针的挂钟。

11. 试验表格

在开始 CU 或 CD 试验前，需要用到以下表格和图：

试样数据表（第 19.6.1 节图 19.14）

饱和情况表（第 19.6.1 节图 19.15）

固结情况表（第 19.6.2 节图 19.18）

压缩情况表（需要多张表）（CU 试验见第 19.6.3 节图 19.20，CD 试验见第 19.6.4 节图 19.21）

坐标纸，1mm 和 10mm 刻度。

半对数坐标纸，5 个循环，1mm 刻度。

对完整测试一组试样，还需要用表格汇总试验数据和图（CU 试验见第 19.7.3 节图 19.22，CD 试验见第 19.7.4 节图 19.23）。

尽管现在的商业软件能实时保存试验数据，但是单独保存一份纸质文档是一个很好的习惯，能够有利于数据抽查，特别是在每组试验的开始和结束阶段。

19.4　试样的制备（BS 1377-8：1990：4）

19.4.1　总述

1. 选取土样

选择做剪切试验的土样时，工程师需要熟悉获取试样现场，并且熟悉试验本身和试验结果的分析类型。应该选取合适的试样，来尽可能代表现场地质情况。这里所说的试验类型是非常重要的，会耗费大量的时间和成本。

当土样从容器或是土样管中移出时，需要格外小心，检查试样的状况以及是否符合试验要求。需要详细记录土样情况。任何不符合要求或损坏的土样，都需要立即报告。如果土样没法代表测试土体，需要使用其他试样并做相关记录。

2. 试样尺寸

试样尺寸大小需要充分代表所测试土体的性质。例如，含有砾石的土，试样直径需要达到至少 4~5 倍最大颗粒尺寸。合适试样尺寸与最大颗粒尺寸的关系可以参考第 2 卷表 13.3。对于有裂隙的土，直径至少需要 100mm，要考虑到裂隙方向和其他裂缝分布情况。现场裂隙土的真实剪切强度可能只略微超过室内小尺寸试样测量强度的 50%（Bishop 和 Little，1967）。

3. 试样的扰动情况

试样扰动越小越好。减小扰动的手段包括尽可能避免应变变化（土体的扭曲）以及减小含水量变化（水的损失或增加）。工程师需要知道试样的扰动情况，判断扰动程度是否会对试验结果造成影响。基本的判断如下：

对正常固结土，应力-应变本构关系对轻微扰动格外敏感。

扰动也会对孔隙水压力与应力关系造成影响。

轻微扰动一般不会对不排水抗剪强度的测量造成很大的负面影响。

对比正常固结土，扰动对超固结土的影响相对较小；除非与现场测试结果对比，扰动可能会影响超固结土的测量结果。

扰动对有效抗剪强度参数 c' 和 φ' 影响有限。

对原状土，在取样后要尽快进行试验，这个因素很依赖于试验计划。

土样取出后，要尽快进行试样制备和接下来的加压试验。

相比开口取样的土体，活塞取土器取出的土样一般来说效果更好。

4. 试样的运输和保存

对土样的保存可参见第 1 卷第 1.4 节。相关设备可参见第 2 卷第 9.1.2 节。一些基本流程详见第 9.1.3 节。

以下是第 9 章中给出的试样制备的详细步骤，这里同样给出了相关操作以及一些观点。

19.4.2 原状土样

第 9 章对如何准备原状三轴试样进行了描述：

38mm 直径取土器单独取得一个试样：第 9.2.4 节。

100mm 直径取土器取得一组三个试样：第 9.2.5 节。

利用 U-100 取土器取得一个直径 100mm 的试样：第 9.2.6 节。

从大块土样中取得小尺寸试样：第 9.3.2 节。

从大块土样中取得大尺寸试样：第 9.3.3 节。

取土器的使用：第 9.4.1 节。

准备三轴试样的流程在第 13 章进行介绍，其中部分步骤会在第 19.4.7 节做详细介绍。

一般从直径 100mm 的原状土样的同一平面上获取一组三个直径 38mm 的试样。在未受扰动的均质细颗粒土中获取的这种小试样可以满足试验要求。如果土体随深度均匀变化，通过从取土器中部（非边缘处）取得三组连续试样可以尽可能减少扰动影响。

试样制备需要在一定的湿度条件下进行（相对湿度达到约 50%），以防止试样中水的损失。更理想的情况是，能在特殊的控制湿度的试样室制取试样。如果没有这样的条件，可以搭建一个临时的恒定湿度棚（用架子撑起湿布简单建成小"帐篷"）。当触摸试样时，试验人员需要戴橡胶手套。如果土样不需要立即使用，需要用保鲜膜包裹起来或是放在塑料袋里防止水分蒸发。

需要详细记录可见的土体结构或裂缝，特别是可能造成破坏的软弱面。对有裂隙或者分层的土样，不应使用小尺寸试样而是对整个试样进行试验。

对本章所述的常规试验，试样长径比应至少为 2：1，但不大于 2.5：1。当上下盖已做润滑处理，也可以使用长度稍短的试样，但这一情况不在此书中描述。

试样的两端必需削平，与试样轴线的倾斜度小于 0.5%。对于切削或修边产生的"涂抹"效应的试样，可以通过用黄铜鬃毛刷子轻微处理进行消除。试样需要精确称重，准确度在 0.1% 以内，比如对直径 38mm 的试样，精确度接近 0.1g。试样的长度和直径需要用游标卡尺测量，精确到 0.1mm，同时要避免扰动和水分损失。根据 BS 1377，采取上述措施保证试样密度计算的精确度控制在 ±1% 以内，即使对直径 38mm 的试样，要求也如此。

切下的部分需要保存（保证没有水的损失），以便进行含水量测试，还可以对土颗粒的密度进行测量（对孔隙率进行计算）或进行其他试验，比如液（塑）限和筛分试验。

上面提到的试样测试的初始数据可以填进相关表格中（见第 19.6.1 节图 19.14）。

19.4.3　重塑土试样

通过"揉制"的重塑土试样进行有效应力试验，可参考第 2 卷第 13.5.3 节。这类试样常见于实验室研究工作，比较少用于实际勘察工作。其中重要的一点是要保证试样的均匀性，同时避免引入空气。

通过压缩固结黏土浆制备试样，需要用到大型的固结仪（Rowe 型固结仪），这个过程见第 22 章，可以通过这种方法制备大尺寸的均匀土样。利用取土器可以很容易地从这样形成的土样中取得试样。

19.4.4　重塑压实试样

第 2 卷第 9 章中描述了压实圆柱形试样的制备，如下：

压实准则：第 9.5.1 节。

直径 38mm 的试样：第 9.5.4 节。

压实模具的使用：第 9.5.5 节。

大尺寸试样（直径 100mm 和 150mm）：第 9.5.6 节。

第 1 卷第 6 章已经给出了标准的压实过程。土体试样的压实度与现场压实控制条件及其他条件相关。

压入分离模具（内衬橡胶膜）中的试样，需要在测试前安装第二层橡胶膜，以防止在压实时损坏内层的橡胶膜。对于含有尖锐土颗粒的试样，需要有至少两层厚橡胶膜以防止橡胶膜被刺穿。在套第二层橡胶膜时，内层橡胶膜的外侧应当涂一层硅油。如果模具和橡胶膜能刚好贴合并固定在基座上，试样可能会容易制备。

在压实过程中，需要测量试样的含水量，更可靠的测量是在试验后对干湿试样和初始试样质量进行称重计算。

去掉模具后，需要对压实过的试样高度和直径进行测量，验证试样是否倾斜。

压实后，试样至少要密封 24h，使得在压实过程中的孔隙水压力达到平衡状态。低渗透率的黏土试样需要放置几天。

如果土体总量合适，小尺寸试样（比如直径 38mm 的试样）最好在专用模具中压实，然后放置到孔隙水压力平衡后再取出（见第 9.5.5 节解释）。硬土试样最好手工修剪至合适尺寸。

19.4.5　饱和砂土试样

第 2 卷第 13.6.9 节描述了如何在三轴基座上准备饱和砂土试样，在图 13.51～图 13.53

中进行了说明。步骤中提到有效应力达到一定数值后才能使试样在自重下保持形状。当降低连接到基座的滴定管的高度时，负孔隙水压力会施加到试样上使有效应力增加。

不建议刚开始采用干燥试样进行充水，因为试样完全饱和会变得非常难。用真空或是可溶气体方法去除试样内的空气，会增加量级未知的有效应力。在干燥试样中充水会改变土体结构，同时改变有效强度。

当三轴基座有两个连接孔时，一个连接口连接控制系统，另外一个连接滴定管（图19.8a 阀门 d）。如果只有一个出口，可以在三轴压力室基座上安装黄铜或者铜 T 形连接口和附加阀门。阀门 a、a_2 和压力室间的封闭体积要尽可能小。保证各处连接要完全没有漏水情况。

在放置顶盖之前，在试样顶端需要放置略小于试样直径的透水石。其他制样和测量的步骤可参考第 13.6.9 节第 2 部分。

19.4.6　干燥砂土试样

当需要制备干燥试样或是其他粗颗粒试样时，在基座上制备步骤见第 2 卷第 13.6.9 节图 13.54。制备试样需要用到粗颗粒的干燥透水石。在试样底部需要施加吸力直到三轴压力室完成组装，并在压力室内灌满水施加压力。组装完成后，才允许从试样底部注水并向上渗透到试样顶部，把空气从顶盖的连接口中挤出。围压和有效应力要足够高，使得试样不能垮塌。

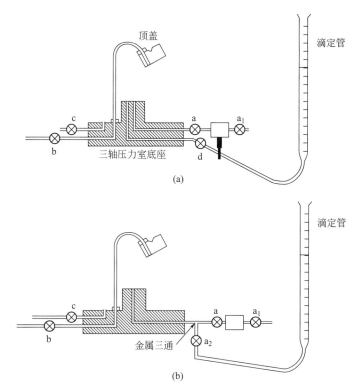

图 19.8　制备饱和砂土试样的滴定管与底座连接

（a）两个底座连接的三轴压力室；（b）一个底座连接的三轴压力室

19.4.7　试样安装

1. 总述

以下步骤与第 19.4.2～19.4.4 节中原状土、重塑土和压实土试样的准备相关。第 19.4.5 和 19.4.6 节在三轴基座上制备试样后即可以开始试验。

（1）制备试样时要增加橡胶膜的密封性，可以将硅脂或橡胶润滑脂在基座或顶盖的圆形表面周围涂抹一层。但是，要避免油脂沾染到透水石和滤纸（如果使用的话）。然后用清洗瓶中的除气水覆盖清洁的底座。

（2）从除气水中拿出透水石，将其缓慢放到基座上，过程中避免锁住空气。用手指把多余的水分从透水石上抹除，但要确保透水石依旧处于饱和状态。

（3）立刻把制备好的试样放在透水石之上，同样要避免在此过程中锁住空气。

（4）在试样顶部放上第二个透水石，同样抹除多余的水。

（5）如果使用到侧向排水，如图 19.9 所示，在试样周围放置饱和滤纸（在第 17.7.5 节已描述），图 19.9（a）是传统放置方法，图 19.9（b）是螺旋放置方法。滤纸首先要拿起来几秒钟让多余水沥出。轻轻地用手指将滤纸贴在试样表面，避免褶皱和锁住空气。土的吸力一般能够将滤纸固定到位。滤纸顶部需要与上部透水石重叠，以构成排水通道。一般来说，滤纸上下两端都要与透水石重叠。但是，笔者建议对不排水试验，滤纸下部和底部透水石不要接触，如图 19.9 和图 19.10 所示是直径 38mm 的试样。这样能避免反压

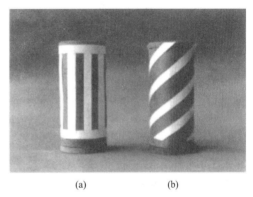

图 19.9　试样侧向滤纸的放置
（a）垂直排水；（b）螺旋排水

系统和孔隙水压力测量系统之间形成"短路"。在 D. W. 海特（与作者私下交流）描述的不固结不排水试验中，对于直径 100mm 的试样，反压系统和孔隙水压力测量系统的空隙应至少保持在 10mm。如果方便的话，滤纸可以在试样固定在基座之前放置好。

（6）在橡胶膜拉伸器上套 2 个 O 形橡胶环。从装满水放置橡胶膜的容器拿起橡胶膜，然后让多余水沥出。如第 2 卷第 13.6.3 节第 6 步和图 13.30（a）和（b）中描述，把橡胶膜固定在橡胶膜拉伸器上。

（7）在套筒施加吸力的同时，放置橡胶膜（图 13.30c），然后释放吸力使橡胶膜与试样在正确高度上紧紧贴合（图 13.30d）。

（8）翻转橡胶膜的底部到基座上，然后用 O 形环密封住两端。

（9）使上部橡胶膜反转，同时移除橡胶拉伸器。根据经验，可以同时操作第 8 和第 9 步，使得橡胶膜的两端同时拉伸安装到位。这些操作对敏感的粉质黏土和黏土比较有用，因为减少了手动操作引起的扰动。

（10）通过手指向上挤压，使试样和橡胶膜之间的空气尽量排出。一段移除细金属线的塑料外壳，可作为细管伸入到橡胶膜的底部，这样能加快空气排出。不要在试样的橡胶膜之间加水。

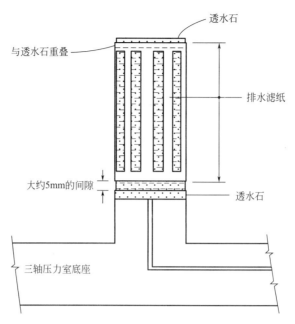

图 19.10　直径 38mm 的试样避免底部与透水石接触的垂直排水布置

（11）对于排水比较好的试样，如果有第二个连接到底座的部分（图 19.8a 和 b），通过滴定管使水在试样内向上移动，进而排出空气。这样做的时候要小心，要保证饱和时不影响土体的结构。

（12）通过顶盖放置两个 O 形环，使它们环绕在连接到基座上的排水线路上（图 19.6）。

（13）在顶盖放到透水石上前，打开阀门 b 使少量水润湿顶盖，但是水不要过多。操作时不要在顶盖和透水石或是橡胶膜和顶盖之间夹杂空气。转动顶盖，使得排水通道不会影响压力室的安装。

（14）用两个 O 形环将橡胶膜密封到顶盖上，同时注意不要扰动试样。如果仅仅用手指操作，很难避免不扰动或是破坏试样。通过使用特殊的分离式钢管拉伸器（第 17.7.4 节图 17.37）可以更好地完成这个操作。拉伸环就位后，从顶盖拿走拉伸环，最后从排水线路上将其卸掉（图 19.11）。

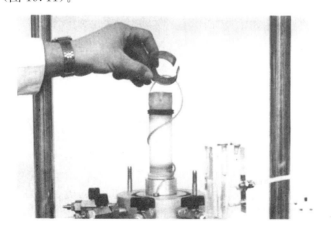

图 19.11　使用 O 形拉伸环

（15）如果空气在试样中通过向上排水排出，应放低滴定管连接到基座的位置，施加100mm 水头的负压，然后打开阀门 a_2（图 19.8），持续几分钟。这个操作能排出多余的水，同时使试样牢牢地固定在基座上。最后关闭阀门，使滴定管回到原来的位置上。

（16）检查试样轴线是否垂直，试样上部和顶盖是否贴合。如果需要的话，在顶盖中间凹下去的地方放一个滚珠。保证压力室基座表面和密封圈是干净的。同时检查密封圈是否干净且放置到位。

（17）小心放置三轴压力室到指定位置，保证加压杆（活塞）在最高位置。在放置过程中，不要碰到试样或管路。把压力室放置到正确位置后，扭紧拉杆上的螺栓或螺母（见第 2 卷第 13.6.3 节步骤 8）。

（18）让活塞缓慢下落使其与顶盖上的滚珠或圆顶接触，三者需要对齐。如果出现偏心情况，移除压力室，重新对齐。

（19）如果加载杆与限锁装置一起作为限位时，抬升加载杆到最高位置。否则，加载杆外部要顶在一个具有足够刚度的表面以防止在施加围压时加载杆出现变形。如果要测量压力室的体积，加载杆不要与测力环连接，因为测力环在围压施加的时候会变形。足够刚度表面可以放置压力室的支架或加载支架顶部。但是，不宜使用固定应变计的支架，除非这个支架的设计可以满足要求。

（20）从储存除气水的容器通过阀门 c 往三轴压力室里匀速注水（饱和土样中加除气水），同时打开泄气阀门 e（图 19.4）。当水从阀门 e 中溢出时，关闭阀门 c。在注水的过程中，速度不能太快避免出现湍流。

（21）如果试验要持续几天，加载杆的轴套没有良好密封，在压力室装满水之前，通过阀门 e 注入一层蓖麻油（或通过其他已安装的阀门）。通过多注水来排出压力室中残余的空气。

（22）保持阀门 e 打开，直到压力室开始承受压力，保持压力室内压力与大气压一致。试样可以开始饱和阶段（第 19.6.1 节），或者开始第 20、21 章中描述的试验阶段。

2. 安装灵敏度高的试样

在上节中的步骤 7、14 中装上橡胶膜和 O 形环，可扰动灵敏度较高的原状土。修正方法介绍如下（试样要反向放置）。

在滴定管支架上钳住倒扣的顶盖，同步骤 1～3 一样，在顶盖上放置透水石和试样。如果需要，设置侧向排水，根据步骤 6～8 放置橡胶膜和 O 形环。小心滚动橡胶膜，暴露试样上部，松开顶盖，翻转试样和顶盖，放置试样在基座上的透水石上。把橡胶膜重新归位，并使用拉伸环拉伸两个提前缠绕在排水管线上的 O 形橡胶圈来固定它。

19.5　三轴试验步骤讨论

19.5.1　试验主要操作

1. 总述

常规有效应力三轴压缩试验包括以下三个阶段：

饱和：第 19.6.1 节。

固结：第 19.6.2 节。

压缩：第 19.6.3 节（CU 试验）；第 19.6.4 节（CD 试验）。

CU 和 CD 试验的前两个阶段是相同的。

2. 饱和

"饱和"作为一个试验阶段的术语，指通过增加试样中的孔隙水压力，从而排出试样孔隙中的空气。这样可以确保在后续试验过程中测得的孔隙水压力变化值是可靠的，从而确定有效应力。通常通过施加反压，可控性地增加孔隙水压力，进而将试样孔隙内的空气溶入水中。第 15.6 节中对该操作进行了讨论，并在图 19.12（a）中以图片的方式展现。具体步骤描述见第 19.6.1 节。

3. 固结

固结阶段，通过等压压缩使试样内的水排出后进入反压系统，即试样在围压作用下发生各向同性固结（图 19.12b），孔隙水压力逐渐下降，直到与反压相等为止。排水过程中试样体积减小，有效应力增加。因此，固结后，有效应力等于围压与试样中的平均孔隙水压力之差。如果孔隙水压力最终降至与反压相等，则孔隙水压力消散率可达到 100%。通常试验条件是无法实现的，实际操作中以 95% 的孔隙水压力消散作为固结试验的终止条件。

4. 压缩

压缩阶段，轴向应力逐渐增加，而总围压保持恒定，直到克服试样的最大剪切强度发生破坏为止。压缩过程可认为是试样达到"极限"状态。

这一过程也可以称为"加载阶段""剪切阶段"或"剪切失效阶段"。两种试验的排水条件不同，在 CU 试验中，试样不排水，但是需要测量孔隙水压力的变化（图 19.12c）。在 CD 试验中，试样完全排水以确保孔隙水压力不变（图 19.12d），并测量产生的体积应变。

通常一组试验中，从一个土样同时制备三个试样，压缩阶段每个试样均需各向同性固结至不同的有效应力。第 19.7.3 节（CU 试验）和第 19.7.4 节（CD 试验）描述了一组试验结果的处理过程。

19.5.2 饱和

常规有效应力强度试验中通过施加反压对试样进行饱和，成为试样饱和的标准程序。但是，帝国理工学院的相关试验工作表明，试样是不可能达到完全饱和状态的，在有些情况中甚至是不可取的。

在试验步骤描述中（第 19.6 节），共有 5 种增加初始孔隙水压力的方法，包括 BS 1377 规范中所述的步骤，以交替增加的方式增加围压和反压实现几乎 100% 的饱和度。同时，介绍了此方法在自动控制条件下的实现方式，以及其他更简单或更有效地控制有效应力的过程。第 15.6.6 节中讨论了如何选用合适的方法。

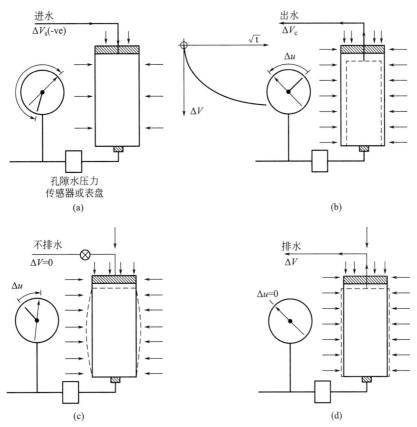

图 19.12　有效应力三轴测试中各个阶段示意图
（a）饱和；（b）固结；（c）不排水压缩；（d）排水压缩

19.5.3　试验条件

1. 应力

在进行压缩试验之前，必需将试样中的有效应力调节至试验所需值。可以通过以下方法实现：调节孔隙水压力和反压，使得压力差等于预定值，然后允许试样中产生的孔隙水压力在固结过程中消散（第 19.6.2 节）。选择与原位试验条件相近的有效应力，无论是初始条件还是由施加荷载产生的。

当对一组三个试样进行试验，以便从莫尔强度包络线得出抗剪强度参数时，通常在接近原位有效应力下测试一个试样，另外一个试样的应力约为原位有效应力的 2 倍，而最后一个试验则使用约为 3 倍或 4 倍的原位有效应力。如果有效围压小于平均原位有效应力，则正常固结黏土试样将处于超固结状态，可能会得出错误的强度包络线（第 15.5.4 节）。应由岩土工程师根据工程情况自行确定有效应力，以使其与特定应用相关；不能标准化。

2. 工程师标准

以下总结了在进行试验前由工程师指定的测试条件。

（1）试验类型（例如 CU 或 CD）。

（2）试样尺寸。

（3）一组试验试样的数量。

（4）排水条件。

（5）饱和方法，包括压力室压力增量和压差（如果有条件）；或者是否应省略饱和度。

（6）压力室有效围压。

（7）破坏标准（通常是第 15.4.2 节中定义的标准之一）。

（8）橡胶膜效应校正和侧向排水（如果使用）的方法。

3. 环境要求

为符合 BS 1377：1990，试验时室内温度应保持恒定在±2℃以内。没有规定实际平均温度；但重要的是温度变化应在规定范围内。仪器应避免直射阳光、局部热源和受风。

19.5.4 试验不同阶段所需时间

1. 饱和

试样饱和所需时间取决于土样类型和试样尺寸，以及初始饱和度，在第 15.6.4 节中已经进行讨论。自动饱和（第 19.6.1（5）节）过程中，无须人员值守，但压力增量速率需与土样性质相符。应实时进行压力增量检查以确定 B 值。

饱和阶段不应过分延长。如果长时间关闭排水阀后，将试样置于围压下，一些试样可能会发生"不排水蠕变"。即使在各向等压条件下，也可能由于 B 值影响导致孔隙水压力的上升超过上升幅度（Arulanandan 等，1971）。孔隙水压力增加会在 24h 后更为显著，并且可能会由于颗粒重新排列等原因而持续更长时间，类似于固结过程中的二次压缩。这是避免不必要饱和过程的原因之一。如果试样不得不无人看管（例如过夜），则最好在"进水"阶段，即反压阀门打开的情况下，而不是在"注满"阶段，即阀门关闭阶段。

低渗透性土体中使用侧向排水可减少试样饱和所需时间，但应详细记录孔隙水压力变化（请参见第 19.5.5 节）。

2. 固结

试样渗透系数决定了固结所需的时间。超静孔隙水压力消散达 95% 之前，固结过程必需持续进行。固结过程可能需要少于一小时到数天，具体取决于土样类型和试样尺寸。对于渗透系数较低的试样，使用侧向排水会显著缩短固结时间。

固结后，若将试样置于排水阀关闭的情况下，则孔隙水压力可能会在数小时内再次增加，直至稳定。这是不排水蠕变的另一种体现，可能是由于土体的二次压缩引起的（Arulanandan，1971；Sangrey 等，1978）。根据上述准则，可通过固结完成即可进行压缩试验来避免这一现象。

3. 压缩

固结阶段的试验数据可用于计算适合于压缩试验的应变速率。对于低渗透性的小尺寸试样，剪切至破坏通常需要一到两天，但对于较大尺寸的试样，破坏时间则可能长达数周。

第 19 章　常规有效应力三轴试验

施加的允许变形速率取决于以下因素：试验类型（不排水或排水）；土体类型（排水特性，弹模）；试样尺寸；是否需要侧向排水；重要读数范围的应变精度。

常规计算中允许以上操作。关于影响试验类型的一些讨论如下。

在排水试验中，应变速率必需足够慢，以使水从试样中缓缓排出，从而不会累积较为明显的孔隙水压力。但是，为排出试样中的水，试样中应保持微小的孔隙水压力增量。通常要求当试样发生破坏时，孔隙水压力消散应至少达 95％（Bishop 和 Henkel，1962）。因此，如果能够假定破坏时的应变，则可以计算出合适的应变速率，详见第 15.5.6 节，计算方法详见第 19.6.2 节。为了推导出剪切过程中的偏应力，应在第一个测量点之前使超静孔隙水压力消散达到 95％。

由于试样内部没有水进入与排出，因此，对不敏感塑性黏土，与排水试验相比，不排水试验可在更快的应变速率下进行。然而，应变速率必需足够慢以保持试样中孔隙水压力的平衡。孔隙水压力在试样底部进行测量，但是中间三分之一处的值对剪切强度测量结果的影响最大。对于这类试样，不排水试验中只有破坏时的强度参数（c'，φ'）是重要的，因此应变速率可达到排水试验的 9 倍甚至更高。当中主应力和孔隙水压力为重要参数时，试验更应缓慢进行。以上适用于需要计算主有效应力比 σ_1'/σ_3' 的不排水应力路径试验。出于实际考虑，即使计算出更快的应变速率，试验时间也不应少于 2h。详细描述见第 19.6.2 节。

对于脆性土样（例如：坚硬的裂隙黏土）和敏感土样，不排水试验的应变速率应与排水试验计算的应速变率相同。

帝国理工学院的研究表明，在长时间试验中，破坏时测得的强度随着破坏时间的增加而减小，时间每增加一个对数周期，其强度就会降低约 5％（Wesley，1975）。

使用压力计来测量大尺寸试样中间高度处的孔隙水压力，可避免上述需要缓慢进行试验的缺点（Hight，1982）。可很大程度减少试样达到破坏的时间，从而降低了试验成本。关于试样中间高度处的孔隙水压力探头的使用详见第 20 章第 20.3 节。润滑的端部压板也可通过提供试样内平衡的孔隙水压力来缩短试验时间。

4. 夜间操作

持续时间超过一个工作日的慢速试验，试验过程面临夜间无人值守的问题。一方面，剪切试验在剪切完成之前不能停止；另一方面，应该记录关键读数如"峰值"偏应力。通常折中的办法是，使试样位移速率足够小，以确保试验在无人看管时不会达到临界读数。这可能会导致夜间偏应力比预期测得的轴向位移略大（即刚度降低，见图 19.13a），但是恢复正常的位移速率后，读数又恢复到原始曲线，可忽略其对峰值强度的影响（Sandroni，1977）。但是，如果机器停止运转，测力环的松弛会减小偏应力，连同试样中的蠕变效应会导致孔隙水压力变化。当恢复压缩时，这些效应可能不会被抵消，从而导致强度损失（图 19.13b），无法计算正确的 c' 和 φ' 值。

通过错开试验人员的工作时间，可以将试验观测时间延长到每天 10～12h。这一方法可作为定期进行有效应力试验的标准做法。

使用自动数据记录系统时，机器可以保持正常运行，且数据会自动积累至次日上午。须确保在无人值守的情况下（如果未安装自动限位开关），测量不会达到量程极限，并检查记录仪器是否有足够的内存。应在明显处设置"请勿关闭"的标识。

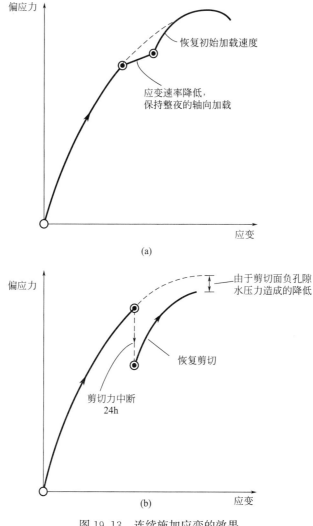

图 19.13　连续施加应变的效果

（a）夜间应变速率减小；（b）中断试验 24h（Sandroni，1977）

5. 加快试验进程的影响

在任一阶段尝试加快完成试验都可能导致错误的结果。最可能的影响总结如下：

试样需要完全饱和时，非饱和会使得试样中留存气穴，从而导致孔隙水压力读数不可靠。缩短前期固结时间，会使得试样中孔隙水压力未完全消散，从而导致固结在压缩阶段继续进行。

卢姆（Lumb，1968）研究了过快进行压缩试验对剪切强度的影响。一般来说，会导致有效抗剪强度参数计算错误，其中 c' 值偏大而 φ' 值偏小。

19.5.5　侧向排水的影响

在渗透系数较低的试样侧壁使用滤纸排水（第 17.7.5 节），可大大节省试验时间。滤纸本身的渗透性相当低，与粉质黏土的渗透性相当，因此仅当土体渗透性小于约 $10^{-8}\mathrm{m/s}$ 时才能有效排水。侧向排水有助于均衡试样内的孔隙水压力，亦可缩短径向排水距离。

若使用侧向排水，应谨记以下局限性。

（1）侧向排水的优势是在低渗透性土的排水试验中体现的。当试样部分饱和时的渗透系数比完全饱和时低，因此，饱和之前的排水效果优于饱和之后的效果。

（2）饱和过程中，由于排水通道与试样两端透水石的接触而引起"短路"效应，可能出现孔隙水压力累积值高于实际值的错误读数，这是允许的［第 19.6.1（1）节，第 7 步］。

（3）由固结数据计算试样破坏时间时，必需考虑排水通道的存在（第 19.6.3 节和第 19.6.4 节），同时要考虑上述渗透系数的限制。

（4）除非使用螺旋形排水通道（第 17.7.5 节），否则试验结果需要进行校正，以考虑排水通道对试样抗剪强度的影响。

（5）使用侧向排水时，根据固结数据计算出的 c_{vi} 值存在严重误差。

19.6　试验步骤

19.6.1　饱和（BS 1377-8：1990：5 和 ASTM D 4767）

1. 初始假定

假定试样已经按照第 19.4 节中所述方法之一准备，且置于三轴试验装置基座上，压力室已安装好并充满水（第 19.4.7 节，第 22 步），除顶部阀的排气阀门打开之外，其他阀门均关闭。试样的初始尺寸以及其他相关数据均已记录（图 19.14）。

孔隙水压力通过压力传感器测量，参考图 19.4。

2. 初始孔隙水压力的测量

放置试样后，当放气阀（阀门 e）保持打开时，立即小心地打开阀门 a，观察并记录孔隙水压力。此时的孔隙水压力读数可能无法完全代表整个试样内的孔隙水压力，需要 24h 来达到平衡。即便如此，测得的孔隙水压力也不一定能反映原位孔隙水压力值，但可以为后续试验提供一个参照值。

如图 19.15 所示，在饱和阶段测试表格上，记录压力线读取的初始孔隙水压力和体积变化。确保活塞顶部严格约束，然后关闭排气阀 e。

3. 饱和过程概述

如第 15.6.1 节所述，通常的做法是在进行有效应力测试之前，提高试样内部的孔隙水压力以达到饱和状态。下面介绍五种操作方法，即：

（1）施加压力增量以达到完全饱和；（2）反压一次性提高；（3）使用"初始有效应力"；（4）在恒定含水率下饱和；（5）自动饱和。

BS 1377-8：5 给出了方法（1）和（4）。与方法（1）相似，ASTM D 4767 提供了同时施加围压和反压增量的方法，其中包括局部真空法。

方法（1）是英国广泛用于商业试验的步骤，本书对其进行了详细介绍。这一方法不

三轴试样

合同	ALTIEMORE陆上风电场				日期	2011年1月19日
土质描述	软—坚硬的深棕色黏土				试样编号	8
土样类型	未受扰动/重塑		未受扰动	标准直径　(mm)		38
试样直径 (mm)	37.44		37.53	37.54		
试样长度 (mm)	75.84		75.95		75.97	
平均直径 (mm)	37.5		土样深度(mm)		150	
平均长度 (mm)	75.9		初始质量(g)		161.56	

含水率测定		修正	试样				
			初始	最终			
容器编号		ah4	a71	139			
容器质量	(g)	16.44	16.38	16.45			
容器+湿土质量	(g)	135.65	129.88	131.06			
容器+干土质量	(g)	105.7	102.23	102.44			
含水率	(%)	34.0	32.0	33.0			

评价：			操作人员		合同编号	SI/4695
					试验室编号	LDS00894
			记录		钻孔编号	BH403
					试样编号	14
试样准备			日期	2011年1月22日	类型	U
					深度	3.50
地质调查实验有限公司	测量孔隙水压力的三轴压缩固结不排水试验 BS 1377-8 1990：试验7		复核		日期	2011年1月22日

图 19.14　有效三轴应力试验初始试样数据表

一定总是最适合的方法，但对常规 CU 和 CD 试验中测得的剪切强度几乎无影响。方法（2）由毕肖普和亨克尔（1962）给出。方法（3）和（4）已在帝国理工学院长期使用（Hight，1980）。当试样可能发生剪胀或承受循环有效应力时，试样剪切特性会受很大影响，需要采用方法（4），如试样施加原位应力的条件。方法（5）在原理上类似于方法（1）。

在每个过程初始阶段，所有阀门都应关闭。阀门 a_1 始终保持关闭状态。

1）通过反压增量达到饱和

第15.6.6节中讨论了此方法的适用性。开始之前，必需确定两个要素：（1）施加围压增量的大小；（2）施加反压与围压之差，该值控制着试样将要承受的最低有效应力。

对于条件（1），为符合 BS 1377 规范要求，围压增量不应超过 50kPa，或将试样按照有效应力固结至试验所需（以较小者为准），除非试验操作人员自行选择。适用于所有土

第19章 常规有效应力三轴试验

地点	Altiemore				试验类型		合同编号		SI/4695	
操作人员					CU		钻孔/试样编号		BH403	14
备注	未测量压力室体积变化				试样深度(m)				3.5	
橡胶膜	1号	设置	侧向排水		压力室编号	6	试样			
厚度	0.3mm	未设置			面板编号	2	A			
开始日期	2011年1月19日									

行号	围压 (kPa)	反压 (kPa)	孔隙水压力 (kPa)	孔隙水压力之差 (kPa)	B值	反压体积变化			围压体积变化LHS/RHS				
						之前	之后	差值	之前	之后	差值	+固结	−膨胀
0	0	0	−1										
1	50	−4	35	36	0.72								
2	100	40	39										
3	100	40	83	44	0.88								
4	200	90	91			89.5	89.2	0.3					
5	200	90	184	93	0.93								
6	300	190	191			88.9	88.4	0.5					
7	300	290	291	100	1.00								
8	300	290	291										
9	500	300	489	198	0.99								
10													
	饱和阶段完成							0.8	固结总和				

图 19.15 三轴饱和度数据表

样的施压顺序：先施加 50kPa 的围压增量，直到 B 值达到 0.8，然后施加 100kPa 的围压增量，前提是有效固结压力大于 100kPa。

对于条件（2），BS 1377 规定压力差不应大于有效固结压力（或 20kPa），以较小者为准，并且不应小于 5kPa。对在此有效应力下不易发生剪胀的土体来说，压差一般设置为 10kPa。对易发生剪胀的土体来说，压差应足够大以防止试样剪胀（见第 15.6.6 节）。

以下描述的步骤代表了典型的试验过程，其中前两次围压增量为 50kPa，随后围压增量为 100kPa，并且在每次施加围压增量之后保持 10kPa 的压力差。这与 BS 1377 规范中给出的过程只有一处不同：

假定初始孔隙水压力是一个较小的负值，在图中以 u_0 表示（图 19.16），并记录在图 19.15 的第 0 行上。

（1）装好试样后，尽快将压力室中的围压增加至第一个所需值（例如 50kPa）。

（2）打开阀门 c 允许水进入压力室，如图 19.16 中的 c_1 所示。围压的增加使得试样中孔隙水压力增加，持续观察直至达到平衡值（u_1），然后进行记录（图 19.15 中的第 1 行）。如孔隙水压力持续增加，且其增量超过围压增量，则表明压力室内水渗漏至试样内部，应停止试验并重新更换试样。

如果大约 10min 后孔隙水压力仍未达到稳定值，则绘制孔隙水压力与时间的关系图，以便从曲线的最终平稳状态推断出稳态值。

如果孔隙水压力开始下降，即使在初始增加之后，也可以在达到平衡状态之前进行步骤（7）来防止其降至零。

（3）初始孔隙水压力系数 B 值通过下式计算

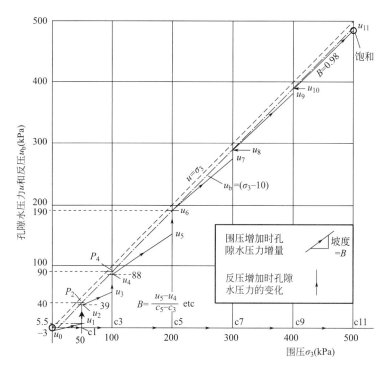

图 19.16　饱和阶段孔隙水压力、反压和围压变化图

$$B = \frac{\Delta u}{\Delta \sigma_3} = \frac{u_i - u_0}{\Delta \sigma_3}$$

在此例中：

$$B = \frac{35 - (-1)}{50 - 0} = \frac{36}{50} = 0.72$$

在第 1 行中输入 B 值（图 19.15）。

（4）保持阀门 c 打开，阀门 b 关闭。增加反压至围压值以减小所选压差。在这种情况下，应将反压增加至（50－10）＝40kPa（图 19.16 中的 p_2）。等待 5～10min，直至反压体变传感器读数达到稳定值，以确保连接管路完全膨胀，然后将读数记录在"反压体积变化"下的"之前"一栏（图 19.15 中第 4 行）。

（5）打开阀门 b 对试样施加反压，并观察孔隙水压力的增加量。还要通过反压体积变化观察流入试样中的水量。允许孔隙水压力累积，直到其几乎等于施加反压；对黏土试验，本步骤可能要持续几个小时。

如果安装了侧向排水通道，由于排水通道的"短路"效应，孔隙水压力读数可能会迅速增加。但是，整个试样中的孔隙水压力可能并不相等，压力必需维持足够长的时间以确保压力平衡。进行检查时，关闭阀门 b 并观察一段时间的孔隙水压力变化。如果孔隙水压力有所减小，则说明试样内孔隙水压力并未均衡，应打开阀门 b 重新施加反压。

（6）当孔隙水压力等于反压时，或者当孔隙水压力和体积变化停止时，记录孔隙水压力 u_2 和反压体变传感器读数（在"之后"列）（图 19.15 中第 4 行）。在该示例中，最终孔隙水压力并未完全达到压力 p_2。关闭阀门 b。

（7）将围压增加 50kPa（如：在这种情况下增加到 100kPa）。观察步骤（2）中产生的孔隙水压力，并记录稳定值 u_3（图 19.15 中第 3 行）。如步骤（3）所示计算孔隙水压力系数 B 值。

（8）如步骤（6）中所述增加反压，再施加 10kPa 的压差，并遵循步骤（4）～（6）。

（9）重复步骤（7），但围压增量为 100kPa。

（10）按照需求重复步骤（8）和（9），直到步骤（3）中计算出的 B 值达到 0.95 或对特定试样合适的值（请参阅第 15.6.5 节）。对于 B 值无法达到 0.95 的硬质黏土，根据 BS 1377 规范规定，如果在上述三个连续压力增量后其值保持不变，则 B 值为 0.90 即可。

读数如图 19.15 中的第 4～8 行所示，其中孔隙水压力对围压增量的响应记录在奇数行中，而反压增量记录在偶数行中。从 u_4 开始，围压、反压与孔隙水压力关系曲线见图 19.16。

（11）当 B 值达到 0.95 时（或第 15.6.5 节中的适当值），无须进一步增加反压和围压。通过关闭阀门 c 和 a（即所有阀门都关闭）终止饱和。亦可以通过对试样施加附加反压防止试验的不确定性，在这种情况下，遵循步骤（4）～（6），然后关闭阀门，进行试样固结（第 19.6.2 节）。

（12）绘制每一个压力增量与围压之比的 B 值曲线，或孔隙水压力初始增量，如图 19.17 所示。记录两条曲线的最终值。

（13）如有需要，可以通过对每个反压增加阶段的"之前"和"之后"体积变化差值求和来计算试样饱和所需水的体积。在图 19.15 中的第 8 列中记录这些差值并进行求和。

在 BS 1377-8：5.3.2 中，上述步骤（3）～（6）忽略了第一步围压增量，并且在不计反压情况下施加第二步增量。

如果在试样饱和期间需要记录围压体积变化（如：评估试样体积变化），则可以在围压行增加"体积变化"一行。采用与反压行相同的方式进行读数，即：在原表格留出余行，并且对每个阶段的"之前"和"之后"读数差异进行求和。压力室本身的体变由压力室校准数据求得（第 18.3.1 节），并在总数中扣除（请参阅第 19.6.6 节）。

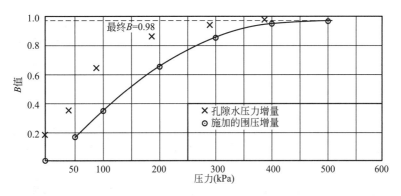

图 19.17 饱和过程中与孔隙水压力和围压相关的孔隙水压力系数 B 值

2）一步增加反压法

施加反压最简单的方法是增加孔隙水压力，量值达到足以将空气溶解到试样孔隙中，并立即进入固结阶段。所需的反压取决于初始饱和度（第 15.6.3 节，表 15.6）。所需的围压等于反压加上适当的压差（可高达原位平均有效应力）。

如上述步骤（1）和（2）中所述，将所需的围压施加于试样之上。同时，与步骤（4）一样，将反压系统的压力升高至选定值，保持阀门 b 关闭（图 19.4），并观察体积变化值。打开阀门 b 使试样承受反压，并且当孔隙水压力稳定时，体变传感器的读数代表试样的吸水量。如第 19.6.2 节所述，关闭阀门 b，并调整固结阶段的压力。

3）初始有效应力法

将试样装至三轴试验仪基座上，应尽快施加围压并记录孔隙水压力变化。阀门 a 打开，反压管阀门 b（图 19.4）关闭，围压保持不变。围压应至少等于总的原位竖向应力，个别情况需大于原位竖向应力，以使测得的孔隙水压力达到 50kPa 或更高。达到孔隙水压力平衡可能需要长达 48h。

稳定后，施加的围压和测得的孔隙水压力之间的压力差称为"初始有效应力"。它可能与原位有效应力不同。准确测量两个压力之间的差值至关重要，因此需要使用压差计或传感器。

如方法（1）中所述，通过交替施加反压与围压增量来维持试样饱和。可以通过施加较小的压差（5kPa 或 10kPa）或等于初始有效应力的最小压差来施加压力。通常优选后者，因为它可减小观测强度的离散性，但是需要的时间也相应增加。

4）恒定含水率饱和法

此方法的步骤在 BS 1377-8：5.4 中给出，适用于低塑性黏土。饱和过程中，不允许水进入或流出试样，因此排水管阀门 b（图 19.4）始终保持关闭。

围压通常以 50kPa 或 100kPa 的增量增加。每一增量步之后，必需留有足够的时间使得孔隙水压力达到稳定值。稳态并无具体定义，但是通过绘制孔隙水压力随时间或时间开方值的变化图，曲线达到平缓阶段则认为孔隙水压力达到稳态。根据围压每次增加后的最终孔隙水压力响应计算出 B 值。根据 BS 1377 规范，当达到方法（1）步骤（10）中的任一条件时，认为试样已完成饱和。

相比反压法，这一方法试样达到饱和需要更长的时间。需要施加的围压取决于初始饱和度（第 15.6.3 节表 15.6）。

在此过程结束时，试样承受较大的有效应力。通过加入适当的反压来提高孔隙水压力，从而降低有效应力，但是试样可能会发生膨胀。除非需要较大的有效应力，该方法不适用于膨胀土。

5）自动饱和法

自动控制围压和反压，使两个压力持续增加，避免了逐级增加压力施加到试样上产生有效应力的周期性变化（方法 1），这可能不利于非饱和土试样。对使用压缩空气的恒定加压系统，这种方法是可行的。控制围压和反压系统的两个气压调节阀装有变速电动机驱动器，该电机可同时驱动两个阀门。

试样制备完成并置于三轴压力室后，通过方法（1）中给出的手动方法求得初始 B 值。然后将 10kPa 的反压（小于围压）施加至试样，直至试样内部孔隙水压力达到平衡。接下来，系统自动运行。

试样所需的饱和时间是根据经验估算的。根据试样类型、初始饱和度、试样尺寸以及是否设置侧向排水等不同情况，这一过程可能需要 2～10d。假定最终饱和时的反压，计算平均压力增加率。设置驱动空气调节阀的电动机控制器，使围压和反压都以该速率稳定增加，并保持 10kPa 的初始差。压力和体变传感器的读数按适当间隔记录。每天应检查 1～2 次压差，必要时应调整围压以保持恒定的压差。

任何阶段，都可以中断自动进程以手动检查 B 值。在恢复自动操作之前，围压会立刻降到中断前的值。当达到预设压力时，应手动检查 B 值。如果达到指定值，则试样完成饱和。记录的数据按照方法（1）进行汇总和绘制。

当设置侧向排水时，应通过关闭反压阀 b 检查饱和度；如果测得的压力下降，则认为试样没有完全饱和。

如果使用电子测量仪器，并且读数连接到自动数据采集系统（请参见第 17.6.4 节），此方法可进一步扩展。一旦达到稳定状态，就可以在反馈环路中使用孔隙水压力对较小围压增量的响应来自动调整围压和反压。当达到预定的 B 值时，该过程停止。无须事先假定压力增加的速率。

19.6.2　固结（BS 1377-8：1990：6 和 ASTM D 4767）

1. 有效应力的调整

试样在饱和阶段后期所承受的有效应力通常远低于压缩阶段的有效围压。增加有效应力可通过提高围压、减小反压或两者组合来施加，产生的超静孔隙水压力在适当反压下消散，即试样固结。通常应提高围压，但如果所需压力大于最大压力值，除了增大围压以外，还应适当减小反压。前提是反压不应降低至饱和最后阶段孔隙水压力以下水平或 300kPa，以较大者为准。对于高初始空气含量的密实试样，反压不应小于 400kPa。

将饱和阶段结束时测得的孔隙水压力记为 u_s，压缩试验的有效应力记为 σ'_3，则所需的围压 σ_3 由以下公式计算

$$\sigma_3 = \sigma'_3 + u_s \text{kPa} \tag{19.1}$$

如果 σ_3 超过最大工作压力 σ_{3max}，反压 u_b 应按如下公式进行设置

$$u_b = \sigma_{3max} - \sigma'_3 \tag{19.2}$$

u_b 可能会小于 u_s。围压增加至 σ_{3max}。通常比较方便的是设置反压 u_b 为 100kPa 的若干倍，围压小于 σ_{3max}。

如果需要的有效围压的变化非常大，则可能需要分两个或更多个阶段对试样进行固结，尤其在使用侧向排水的情况下。

2. 固结步骤

（1）关闭阀门 a，b 和 c（图 19.4）。如上所述，增大围压，并调节反压（u_b），需要的话，施加等于有效应力的压差。记录反压体变传感器读数。

（2）打开阀门 c 施加围压，然后打开阀门 a 观察孔隙水压力升高。记录稳定后的孔隙水压力读数（u_i）。根据孔隙水压力和围压变化计算新的 B 值；试验在第 19.6 节步骤（4）后终止时，由于有效应力的增加，该值可能没有饱和阶段的最终值高。

最终稳定后的孔隙水压力与反压之差（尚未与试样分离）是固结过程中要消散的超静孔隙水压力（$u_i - u_b$），如图 19.19 所示。

（3）秒表归零，在固结试验记录表（图 19.18）上从零开始记录孔隙水压力和体积变

化值。

三轴固结

地点		Altiemore			测试类别		合同编号		SI/4695	
操作人员					CU		钻孔/试样编号		BH 403	14
备注					试样深度(m)				3.5	
有效压力	50		日期	时间	时间t (min)	$\sqrt{t}$	体积变化		孔隙水压力	
围压	350						读数	差值 (cm³)	读数	差值	孔隙水压力消散比(%)
反压	300		1.20	12:00	0	0	112.519	0	488	0	0
积聚后的孔隙水压力	488				0.25	0.5	122.120	0.399	317	171	91.0
差值	188				0.5	0.71	121.526	0.593	302	186	98.9
$\sqrt{t_{100}}$	8				1	1	121.729	0.791	302	186	98.9
					2.25	1.5	121.422	1.097	301	187	99.5
t	64	min			4	2	121.111	1.408	301	187	99.5
					9	3	120.451	2.068	301	187	99.5
t	=2.3×64 =147.2min				16	4	115.757	2.722	301	187	99.5
					25	5	115.231	3.288	301	187	99.5
假定破坏的应变		5%			36	6	110.654	3.825	301	187	99.5
					64	8	117.691	4.82	300	188	100.0
计算得到的应变速率					121	11	117.496	5.023	300	188	100.0
$=\dfrac{5}{100}\times\dfrac{76}{147}=0.025$ mm/min					225	25	117.333	5.186	300	188	100.0
					360	18.97	117.278	5.241	300	188	100.0
				固结后体积变化的总和ΔV_c				5.241		

(a)

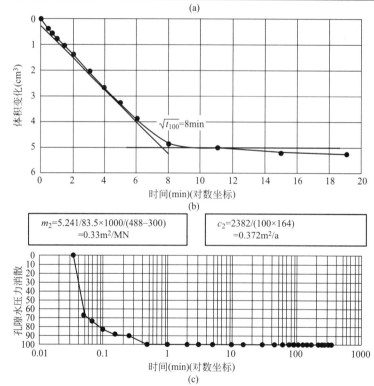

$m_2=5.241/83.5\times1000/(488-300)$
$=0.33\text{m}^2/\text{MN}$

$c_2=2382/(100\times164)$
$=0.372\text{m}^2/\text{a}$

(c)

图19.18　三轴固结阶段数据

（a）试验数据；（b）体积随时间平方根的变化；（c）孔隙水压力消散随对数时间的变化

（4）打开阀门 b 开始固结试验，同时，开始计时。

（5）与固结试验里程表中的时间间隔相同，记录孔隙水压力和反压体积变化读数［第 2 卷，第 14.5.5（14）节，表 14.11］。通常在时间平方根的尺度上给出有规律的时间间隔，但对压缩性大的试样，需要提高记录的频率。此时，压缩初期可能难以获得准确的读数。读数曲线如图 19.18（a）所示。

（6）绘制试样时间平方根与试样体积变化的曲线图（图 19.18b）和孔隙水压力消散（％）与对数时间的曲线（图 19.18c）。孔隙水压力至少消散 95％ 时，固结试验可以终止。计算孔隙水压力消散的方法见第 15.5.5 节式（15.28），具体见图 19.19。

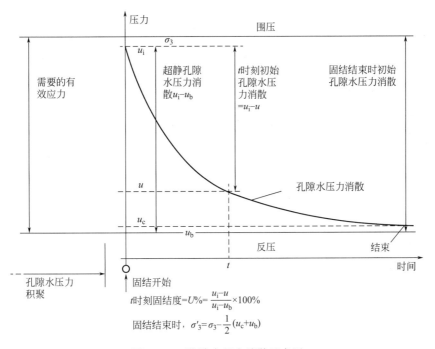

图 19.19　孔隙水压力消散示意图

（7）关闭阀门 b 终止固结试验。保持阀门 c 继续打开，记录最终阶段试样底部的孔隙水压力，记为 u_c。有效围压 σ'_3 计算公式如下

$$\sigma'_3 = \sigma_3 - \overline{u} \tag{15.1}$$

式中 $\overline{u}$ 为试样内部平均孔隙水压力，试样顶部孔隙水压力等于反压 u_b，试样内部孔隙水压力假定为抛物线形分布。

$$\overline{u} = \frac{2}{3} u_c + \frac{1}{3} u_b \tag{15.26}$$

然而，如果孔隙水压力 u_c 与反压相差仅有几千帕，为应用方便，u 可假设按孔隙水压力与反压的算术平均值 $[(u_c + u_b)/2]$ 进行计算。

（8）记录体积变化的最终值，计算固结过程中的总体积变化 ΔV_c。完成固结试样可以进入压缩阶段。

3. 破坏时间计算

（9）通过体积变化与时间平方根的关系图，根据以下方法计算 t_{100} 的时间截距。

图表的初始部分，大约是总体积变化的一半，通常可用一条直线表示。延长线与代表100%固结的水平线相交于 X 点处（第15.5.5节，图15.20）。从水平刻度上读取 $\sqrt{t_{100}}$，并取平方计算 t_{100}（min）。

（10）将 t_{100} 乘以适当的系数确定压缩阶段的"重要试验时间" t_f（min）。时间 t_f 可以是（a）破坏时间，或（b）选定应变间隔连续读数之间的时间。这取决于侧向排水设置情况及试验类型（排水/不排水）。对 $L:D$ 约为 $2:1$ 的试样，其系数与试样尺寸无关，具体汇总见表19.1。

不同 $L:D$ 值情况下的排水试验，将式（15.36）与表15.5（第15.5.5节）中的数据一起使用。对不敏感的塑性黏土进行不排水试验，不设置侧向排水，则将 t_f 的计算值除以16；反之，则将 t_f 的计算值除以8，实际破坏时间的下限值参考第19.6.3节。

（11）计算出的破坏时间可用于第19.6.3节所述的 CU 试验及第19.6.4节所述的 CD 试验。但需要注意的是，对以脆性方式破裂的土（如坚硬的裂隙黏土）和敏感土，排水试验中给出的系数也适用于不排水试验。

影响计算破坏时间的系数　　　　　　　　　　　　表 19.1

试验类别(任意直径)2：1	没有侧向排水	有侧向排水
不排水(CU)	$0.53 \times t_{100}$	$1.8 \times t_{100}$
排水(CD)	$8.5 \times t_{100}$	$14 \times t_{100}$

注：仅适用于非敏感土的塑性变形（BS 1377-8：1990 表1）。

19.6.3　不排水压缩（CU 试验）（BS 1377-8：1990：7 和 ASTM D 4767）

1. 试验条件

下述步骤中所述三轴压力室内试样都已完成饱和，且固结达到所需的有效应力状态，如第19.6.1和19.6.2节所述。试验中，当以恒定的轴向变形速率剪切试样且围压保持恒定时，试样含水率保持恒定。阀门 b（图19.4）保持关闭状态，防止水流入或流出试样。如果试样完全饱和，不排水状态意味着压缩过程中试样体积不发生变化。然而，由于施加轴向荷载使孔隙水压力增大，进而使剪应力增加，因此有效应力变化不等于总应力变化。必需缓慢施加压缩荷载，以使试样破坏前，试样内部孔隙水压力均匀变化。测量试样基底的孔隙水压力，如果试验进行得太快，测量结果将不能真实地反映受剪切应力影响最大的试样中部的情况。

2. 破坏时间

在常规试验中，试样破坏时的孔隙水压力读数最为重要，根据 t_{100} 计算的 t_f 值（第19.6.2节步骤9和10），时间从压缩开始到试样破坏。使用表19.1中的系数，t_f 的计算方法如下：

无侧向排水：$t_f = 0.53 \times t_{100} \min$

有侧向排水：$t_f = 1.8 \times t_{100} \min$

然而，对于脆性或敏感性土，t_f 值应当不小于第19.6.4节排水试验中的值。

"破坏"通常代表试样所能承受的最大（或"峰值"）偏应力，在第15.4.2节中讨论的任何标准都适用。需要通过试样类型和状态估计破坏时可能的应变 e_f。表19.2中汇总的数据仅供参考，但估算值最好基于经验取得。出于安全考虑，可选取较小的破坏应变。

如果计算的 t_f 小于 120min（2h），则实际破坏时间应小于 2h。

建议的三轴试验破坏应变　　　　表 19.2

土样类型	典型的破坏应变范围 ε_f（%）（最大偏应力）	
	CU 试验	CD 试验
原状黏土		
正常固结	15～20	15～20
超固结	＞20	4～15
重塑黏土	20～30	20～25
脆性黏土	1～5	1～5
压实"块状土"		
干燥至最优含水率	3～10	4～6
浸湿至最优含水率	15～20	6～10
压实砂质粉土	8～15	10～15
饱和砂土		
密砂	＞25	5～7
松砂	12～18	15～20

注：如果考虑不确定因素，假定破坏应变值小于表中规定的值。

试验中，需要知道试样破坏前与中间应变值对应的有效应力水平（如考虑应力路径），以下计算用的应变 ε_f 是每组读数之间所需的应变增量。仅将试样破坏作为唯一重要标准会导致应变速率大大降低。

如果认为主应力比 σ'_1/σ'_3 达到最大值时试样发生破坏，在计算位移速率时应变应当用 ε_f 代替。在超固结和压实黏土中，最大主应力比通常在最大偏应力前发生，使用"峰值"估算应变的 2/3 处是较为合理的。

3. 应变和位移速率

施加的最大应变速率为每分钟 ε_f/t_f（%）。

试样应变 ε_f（%）相关的轴压为 $[(\varepsilon_f（%)/100)\times L]$，$L$ 是试样长度（mm）。轴向位移速率应不大于：

$$\frac{\varepsilon_f L}{100 t_f} \text{ mm/min}$$

当试样达到"临界"或"极限"状态时（第 15.4.3 节），在"峰值"点以同一速率继续施加应变。

厂家压缩机上设置的速度控制可提供多个位移速率（mm/min）。设置需要提供的位移速率或较低档速率。

4. 压缩试验步骤

以下标记 * 的步骤为 CD 试验（第 19.6.4 节），不做赘述。

1）调整剪切

（1）如图 19.4 所示，阀门 b 应始终保持关闭。围压管连接的阀门 c 保持打开，打开阀门 a 并观察孔隙水压力读数。

（2）＊设置压缩机上的速度控制器，提供所需的加载位移速率。根据仪器使用说明，检查控制仪器平台上升的反向开关是否设置正确。

（3）＊当围压活塞与顶部加载帽完全脱离时，打开电机。将活塞顶入压力室，调节测力环，归零千分表读数。补偿因围压与活塞摩擦产生的对测力环读数的影响。如果试验过程中机器加载速度非常慢，则可在不明显改变摩阻力的情况下快速调整。如无法调整测力环千分表，则在操作时记录读数。

（4）＊关闭电机，调整手动驱动齿轮，继续用手卷起压板，直到活塞与顶盖接触。确保锥形球正好置于球或半球形表面上。千分表上显示的接触力应越小越好。

（5）＊确保应变计或传感器垂直固定，并调节阀杆所处的支架，将千分表归零或调至某一易读初始读数。确保千分表具有足够量程，并且间隙足够大，确保容许位移至少为试样高度的 25％。

（6）＊重新设置试验所需机器加载速度。检查试样顶帽和活塞之间是否保持接触；如有必要，可通过打开电机小幅调整。将计时器设为零。

（7）观察以下内容并将其记录为压缩阶段的初始读数，包括：时间和日期；位移计或传感器；测力环千分表或测力计；孔隙水压力；围压（检查）。试验表格如图 19.20 所示，上面的读数作为第 1 行数据输入。通常不使用试样体积变化列（反压线）。

三轴剪切

地点		Altiemore	试验类型		合同编号		SI/4695	
操作人员			CU		钻孔/试样编号		BH403	14
检定环/压力室编号			试样编号		A		试样深度(m)	3.5
应变速率	1.6	%每小时	设置/未设置侧向排水		有效围压		50	kPa
固结长度		74.15mm	橡胶膜	1×0.3mm	围压		350	kPa
固结截面面积		1052mm²		78.25	cm³	反压		300	kPa

时间		应变			荷载			孔隙水压力		试样体积			偏应力(kPa)			应力比			
日期	时间	读数	位移	ε(%)	读数	C_r(N/DIV)	荷载(N)	U(kPa)	U(差值)	V/C试样	差值	$\Delta V/V_c$(%)	应力	橡胶膜修正/排水条件修正	$\sigma_1-\sigma_3$	σ_1	σ'_1	σ'_3	σ'_1/σ'_3
1.21	08:00	0	0	0	0	1	0	307	0				0	0	0	350	43	43	1
	08:15	0.3	0.3	0.4	17	1	17	314	7				16	0.12	16	366	52	36	1.4
	08:29	0.5	0.5	0.6	24	1	24	317	10				23	0.18	22.6	373	56	33	1.7

图 19.20　包括测量孔隙水压力的固结不排水三轴压缩试验数据记录表（一）

时间		应变			荷载			孔隙水压力		试样体积			偏应力(kPa)			应力比			
日期	时间	读数	位移	$\varepsilon(\%)$	读数	C_r(N/DIV)	荷载(N)	U(kPa)	U(差值)	V/C试样	差值	$\Delta V/V_c$(%)	应力	橡胶膜修正/排水条件修正	$\sigma_1-\sigma_3$	σ_1 / kPa	σ'_1	σ'_3	σ'_1/σ'_3
	08:43	0.8	0.8	1.1	40	1	40	324	17				38	0.26	37.5	388	64	26	2.5
	09:03	1.2	1.2	1.6	48	1	48	327	20				46	0.37	45.3	395	68	23	3
	10:03	2.4	2.4	3.3	65	1	65	329	22				52	0.65	61.1	412	82	21	3.9
	11:03	3.6	3.6	4.9	80	1	80	328	21				76	10.7	65.4	415	87	22	4
	12:03	4.8	4.8	6.5	97	1	97	325	18				92	11.2	81	431	106	25	4.2
	13:03	6	6	81	109	1	109	321	14				104	11.5	92.1	422	121	29	4.2
	14:03	7.2	7.2	9.7	116	1	116	317	10				110	11.7	95.5	449	132	33	4
	15:03	8.4	8.4	11	115	1	115	313	6				109	12	97.3	447	134	37	3.6
	16:03	9.6	9.6	13	115	1	115	312	5				109	12.2	97.1	447	135	38	3.6
	17:03	10.8	10.8	15	116	1	116	310	3				110	12.4	97.9	448	138	40	3.4
	18:03	12	12	16	117	1	117	309	2				111	12.6	98.6	449	140	41	3.4
	19:03	13.2	13.2	18	120	1	120	308	1				114	12.8	101	451	143	42	3.4
	20:03	14.4	14.4	19	119	1	119	308	1				113	12.9	100	450	142	42	3.4
	20:36	15.1	15.1	20	121	1	121	308	1				115	13	102	452	144	42	3.4

来源于图18.8(a)

$\Delta V_c \approx 5.24 \text{cm}^3$ $\qquad \therefore V_c \approx 83.49 - 5.24 \approx 78.25 \text{cm}^3$

$\therefore \varepsilon_v \approx 5.24/78.25 \times 100 \approx 6.7\%$ $\qquad 1/3\varepsilon_v \approx 2.23\%$ $\qquad 2/3\varepsilon_v \approx 4.46\%$

$\therefore L_c \approx 75.84(1-2.23/100) \approx 74.15 \text{mm}$ $\qquad A_c \approx 1101(1-4.46/100) \approx 1052 \text{mm}^2$

图19.20 包括测量孔隙水压力的固结不排水三轴压缩试验数据记录表（二）

2）加载至破坏

（8）打开电机开始试验，同时打开秒表。

（9）定期记录轴向位移读数，通常设置应变为 0.2%～1%，稳定后采用 0.5% 的应变间隔。试样剪坏时，至少应获取 20 组读数，以便绘制全面的应力-应变和其他曲线。当达到临界条件（如峰值偏应力或最大孔隙水压力），或者读数陡变，则应增加读数频率。每组数据都包含步骤 7 中列出的压力表读数。

一组典型的试验数据见图 19.20。

对于脆性或坚硬的试样，发生很小应变（小于 1%）后试样可能突然破坏。对这种土样类型，应以规则的轴向力间隔来读数，而非按照应变读数，以获得足够的数据点来绘制破坏曲线，否则，应力-应变曲线可能只在"峰值"之前有 1～2 个点。在峰值应力时也应读取一组读数，越接近越好，在此之后，荷载可能发生"断崖"式下降。

（10）随着压缩的继续，按照第 19.7.3 节所述计算每一行数据，粗略绘制偏应力-应变曲线图。如果不可行，则可通过在面积校正图表上绘制测力环读数与应变（%）的曲线（第 2 卷图 13.16a），应与读数保持同步。可采用相关软件，在试验过程中即时生成曲线。

（11）试验继续进行，直到明确相应失效标准为止，如：①最大偏应力；②最大主应力比；③规定的应变极限；④剪切应力和孔隙水压力随应变增加而保持恒定。如果这些失效标准都不明显，则当达到 20% 的轴向应变（ASTM D 4767 取 15% 应变）时终止试验。

（12）如需测量"极限"抗剪强度，则可在允许范围内继续加载试样至 20% 应变。但是，如果试样变形过大，后续读数也将失真，则应尽早终止试验。

3）试验完成

（13）＊．当试样位移达到预期极限并记录最终读数后，关闭电机和阀门 a，并将电机切换为反向（首先停止）或手动降低操作台卸下试样。

（14）＊．降低围压至零。

（15）＊．打开排气孔 e（图 19.4），通过阀门 c 将压力室内的水排至废旧管线或水桶。

（16）＊．压力室中的水排空后，逐步松开固定螺钉或夹具，打开活塞并小心地将其从底座上移开。拆卸压力室时，注意请勿撞击试样或引流线。用海绵擦去基座上的水。（另一种拆卸程序见第 19.6.5 节）

（17）＊．向上滚动拆除试样上的 O 形环，向下滚动橡胶膜露出试样。

（18）＊．从两个方向成直角绘制试样破坏形态。如果滑动面可见，测量其与水平面的夹角。记录观察到的所有特征。

（19）＊．小心地将试样从基座上取下，并取下透水石（如有滤纸，同时取下）。立即称量试样及透水石或滤纸上的土样重量［质量 m_f（g）］。通常将试样与透水石和滤纸一起称重，然后分别称重，通过差值求得土样质量。与已知完全饱和的透水石质量相比，可得出卸掉围压后试样从透水石上吸收的水量。

（20）＊．小尺寸试样可放置在湿润的容器中，并在烤箱中经过整晚干燥，然后称得试样干重量。如果存在明显的破坏面，则临近破坏面的土样应首先切削掉，单独测量含水率。大尺寸试样含水率则可通过整体破碎后置于烤箱测量，或选取试样内 3 个或 3 个以上的代表性部分。完整试样干重量可用于土体初始特性的检查计算。

（21）＊．若需研究试样节理，则将试样沿纵向切开约一半后打开。将其中一半置于通风条件下 18～24h 后，绘制剖面特性并拍照，此时通常可以更清晰地看出土体节理。另一半可用上述方法测定试样含水率。

（22）＊．从压力室基座和顶盖上拆除橡胶 O 形环和橡胶膜。清洗并干燥 O 形环；丢弃已用橡胶膜。重复使用前，清洗透水石并在蒸馏水中煮沸。清洁压力室基座和顶盖，并通过除气水冲洗所有管线去除残余土颗粒。将孔隙水压力系统调至很小的压力。

（23）按照第 19.7.1～19.7.3 节计算、绘制和分析试验数据。

19.6.4　排水压缩试验（CD 试验）（BS 1377-8：1990：8）

1. 试验条件

本节试验所采用的试样，可按照第 19.6.1 与 19.6.2 节所述方法进行饱和，通过三轴压力室固结到所需有效应力状态。在这个试验中，允许水的排出或者渗入，当试样以恒定的轴向变形速率剪切时，压力室围压保持不变，因此不产生超静孔隙水压力（不论正负）。保持阀门 b（图 19.4）始终处于开启状态，允许水排入反压系统，如果没有施加反压，亦可排至开口滴定管内。孔隙水压力基本保持不变，但由于水的运动，试样体积发生了变化。

随着剪切应力的增大，土体剪缩使水排入排水管中，或土体剪胀从排水管中吸水。在土体剪胀过程中，小应变阶段可能表现出剪缩现象。试样排、吸水的体积，可以通过反压管线上的体变传感器或滴定管来测量，认为测量值等于试样体积变化。

试样需要以较低速率进行压缩，以确保剪切引起的孔隙水压力变化可以忽略不计，使得试样破坏时接近完全排水状态（95％的孔隙水压力消散）。在同样条件下，试样进行排水试验所需的应变速率通常比不排水试验更低。

2. 破坏时间

根据上述准则，破坏时间 t_f 可由 t_{100} 求出（见第 19.6.2 节步骤 9），排水试验采用的系数见表 19.1，计算方法如下：

无侧向排水：$t_f = 8.5 \times t_{100}$ min

侧向排水：$t_f = 14 \times t_{100}$ min

术语"破坏"通常与试样可以承受的最大（或峰值）偏应力有关，但同样可采用第 15.4.2 节中讨论的任一标准确定。需要估算破坏应变 ε_f，该值取决于土体类型和条件。表 19.2 中总结的数据可作为参考，但估算值应优先采用经验值。如果不能确定，出于安全考虑对破坏应变的估算采用较低值。

如果计算值 t_f 小于 120min（2h），则实际土体发生破坏时间不应小于 2h。

在排水试验中，最大偏应力通常是确定应变速率的重要标准。

3. 应变和位移速率

排水试验中施加的最大轴向位移速率为

$$\frac{\varepsilon_f L}{100 t_f} \text{ mm/min}$$

其中，L（mm）是试样的长度。

压缩机上可以设置位移速率，以及设定次级速率。

4. 压缩试验步骤

1）剪切调节

（1）参照图 19.4，打开阀门 b，将试样与反压系统连接，并在整个试验过程中保持阀门处于开启状态。连接压力室管道的阀门 c 保持开启状态。阀门 a 保持开启状态，以便在整个测试过程中可以检查孔隙水压力变化。

（2）～（6）参考 CU 试验步骤 2 到 6，详见第 19.6.3 节。

（7）观察以下内容并记录压缩阶段初始读数：日期及时间；位移计或线性传感器；压力千分表、传感器或测力环；孔隙水压力；反压体变传感器；压力室压力（检查）；反压（检查）。

如图 19.21 所示，上述读数记录在测试表格中的第 1 行。在 CD 试验中，通常不需要记录与有效主应力有关的数据。

三轴剪切

地点			Walkingtonto-Tamworth		试验类型		合同编号		SI/3947	
操作人员					CD		钻孔/试样编号	BH3	10	
检定环/加载压力室编号			LC 05		试样编号	A	试样深度(m)			17.6
应变速率			0.06	%/h	设置/未设置侧向排水		有效围压		100	kPa
固结长度			75.1 mm	橡胶模	1×0.3mm	围压		500		kPa
固结截面积			1094mm²	固结体积	82.17	cm²	反压		400	kPa

时间		应变			荷载			孔隙水压力		试样体积			偏应力		应力比				
日期	时间	读数	位移	ε(%)	读数	C_r (N/DIV)	荷载(N)	U (kPa)	U (差值)	V/C 试样	差值	$\Delta V/V_c$ (%)	应力	橡胶膜校正/排水边界校正	$\sigma_1-\sigma_3$	σ_1 σ_1' σ_3' kPa			σ_1'/σ_3'
10/06/20	09:00	0	0	0	1	1	0	400	0	0	0	0	0	0	0				
	10:25	0.2	0.2	0.2	10	1	10	400	0	0	0	0	10	0.06	9.94				
	11:45	0.3	0.3	0.4	23	1	23	400	0	0	0	0	23	0.11	22.9				
	13:10	0.5	0.5	0.7	29	1	29	400	0	−0.02	−0.02	−0.02	29	0.16	25.5				
	15:00	0.7	0.7	1	54	1	54	400	0	−0	−0	−0.1	54	0.22	53.5				
	17:30	1	1	1.4	114	1	114	400	0	−0.3	−0.3	−0.4	114	0.3	114				
11/05/09	10:00	3	3	4	266	1	266	400	0	−0.4	−0.4	−0.4	266	10.8	255				
	13:40	3.4	3.4	4.6	271	1	271	400	0	−0.3	−0.3	−0.4	271	10.9	260				
	17:20	3.9	3.9	5.2	280	1	280	400	0	−0.2	−0.2	−0.2	280	11	269				
12/05/09	09:25	5.81	5.81	7.7	286	1	286	400	0	−0.3	−0.3	−0.4	286	11.5	275				
	13:25	6.29	6.29	8.4	282	1	282	400	0	−0.4	−0	−0	282	11.6	270				
	18:25	6.89	6.89	9.2	287	1	287	400	0	−0.5	−0.5	−0.7	287	11.7	275				
13/05/09	07:15	8.43	8.43	11.2	292	1	292	400	0	−0.9	−0.9	−1.05		12	***				

图 19.21　固结排水（CD）三轴压缩试验数据表

2）加载至破坏

（8）打开电机开始加载，同时开始计时。

（9）按固定的轴向位移间隔进行读数，通常取 0.2%～1% 作为应变间隔，此后选取 0.5% 应变（请参阅第 19.6.3 节，步骤 9）。当接近峰值偏应力时，应减少读数间隔。

每组数据应包含步骤 7 中列出的仪表读数。

观察孔隙水压力，防止剪切试验加载过快；如果孔隙水压力有显著变化（增加或减少），则应将加载应变率减少 50% 或更多，直到超静孔隙水压力（无论正负）消散为止。微小的超静孔隙水压力对加快排水过程至关重要，一般来说，测得的孔隙水压力变化可以最多达到有效围压的 4% 左右。

典型的 CD 试验数据如图 19.21 所示。

（10）随着压缩的持续进行，按照第 19.7.4 节中的描述方法计算每一行数据，并在测试过程中，借助实时绘图软件，绘制粗略图表。

（11）试验持续进行，直到明显达到相关极限或破坏准则为止，包括：①最大偏应力；②规定极限应变；③残余剪应力和体积变化不随应变变化。如上述判断准则都不明显，则采用轴向应变达到 20% 为标准终止试验。

（12）如果尝试测量“极限”抗剪强度，在可行情况下允许试验持续进行到 20% 应变，但是如果试样变得非常扭曲，进一步读数失去意义，则应提前终止试验。

（13）～（22）当完成最后数据读取后，首先关闭电机与阀门 b，卸去试样上的荷载并拆卸仪器，按照 CU 试验所述（第 19.6.3 节步骤 13～22）对试样进行测量，最后将反压降低至零。

或者按第 19.6.5 节的程序进行。

（23）试验数据的计算、绘图与分析详见第 19.7.4 节。

19.6.5　试验后拆除

1. 标准程序

试验后拆卸试样的常规步骤，如第 19.6.3 节所述，会不可避免地导致试样内部水的分布不均匀，这是因为在撤去压力时，透水石吸水，故最终含水量的测量十分重要。试样应至少切成三份，或者最好是五份，分别测量每个部分的含水量，中心部分的含水量是与强度参数直接相关的有效值。拆除仪器和切分试样应在尽可能短的时间进行，以减少水重新分布的时间。

2. 快速含水量测量步骤

奥尔松（Olson, 1964）提出了使水不均匀分布最小化的方法，目的是在卸除轴向荷载后尽快将试样与透水石分离。

（1）测试完成后立即关闭电机以及阀门 a 和 b。

（2）断开孔隙水压力和反压管线。

（3）在仪器加载平台下降并卸载后，将压力室活塞固定在适当位置，以维持轴向压力。

（4）关闭阀门 c，断开压力管线，脱开与之相连的所有附属设备。

（5）在保持围压和轴向压力的情况下，将压力室转移到水槽或适当尺寸容器中。

（6）打开阀门 c 释放围压，迅速松开压力室螺栓，提升压力室，将压力室内的水导出到水槽内。

（7）尽可能快地将试样从透水石上分离出来，然后进行称重和上述操作。

如果上述操作在短时间内完成，试样在零压力下与透水石接触的时间不应超过 15s，这样可显著减少试样从透水石中吸收水分。

这一过程不改变剪切过程中试样两端摩擦约束导致的水的不均匀分布。两端采用润滑处理可使试样内部孔隙水的分布更均匀。

19.6.6 测量压力室体积变化

1. 绪论

通常需要对压力室体积变化进行测量，以确定试样在饱和之前的实际体积变化。在非饱和条件下，由于附加应力变化而引起的试样体积变化不一定等于进出试样的水的体积。体积变化测量对具有膨胀性的土是非常重要的，确保试样膨胀处于规定范围内。

通过观测压力室管线中的体变传感器，记录流入或流出压力室水的体积，获得试样的体积变化。为提高测量精度，压力室及其连接必需无泄漏，压力室必需仔细校准，以获取体积变化与压力及时间的关系（见第 18.3.1 和 18.3.2 节）。由于这些修正值的性质和数量级，通过压力室管线测量很难保证小体积试样的测量精度。

2. 饱和

在饱和阶段，当压力室内压力逐渐升高时，必需考虑到连接线的膨胀，其体积膨胀的测量方法与反压管线体积变化的测量方法相同（见第 19.6.1 节⑥～⑧）。数据表中"之前"和"之后"两列读数差值，给出了由于压力增加而流入或流出压力室的水的体积。这个体积取决于压力室的膨胀和试样的体积变化。水进入压力室为正体积变化值，代表了试样体积的减少量（见第 18.4.4 节）。水排出压力室为负体积变化值。正负符号约定必需严格遵守，这些读数的分析在第 19.7.1 节中叙述。

3. 压缩和固结

固结和压缩阶段测得的体积变化与饱和试样的常规测试无关，在非饱和土试验中可能需要进行相关测量，这超出了本书的范围。

19.7 数据分析

本节介绍了在 CU 和 CD 三轴试验数据分析需要做的计算以及相关绘图。第 19.7.1 和 19.7.2 节内容同时适用于两类试验。此处列出的算法通常采用计算机数据库或电子表格程序进行处理，可以生成如图 19.22 和图 19.23 所示的图形。

19.7.1 试样细节

1. 初始条件

计算结果的符号约定见表 19.3。计算的参数包括：

第19章 常规有效应力三轴试验

三轴压缩固结不排水试验 孔隙水压力测量依据BS 1377-8：1990					
钻孔/试样编号	BH403/14		日期	2011年1月19日	
试样深度(m)	3.50～3.90		试样深度(m)	3.60	
试样细节			排水条件	两端和径向边界同时排水	
试样类型	U100		试样方向	竖直	
土质描述	软—硬深棕色黏土		准备方法	压实和手工修整	

			试样1	试样2	试样3
初始物理性质指标 BS 1377-8	含水率	%	33	32	33
	堆积密度	$10^3kg/m^3$	1.93	1.94	1.95
	干密度	$10^3kg/m^3$	1.48	1.47	1.47
	高度	mm	75.8	76.0	76.0
	直径	mm	37.4	37.5	37.5
	假设颗粒密度	$10^3kg/m^3$	2.70		
	饱和度	%	109	104	105
	孔隙比		0.8295	0.8410	0.8424
压缩阶段	围压	kPa	350	400	500
	初始孔隙水压力（U_0）	kPa	300	300	300
	初始有效应力	kPa	50	100	200
	破坏准则：最大主应力比				
	轴向位移速率	mm/min	0.0200	0.0200	0.0200
	轴向应变	%	5.2	7.4	7.3
	橡胶膜修正	kPa	1.0	1.4	1.4
	侧向排水修正	kPa	10.1	10.1	10.1
	偏应力(修正)	kPa	67	156	216
	孔隙水压力	kPa	328	337	390
	有效最大主应力(修正)	kPa	89	219	326
	有效最小主应力	kPa	22	63	110
	有效主应力比(修正)		4.05	3.48	2.97
	孔隙水压力参数		0.31	0.17	0.30
最终物理性质指标	含水率	%	33	30	29
	堆积密度	$10^3kg/m^3$	2.06	1.99	1.94
	干密度	$10^3kg/m^3$	1.55	1.52	1.50

有效黏聚力	11kPa	有效内摩擦角	27.4°

*线性拟合的最佳结果

图 19.22 一组固结不排水（CU）三轴压缩试验的图形数据（一）

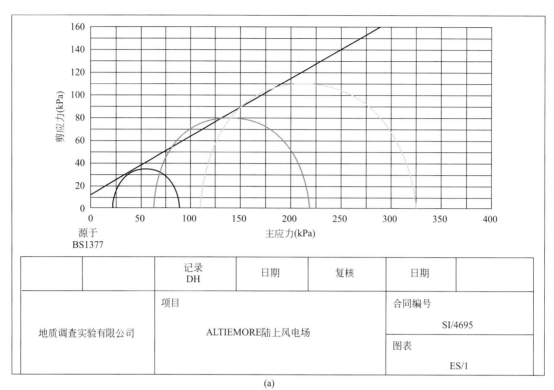

		记录 DH	日期	复核	日期	
地质调查实验有限公司	项目 ALTIEMORE陆上风电场				合同编号 SI/4695	
					图表 ES/1	

(a)

三轴压缩固结不排水试验 初始孔隙水压力测量依据BS 1377-8：1990				
钻孔/试样编号	BH403/14	日期	2011年1月19日	
试样深度(m)	3.50~3.90	试样深度(m)	3.60	

	方式：增加围压和反压		试样1	试样2	试样3
阶段 BS 1377-8：5.3	压力增量	kPa	50	50	50
	压差	kPa	10	10	10
	最终围压	kPa	500	400	350
	最终孔隙水压力	kPa	489	385	337
	最终孔隙水压力系数B		0.99	0.99	1.02

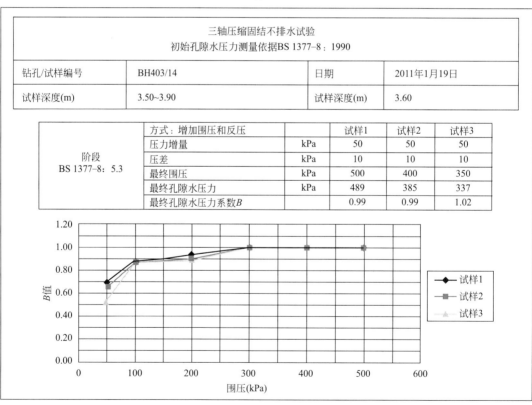

图 19.22　一组固结不排水（CU）三轴压缩试验的图形数据（二）
（a）汇总数据和莫尔圆图

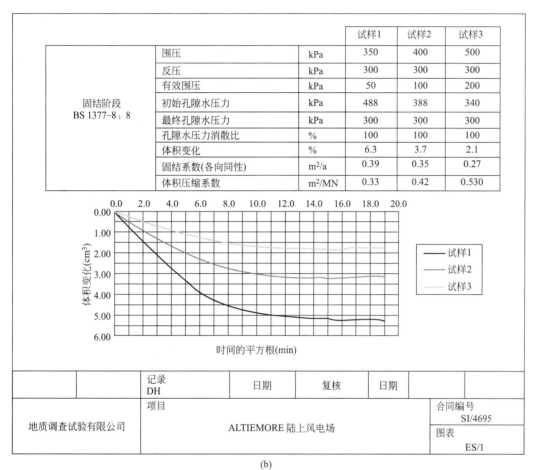

			试样1	试样2	试样3
固结阶段 BS 1377-8：8	围压	kPa	350	400	500
	反压	kPa	300	300	300
	有效围压	kPa	50	100	200
	初始孔隙水压力	kPa	488	388	340
	最终孔隙水压力	kPa	300	300	300
	孔隙水压力消散比	%	100	100	100
	体积变化	%	6.3	3.7	2.1
	固结系数(各向同性)	m²/a	0.39	0.35	0.27
	体积压缩系数	m²/MN	0.33	0.42	0.530

	记录 DH	日期	复核	日期		
地质调查试验有限公司	项目	ALTIEMORE 陆上风电场			合同编号 SI/4695	
					图表 ES/1	

(b)

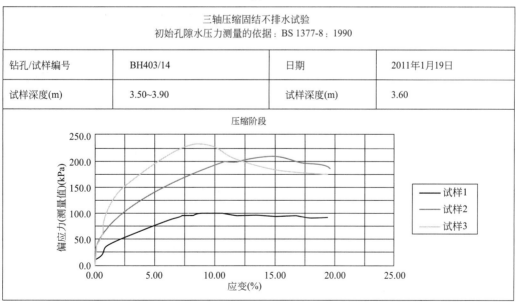

三轴压缩固结不排水试验 初始孔隙水压力测量的依据：BS 1377-8：1990			
钻孔/试样编号	BH403/14	日期	2011年1月19日
试样深度(m)	3.50~3.90	试样深度(m)	3.60

图 19.22　一组固结不排水（CU）三轴压缩试验的图形数据（三）

（b）饱和与固结阶段

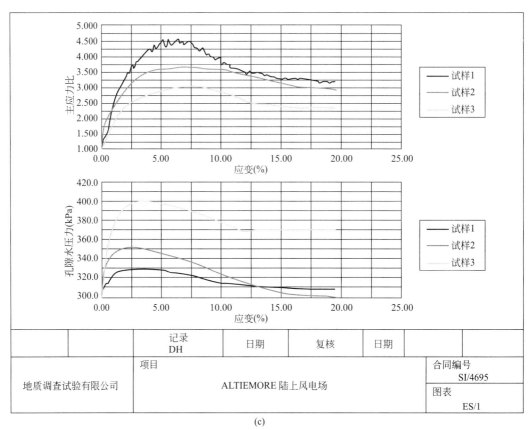

		记录 DH	日期	复核	日期		
地质调查试验有限公司	项目 ALTIEMORE 陆上风电场					合同编号 SI/4695	
						图表 ES/1	

(c)

三轴压缩不排水固结试验			
初始孔隙水压力测量依据BS 1377-8：1990			
钻孔/试样 编号	BH403/14	日期	2011年1月19日
试样深度(m)	3.50~3.90	试样深度(m)	3.60

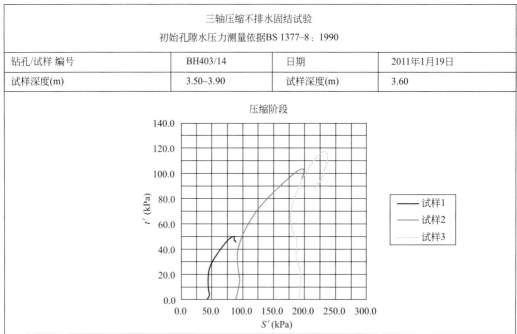

图 19.22　一组固结不排水（CU）三轴压缩试验的图形数据（四）

（c）剪切阶段

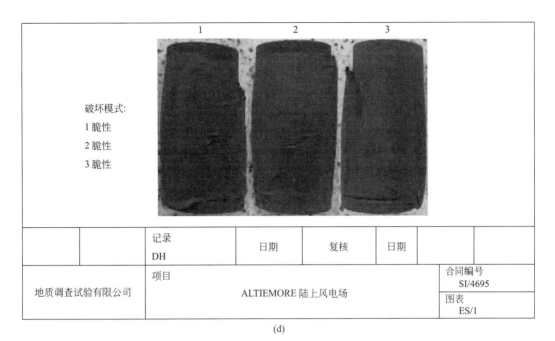

		记录 DH	日期	复核	日期		
地质调查试验有限公司		项目	ALTIEMORE 陆上风电场			合同编号 SI/4695	
						图表 ES/1	

(d)

图 19.22　一组固结不排水（CU）三轴压缩试验的图形数据（五）

（d）应力路径图和样本照片

试样截面的初始面积

$$A_0 = \frac{\pi D_0^2}{4} \ \text{mm}^2 \tag{19.3}$$

试样数据计算符号约定　　　　　　　　　　　　　**表 19.3**

测量	条件				
	初始	饱和	固结	试验结束	单位
试样长度 *	L_0		L_c		mm
直径 *	D_0				mm
面积 *	A_0		A_c		mm^2
体积	V_0	V_s	V_c		cm^3
质量 *	m_0	m_s	m_c	m_f	g
干质量				m_d	g
密度					10^3 kg/m^3
干密度	D		D_c		10^3 kg/m^3
含水率 * *	w_0		w_c	w_f	%
颗粒密度 * * *		* * *	* * *	* * *	10^3 kg/m^3
孔隙比	e_0	e_s	e_c	e_f	
饱和度	S_0			S_f	%

注：* 试样测量；

* * 试样碎屑测量；

* * * 整个测试过程中保持恒定。

初始体积

$$V_0 = \frac{A_0 L_0}{1000} \text{ cm}^3 \qquad (19.4)$$

初始密度

$$\rho = \frac{m_0}{V_0} 10^3 \text{kg/m}^3 \qquad (19.5)$$

初始含水率可以用两种方法计算，一种是用试样碎屑，另一种是用试样的最终干质量（因为干质量始终保持不变），后者用下列公式计算

$$W_0 = \frac{m_0 - m_D}{m_D} \times 100\% \qquad (19.6)$$

ρ_s 的值可以通过测量或假定获得，但应说明其适用性。当已知初始含水量 W_0 和颗粒密度 ρ_s 时，可以计算出下值：

初始干密度

$$\rho_D = \frac{100}{100 + W_0} \rho 10^3 \text{ kg/m}^3 \qquad (19.7)$$

饱和、固结和压缩期间变化值符号　　　　　　　　　　　表 **19.4**

测量	饱和阶段	围压调节	固结阶段	压缩阶段	单位
体积变化	ΔV_1	—	ΔV_4	ΔV_6	mL
压力室反压管线体积变化	ΔV_2	ΔV_3	ΔV_5	ΔV_7	mL
压力室体变校正	δV_2	δV_3	δV_5	δV_7	mL
实际试样体积变化	ΔV	ΔV	ΔV	ΔV	cm³
与压缩体应变对应的试样总体积变化	—	—	ΔV	—	cm³
体积应变	—	—	ε_V	—	%
试样体积	—	—	—	—	—
开始	V_0	V_s	V_a	V_c	cm³
结束	V_s	V_a	V_c	V_f	cm³

初始孔隙比

$$e_0 = \frac{\rho_s}{\rho_D} - 1$$

初始饱和度

$$S_0 = \frac{W_0 \rho_s}{e_0} \%$$

2. 到达饱和后

具体符号见表 19.4。

在饱和阶段中水进入试样的总量 ΔV_1，可以通过反压管线上体变传感器的"之前"和"之后"读数之差计算得到，如图 19.15 所示。因为这是以 mL 或 cm³ 为单位来测量的，所以它等于以 g 为单位的试样质量增加量。因此

$$m_s = m_0 + \Delta V_1 g \tag{19.8}$$

试样体积的实际变化 ΔV_s 不等于测量的体积变化 ΔV_1，因为大多数多余的水在压力下取代了孔隙中的空气。在大多数常规试验中，假定不易膨胀的土体在饱和期间不会发生体积变化。

如果压力室连接管线中配置了体变传感器，则通过将第 19.6.6 节中提到的"之前"和"之后"读数差值计算，得出饱和期间整个单元的体积变化（ΔV_2），需要考虑体积变化的正负。然后，必需按照第 18.3.1 节（δV_1）的说明为膨胀留出余地。如果活塞完全受约束，则无须对活塞运动进行校正。饱和期间试样的体积变化（ΔV_s）由下式给出

$$\Delta V_s = \Delta V_2 - \delta V_2 \tag{19.9}$$

校正量 δV_2 可通过压力室体积校准值求出（见第 18.3.1 节），亦是第 18.4.4 节中的校正量（3）。当其他校正量（1）和（8）需要考虑时，首先应该将它们添加到校正量（3）中。

如果试样最终完全饱和，则进入试样的水体积与初始孔隙体积之差应等于试样体积的变化量。

3. 固结完成后

因为该试样已完全饱和，固结过程中从试样中排出到反压管线中的水的体积，通过管线上的体变传感器测量得到（ΔV_4），应等于试样的体积变化，即 $\Delta V_c = \Delta V_4$。固结结束时的体积应变由如下公式计算：

$$\varepsilon_{vc} = \frac{\Delta V_c}{V_0} \times 100\% \tag{19.10}$$

固结后试样的体积 V_c、长度 L_c、面积 A_c 可通过如下公式计算。这些方程是基于小体积变化的弹性理论，假定泊松比为 0.5（Case 和 Chilver，1959）。

$$V_c = V_0 - \Delta V_c \tag{19.11}$$

$$L_c = L_0 \left(1 - \frac{1}{3} \frac{\varepsilon_{vc}}{100}\right) \tag{19.12}$$

$$A_c = A_0 \left(1 - \frac{2}{3} \frac{\varepsilon_{vc}}{100}\right) \text{ mm}^2 \tag{19.13}$$

可通过下式进行检查：

$$V_c = \frac{A_c L_c}{1000} = V_0 - \Delta V \tag{19.14}$$

固结后，试样长度 L_c 用来计算压缩阶段的轴向应变，试样底面积 A_c 用来计算相应应力。

4. 压缩过程中

饱和试样在不排水压缩试验中，可以假定为体积不发生改变。

在排水试验中的试样体积改变量，应等于反压管中体变传感器的读数。为符合一般的符号使用习惯，水排出试样（试样体积减小）为正体积变化；水流进试样为负体积变化。

19.7.2 固结特征

1. 固结系数

等压固结试样的固结系数 c_{vi}，可采用通过 t_{100} 计算求得。其中 t_{100} 由固结阶段的时间平方根-体积变化曲线求得（第 19.6.2 节图 19.18（b））：

$$c_{vi} = \frac{\pi D_c^2}{\lambda t_{100}}$$

在该式中，λ 为常数，λ 值列于表 15.4，取决于排水条件（第 15.5.5 节），D_c 是固结后的试样直径，根据如下公式计算

$$D_c = \sqrt{\frac{4A_c}{\pi}} \tag{19.15}$$

λ 的值总结在表 15.4 中。

表 19.5 总结了两种最常见的排水条件（单面排水情况；单面和径向边界同时排水情况）下 $L:D$ 比为 2:1 和 1:1 的典型试样尺寸的 c_{vi}（m^2/a）和 t_{100}（min）的关系。在该表中，因子 N 代表公式（15.29）中的 $\pi D^2/\lambda$，并且 N 值与试样标准直径有关。

	t_{100} 计算出的 c_{vi}			表 19.5

标准的初始试样直径（mm）	$c_{vi} = N/t_{100} \, m^2/a$（近似值）			
	N 的取值			
	无侧向排水		侧向排水	
	$r=2$	$r=1$	$r=2$	$r=1$
38	2400	9500	30	83
50	4100	16500	52	140
100	17000	66000	210	570
150	37000	150000	460	1300

注：t_{100} 是分钟数；

　　$r = L/D$；

　　"侧向排水"适用于单面和径向边界同时排水的情况。

c_{vi} 的计算值取决于两个重要参数。

以上述方式计算的 c_{vi} 值应该谨慎使用。c_{vi} 的计算值只能用于三轴试验中应变率的估算，不能用于固结或渗透性的计算。当允许侧向排水时，用这种方法得出的 c_{vi} 值可能有较大的误差。

2. 体积压缩系数

等压固结的体积压缩系数 m_{vi} 可由第 15.5.5 节的公式计算：

$$m_{vi} = \frac{\Delta V_c}{V} \times \frac{1000}{\Delta \sigma'} \quad m^2/MN$$

由于压力室内围压保持不变，有效应力改变量 $\Delta \sigma'$，等于整个固结阶段试样中孔隙水压力（$u_i - u_c$）的变化。体积变化 ΔV_c 等于固结阶段从试样中排出水的体积，用 ΔV_c 除以固结阶段开始时的试样体积，得出固结引起的体积应变。

m_{vi} 的典型计算方法见图 19.18。该值取决于两个重要参数。

3. 渗透系数

渗透系数 k 的值可根据第 15.5.5 节中给出的公式计算：

$$k = c_{vi} m_{vi} \times 0.31 \times 10^{-9} \text{ m/s}$$

抗剪强度计算符号 表 19.6

测量值	符号	单位
测力环校准系数	C_r	N/刻度
t 时刻测力环读数	R	刻度
t 时刻轴向位移	ΔL	mm
t 时刻的轴向应变	ε	%
t 时刻的横截面面积	A	mm^2
t 时刻轴向荷载	P	N
施加偏应力（校正前）	$(\sigma_1 - \sigma_3)_m$	kPa
橡胶膜校正	σ_{mb}	kPa
侧向排水边界修正	σ_{dr}	kPa
孔隙水压力	u	kPa
校准偏应力	$(\sigma_1 - \sigma_3)$	kPa
压力室围压	σ_3	kPa
剪切初始孔隙水压力	u_0	kPa
剪切引起的体积变化	ΔV	cm^3
剪切引起的体积应变	ε_v	%

其准确性取决于 c_{vi} 值的可靠度，如果其值大于等于粉质土的渗透系数（即 10^{-8}m/s），结果便不切合实际。如果采用侧面排水，则不应采用 k 值。

19.7.3　剪切强度 CU 试验

1. 轴向应力计算

用于抗剪强度计算的符号见表 19.6。其中的参数计算公式如下：

$$\text{轴向应变}\quad \varepsilon\% = \frac{\Delta L}{L} \times 100\%$$

$$\text{轴向力}\quad P = C_r \times RN$$

测力环校准值 C_r 不是常量，而是随着测力环变形而变化（参见第 2 卷第 8.4.4 节）。

允许径向变形的试样截面面积 A（第 2 卷第 13.3.7 节）等于

$$\frac{100A_c}{100 - \varepsilon\%} \text{ mm}^2$$

试样中的轴向应力 P（测得的偏应力）等于 P/A（N/mm^2），即 (P/A) 1000kPa。因此，根据式（13.7）（参见第 2 章第 13.3.7 节）可得：

205

$$(\sigma_1 - \sigma_3)_{\mathrm{m}} = \frac{P}{A_{\mathrm{c}}} \times 1000 \times \frac{100 - \varepsilon\%}{100} \ \mathrm{kPa}$$

$$= \frac{P}{A_{\mathrm{c}}} \times 10(100 - \varepsilon\%) \ \mathrm{kPa}$$

(19.16)

如果变形是由确定的破坏面破坏引起"单层面滑动"，则必需按照第 18.4.1 节进行面积校正。

2. 橡胶膜和排水管校正

为考虑橡胶膜和侧向排水管（如果有安装的话）的影响，计算出的偏应力必需进行校正。第 18.4.2 和 18.4.3 节分析了校正值，并将其从 $(\sigma_1 - \sigma_3)_{\mathrm{m}}$ 中扣除，即：

$$(\sigma_1 - \sigma_3) = (\sigma_1 - \sigma_3)_{\mathrm{m}} - \sigma_{\mathrm{mb}} - \sigma_{\mathrm{dr}}$$

根据图 18.16（第 18.4.2 节）可获得橡胶膜校正值 σ_{mb}。该图表适用于橡胶膜厚度为 0.2mm 并且直径为 38mm 的试样，对于任何其他试样直径 d（mm）和膜厚度 t（mm），应乘以 $\dfrac{38}{d} \times \dfrac{t}{0.2}$，以获得正确的橡胶膜校正值。

第 19.7.4 节给出了几种试样直径的排水校正值 σ_{dr}。

3. 校正应力

利用充分校正后的偏应力，从每组记录数据中计算主应力和其他参数，计算公式如下。符号见表 19.6。

最小有效主应力 $\sigma_3' = \sigma_3 - u$

最大有效主应力 $\sigma_1' = (\sigma_1 - \sigma_3) + \sigma_3'$

主应力比 $= \sigma_1' / \sigma_3'$

孔隙水压力系数 $\overline{A} = (u - u_0) / (\sigma_1 - \sigma_3)$

完全饱和土，$\overline{A} = A$

根据有效应力，应力路径参数 s' 和 t' 根据第 16.1.4（2）节推导的公式进行计算。

$$s' = \frac{\sigma_1' + \sigma_3'}{2}$$

(16.3)

$$t' = \frac{\sigma_1' - \sigma_3'}{2}$$

(16.2)

上述计算结果如图 19.22（d）所示。

4. 图形绘制

计算所得数据可用于以下图表绘制：偏应力-应变；孔隙水压力-应变，通过初始固结阶段的数据反应孔隙水压力的变化关系；有效主应力比-应变，由零应变处开始；孔隙水压力系数-应变；t'-s' 的应力路径图。

5. 破坏准则

根据偏应力与应变的关系曲线，峰值点或"破坏"条件位于 $(\sigma_1 - \sigma_3)_{\mathrm{f}}$ 处。相对应的应变值（ε_f）和孔隙水压力（u_f）也要读取，如图 19.22（c）所示。同样可以通过读取由计算机生成数据的相关纵列极大值来获取，但后者得到的结果需要利用前者进行检验。曲线表明最大值可能介于两组读数之间，在这种情况下应进行合理插值。如上所述，可以计算在"破坏"时 σ_3'、σ_1'、σ_1'/σ_3' 和 A（用 A_f 表示）的值。

如果两种不同的破坏准则中某一种适用，可同样从曲线中读出对应最大主应力比或"临界状态"条件（恒定状态的偏应力和孔隙水压力）下的数值进行如上计算。

6. 应力路径

可以绘制 $t = 0.5(\sigma_1 - \sigma_3)$ 与 $s' = 0.5(\sigma_1' + \sigma_3')$ 之间，或 q 与 p'（第 16.3 节）的应力路径图。相比于莫尔应力圆，这些图传达了更多关于试验期间土体力学行为的信息。

7. 莫尔圆

通过 σ_1' 和 σ_3' 能够绘制有效应力的莫尔圆，表示相关的破坏准则。

总应力莫尔圆与强度包络线的推导无关。BS 1377 不做要求，但 ASTM D 4767 中有所提及。

8. 试样分组

如图 19.22（a）～（d）所示，通过将图组合在一起，可以把一个土样上取得的三个试样的结果表述在一个测试报告表格内。

在图 19.22（d）中给出了 t 与 s' 的应力路径图。根据破坏准则，获得每条曲线中对应的最大偏应力，并拟合出合适的直线。直线与水平轴的倾斜角度用 θ 表示，t 与（垂直）坐标轴的截距用 t_0 表示。

抗剪强度参数（c'，φ'）根据第 16.2.3 节中导出的公式进行计算：

$$\sin\varphi' = \tan\theta \qquad (16.9)$$

$$c' = \frac{t_0}{\cos\varphi'} \qquad (16.10)$$

可通过根据破坏准则绘制三个莫尔圆，拟合出包络线（图 19.22a）。由包络线的斜率可以计算有效内摩擦角 φ'，垂直轴的截距给出了有效黏聚力 c'。

19.7.4　抗剪强度 CD 试验

1. 计算和校正

抗剪强度计算所用符号与 CU 试验相同（第 19.7.3 节表 19.6）。

轴向应变 ε（%）和轴向力 P（N）的计算与 CU 试验一致。在计算偏应力（$\sigma_1 - \sigma_3$）$_m$（kPa）时，如第 18.4.1 节所述，排水引起的试样体积变化是应考虑的附加因素。

体积应变等于 ε_v（$\Delta V/V_c$）$\times 100\%$，偏应力由如下公式计算：

$$(\sigma_1 - \sigma_3)_m = \frac{P}{A_c} \times \frac{100 - \varepsilon}{100 - \varepsilon_{vs}} \times 1000 \text{kPa} \qquad (19.17)$$

此公式由式（18.7）推导得出。

如果孔隙水压力没有显著变化，则计算主应力比几乎得不到任何结果，因为绘制时，将获得与应力-应变曲线相同的曲线。

2. 橡胶膜和排水管校正

应根据第19.7.3节中CU试验的说明，对计算所得偏应力进行校正，以考虑橡胶膜的影响。

如果安装了垂直侧向排水装置，对应变超过2%的情况，适用于鼓状变形的校正值是恒定的。校正值取决于试样的直径（第18.4.3节），总结如附表19.1所示。

排水校正值汇总表					附表 **19.1**
试样直径(mm)	38	50	70	100	150
排水校正值 σ_{dr}(kPa)	10	7	5	3.5	2.5

对于超过2%的应变，可以假定校正值随上述值线性增加，如第18.4.3节所述。如果使用螺旋排水管，则不进行校正。

对于单一平面滑动，可采用第18.4.1～18.4.3节中所述的面积变化、橡胶膜和侧面排水进行校正。

面积变化、橡胶膜和侧向排水的校正细节及其校正值应在试验报告中清楚列出。这对单层面滑动的校正特别重要，因为它的修正系数可能要大许多。

3. 图形绘制

可以进行如下图表绘制：偏应力-轴向应变；体积应变-轴向应变；孔隙水压力-应变（如果孔隙水压力发生显著变化）。

4. 破坏

与CU试验一样，可从偏应力-应变曲线中读取峰值偏应力 $(\sigma_1-\sigma_3)_f$ 和对应的轴向应变 ε_f。同时读取体积应变和对应于 ε_f 的实际孔隙水压力 u_f（图19.23c）。如有需要，亦可以计算得到恒定偏应力和恒定体积阶段的对应数值。

按照与CU试验相同的方法计算破坏时的应力（第19.7.3节）。

5. 莫尔圆

用测量的 σ'_{3f} 和 σ'_{1f} 值，绘制在排水条件下破坏发生时有效应力的应力路径或莫尔圆。如果从一个土样中测试多个试样，则将它们作为一组绘制在一起，并绘制破坏包络线。排水抗剪强度参数 c_d、φ_d 的确定方法与CU试验相同（图19.22）。在大多数实际应用中，可将排水参数视为与不排水参数 c'、φ' 相同，通常符号遵循后者。

19.7.5　报告结果

以下是数据报告以及相关的图表。除了单独列出，其他与CU和CD试验相似。标记 * 的项目是除BS 1377：7.6和8.6所列之外的附加项目。

1. 总则
土样识别、参考编号和位置

<table>
<tr><td colspan="8" align="center">三轴压缩排水固结试验
体积变化测量依据BS 1377-8：1990</td></tr>
<tr><td>钻孔/试样编号</td><td>BH3/10</td><td colspan="2"></td><td>日期</td><td colspan="3">2009年5月7日</td></tr>
<tr><td>试样深度(m)</td><td colspan="3">17.10～17.50</td><td>试样深度(m)</td><td colspan="3">17.60</td></tr>
<tr><td>试样细节</td><td colspan="3"></td><td>排水条件</td><td colspan="3">两端和径向边界同时排水</td></tr>
<tr><td>试样类型</td><td colspan="3">U100</td><td>试样方向</td><td colspan="3">竖直</td></tr>
<tr><td></td><td colspan="3"></td><td>准备方法</td><td colspan="3">压实和手工修整</td></tr>
<tr><td>试样描述</td><td colspan="7">坚硬的棕色黏土，含少量砂质和砾石</td></tr>
</table>

			试样1	试样2	试样3
初始物理性质指标 BS:1377-8	含水率	%	36	36	36
	堆积密度	$10^3kg/m^3$	1.63	1.79	1.79
	干密度	$10^3kg/m^3$	1.34	1.31	1.31
	高度	mm	74.8	76.0	76.0
	直径	mm	37.4	37.5	37.5
	假设颗粒密度	$10^3kg/m^3$		2.70	
	饱和度	%	97	93	93
	孔隙比		1.0170	1.0603	1.0603
压缩阶段	围压	kPa	500	600	800
	初始孔隙水压力(U_0)	kPa	402	400	401
	初始有效压力	kPa	98	200	300
	破坏准则：最大偏应力				
	轴向位移速率	mm/min	0.0200	0.0200	0.0200
	轴向应变	%	6.1	7.5	9.1
	橡胶膜修正	kPa	1.2	1.4	1.7
	侧向排水修正	kPa	1180.1	1193.1	1156.1
	偏应力(修正)	kPa	230	384	748
	孔隙水压力反压	kPa	400	400	400
	有效最大主应力(修正)	kPa	330	584	1148
	有效最小主应力	kPa	100	200	400
	体积应变(%)		0.0	0.6	1.6
最终物理性质指标	含水率	%	33	33	33
	堆积密度	$10^3kg/m^3$	1.76	1.76	1.87
	干密度	$10^3kg/m^3$	1.32	1.32	1.41

有效黏聚力	15kPa	有效内摩擦角	27.7°

试验备注

	记录	日期 2009年5月25日	复核	日期	
地质调查试验有限公司	项目		沃克顿到坦福斯的天然气管道	合同编号	SI/3947
				图表	ES/1

(a)

图 19.23　固结排水（CD）三轴压缩试验的图表数据（一）

（a）数据汇总与莫尔圆

209

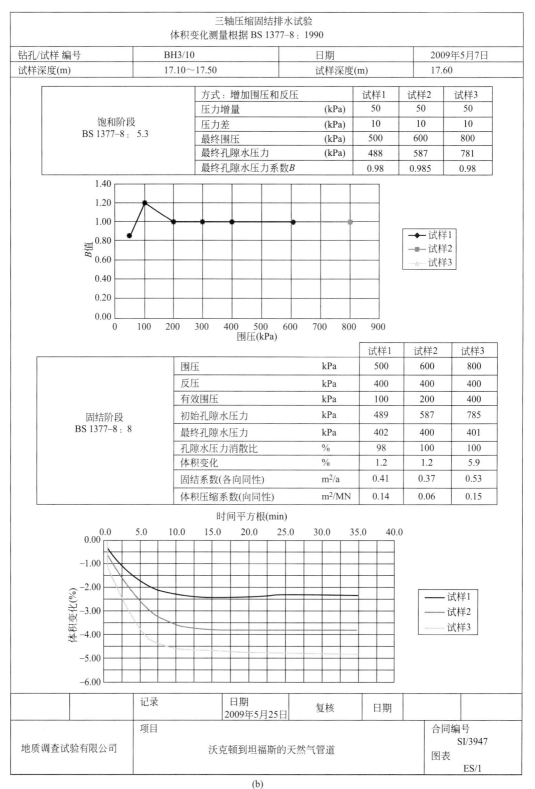

三轴压缩固结排水试验 体积变化测量根据 BS 1377-8：1990						
钻孔/试样 编号	BH3/10		日期		2009年5月7日	
试样深度(m)	17.10～17.50		试样深度(m)		17.60	

饱和阶段 BS 1377-8：5.3	方式：增加围压和反压		试样1	试样2	试样3
	压力增量	(kPa)	50	50	50
	压力差	(kPa)	10	10	10
	最终围压	(kPa)	500	600	800
	最终孔隙水压力	(kPa)	488	587	781
	最终孔隙水压力系数B		0.98	0.985	0.98

固结阶段 BS 1377-8：8			试样1	试样2	试样3
	围压	kPa	500	600	800
	反压	kPa	400	400	400
	有效围压	kPa	100	200	400
	初始孔隙水压力	kPa	489	587	785
	最终孔隙水压力	kPa	402	400	401
	孔隙水压力消散比	%	98	100	100
	体积变化	%	1.2	1.2	5.9
	固结系数(各向同性)	m²/a	0.41	0.37	0.53
	体积压缩系数(向同性)	m²/MN	0.14	0.06	0.15

	记录	日期 2009年5月25日	复核	日期	
地质调查试验有限公司	项目 沃克顿到坦福斯的天然气管道			合同编号 SI/3947 图表 ES/1	

(b)

图 19.23　固结排水（CD）三轴压缩试验的图表数据（二）

（b）饱和固结阶段

第 19 章　常规有效应力三轴试验

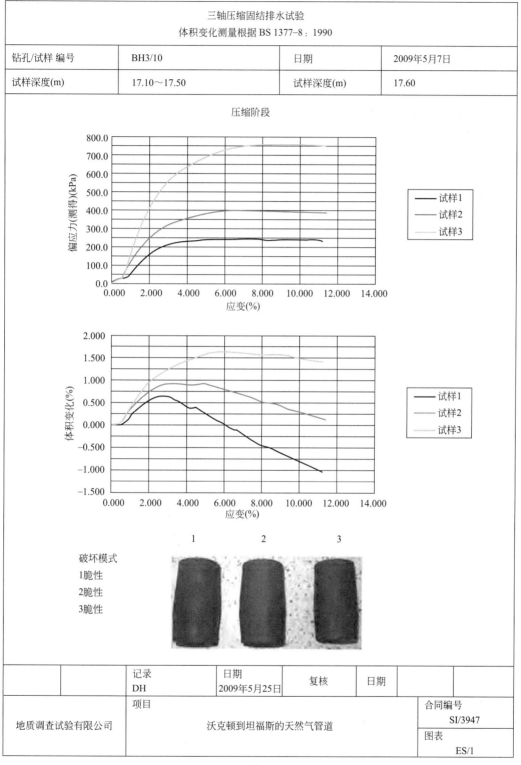

三轴压缩固结排水试验 体积变化测量根据 BS 1377-8：1990			
钻孔/试样 编号	BH3/10	日期	2009年5月7日
试样深度(m)	17.10～17.50	试样深度(m)	17.60

压缩阶段

破坏模式
1脆性
2脆性
3脆性

		记录 DH	日期 2009年5月25日	复核	日期	
地质调查试验有限公司		项目 沃克顿到坦福斯的天然气管道			合同编号 SI/3947	
					图表 ES/1	

(c)

图 19.23　固结排水（CD）三轴压缩试验的图表数据（三）

（c）剪切阶段和试样照片

土样类型

　　土质描述

　　试样类型和初始尺寸

　　试样在原土样内的位置和方向

　　试样制备方法

　　从试样碎屑中测定含水量 *

　　试验开始日期

针对每个试样：

　　2. 初始条件

　　含水率

　　体积密度、干密度

　　孔隙比和饱和度 *

　　橡胶膜厚度 *

　　是否设置侧向排水及类型

　　3. 饱和阶段

　　饱和过程

　　压力室围压增量（如果采用逐级施压）

　　压差（如果采用逐级施压）

　　饱和后孔隙压力和围压

　　B 值

　　最终饱和度

　　B 值与孔隙水压力（或围压）的关系 *

　　4. 固结阶段

　　围压

　　反压

　　初始孔隙水压力

　　最终孔隙水压力

　　孔隙水压力消散比

　　固结系数 c_{vi} *

　　体积压缩系数 m_{vi} *

　　计算破坏时间

　　体积变化与时间平方根的关系图

　　5. 压缩阶段（CU 试验）

　　围压

　　初始孔隙水压力

初始有效围压

施加的应变速率

使用破坏准则

破坏时数据：轴向应变、偏应力、体应变、孔隙水压力、最大有效主应力和最小有效主应力、有效主应力比

破坏时试样照片（反应破坏模式）

橡胶膜、侧向排水和其他校正值

达到破坏的实际用时 *

最终密度和含水率

关系图：应变-偏应力、有效主应力比-应变、应变-孔隙水压力变化

破坏时的有效应力莫尔圆

$s'-t$ 的关系图表示的有效应力路径

声明：根据 BS 1377-8：1990：4～6，8 进行试验。

6. 压缩阶段（CD 试验）

围压

反压

初始孔隙水压力

有效围压

施加应变速率

使用的破坏准则

破坏时的数据：轴向应变、偏应力、体应变、孔隙水压力、最大有效主应力和最小有效主应力、有效主应力比

破坏时试样照片（反应破坏模式）

橡胶膜、侧向排水和其他校正值

达到破坏的实际用时 *

最终密度和含水率

关系图：应变-偏应力、应变-体积变化、应变-孔隙水压力变化（如果显著）

有效应力莫尔圆

声明：根据 BS 1377-8：1990：4～6，8 进行试验。

7. 对一组 CU 试样

如上所列，汇总为一组数据

如上所述，包括应力路径图，分组绘制在公共坐标轴上

绘制应力路径图上表征破坏包络线，说明抗剪强度参数 c'，φ' 的计算

绘制破坏时的莫尔圆，并通过破坏包络线计算斜率（φ'）和截距（c'）。

8. 对一组 CD 试样

如上所列，汇总为一组数据

如上所述，包括应力路径图，分组绘制在公共坐标轴上

绘制应力路径图上表征破坏包络线，说明抗剪强度参数 c'，φ' 的计算

绘制破坏时的莫尔圆，并通过破坏包络线计算斜率（φ'）和截距（c'）。

参考文献

ASTM Designation D 4767-11, *Standard Test Method for Consolidated-Undrained Triaxial Compression Test on Cohesive Soils*. American Society for Testing and Materials, Philadelphia, USA.

Arulanandan, K., Shen, C. K. and Young, R. B. (1971) Undrained creep behaviour of a coastal organic silty clay. *Géotechnique*, Vol. 21(4), p. 359.

Bishop, A. W. and Henkel, D. J. (1962) *The Measurement of Soil Properties in the Triaxial Test*, 2nd edn). Edward Arnold, London (out of print).

Bishop, A. W. and Little, A. L. (1967) The influence of the size and orientation of the sampleon the apparent strength of the London Clay at Maldon, Essex. In: *Proceedings of the Geotechical Conference*, Oslo, Vol. 1, pp. 89-96.

BS 1377: Parts 1 to 8: 1990, *British Standard Methods of Test for Soils for Civil Engineering Purposes*. British Standards Institution, London.

Case, J. and Chilver, A. H. (1959) *Strength of Materials: an Introduction to the Analysis of Stress and Strain*. Edward Arnold, London.

Hight, D. W. (1980) Personal communication to original author.

Hight, D. W. (1982) Simple piezometer probe for the routine measurement of pore pressure in triaxial tests on saturated soils. Technical Note. *Géotechnique*, Vol. 32(4), p. 396.

Lumb, P. (1968) Choice of strain-rate for drained tests on saturated soils. Correspondence. *Géotechnique*, Vol. 18(4), p. 511.

Olson, R. E. (1964) Discussion on the influence of stress history on stress paths in undrained triaxial tests on clay. In: *Laboratory Shear Testing of Soils*. ASTM Special Technical Publication No. 361, American Society for Testing and Materials, Philadelphia, pp. 292-293.

Sandroni, S. S. (1977) The strength of London Clay in total and effective shear stress terms. *PhD Thesis*, Imperial College of Science and Technology, London.

Sangrey, D. A., Pollard, W. S. and Eagan, J. A. (1978) Errors associated with rate of undrained cyclic testing of clay soils. In: *Dynamic Geotechnical Testing*. ASTM Special Technical Publication No. 654. American Society for Testing and Materials, Philadelphia.

Wesley, L. D. (1975) Influence of stress path and anisotropy on behaviour of a soft alluvial clay. *PhD Thesis*, Imperial College of Science and Technology, London.

第 20 章
高等三轴剪切强度试验

本章主译：戴北冰（中山大学）、吴创周（浙江大学）

20.1 引言

本章介绍了除第 19 章所述的基本试验外其他几种用于测量土体抗剪强度的三轴试验流程。其中一些流程并不经常使用，但在某些特定情况下可能是适用的。本章对这些流程仅做简单的归纳整理，其相关细节可参考第 18 章和第 19 章。所需相关设备与第 19 章介绍的设备相同。

针对特殊需要和应用，有很多不同方法可以确定土体的抗剪强度，但其中大多数方法都需要用到更高等级的试验流程和额外的设备。这些试验流程将不在本书中介绍。

20.2 多阶段三轴试验

20.2.1 引言

在第 2 卷第 13.6.5 节中介绍了对单个土样（如泥砾）进行的总应力多阶段快速不排水三轴试验。卢姆（1964），肯尼和沃特森（Kenney 和 Watson，1961），沃特森和柯万（Watson 和 Kirwan，1962）和拉多克（Ruddock，1966）描述了多阶段有效应力试验。这些试验可以测试多种土的有效抗剪强度参数（c'，φ'），并且这些抗剪强度参数实际上与利用一组三个试样的常规三轴试验获得的参数没有区别。然而，这些试验得到的其他参数，如压缩性、膨胀性、孔隙水压力变化和孔隙率变化等参数，与常规试验得到的参数不同。霍和弗雷德隆德（Ho 和 Fredlund，1982）介绍了对非饱和土、高渗透性土进行的多阶段三轴试验。简布（Janbu，1985）描述了应力路径在多阶段试验中的应用。

在进行多阶段试验时，必需要绘制某种形式的应力路径图，因为在试验过程中，特别是在达到最大偏应力之前，必需对应力条件和土的力学行为进行观察。应力路径及其使用在第 16 章中描述。

多阶段试验的主要优点是，当无法使用小尺寸试样，只有一个较大尺寸的试样可供试验时，可以节省时间和材料。这特别适用于具有相对大尺度特征的土体，如卵石黏土中的砾石，或包含裂缝等不连续面，而这些特征在小尺寸试样中不能充分表现出来。一般来说，多阶段试验应仅用于敏感性低、结构稳定、破坏时应变和体积变化相对较小的土。试验采用固结-不排水的方法进行，通常适用于饱和或初始饱和度高的试样。不建议在多阶段试验中采用固结排水法。通常采用三个加载阶段，最终阶段施加荷载超过峰值偏应力点。

在多阶段试验中应当注意的一点是每个中间阶段需要选择合适的"破坏"准则。这应该充分考虑土的类型和力学行为，以及现场实际情况，特别是考虑与应变限值相关的事项。在三阶段试验的前两个阶段中，应避免试样过度变形，并且在达到峰值偏应力之前应停止。第 20.2.4 节给出了一些通用的建议，每种土应根据其特点进行处理，而不应遵循严格的程序。

一般来说，多阶段三轴试验不应作为标准测试程序，而应作为一种权宜之计，当可供选择的试样数量有限又没有切实可行试验方案替代时使用，用于对特定类型的土进行试验。

以下章节没有描述多阶段固结排水试验程序，因为除非试验操作人员完全熟悉其局限性，否则不建议采用。体积变化发生在试验的每个阶段，因此试验的每个阶段都是在不同状态的材料上进行的。除非能够考虑到状态的变化，否则所获得的试验结果可能没有参考价值（Hight，2011）。当进行排水试验时，第 20.2.4 节中描述的判定破坏的标准也变得不再可靠。夏尔马（Sharma，2011）等学者描述了使用 $d\varepsilon_v/d\varepsilon_h = 0$ 作为确定粉砂人工胶结试样在多阶段固结排水试验中的早期阶段终止的破坏准则。与单阶段试验结果相比，他们报告的 c' 和 φ' 平均误差分别为 6% 和 5%，但需要进一步的工作来确认此方法的有效性。

20.2.2 试验程序

1. 总述

除了需要单独说明的试样特殊处理程序，以下简要流程与原状土 CU 三轴试验相似。如果准备试样和正式试验之间有足够的时间使试样内部的孔隙水压力达到平衡，可以使用重塑或压实的试样。

对大尺寸黏土试样或低渗透性试样，两端排水可以使排水路径减半（而不必使用侧向排水），从而将理论固结时间缩短 4 倍。为了在不排水试验前的固结过程中允许双面排水，以下所述的布置是必要的。

2. 程序步骤：

（1）采用第 19.2.3 节图 19.1 所示方法安装固结不排水试验试样。阀门 a 与孔隙水压力传感器相连。阀门 b 和阀门 d 连接到同一个反压系统。如果不需要用反压系统，则打开滴定管使水位达到试样中部高度。这样做可以保证在固结过程中允许双面排水（阀门 a 打开，阀门 b 和阀门 d 关闭），随后在试样压缩过程中测量孔隙水压力（阀门 a 打开，阀门 b 和阀门 d 打开），期间不需要更换管线。

（2）通过第 19.6.1 节所示的方法饱和试样，得到一个适当的 B 值。或者通过施加一定围压来确认试样在初始阶段达到合适的饱和度。

（3）如第 19.6.2 节，施加第一级（最低的）有效围压固结试样。

（4）根据实际的试验类型和排水条件，计算试样剪切破坏的时长并预估合适的应变速率。

（5）如第 19.7.3 节，以常规方法开始压缩阶段。随着试验进行，计算数据并根据应变绘制曲线，进行必要的修正。

① 偏应力（kPa）

② 孔隙水压力（kPa）

③ 主应力比（σ'_1/σ'_3）

同时计算数据以绘制 $t'\text{-}s'$ 的应力路径图，其中

$$t' = (\sigma_1' - \sigma_3')/2$$
$$s' = (\sigma_1' + \sigma_3')/2$$

如第 16.1.4（2）节所示，以上图表皆可用计算机软件实时显示，但如果需要手动绘制，需比正常情况试样加载速率更慢来进行试验，以更新绘图。

（6）当试样已经达到适当的破坏状态后，停止压缩机。试样的破坏前兆可以通过试样表面的破坏发展、应力应变曲线或者第 20.2.4 节所讨论的任意一种破坏准则来判断预测。

（7）即刻反转马达，迅速减小轴向力，直到轴向力归零为止，并记录下相应的轴向应变读数，绘制试样的形态。在进行下一步操作前需等待一定时间，让孔隙水压力达到稳定。移去轴向力以防止试样蠕变。在加载阶段中，允许弹性应变产生少量回弹。

（8）提升围压到下一级设定值，等待孔隙水压力稳定。如前所述，维持反压稳定，除非需要降低反压以达到下一级围压。

（9）按所述方法固结试样，并重新计算固结度。

（10）根据新的固结数据，确定加载的破坏时间并计算应变速率。相比第一级加载，试样在进一步加载后通常在很小应变就达到破坏状态。例如，如果第一级加载试样在 5%～10% 应变范围内发生破坏，进一步加载仅需 1%～2% 的应变就会发生破坏。而且当有效围压增加时，c_{vi} 值通常减小。通常在试验阶段 2 和阶段 3 使用的加载速率要比阶段 1 慢得多。

（11）抬升压盘，使压力室活塞和顶部重新接触，后将应变千分表和测力环千分表重置为零或者读取基准数据。

（12）在适当的应变速率下重新施加轴向荷载，并同步计算和绘图，如步骤（5）。直到试样再次发生破坏，如步骤（6）。

（13）计算如下：

应变：使用新的试样长度作为参考值计算应变，将其添加到卸载后的应变中，以获得累计应变。这只会因施加和卸除偏应力而产生应变。

偏应力：使用新的试样截面面积、体积和从零点开始测量的应变来计算（非修正）偏应力。计算应该考虑橡胶膜校正效应，并使用累计应变。

孔隙水压力：绘制记录数值。孔隙水压力在每一阶段开始时通常与固结时的反压相等，或者稍高于反压，应尽可能保持反压不变。

（14）重复步骤（7）和步骤（13）以施加三级荷载。有时也需要施加第四级荷载。在峰值偏应力后继续最后一级加载。

（15）对常规三轴试验，将荷载和压力减小到零并移去试样，并做后续的绘图、称重和其他测量。完成相关计算。

20.2.3　绘图

除了绘图始于加载状态前一阶段应变的第二阶段和随后阶段，图形数据处理与一般固结不排水试验相同。常用的多级固结不排水试验绘图见图 20.1～图 20.4。从前两个阶段的应力-应变曲线中，可以推测出来破坏条件。这些数值，与实际的最终破坏数值一同用于绘制莫尔圆，进而可以得到破坏包络线和剪切强度参数 c'、φ'。但是，总的来说，第 20.2.4 节中表述的应力路径用处更大。

多阶段固结不排水三轴压缩试验

钻孔号/试样号：BH101/11　　　　　　　　　　　　日期：2011年9月24日

土样深度(m)：6.80～7.25　　　　　　　　　　　　试样深度(m)：6.95

试样详细信息：　　　　　　　　　　　　　　　　排水条件：端部和径向边界

试样类型：重要　　　　　　　　　　　　　　　　试样朝向：垂直

　　　试样描述：坚硬黑棕色砂土，含砂砾黏土　　　　制备方法：挤压和手工剪切

			第一阶段	第二阶段	第三阶段
初始性质 BS 1377-8	含水量	%	13		
	密度	$10^3kg/m^3$	2.37		
	干密度	$10^3kg/m^3$	2.10		
	高度	mm	183.7		
	截面直径	mm	100.0		
	假设颗粒密度	$10^3kg/m^3$	2.70		
	饱和度	%	119		
	孔隙比		0.283		
压缩阶段	围压	kPa	485	585	685
	起始孔隙水压力U_0	kPa	400	400	401
	起始有效压力	kPa	85	185	284
	破坏准则：最大主应力比				
	轴向位移速率	mm/min	0.0300	0.0300	0.0300
	轴向应变	%	3.5	4.9	5.9
	橡胶膜修正	kPa	0.0	0.0	0.0
	侧向排水修正	kPa	1	1	1
	偏应力	kPa	174	442	772
	孔隙水压力	kPa	434	440	499
	有效最大主应力(校正)	kPa	225	587	958
	有效最小主应力	kPa	51	145	186
	有效主应力比(校正)		4.41	4.05	5.15
	孔隙水压力参数(破坏)		0.16	0.07	0.12
最终性质	含水量	%			12
	密度	$10^3kg/m^3$			2.33
	干密度	$10^3kg/m^3$			2.08
有效黏聚力	0.0kPa		有效内摩擦角	33.6 °	

基于最佳线性回归拟合(c'=0kPa)

图20.1　多阶段固结不排水三轴压缩试验图表数据——试样数据和莫尔圆（一）

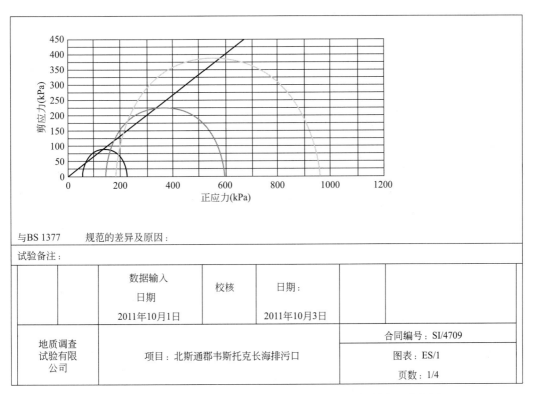

	数据输入日期	校核	日期：	
	2011年10月1日		2011年10月3日	
地质调查试验有限公司	项目：北斯通郡韦斯托克长海排污口		合同编号：SI/4709	
			图表：ES/1	
			页数：1/4	

与BS 1377 规范的差异及原因：

试验备注：

图 20.1　多阶段固结不排水三轴压缩试验图表数据——试样数据和莫尔圆（二）

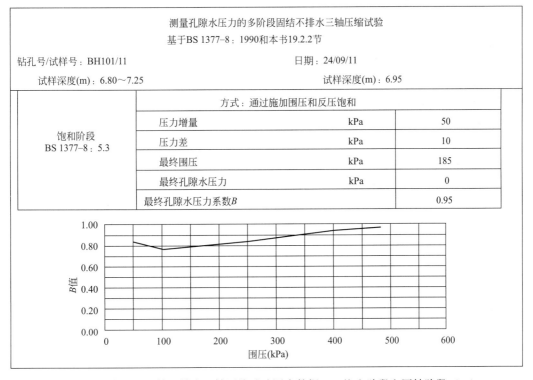

测量孔隙水压力的多阶段固结不排水三轴压缩试验

基于BS 1377-8：1990和本书19.2.2节

钻孔号/试样号：BH101/11　　　　　　　　　日期：24/09/11

试样深度(m)：6.80～7.25　　　　　　　　　试样深度(m)：6.95

	方式：通过施加围压和反压饱和		
饱和阶段 BS 1377-8：5.3	压力增量	kPa	50
	压力差	kPa	10
	最终围压	kPa	185
	最终孔隙水压力	kPa	0
	最终孔隙水压力系数B		0.95

图 20.2　多阶段固结不排水三轴压缩试验图表数据——饱和阶段和固结阶段（一）

			第一阶段	第二阶段	第三阶段
	围压	kPa	485	585	685
	反压	kPa	400	400	400
	有效围压	kPa	85	185	285
固结程度	初始孔隙水压力	kPa	471	548	685
BS 1377-8：6	最终孔隙水压力	kPa	400	400	401
	孔隙水压力消散	%	100	100	100
	体积变化	%	1.0	1.2	1.0
	固结系数(各向同性)		6.28	5.02	9.00
	体积压缩系数(各向同性)		0.14	0.08	0.037

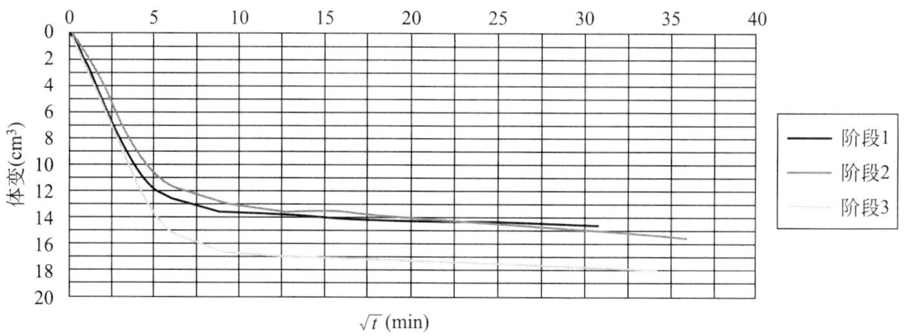

	数据输入DH 日期 2011年10月1日	校核	日期： 2011年10月3日		
地质调查试验有限公司	项目：北斯通郡韦斯托克长海排污口			合同编号：SI/4709 图表：ES/1 页数：2/4	

图 20.2　多阶段固结不排水三轴压缩试验图表数据——饱和阶段和固结阶段（二）

多阶段固结不排水三轴压缩试验

试验孔隙水压力:来源于BS 1377-8：1990和本书19.2.2节

钻孔/试样号：BH101/11　　　　　　　　　　　　　日期：2011年9月24日

土样深度(m)：6.80～7.25　　　　　　　　　　　　试样深度(m)：6.95

图 20.3　多阶段 CU 三轴压缩试验——剪切阶段的图形数据（一）

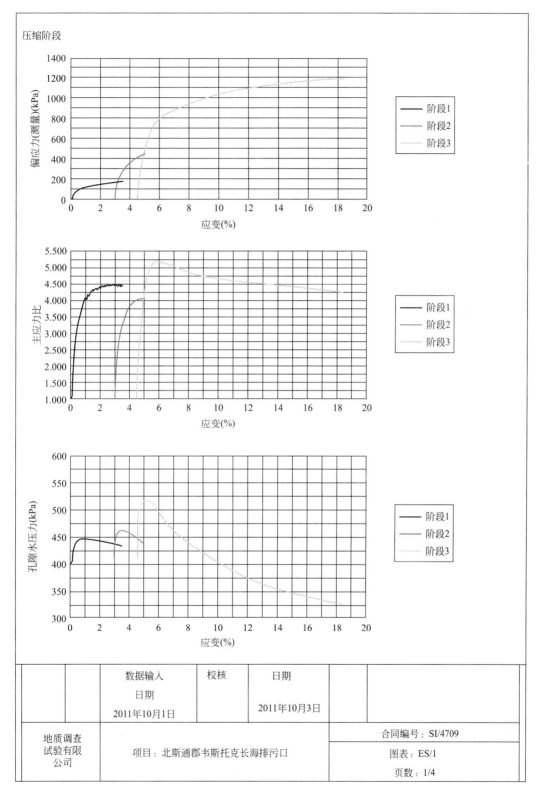

		数据输入	校核	日期		
		日期				
		2011年10月1日		2011年10月3日		
地质调查 试验有限 公司		项目：北斯通郡韦斯托克长海排污口			合同编号：SI/4709	
					图表：ES/1	
					页数：1/4	

图 20.3　多阶段 CU 三轴压缩试验——剪切阶段的图形数据（二）

多阶段固结不排水三轴压缩试验

试验孔隙水压力：来源于BS 1377-8：1990和本书19.2.2节

钻孔/样本：BH101/11　　　　　　　　　　　日期：2011年9月24日

土样深度(m)：6.80～7.25　　　　　　　　试样深度(m)：6.95

压缩阶段

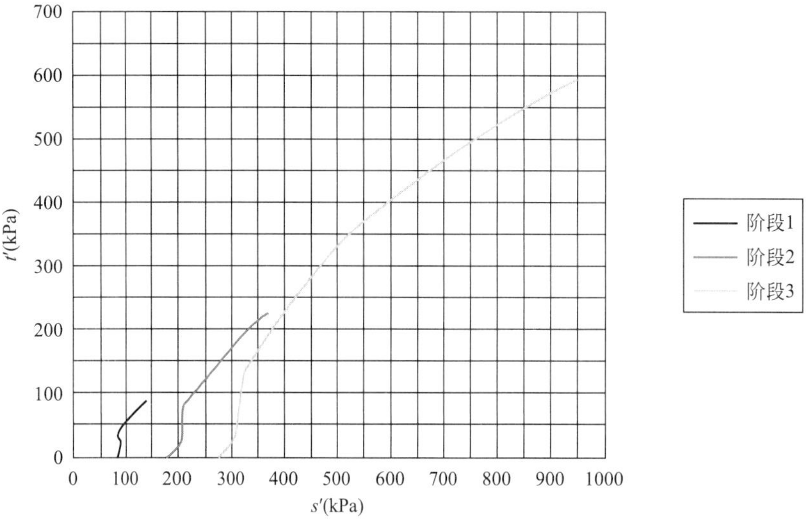

破坏方式：脆性破坏

		数据输入	校核	日期：		
		日期　2011年10月1日		2011年10月3日		
地质调查试验有限公司		项目：北斯通郡韦斯托克长海排污口			合同编号：SI/4709	
					图表：ES/1	
					页数：1/4	

图20.4　多阶段固结不排水三轴压缩试验的图形数据——试验后的应力路径和试样照片

20.2.4 破坏准则

在常规的三轴试验中，最大总应变一般不超过 25％，压力室活塞的有效长度是限制因素之一，但当试样的应变超过 20％，试样产生扭曲后会导致轴向应力值测量不准确。所以三阶段三轴试验中每一阶段应变不应超过 8％，但允许第一阶段的应变较大。因为之后的两个阶段中土的硬化会导致其在压缩至破坏过程中的应变较小。

每个试样的破坏准则应该以土的类型和现场条件为基础来选取。部分可用于判断破坏的准则描述如下：

（1）直观的破坏，例如试样滑动面持续发展。

（2）偏应力-应变曲线趋于平缓或者达到峰值（适用于修正后的曲线）。

（3）达到预定的应变。例如三个连续阶段的应变为 10％、15％、20％；对弹性土，应变为 16％、18％、20％更加适用（Anderson，1974）。

（4）最大主应力比（σ_1'/σ_3'）是一个有用的破坏准则。在超固结土中，它通常发生在最大偏应力之前。随着试验的进行，应将该比例与应变进行绘图处理。

（5）孔隙水压力的变化也可以作为破坏准则。最大孔隙水压力（在非膨胀土中）出现在峰值主应力比附近。

（6）除了（2）、（4）和（5）中提到的绘图方法外，应力路径绘图法（第 21 章）对不排水有效应力试验特别有用。对于超固结土（例如泥砾），沃特森和柯万（1962）用 σ_1' 与 σ_3' 的曲线证明，可以在特定围压下进行试验估算破坏包络线的斜率。在达到最大有效应力比后，如图 20.5 所示，在 MIT 应力场上绘制试验数据［第 16.1.4（2）节］。在阶段 1 中，最大应力比在点 S 处达到，从 S 到 U 的连续读数都是沿破坏包络线分布。但是，很难从这些紧密集中的点计算包络线的斜率。通常，在试样受足够大的变形而达到峰值偏应力之前，第一阶段终止于某点 T。需要进行第二阶段试验来测量数据，绘制破坏包络线，并且第二阶段也会在相似点 T 终止。如图 20.5 所示，进行了第三阶段试验，荷载加载到足以破坏试样、并准确描述峰值强度包络线。

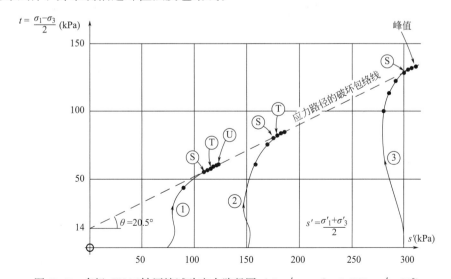

图 20.5 多级 CU 三轴压缩试验应力路径图（$\sin\varphi' = \tan\theta = 0.374$；$\varphi' = 22°$）

通常希望绘制不止一种类型的图，以提供足够的数据来决定何时终止当前试验阶段，并进入下一个阶段。

20.3　不排水压缩试验

20.3.1　概述

1. 试验类型

本节简要介绍与 BS 流程不同的简易三轴压缩试验流程。这项流程基于 D. W. 海特介绍的方法，该方法除了要求在试样底部使用孔隙水压力传感器外，还要求在试样中间高度使用孔隙水压力传感器。在试样中间高度使用孔隙水压力传感器的优点是孔隙水压力读数不受端部约束影响，因而对试样整体来说所计算的有效应力更有代表性。孔隙水压力变化测量越快的剪切试验，可以比依赖试样底部测量孔隙水压力的试验进行得更快。近年来，半高处孔隙水压力传感器探头用得越来越多，试样的准备方法如下。

试验流程如下：

（1）测量孔隙水压力的不固结不排水试验，可查阅 UUP 试验。

（2）100mm 直径原状黏土试样的固结不排水试验，可查阅 CUP 试验。

对在半高处使用局部应变计和弯曲元的上述试验做如下简要介绍。此种仪器通常是用于各向异性固结试样的试验中，超出了本书范围。

本章节介绍的试样直径为 100mm，使用旋转取芯或推压薄壁管从土样中制得。旋转取芯试样的扰动形式主要为钻进液对取芯渗透的影响。这将使取芯试样周围产生湿润区，如要测试未扰动参数，该区应该移除。芯样从场地取出后应该立即操作，这是作为试验试样密封和保存的重要要求。

2. 应用

第 20.3.2 节提到的 UUP 试验主要用于未扰动试样测试，该试样从原位取出后含水率没有变化，UUP 试验可用于测试黏土试样的不排水剪切有效应力参数。此试验也可被用于测试压实填料的有效抗剪强度参数。

第 20.3.4 节中提到的 CUP 试验主要用于测试接近饱和或者饱和的各向同性固结或膨胀性黏土的有效应力参数。这一流程避免反压饱和流程中土样在较低有效应力条件下吸收水。

这些试验流程的成功与否取决于操作人员的操作技巧和仪器使用经验，例如安装试样和试验装置，同时也与实验室和监督工程师有关。建议使用新的实验室和仪器来进行这些试验流程，在良好的试样上进行试验操作才能保证有效性。

3. 试样制备

（1）按照第 19.4.2 节和第 2 卷第 9.2.6 节或第 9.3.3 节描述的方法，制备高径比为 2：1 的原状黏土试样。旋转取样管取出的土样需要在现场进行修整。插入式薄壁取样管取出的土样需要在实验室中进行挤压脱样和修整。测量并记录试样的初始尺寸及初始含水率。

（2）如果黏土中含有透镜状砂土层，负责测试的工程师应立即进行检查，以决定是否使用替代试样或继续使用层状试样。

（3）在可行情况下，试样修整后，应根据 BS 1377-6：1990：5.3.2 将试样立即放入三轴压力室中。

（4）滤纸排水可加速沿试样长度方向的孔隙水压力达到平衡。如果使用排水，其布置方式不应侵占试样中间高度处孔隙水压力探头附近 10 mm 的范围。必要时，滤纸在探头周围应留出规定的间隙。

（5）在橡胶膜中密封试样，在开始试样制备之前，应将其浸入水中不少于 24h。如下所述，在试样中间高度使用和准备使用孔隙水压力探头之前，应将橡胶膜上所有的表面水进行干燥处理。应使用完全饱和的透水石。

（6）将试样放在三轴压力室的基座上，必需避免试样与排水系统接触，以防止发生气蚀。在施加围压前，试样与排水系统之间不应发生接触，这样才能测量出正孔隙水压力。

4. 试样半高处插入孔隙水压力探头

通常使用两种类型的孔隙水压力探头。第一个是内部传感器，它通过橡胶膜连接到试样，如海特（1982）所述。第二种类型无法在市场上买到，但可以在实验室中组装，包括一个陶瓷尖端，该尖端可以插入试样的侧面，并通过内径 3mm 的窄孔连接到外部传感器（通过不锈钢管）。传感器需要承受高达 130kPa 的负孔隙水压力，而陶瓷探头可以承受高达 300kPa 的负压。

探头通过橡胶膜上的小切口插入，并用橡皮垫圈和传感器上的 O 形环密封，需要涂上乳胶。市场购买的传感器附有专用套件，应按制造商的详细说明书使用。半高处安装孔隙水压力探头的试样如图 17.19 所示。试样半高处也安装了局部应变仪，但其使用不在本书的范围之内。

20.3.2 黏土的不固结不排水（UUP）试验

此方法用于测量直径为 100 mm 的原状黏土试样不排水剪切过程中的有效剪切强度特性。

1. 仪器

该仪器类似于第 19 章中所述的常规有效应力三轴测试设备。

在压力室底座有两个连接口（图 17.2），以便在试验过程中用除气水冲洗透水石和传感器端口。不使用顶部排水连接，具体布置如图 20.6 所示。对于陶瓷探头，还需要进一步的连接；如果使用内部传感器，则需要通过压力室底座的密封端口。

2. 试样制备

如第 20.3.1 节所述，将试样放置在三轴压力室中。

3. 饱和

分三步或更多步将围压施加到试样上，使试样饱和。施加的压力取决于取样深度处的

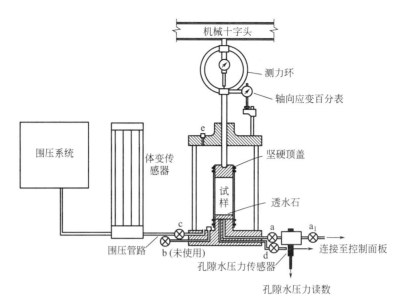

图 20.6　测量孔隙水压力的不固结不排水（UUP）三轴压缩试验设备布置

总上覆压力，用 σ_{v0}（kPa）表示，如表 20.1 所示。

σ_{v0} 的值应由工程师确定，但在没有相关信息时，可以根据公式计算得出：

$$\sigma_{v0} = \rho g z \ \text{kPa}$$

饱和阶段的围压　　　　　　　　　　　　　　　　　　　　表 20.1

深度 z(m)	饱和阶段的围压		
	步骤 1	步骤 2	步骤 3
<5	$2.5\sigma_{v0}$	$2.5\sigma_{v0} + 50$	$2.5\sigma_{v0} + 100$
5~20	$1.5\sigma_{v0}$	$1.5\sigma_{v0} + 50$	$1.5\sigma_{v0} + 100$
20~40	$1.0\sigma_{v0}$	$1.0\sigma_{v0} + 50$	$2.0\sigma_{v0} + 100$
>40	800	1200	1600

其中，ρ 是土的密度（10^3kg/m^3），z 是地表以下的相关深度（m），$g = 10\text{m/s}^2$（近似）。

4. 步骤

（1）在排水阀关闭的情况下，将试样放置在三轴压力室中，尽快施加第一级围压（步骤 1）。之后不久，用除气水快速冲洗底座和传感器外壳。

（2）记录孔隙水压力传感器在施加围压的瞬间以及类似于固结试验所用时间间隔的响应：¼，½，1、3、7、15、30、60 和 120min，然后按照实验室常规操作进行。

（3）保持压力至少 4h，或直到试样底部和半高处孔隙水压力读数稳定（即孔隙水压力变化速率不超过 5kPa/h），以时间较长者为准。如果试样底部或半高处孔隙水压力在施加围压后 8h 内未达到稳定，应及时通知工程师。

（4）在施加的上一级围压后或根据工程师的其他指示，一旦试样底部和中间高度孔隙水压力读数稳定后，可以施加第二级和第三级围压。记录孔隙水压力响应，使孔隙水压力稳定，但在施加两级围压之间至少预留 2h 的试验时间。如果在施加围压后的 8h 内，试样底部或半高处孔隙水压力未达到稳定，应及时通知工程师。

（5）如果在第三级围压作用下，试样底部和中间高度孔隙水压力读数稳定，测得的孔隙水压力小于 100kPa，则应先施加与中间高度孔隙水压力相近的反压，然后打开排水阀。同时增加反压和围压，直到孔隙水压力超过 100kPa。这样可以确保在不改变体积的情况下使试样达到饱和。排水阀应保持打开状态，直到中间高度孔隙水压力传感器读数稳定为止。进一步增加 50kPa 的围压，并使用第 19.6.1 节中的公式，根据半高处读数 B_m 和底部孔隙水压力读数 B_b，计算孔隙水压力系数 B 值。

（6）将试样置于施加的围压下，直到孔隙水压力读数稳定，如上述定义。如果在施加最后一级围压后 2h 内，孔隙水压力仍未达到稳定状态，或者所需围压可能超过设备容量，请及时通知工程师。

不排水剪切读数的最大间隔

表 20.2

时间段	读数的最大间隔(min)	读数次数
前 20min	½	40
随后 40min	1	40
随后 2h	3	40
随后 7h	10	42
随后时间	30	

在进行以下试验步骤前，需要 B_b 和 B_m 都大于 0.95。如果在执行前述步骤（1）～（5）后，B 值小于 0.95，则应以 50kPa 为增量进一步同时施加围压和反压，直到计算出的 B 值等于或超过 0.95。同时可能需要冲洗排水系统。这样做的目的是，最大程度地减少对试样的扰动。

5. 不排水剪切

（1）轴向应变速率应不大于 1.0%/h。如果没在半高处使用孔隙水压力探头进行孔隙水压力测量，为确保孔隙水压力均匀分布，应变速率应不大于根据类似试样固结试验数据得出的应变速率，如第 19.6.3 节所述。

（2）如第 19.6.3 节所述，在剪切阶段以较高频率读取数据，如表 20.2 所示。

（3）仔细观察试样，并在适当位置记录一个或多个剪切带的形成，如第 18.4.1 节所述。

（4）继续试验，直到达到至少 10% 的轴向应变。

（5）按照第 19.6.3 节的步骤（13）～（23）中所述完成试验。如果出现剪切带，按照第 18.4.1 节中的方法测量并记录其倾角以及滑动情况。

6. 计算，绘图，报告

计算和绘图如第 19.7.1 和 19.7.3 节所述。

根据第 18.4.1 节，对由于剪切带滑移运动（如果有）而引起的试样截面面积变化进行校正。如第18.4.2节所述，对橡胶膜约束进行校正，区分形成任何剪切带前后条件的变化。

CU试验报告结果（包括图形处理）如第19.7.5节所述，但不适用于固结阶段。对饱和阶段，应包括围压、试样底部和半高处孔隙水压力读数随时间变化的图形图表，以及孔隙水压力与围压关系的图表，如图20.7和图20.8所示。

测量孔隙水压力的三轴不固结不排水压缩试验				
钻孔/试样编号	1224		日期	2013年4月29日
试样深度(m)	36.80		试样深度(m)	36.95
试样细节			排水条件	两端和径向
试样类型	未受扰动		试样方向	竖直
试样描述	坚硬的带有淤泥和细砂的灰色黏土		准备方法	通过U100试样修整
压力(kPa)	初始物理性质指标	含水率	%	15
		堆积密度	$10^3kg/m^3$	2.21
		干密度	$10^3kg/m^3$	1.92
		高度	mm	140.6
		直径	mm	72.15
		假设颗粒密度	$10^3kg/m^3$	2.65
		饱和度	%	100
		孔隙比		0.40
	饱和阶段	围压和反压的增量		
		压力增量	kPa	100
		压差	kPa	N/A
		最终围压	kPa	900
		最终孔隙水压力	kPa	729
		最终孔隙水压力系数B		0.95
	剪切	初始孔压	(kPa)	729
		应变速率	(%/min)	1.00
		破坏		
		偏应力	(kPa)	442
		不排水剪切强度	(kPa)	221
		橡胶膜修正	(kPa)	1.45
		排水修正	(kPa)	0
		外部轴向应变	%	17.78
		半高处的超静孔隙水压力	(kPa)	−50
		底部超静孔隙水压力	(kPa)	−17
		水平有效应力	(kPa)	221
		垂直有效应力	(kPa)	663
		有效主应力比		3.00

图20.7 UUP三轴压缩试验的图形数据——试样数据以及饱和期间围压和孔隙水压力与时间的关系（一）

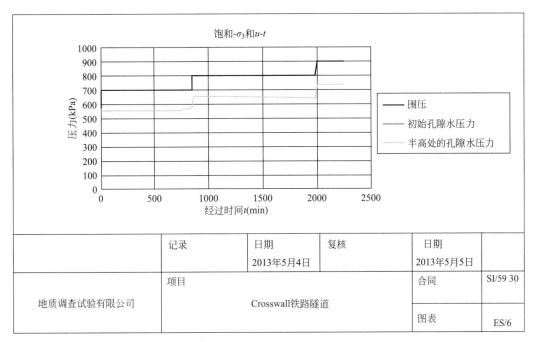

	记录	日期	复核	日期	
		2013年5月4日		2013年5月5日	
地质调查试验有限公司	项目			合同	SI/59 30
	Crosswall铁路隧道			图表	ES/6

图 20.7　UUP 三轴压缩试验的图形数据——试样数据以及饱和期间围压和孔隙水压力与时间的关系（二）

测量孔隙水压力的三轴不固结不排水压缩试验			
钻孔/试样编号	1224	日期	2013年4月29日
试样深度(m)	36.80	试样深度(m)	36.95
试样细节		排水条件	两端和径向
试样类型	未受扰动	试样方向	竖直
试样描述	坚硬的带有淤泥和细砂的灰色黏土	准备方法	通过U100试样修整

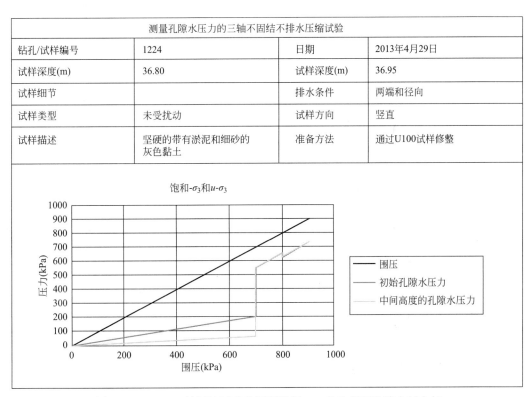

图 20.8　UUP 三轴压缩试验的图形数据——饱和期间孔隙水压力与
围压的关系以及 t 和 s' 与应变的关系（一）

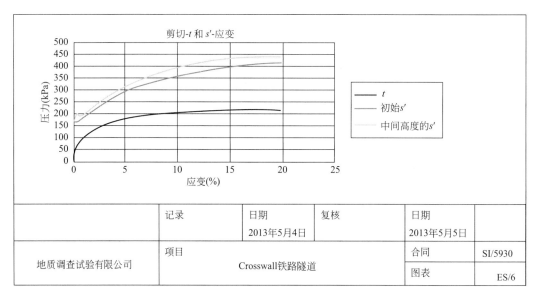

	记录	日期	复核		日期	
		2013年5月4日			2013年5月5日	
地质调查试验有限公司	项目	Crosswall铁路隧道			合同	SI/5930
					图表	ES/6

图 20.8　UUP 三轴压缩试验的图形数据——饱和期间孔隙水压力与
围压的关系以及 t 和 s' 与应变的关系（二）

对于剪切阶段，应包括试样底部和半高处孔隙水压力与应变的关系和 t-s 图的绘制，如图 20.8 和图 20.9 所示。不论是否进行橡胶膜约束校正，都需要给出不排水剪切阶段的结果。橡胶膜约束的校正应可以区分试样中形成任意剪切带前后的试样变化状态（如果出现）。

测量孔隙水压力的三轴不固结不排水压缩试验			
钻孔/试样编号	1224	日期	2013年4月29日
试样深度(m)	36.80	试样深度(m)	36.95
试样细节		排水条件	两端和径向
试样类型	未受扰动	试样方向	竖直
试样描述	坚硬的带有淤泥和细砂的灰色黏土	准备方法	通过U100试样修整

图 20.9　UUP 三轴压缩试验的图形数据 t-s' 的关系和试样照片（一）

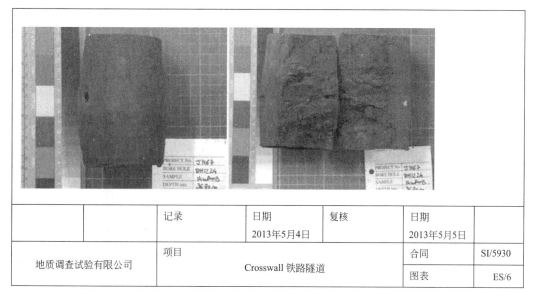

		记录	日期	复核	日期	
			2013年5月4日		2013年5月5日	
地质调查试验有限公司		项目			合同	SI/5930
		Crosswall 铁路隧道			图表	ES/6

图 20.9　UUP 三轴压缩试验的图形数据 $t\text{-}s'$ 的关系和试样照片（二）

20.3.3　黏土固结不排水试验（CUP）

该方法适用于测量高径比为 2∶1 的黏土试样在发生各向同性固结或膨胀后不排水剪切过程中的有效剪切强度特性。

1. 仪器

该设备与第 19 章所述的常规有效应力三轴试验所需设备相似，但有以下修改。

（1）使用高进气值的透水石。如图 17.4（b）所示，将它们固定在底座和顶盖上。

（2）需要两个连接至底座的连接件（图 17.2），以便在测试过程中可用除气水冲洗透水石和传感器端口。

（3）如前所述，除了在底座上安装常规孔隙水压力传感器外，需要在试样中部安装孔隙水压力探头。

2. 试样制备

如第 20.3.1 节所述，将试样放置在三轴压力室中。

3. 饱和

饱和过程如第 20.3.3 节所述。

4. 各向同性固结或膨胀

（1）饱和阶段完成后，在工程师指定的平均有效应力作用下，试样完成各向同性固结或膨胀。固结应通过逐步增加围压来进行，以确保水完全排出。允许最大孔隙水压力超过当前有效应力的 5%。

（2）在各向同性固结阶段，应对排水系统施加不小于 300kPa 的反压。

（3）在各向同性固结开始之后，按如下时间间隔记录体积变化测量值以及试样底部和半高处孔隙水压力读数：0、¼、½、1、2¼、4、6¼、9、12¼、16、25、36、49、64、81、100、144、196 和 256min，然后按照实验室常规间隔进行。

5．不排水剪切

（1）当试样各向同性固结阶段完成，即中间高度孔隙水压力稳定后，只要轴向应变的变化速率小于 0.005%/h，就可以在不排水条件下剪切试样。

（2）应变速率为 0.5%/h。如果未在中间高度处使用孔隙水压力探头进行孔隙水压力的测量，则应变速率应不大于根据固结数据计算得出的应变速率（如第 19.6.3 节中所述），每小时的最大值为 0.5%。

（3）如第 19.6.3 节所述，在剪切阶段读取数据，可以提高读数的频率，如表 20.2（第 20.3.2 节）中所述。

（4）如第 18.4.1 节所述，仔细观察试样并记录一个或多个剪切带的发展。

（5）继续试验，直到达到至少 10% 的轴向应变。

（6）按照 19.6.3 节步骤（13）～（23）所述完成试验。如第 18.4.1 节所述，测量并记录剪切面的倾斜角度以及沿剪切面的运动。

6．计算，绘图，报告

计算和绘图如第 19.7.1 和 19.7.3 节所述。

对于饱和阶段，应包括围压、试样底部和中间高度处孔隙水压力读数与时间的关系，以及孔隙水压力读数与围压的关系。

对于固结阶段，测试报告应包括体应变与时间的关系，以及中间高度处孔隙水压力的消散与时间的关系。

对于剪切阶段，报告应提供第 20.3.3 节中所述的数据。

20.3.4　使用其他仪器

可以将测量剪切过程中半高处局部应变的应变计安装到试样上，以进行前面章节所述的两种试验测量。同样，也可以把弯曲元连接到试样上，用于测量剪切波速度和计算剪切模量。但是，通常使试样各向异性固结或膨胀到其原位应力状态并进行测量的设备不在本书的讨论范围之内。

参考文献

Anderson, W. F. (1974) The use of multi-stage triaxial tests to find the undrained strength parameters of stony boulder clay. Proc. Inst. Civ. Eng. Technical Note No. TN 89.

Hight, D. W. (1982) A simple piezometer probe for the routine measurement of pore pressure in triaxial tests on saturated soils. Géotechnique, Vol. 32(4), pp. 396-401.

Ho, D. Y. F. and Fredlung, D. G. (1982) A multistage triaxial test for unsaturated soils. Geotechnical Testing J., Vol. 5(1/2), pp. 18-25.

Janbu, N. (1985) Soil models in offshore engineering. 25th Rankine Lecture. Géotechnique, Vol. 35(3), p. 241.

Kenney, T. C. and Watson, G. H. (1961) Multiple-stage triaxial test for determining c′ and φ′ of saturated soils. Proceedings of the 5th International Conference on Soil Mechanics and Foundation Engineering, Paris, Vol. 1, pp. 191-195.

Lumb, P. (1964) Multi-stage triaxial tests on undisturbed soils. Civ. Eng. Public Works Rev. May

Ruddock, E. C. (1966) The engineering properties of residual soils, Géotechnique, Vol. 16 (1), pp. 78-81.

Sharma, M. S. R., Baxter, C. D. P., Moran, K. and Narayanasamy, R. (2011) Strength of weakly cemented sands from drained multistage tests. J. Geotechn. Geoenviron. Engin., Vol. 137(12), pp. 1202-1210.

Watson, G. H. and Kirwan, R. W. (1962) A method of obtaining the shear strength parameters for boulder clay. Trans. Inst. Civ. Engin. Ireland, Vol. 88, pp. 123-144.

第 21 章
三轴固结与渗透试验

本章主译：赵辰洋（中山大学）、冯健雪（贵州民族大学）

21.1 引言

21.1.1 绪论

土样（原状土或重塑土）的固结特性和渗透系数可以通过三轴试验获得，在某些方面，三轴试验比第 2 卷中描述的传统方法更加适用。两种试验方法中所用的土样类别和试样在压力室中的布置是相似的，只是试验中控制试样两端的排水条件不同。

三轴固结与有效应力三轴压缩试验中的固结阶段（第 19.6.2 节）类似。如果需要，渗透系数可以直接由三轴压力室中准备进行有效应力压缩试验的试样测得。

本章所述的试验方法和其他相关步骤，包括第 21.4.2 节中所述的加速渗透试验，已经在英国标准 BS 1377-6：1990：5、6 做过介绍。美国标准 ASTM D 5084 中给出了类似于英国标准 BS 1377 的渗透试验步骤。

21.1.2 三轴固结（孔隙水压力消散）试验

1. 原理

本节叙述了最简单的三轴固结试验，其加载过程为各向同性，即试样受到的围压在各个方向的增量是相等的（$\sigma_1 = \sigma_2 = \sigma_3$）。试样在水平和竖直方向同时固结，因而这是一个三维的过程。由于孔隙水压力测量是试验过程中的关键步骤，三轴固结试验有时也被称作孔隙水压力消散试验。

各方向的围压是逐级增加的，围压增加后保持不变，直到施加该围压引起的孔隙水压力完全消散，即试样固结完成。

在一组典型试验中，围压分 3 级或更多级施加，以获得 3 步或者更多步的固结过程。每一步固结分两个阶段完成。

（1）不排水阶段：压力室内围压增加，其超过反压的量值等于土体固结所需的有效应力，导致孔隙水压力累积并最终达到一个稳定值；

（2）排水阶段：超静孔隙水压力逐渐消散，最终达到平衡（固结完成）。

固结过程中，水从试样一端（通常是顶部）排出，对于饱和土试样，所排出水的体积等于试样的体积变化。孔隙水压力在试样的不排水端（通常是底部）测量。应以合适的时间间隔记录排出的水量与孔隙水压力以绘制固结曲线。

每级有效应力施加通常是前一级荷载的 2 倍（类似固结仪固结试验），例如 50kPa，

100kPa，200kPa，400kPa。

孔隙比和平均有效主应力的关系可以从一系列分级加载中获得，每一级荷载施加后均可求得对应的体积压缩系数和压缩指数。

2. 优缺点

三轴试验相比标准固结仪试验的优点如下：

（1）试样尺寸更大，直径和高度均可以达到100mm；

（2）更大尺寸的试样容许内部出现不连续性（如裂隙），能够更好地模拟现场条件；

（3）在固结过程中或施加荷载过程中能够直接测量孔隙水压力；

（4）试验可以模拟实际工程中孔隙水压力的变化范围；

（5）固结系数可以直接通过测得的孔隙水压力获得，不再需要曲线拟合步骤是一个显著的优点，只需要将试验曲线上的一点与理论曲线上的一点进行比较即可；

（6）能够测量非饱和土试样在不排水加载条件下的体积变化；

（7）可以用（固结试验的）同一试样进行渗透系数测量（第21.3节）；

（8）水平和竖直方向的围压可以自由设定；

（9）可以设定竖直（轴向）或水平（径向）方向的排水条件；

（10）能够消除固结仪加载装置偏转或者压力室侧壁摩擦导致的误差；

（11）能够在以下条件下进行固结：（a）各向同性（各方向压力相等，见第21.2.1、第21.2.2节）；（b）各向异性加载；（c）无侧向应变（K_0 固结，如标准固结仪试验）。

三轴固结试验进行三维沉降分析可以参考戴维斯和普洛斯（Davis 和 Poulos，1968）等相关文献。

相比于固结仪试验，三轴试验也有如下一些缺陷，但是这些缺陷相比其优点显得微不足道：

（1）操作人员需要更高的技术要求，试验过程需要更加注意；

（2）更大尺寸的试样意味着更长的测试时间；

（3）设备的几个主要部件需要长时间服役；

（4）当试样排水速率较高时，排水层及管线中的水头损失可能会导致错误的固结系数测量；

（5）三轴仪器存在固有的误差，需要进行相关的修正（第18.4节）。

3. 应力条件

三维固结（不包括 K_0 固结）中边界条件和土体应力变化不同于一维固结，因为试样不受刚性约束。随着试样体积变化，其径向边界随之移动，在初始阶段，最大位移发生在排水边界处（Lo，1960）。用于计算一维固结情况下的固结系数公式并不能准确地反映这些情况。因此，各向同性固结试验中的体积压缩系数 m_{vi} 和固结系数 c_{vi} 不同于一维固结试验中获得的 m_v 和 c_v，两者的理论关系参见第21.2.1节。

4. 孔隙水压力异常

径向排水条件下三维固结可能发生令人惊讶的现象是在固结早期孔隙水压力会显著升

高，如图 21.1 所示。这与曼德尔-克赖尔（Mandel-Cryer）效应类似（Schiffman et al.，1969），这种现象在室内试验和现场试验中都能观测到，并且能够通过理论分析预测。这种效应可以解释为物理上的应变协调，当排水和变形同时出现在边界时，试样应变必需保持各处协调。笔者曾在 Rowe 固结试验中，在自由应变加载条件下观测到了类似的现象。

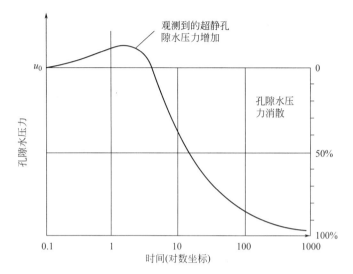

图 21.1　径向排水条件下三轴固结试验早期观测到的孔隙水压力增加

5. 展示

第 21.2.1 节描述了各向同性固结试验在竖向排水条件下的详细试验步骤，这些步骤同样适用于径向排水条件下的试验过程（第 21.2.2 节）。

21.1.3　三轴渗透试验

1. 原理

三轴试验装置可以在已知压差下维持水流通过试样，并能够在设定的有效应力下测量流速。基于这些测量数据能够计算土体的渗透系数。在某一有效应力下固结的试样可以直接进行渗透试验，而无须移除后再重新安装试样。

2. 优点

在三轴压力室中测量试样渗透系数的优点如下：

（1）通过施加反压可以对试样进行饱和，从而减少或消除试样中气泡引起的水流阻塞。这是由于空气会导致体积变化测量不可靠，并引起气泡在试样端部积聚。比耶鲁姆和胡德（Bjerrum & Huder，1957）指出当孔隙压力从 0 增加到大约 800kPa 时，所测得的渗透系数增加了 6 倍；

（2）可以通过施加反压实现试样饱和，此过程比仅长时间注水或水流循环更加快捷。此方法尤其适用于压实土体；

（3）可以在符合现场实际有效应力或孔隙水压力下进行渗透试验；

（4）水流流速较小时也能方便地测量；

（5）常水头或变水头试验均可以实现；

（6）可以施加较大范围的水力梯度，并能够准确测量；

（7）对中等渗透系数的土，如粉土、黏土，通常难以通过常水头或者变水头试验（第 2 卷第 10 章）测量渗透系数，但能够通过三轴试验测得；

（8）可以方便地对原状土进行试验，并且不会因压力室侧壁效应导致渗流不均匀。

3. 试验方法

第 21.4 节描述了 5 种常规三轴压力室中进行的渗透试验，根据具体情况，可以采用常水头或变水头方式，这些试验方法包括：

（1）在围压系统之外，采用两个独立的恒压系统，保证水流稳定（第 21.4.1 节）；

（2）加速渗透试验（第 21.4.2 节）；

（3）在围压系统之外，使用一个独立的压力系统，并将排水端连接至连通大气的量管（第 21.4.3 节）；

（4）使用两个量管（第 21.4.4 节）；

（5）当试样渗透系数较小时，利用压力传感器的体积变形特性测量水流流经试样时较小的流速（第 21.4.5 节）。

方法（1）在标准 BS 1377-6：1990：6 进行了介绍。ASTM D 5084 标准中描述了类似的试验步骤，其中使用了柔性壁渗透仪。

4. 孔隙水压力分布

图 21.2（a）展示了一个正在进行三轴渗透试验的试样。压力室内围压 σ_3 高于注水压 p_1 和排水压 p_2。假设试样内初始孔隙水压力沿试样高度线性分布，如图 21.2（b）所示。则任意高度位置的有效应力 σ' 等于该点孔隙水压力与围压 σ_3 的差值，有效应力从底部注水口逐渐增加至顶部排水口。

孔隙比与有效应力有关，所以注水口的孔隙比一定高于排水口的孔隙比（图 21.2c）。渗透系数取决于孔隙比，所以也呈现类似的变化规律。

在稳态渗流条件下，通过所有水平截面的水流流速是相等的，即 q 是恒定的。根据达西定律（第 2 卷第 10.3.2 节）可知：

$$i = \frac{Q}{Akt} = \frac{q}{Ak}$$

若某处孔隙比增加，截面积 A 和渗透系数 k 增加，则水力梯度 i 减少。因此，试样中的水力梯度必定低于注水口的平均水力梯度，而高于排水口的平均水力梯度。所以试样中孔隙水压力沿高度分布是非线性的，类似图 21.2（b）中虚线所示。假设该曲线是抛物线形，则平均孔隙水压力等于 $\frac{1}{3}$（$p_2 + 2p_1$），平均有效应力等于 $\sigma_3 - \frac{1}{3}$（$p_2 + 2p_1$）。

然而，在实际工程应用中，平均孔隙水压力通常取为 $\frac{1}{2}$（$p_1 + p_2$），平均有效应力取为 $\sigma_3 - \frac{1}{2}$（$p_1 + p_2$）。

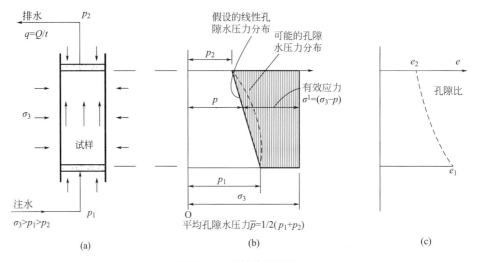

图 21.2　三轴渗透试验

（a）压力室中试样布置；（b）孔隙水压力轴向分布；（c）孔隙比变化

21.2　各向同性固结试验

21.2.1　竖向排水各向同性固结（BS 1377-6：1990：5）

1. 原理

试验在三轴压力室内进行，无须加载系统，为此需配备一种特殊的渗透室装置（第17.2.4节）。试样高度可达 100mm，可以使用通常用于三轴压缩试验的压力室（第17.2.2节），条件是能够牢牢固定活塞以抵抗来自压力室内向上的顶力。通常压力室要能够容纳直径为 100mm 的试样，并且试样高度与直径的比值可以从 1：1 增大至 2：1。其中高径比 1：1 的试样的优点是试验所需时间较少。

标准 BS 1377 适用直径超过 38mm 的任何尺寸试样。但最好使用尺寸尽可能大的试样，因为大尺寸试样比小尺寸试样更能代表自然界土体的真实条件。

2. 试验条件

试验前需要确定以下条件：

（1）试样的尺寸；

（2）试验的排水条件；

（3）是否需要计算孔隙比；

（4）饱和方法，包括围压增量、压差（如果适用），或者是否忽略饱和度；

（5）有效压力增加和减少的顺序；

（6）每个主固结和回弹阶段完成的标准；

（7）是否需要确定次固结特性。

3. 试验前检查

有关设备和辅助装置的相关检查程序（"完整"检查和"例行"检查）参见 BS 1377-

6：1990：5.2.4，同第 19.3.2～19.3.6 节所述。

4. 环境

试验环境要求同三轴压缩试验，参见第 19.5.3 节。

5. 装置

除了可能使用上面提到的渗透室外，所需装置与第 19 章所述的常规三轴试验所用的装置相同，主要特点如图 21.3 所示。围压系统、反压系统和孔隙水压力系统采用类似的连接。从试样顶部向反压系统排水，管线包含体变传感器。在试样底部测量孔隙水压力。同时必需牢牢固定压力室内的活塞，以抵抗围压产生的向上的顶力。

如果需要测量试样的体积变化，则应将体变传感器与围压管路连接，并且应首先对不同压力和时间下压力室的体积变化进行校准。

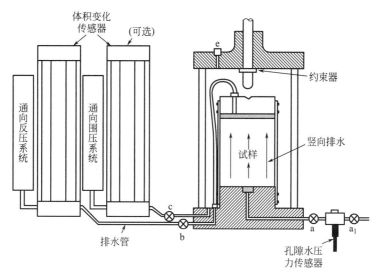

图 21.3 竖向排水三轴固结试验装置

如果不施加反压，则可以将试样顶部排水引至连通大气的量管，如图 21.4 所示。如果试样并未完全饱和，则排水管将排出空气和水。如图 21.5 所示，可以先将排水管连接至气泡收集器，使空气与排出的水分离。在任何情况下，连通大气的量管内水面应保持恒定高度，与试样的中间高度相对应，尤其是在读数时。

6. 试样制备与饱和

（1）按照第 19.3 节中的说明准备并检查压力室和辅助设备，确保系统无渗漏、内部无空气且完全充满除气水；

（2）制样、测量尺寸并称重。测量初始高度 H_0 和体积 V_0 用于后续计算；

（3）如第 19.4.7 节所述，将试样放置于压力室，仔细检查没有缺陷后，将其装入一个或两个橡胶膜中，不使用侧向排水管；

（4）组装压力室并注入除气水，保持排气口 e 打开；

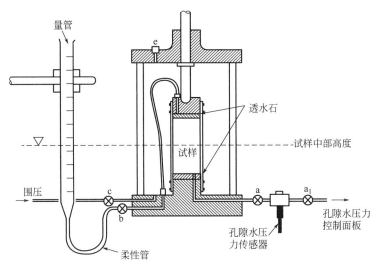

图 21.4　连通大气的三轴固结仪装置

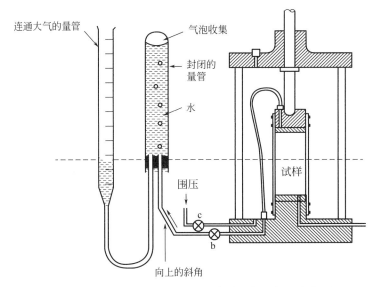

图 21.5　分离非饱和试样排出的水中空气的气泡收集器

（5）在试样底部测量初始孔隙水压力，然后关闭排气口 e；

（6）如果适用，通过交替增加围压和反压或使用第 19.6.1 节中提供的其他方法饱和试样。标准 BS 1377：5.4.3 和 5.4.4 中给出的饱和方法是通过增加围压和反压以及在恒定含水量下实现饱和。在第 19.6.1 节中，分别在方法（1）和（4）中进行了描述。每次增加压力后孔隙水压力参数 B 值的计算公式如下：

$$B = \frac{\delta u}{\delta \sigma_3}$$

通过施加足够压力增量以达到饱和的 B 值，如第 19.6.1（1）节中步骤（10）所述。如果适用，计算试样吸收的总水量［参阅第 19.6.1（1）节步骤（13）］；

（7）饱和完成后，关闭阀门 b 并记录孔隙水压力和体变传感器的最终读数；

固结步骤

(8) 在阀门 b 和 c 关闭的情况下（图 21.3），增加围压达到固结阶段设定的有效应力（σ_c'），计算公式如下：

$$\sigma_c' = \sigma_c - u_b$$

其中，σ_c 为围压，u_b 为反压。如果可行，应在试验过程中将反压维持恒定。如为了获得所需的有效应力而不得不降低反压，则不应将其降低到饱和阶段结束时的孔隙水压力水平或 300kPa（以较大值为准）以下；

(9) 打开阀门 c 增加压力室内的围压。打开阀门 a 并观察孔隙水压力，直到其达到稳定值为止，记为 u_i。如有必要，绘制孔隙水压力随时间变化的曲线，以确定何时达到平衡。同时也要记录体变传感器的读数。

这是孔隙水压力"积聚"阶段，产生需要消散的超静孔隙水压力等于 $u_i - u_b$。如果需要，可以分两步或更多步实现孔隙水压力的"积聚"［步骤 (8) 和 (9)］。每次施加压力增量后均可求得 B 值；

(10) 打开阀门 b 开始"固结"，并同时计时，此时排水进入反压系统。按常规时间间隔［参阅第 19.6.2 节步骤 (4) 和 (5)］记录孔隙水压力和排水量的变化（如可能，压力室体积变化也需记录）。当至少 95% 的超静孔隙水压力已经消散或达到稳态时，固结阶段完成。固结开始后任意时间 t 对应的孔隙水压力消散百分比 U（%）由式 (15.28) 给出：

$$U = \frac{u_i - u}{u_i - u_b} \times 100\% \tag{15.28}$$

其中 u 为时间 t 对应的孔隙水压力（第 15.5.5 节），U 值等于或大于 95% 表明固结完成；

(11) 当固结完成时，记录孔隙水压力（u_f）和体变传感器读数，然后关闭阀门 b。计算固结阶段试样的总体积变化 ΔV_c；

(12) 对于每个固结阶段，在连续较高的有效压力下，重复步骤 (8)～(11)，所需的分步阶段数应尽可能多。反压最好保持恒定，并且在任何情况下都不应降低到 300kPa 以下，以免空气溢出；

(13) 如果需要，也可按上述步骤获得回弹（膨胀）特性，只是需要适当递减压力室内的围压。这是因为在排水阶段，孔隙水压力的增加通常快于其消散过程；

(14) 在最后卸载完达到平衡时，先关闭阀门 b，之后再将围压和反压降低至零；

(15) 如果在完成最后的固结阶段步骤 (12) 后结束试验，不允许试样回弹，则省略步骤 (13)，直接执行步骤 (14)；

(16) 如第 19.6.3 节的步骤 (15)～(22)［(18) 除外］所述，排水、拆除压力室，尽可能快地取出试样并测量其最终尺寸，或采用第 19.6.5 节所述的快速试验步骤。

7. 绘图和计算

符号同第 19.7.1 节表 19.3、表 19.4 所示。

(1) 如第 19.7.1 节所述，计算试样初始含水率、密度、干密度、孔隙比和饱和度；

(2) 如果通过施加反压实现了饱和，则针对每个反压增量绘制孔隙水压力系数 B（$B = \Delta u / \Delta \sigma_3$）与孔隙水压力或围压的关系曲线；

（3）在饱和阶段，如果假设进入试样的水仅能填充孔隙中的空气，那么试样的体积、高度或直径都不会发生变化。因此，$V_s=V_0$，$H_s=H_0$，$D_s=D_0$；

如果需要测量饱和过程中试样的体积变化（ΔV_s），则可用第 19.7.1 节中式（19.9）根据压力室体积变化求得；

（4）计算每个不排水（积聚）阶段的 B 值；

（5）如图 21.6（a）所示，绘制每个积聚阶段结束时孔隙水压力与围压的关系曲线，还可绘制孔隙水压力与时间的关系曲线；

（6）对于每个固结阶段，通常将测得的体积变化与时间平方根关系进行绘图，并将孔隙水压力消散百分比（％）与对数时间关系进行绘图（图 21.6b 和 c）；

（7）从每个孔隙水压力消散图上读出对应 50％孔隙水压力消散百分比的 t_{50}（单位为 min）值，如图 21.6（c）所示，这可用于之后计算 c_{vi} 值［步骤（11）～（13）］；

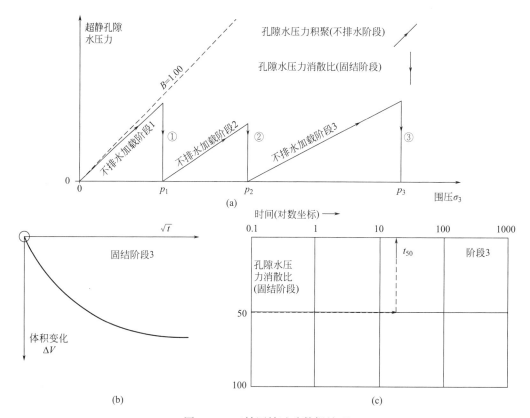

图 21.6　三轴固结试验数据处理

（a）孔隙水压力的积聚和消散；（b）固结阶段试样体积变化与时间平方根的关系；
（c）用于求解 t_{50} 的固结阶段孔隙水压力消散百分比与对数时间的关系

（8）在任一固结阶段结束时试样高度 H 可通过式（21.1）计算。

$$H = H_0 \left[1 - \frac{\Delta V}{3V_0} \right] \tag{21.1}$$

其中，ΔV 是从排水固结开始到现阶段的累计体积变化。一个阶段内试样的平均高度 H［步骤（11）所需］等于（$H_1 + H_2$）/2，其中 H_1 和 H_2 是阶段开始和结束时的高度

（即 H_1 是上一阶段末计算的试样高度）；

（9）固结阶段结束时的孔隙比 e 可由式（21.2）求得。

$$e = e_s - (1 + e_s) \frac{\Delta V}{V_s} \qquad (21.2)$$

（10）各固结阶段各向同性固结下的体积压缩系数 m_{vi} 由式（21.3）计算。

$$m_{vi} = \frac{\delta e}{\delta p'} \times \frac{1000}{1 + e_1} \, \text{m}^2/\text{MN} \qquad (21.3)$$

其中，δe 是 $(e_1 - e_2)$ 阶段孔隙比的变化，e_1 是阶段开始时的孔隙比，e_2 是阶段结束时的孔隙比，$\delta p'$ 是 $(p'_2 - p'_1)$ 阶段的有效应力增量（kPa）。

如果没有计算孔隙比，则可以由式（21.4）计算 m_{vi}。

$$m_{vi} = \frac{\Delta V_2 - \Delta V_1}{V_0 - \Delta V_1} \times \frac{1000}{p'_2 - p'_1} \qquad (21.4)$$

其中 ΔV_1（cm^3）是直至上一个固结阶段结束时试样的累计体积变化，ΔV_2（cm^3）是当前固结阶段结束时试样的累计体积变化，V_0，p'_1 和 p'_2 定义同上。m_{vi} 与一维固结仪测得的 m_v 具有近似等效关系，如下：

$$m_{vi} = 1.5 m_v \qquad (21.5)$$

（11）用于计算各向同性固结土样固结系数 c_{vi} 的理论公式为：

$$c_{vi} = \frac{0.379 \overline{H}^2}{t_{50}} \qquad (21.6)$$

使用常用单位，若 t_{50} 单位为 min，平均高度 H 单位为 mm，则该等式变为：

$$c_{vi} = \frac{0.199 \overline{H}^2}{t_{50}} \, \text{m}^2/\text{a} \qquad (21.7)$$

对于初始高度为 100mm 的试样，出于实际考虑上式可变为：

$$c_{vi} = \frac{2000}{t_{50}} \qquad (21.8)$$

（12）若在计算 c_{vi} 值时考虑温度校正的影响，则应从第 2 卷图 14.18（第 14.3.16 节）中的曲线求得校正系数；

（13）将 c_{vi} 值乘以式（21.9）中的参数（Rowe，1959），可以求得等效一维固结试验中土体的固结系数（c_v）：

$$f_{cv} = \frac{1}{1 - B(1 - A)(1 - K_0)} \qquad (21.9)$$

其中，A 和 B 是斯肯普顿孔隙水压力系数，K_0 是静止土压力系数。试样的 A 和 K_0 值可能未知，但可以参考以下常用的取值：对于正常固结黏土，A 可能介于 0.4 和 1 之间，K_0 约为 0.5 左右；如果 B 值接近 1，则乘数系数为 1.2~1.33。据此，典型的"等效固结"c_v 值约等于 $1.25 c_{vi}$；

（14）在对数刻度（$\log p'$）上绘制孔隙比 e 和有效压力的关系曲线，得出 e-$\log p'$ 曲线，类似于从固结试验获得的曲线（图 21.7）。该图的第一个点对应 e_0 和饱和后的初始有效应力，即在施加第一级固结压力之前的初始有效应力；

（15）可以依据第 2 卷第 10.5.4 节中给出的公式计算任意阶段的竖向渗透系数：

$$k = 0.31 \times 10^{-9} (c_v m_v) \qquad (21.10)$$

8. 试验结果

三阶段固结试验的一组典型试验结果如图 21.7 和图 21.8 所示。这是试验报告的一部分，应包括以下内容。请注意，带 * 号的项目是 BS 1377-6：1990：5.7 额外要求的内容。

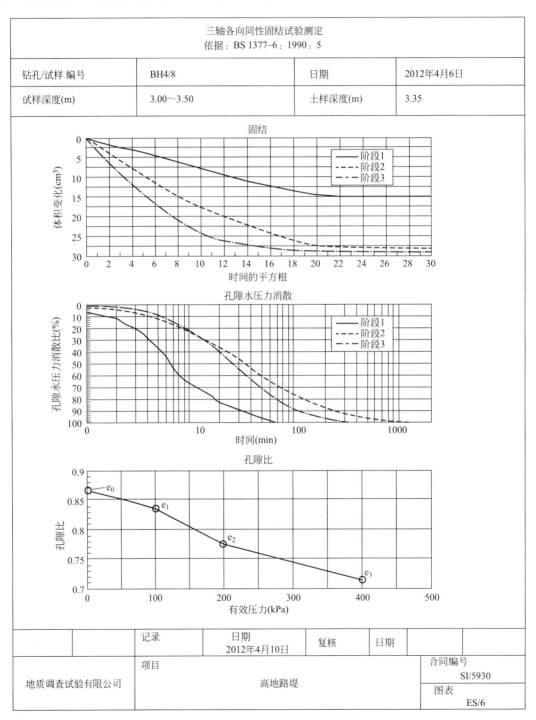

图 21.7　固结数据以及孔隙比与有效应力关系的三阶段三轴固结测试典型试验报告

第21章 三轴固结与渗透试验

<table>
<tr><td colspan="5" align="center">三轴各向同性固结试验测定
依据：BS 1377-6：1990：5</td></tr>
<tr><td>钻孔/试样编号</td><td colspan="2">BH4/8</td><td>日期</td><td>2012年4月6日</td></tr>
<tr><td>试样深度(m)</td><td colspan="2">3.00～3.50</td><td>试样深度(m)</td><td>3.35</td></tr>
<tr><td>试样细节</td><td colspan="2"></td><td>排水条件</td><td>两端排水</td></tr>
<tr><td>试样类型</td><td colspan="2">从U100试样中修剪</td><td>试样方向</td><td>竖直</td></tr>
<tr><td>试样描述</td><td colspan="2">灰色软黏土和含砂淤泥质土</td><td>准备方法</td><td></td></tr>
</table>

初始物理性质指标	含水率	%	32			
	堆积密度	$10^3kg/m^3$	1.96			
	干密度	$10^3kg/m^3$	1.42			
	高度	mm	112.0			
	直径	mm	100.0			
	假设颗粒密度	$10^3kg/m^3$	2.65			
	饱和度	%	99			
	孔隙比		0.866			
饱和阶段 BS 1377-6：5.4	围压和反压增量					
	压力增量	kPa	50			
	压差	kPa	25			
	最终围压	kPa	175			
	最终孔隙水压力	kPa	150			
	最终孔隙水压力系数B		0.97			
固结	阶段		1	2	3	
	围压	kPa	225	325	525	
	有效围压	kPa	100	200	400	
	初始孔隙水压力	kPa	199	224	323	
	最终孔隙水压力	kPa	125	125	125	
	孔隙水压力消散比	%	100	100	100	
	t	min	0.5	32	24	
	体积变化	%	1.7	4.9	8.2	
	孔隙比		0.834	0.775	0.713	
	固结系数(各向同性)	m^2/a	727	145	190	
	体积压缩系数(各向同性)	m^2/MN	0.22	0.22	0.18	
最终物理性质指标	含水率	%			27	
	堆积密度	$10^3kg/m^3$			2.14	
	干密度	$10^3kg/m^3$			1.68	
	孔隙比				0.713	

源于BS 1377
试验备注

<table>
<tr><td rowspan="3">地质调查试验有限公司</td><td></td><td>记录</td><td>日期</td><td>复核</td><td colspan="2">日期</td></tr>
<tr><td>项目</td><td colspan="3" align="center">高地路堤</td><td>合同</td><td>SI/5930</td></tr>
<tr><td></td><td colspan="3"></td><td>图表</td><td>ES/6</td></tr>
</table>

图21.8 试样详细信息和饱和阶段结果的三阶段三轴固结试验典型试验报告

说明（如果适用）试验是根据 BS 1377-6：1990：5 描述的三轴压力室各向同性固结试验程序进行的；

（1）试样标识，参考编号和来源地；

（2）试样类型；

（3）试样的制备方法；

（4）试样状况、质量和扰动情况，以及在准备试样过程中遇到的任何困难；

（5）可视化的土体描述，包括土体结构和任何异常特征；

（6）确定试样在原位土中的位置和方向；

（7）试样初始和最终详细信息：尺寸，密度和干密度，含水量，（测量或假定的）颗粒密度，孔隙比以及饱和度；

（8）饱和方法，包括压力增量和所施加的压差（如果适用）；

（9）饱和过程中试样吸收的水量；

（10）饱和结束时的围压、孔隙水压力和 B 值；

（11）每个压力阶段的数据：围压和反压，每个阶段开始和结束时的有效应力，每个不排水加载阶段的孔隙水压力变化和 B 值；

（12）每个固结阶段的数据：孔隙比（如果需要），孔隙水压力消散百分比，体积变化，精确至两位有效数字的系数 m_{vi}，c_{vi}。

图表绘制：

* B 值与孔隙水压力或围压的关系曲线；

孔隙比与压力对数 $\log p'$ 的关系曲线；

每级有效应力下试样体积变化与时间平方根的关系曲线；

每级有效应力下孔隙水压力消散百分比与对数时间的关系曲线；

* 每个阶段得出的 t_{50} 值；

* 每个阶段结束时的含水率和饱和度；

* 计算得到的渗透系数和直接测量得到的测量值（如果适用）。

21.2.2　水平排水的各向同性固结试验

1. 原理

三轴固结试验可以通过水平（径向）排水至多孔边界的方式进行。试验装置如图 21.9 所示，在试样和橡胶膜之间设置一层薄的多孔材料，并布置一层不透水膜将试样上表面与顶部排水板隔开。试样径向多孔材料必需与透水石重叠，不考虑底部排水板。通过直径约 10mm 的多孔陶瓷插入到底部中心测量孔隙水压力。所有外部连接如图 21.3 所示。

对于这种类型试验，普通滤纸不适用于径向排水（Rowe，1959）。可以使用 1.5mm 厚的 Vyon 多孔塑料，开缝是为了允许其在试样固结时协同变形，并最大限度地减少约束的作用。

多孔材料应饱和，可通过煮沸排出空气，且在安装时必需注意避免空气进入。

2. 试验步骤

试验步骤未包含在标准 BS 1377 中，但类似第 21.2.1 节中描述的步骤，图表绘制也

第21章 三轴固结与渗透试验

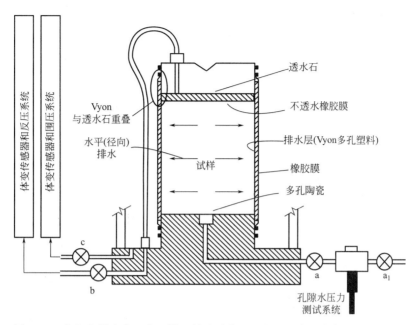

图 21.9　含径向排水装置的三轴固结试验布置（未显示底座与阀门 d 的连接）

类似。除了固结系数（用 c_h 表示）外，其他参数的计算方法相似，以下简述两种固结系数的计算方法。

（1）时间平方根法

此方法基于第 19.7.2 节中的式（15.29）。由于此试验中仅设置径向排水边界，λ 值为 64（表 15.4）。可通过式（21.11）计算 c_h。

$$c_h = \frac{\pi D^2}{64 t_{100}} \tag{21.11}$$

式中，D 为试样直径；t_{100} 从时间平方根与体积变化的关系曲线中求得，同第 19.7.2 节所述。

c_h 值与试样高度无关。在实际应用中，依据式（15.30）（第 15.5.5 节），

$$c_h = \frac{1.652 D^2}{64 t_{100}}$$

即

$$c_h = \frac{0.026 D^2}{t_{100}} \text{m}^2/\text{a} \tag{21.12}$$

对于初始直径为 100 mm 的试样，式（21.12）变为：

$$c_h = \frac{260}{t_{100}} \text{m}^2/\text{a} \tag{21.13}$$

（2）对数时间法

采用第 22.2.3 节中表 22.3 给出的系数，在 Rowe 型压力室（具有径向排水装置）中进行固结。

从孔隙水压力消散百分比与对数时间的关系曲线中求得 t_{50}，并将其用于下式：

$$c_h = \frac{0.0131 \times 0.173 \times D^2}{t_{100}} = \frac{0.023 D^2}{t_{50}} \text{m}^2/\text{a} \tag{21.14}$$

247

在式（21.12）和式（21.14）中，D 表示固结阶段开始和结束时试样直径的几何平均值，即 $D^2 = D_1 D_2$。依据式（21.1）计算施加每一级压力固结完成后试样的直径 D_2，其中直径替换为高度。对于初始直径为 100mm 的试样，式（21.14）变为：

$$c_h = \frac{230}{t_{50}} \mathrm{m^2/a} \tag{21.15}$$

实际上式（21.15）与式（21.13）是等效的。

3. 试验结果

试验结果记录的方法类似竖向排水各向同性固结试验（第 21.2.1 节），标准 BS 没有规定的步骤除外。应明确说明排水为水平（径向）方向，应当包括多孔排水材料的详细信息。

21.3　各向异性固结试验

21.3.1　σ_v 大于 σ_h 的固结试验

1. 原理

BS 1377：1990 没有包含各向异性应力条件下的固结测试，即竖向应力（σ_v）不等于围压产生的水平应力（σ_h）。然而，在没有特殊附加设备情况下，可以在常规三轴压力室中进行轴向应力超过水平应力（$\sigma_v > \sigma_h$）的各向异性固结试验。

在下述试验中，除了围压外，还向试样施加了轴向应力，保证水平和竖向总主应力之比（σ_h / σ_v）小于 1 并保持恒定。

2. 仪器和试验准备

使用配有排水管线和孔隙水压力测量系统的常规三轴压力室。反压和围压系统配有体变传感器。轴向荷载既可以通过自重吊架施加，也可以通过带有测力装置的三轴荷载架施加。可以分级施加竖向应力和水平应力，保证 σ_h / σ_v 的比值恒定。

压力室和试样的准备与布置方法与 CD 三轴试验相同（第 19.3 和第 19.4 节）。如果要使用自重架，则将用于测量轴向变形的千分表夹在活塞的上端，如第 17.4 节图 17.15 所示。

首先可以通过增加反压使试样饱和，或者可以分一步或多步将所需初始围压直接施加于试样，然后测量 B 值。

在排水管阀门关闭的情况下，增加轴向力以提供所需的主应力比 σ_h / σ_v，用小于 1 的 K 表示。该力的计算方式见后文所述。

3. 自重架加载

固结试样长度——L_c（mm）；

固结试样面积——A_c（mm²）；

活塞截面面积——a（mm²）；

测力环施加的力——P（N）；

轴向应变——ε（%）；

试件截面面积——A（mm^2）；

围压——σ_{h}（kPa）；

体积变化（仅排水试验）（试样排出的水＋）——ΔV（cm^3）；

顶盖施加向下的力——F（N）；

活塞和顶盖的有效质量引起的力——Q（N）。

这里 P、F 和 Q 是根据测力环读数和校准常数计算得出的。

自重吊架质量——m_{h}（g）；

施加在杠杆上的砝码质量——m（g）。

通常可以忽略顶盖和活塞的质量，但是如果其值很大，则附加的压力（＋）应该加上，其值等于：

$$\frac{(m_{\mathrm{p}}-m_{\mathrm{w}})\times 9.81}{1000}(\mathrm{kPa})$$

其中，m_{p} 是顶盖和活塞的质量（g）；m_{w} 是顶盖和活塞浸没部分排出水的体积（cm^3）或质量（g）。

作用在试样上的力如图 21.10（a）所示。施加在试样顶盖上的净压力 F 由下式给出：

$$F=\left[\frac{m_{\mathrm{h}}+m+(m_{\mathrm{p}}-m_{\mathrm{w}})}{1000}\right]\times 9.81-\frac{\sigma_{\mathrm{h}}}{1000}(\mathrm{N})$$

在下文中，假设活塞的摩擦力由活塞和顶盖的有效质量（$m_{\mathrm{p}}-m_{\mathrm{w}}$）抵消。

轴向应力 σ_{v} 等于：

$$\left(\frac{F}{A\times 1000}\right)+\sigma_{\mathrm{h}}(\mathrm{kPa})$$

即：

$$\sigma_{\mathrm{v}}=\frac{9.81}{A}(m_{\mathrm{h}}+m)-\sigma_{\mathrm{h}}\frac{a}{A}+\sigma_{\mathrm{h}}(\mathrm{kPa}) \tag{21.16}$$

若 $\sigma_{\mathrm{h}}/\sigma_{\mathrm{v}}$＝常数＝$K$，即 $\sigma_{\mathrm{v}}=\sigma_{\mathrm{h}}/K$，则 $\sigma_{\mathrm{h}}\left(\dfrac{1}{K}-1+\dfrac{a}{A}\right)=\dfrac{9.81}{A}(m_{\mathrm{h}}+m)$

从而：

$$m=\frac{A}{9.81}\sigma_{\mathrm{h}}\left(\frac{1}{K}-1+\frac{a}{A}\right)-m_{\mathrm{h}}(\mathrm{kPa}) \tag{21.17}$$

如果活塞摩擦力很大，则应添加一个恒定质量的砝码来抵消。

当孔隙水压力读数和不排水变形趋于稳定时，打开排水阀并计时开始固结。与各向同性固结试验一样，每隔一段时间读取一次体积变化和孔隙水压力的读数，并加上轴向变形的读数，从而计算出轴向应变 ε（%）。固结阶段结束时试样的截面面积 A 通过式（18.6）计算。

$$A=A_0\left[\frac{1-\dfrac{\Delta V}{V}}{1-\dfrac{\varepsilon\%}{100}}\right]$$

其中，V_0 是试样初始体积。在选择下一级施加围压之后，式（21.17）中使用校正后

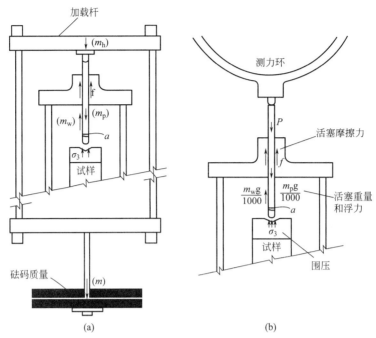

图 21.10 各向异性三轴固结试验装置

（a）使用自重架加载；（b）使用测力环加载（σ_h 等于围压 σ_3）

的面积来计算下一级固结阶段所需的砝码质量。与各向同性试样一样，可以绘制孔隙比与有效主应力对数关系的曲线。

在完成所有固结阶段之后，可以通过增加砝码重量，即在受控的应力条件下，进一步加载直至破坏。或者可将压力室移至加载架，以恒定的应变速率加载直至失效。但同时必需维持轴向荷载和围压恒定。如果需要也可以直接测量竖向渗透系数。

4. 测力环加载

当使用配有外部测力装置的加载架时，可用下述方法确定达到设定主应力比（$K = \sigma_h/\sigma_v$）时所需施加的力或测力环读数。这些符号与上面使用的符号相同，不同之处在于：

测力环施加的力 P（N），压力室内衬垫与活塞运动方向相反而产生的摩擦力：f（N），这些力如图 21.10（b）所示。

作用在试样顶部的净压力 F 由式（21.18）给出。

$$F = P + \frac{(m_p - m_w) \times 9.81}{100} - \frac{\sigma_h a}{1000} - f \tag{21.18}$$

由活塞和顶盖的有效质量引起的力用 Q 表示，其中，

$$Q = \frac{m_p - m_w}{1000} \times 9.81 (\text{N})$$

轴向应力为：

$$\sigma_v = \left(\frac{F}{A} \times 1000\right) + \sigma_h$$

即：

$$\sigma_{v} = \frac{1000}{A}(P+Q) - \sigma_{h}\frac{a}{A} - \frac{1000f}{A} + \sigma_{h}(\text{kPa}) \tag{21.19}$$

令 $\sigma_{h} = \sigma_{v}/K$，则上式变为：

$$\sigma_{h}\left(\frac{1}{K} - 1 + \frac{a}{A}\right) = \frac{1000}{A}(P+Q-f)(\text{kPa})$$

从而：

$$P = \frac{A}{1000}\sigma_{h}\left(\frac{1}{K} - 1 + \frac{a}{A}\right) - Q + f(\text{N}) \tag{21.20}$$

若活塞和顶盖的有效质量引起的力与活塞摩擦力（Q_{f}）相互抵消，则：

$$P = \frac{A}{1000}\sigma_{h}\left(\frac{1}{K} - 1 + \frac{a}{A}\right)(\text{N}) \tag{21.21}$$

如果使用带有刻度盘的测力环进行读数，并且平均校准值为 $C_{r}N/\text{div}$，则所需的刻度盘读数等于 P/C_{r} 的刻度。如果在后续试验中增加围压，则无法通过调节千分表来消除围压作用在活塞上引起向上顶力造成的测力环读数变化。

将轴向应力调至设定值，并使孔隙水压力和不排水的变形达到稳定。打开排水阀并计时开始固结。采用自重架加载方式进行读数。同时必需通过抬升机器压盘来保持轴向力恒定，以补偿试样的轴向变形。

进一步的固结可以通过选择合适的围压，并通过式（21.20）式（21.21）计算相应的轴向力，以保持恒定的围压与轴力应力比。

21.3.2 其他各向异性条件

其他各向异性固结试验，如 σ_{h} 大于 σ_{v} 及没有水平约束的 K_{0} 固结（$K_{0} = \sigma_{h}'/\sigma_{v}'$），不在本书的讨论范围内。

21.4 渗透系数的测定

21.4.1 使用两个反压系统的三轴渗透试验

1. 原理

试验中，通过施加反压使三轴仪中的试样达到设定的有效应力，水力梯度保持恒定，即水头固定。通过测量一段时间内流经试样（通常从上至下）的水的体积确定渗透系数。

该试验适用于中低渗透系数的土，如黏土、粉土。该步骤在英国标准 BS 1377-6：1990：6 及美国标准 ASTM D 5084 中有叙述，尽管后者使用了包含汞容器的差压计，鉴于欧盟对水银及含汞设备销售和运输的限制（第 2 卷第 8.5.4 节），在英国通常使用差压表或传感器代替差压计。

2. 试验条件

试验前需要确定以下条件：

（1）试样尺寸；

（2）水流方向；

（3）渗透试验中准备施加的有效应力；

（4）饱和方法，包括围压增量、压差（如果适用），或者是否忽略饱和度；

（5）是否需要计算孔隙比。

3. 试验前检查

设备的检查步骤与第 19.3.2～19.3.6 节所述相同，此处需要对两个反压系统进行冲洗及检查。

考虑到管线中水流造成的水头损失（第 18.3.7 节），应该对反压系统中的排水管进行校准，步骤参见第 18.4.6 节。

4. 环境

试验环境要求与三轴压缩试验一致，参见第 18.6.3 节。

5. 装置

试验装置同第 21.2.1 节所述，只是增加一套额外的反压系统。除了施加围压的系统（图 21.11），恒定的压力系统分别连接在试样的顶部和底部，围压必需保持为最大。图 21.12 展示了一组典型的仪器布置。

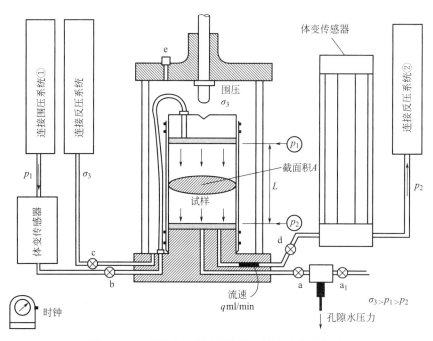

图 21.11　采用两个反压系统的三轴渗透试验装置

如果底座设有 2 个排水口，一个通过阀门 a 与孔隙压力系统连接，另一个通过阀门 d 与反压系统连接（图 21.11）。阀门 d 与底座之间的接口应按与孔隙水压力系统连接相同的方式进行冲洗、排气及填充除气水。标准 ASTM D 5084 推荐将两条排水管分别连接到顶

图 21.12 使用定制压力室进行三轴渗透试验的典型仪器布置

盖及底座,以便于排气和试样饱和。

如果底座只有一个排水口,并使用了孔隙水压力传感器,则额外的反压系统与阀门 a_1 连接,如图 21.13 所示。

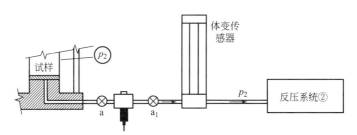

图 21.13 与底座只有一个排水口并使用孔隙水压力传感器的三轴压力室连接示意

应尽可能保证注水和排水系统连接不同的体变传感器。当两个体变传感器观测到的水流流速相等时,可以认定达到稳态。若只有一个体变传感器可用,则应与注水压力系统匹配,这样测量的便是新鲜的除气水。若将体变传感器与排水压力系统匹配,则试样中任何残留的气泡将流经体变传感器,导致其读数不准确,之后需要对量管进行繁琐的除气处理。

体变传感器内量管的刻度间隔要满足最低区分度。当压差很小时,由于石蜡密度低于水的密度,可能需要考虑石蜡-水界面移动引起的压力变化(第 17.5.6 节)。

6. 试验步骤

（1）对孔隙水压力、反压系统及其与试样的接口进行冲洗并除气（同第 19.3 节所述），之后关闭所有阀门；

（2）准备试样并测量其尺寸，之后将试样安装在两块饱和的透水石之间（同第 19.4 节所述）；

（3）用第 19.6.1 节中所述方法之一饱和试样，确保所有孔隙均被液体填充；

（4）仅使用顶部的排水管对试样进行固结至设定的有效应力（第 21.2.1 节），即底部测得的孔隙水压力与反压相等，或者排水管停止排水，之后关闭阀门 b 和 d（图 21.11）；

（5）调整底部压力系统中的 p_2，使其与试样顶部的反压 p_1 相等，之后打开阀门 d 或者阀门 a_1（图 21.13）；

（6）增大顶部压力系统中的 p_1 并使其小于围压 σ_3，从而压差（p_1-p_2）满足了渗透试验中要求的水力梯度。所施加的水力梯度需要保证通过试样的水流流速在一定的合理范围内。在黏土中，水力梯度达到 20 以上才能使水在土中开始流动。当施加的水力梯度较高时，打开阀门 b 后要缓慢增加压力 ［见步骤（8）］。在此过程中要同时观察记录流速，避免试样内发生管涌或冲蚀。

若条件允许，试验中施加的水力梯度应该与实际情况相符。然而，对于渗透系数较低的土，通常需要在试验中施加较大的水力梯度，否则试验时间太长。标准 ASTM D 5084 中推荐的最大水力梯度如表（21.1）所示。

不同渗透系数对应的最大水力梯度　　　　　　　　　　　　　　　　　　表 21.1

渗透系数（m/s）	最大水力梯度
$10^{-6}\sim10^{-5}$	2
$10^{-7}\sim10^{-6}$	5
$10^{-8}\sim10^{-7}$	10
$10^{-9}\sim10^{-8}$	20
$<10^{-9}$	30

对于压缩性较大的软土，所施加的水力梯度不宜过大，否则渗透力引起的固结会降低土的渗透系数。进而导致试样体积减小，注水量将会高于排水量。

（7）当反压管路的体变传感器读数稳定时进行记录；

（8）打开阀门 b（图 21.11）开始加压并开始计时。当达到稳定状态时 ［见步骤（10）］，试样内平均有效应力约为 $\sigma'_1-\dfrac{1}{2}(p_1+p_2)$；

（9）每隔半分钟或者根据水流流速选择合适的间隔记录两个体变传感器的读数；

（10）随着试验的进行，每次读取体变传感器读数后分别计算其累计流量 Q(mL)。绘制累计流量 Q 与时间 t 关系的曲线，当两条曲线都呈直线并平行时，表明系统达到稳态；

（11）若试验中体变传感器读数接近最大量程，则必需反转量管内的水流方向，此过程需快速操作一个或多个换向阀并同时观察记录量管读数，读取量管读数后需要叠加反转时的累计流量；

（12）若需要较大的压差，则可以同步减少 p_2（控制减小量不允许形成气泡）并增大 p_1，保证平均有效应力不变，重新达到平衡可能需要一段时间。如果关闭注水或排水阀 b、d、a 引起水流中断，则试样中孔隙水压力会发生重分布，直到水流恢复一段时间后才能重新达到稳态；

（13）记录三轴压力室附近的温度，精确到 $0.5℃$；

（14）当获得足够的数据并确认达到稳态时，关闭阀门 b、d 结束试验；

（15）若需要在低一级有效应力下进行试验，增大 p_1、p_2 至设定值后重复步骤（5）～（14）；

（16）若需要在高一级有效应力下进行试验，按步骤 4 选取合适的压力固结试样，之后重复步骤（5）～（14）。

7. 结果计算

（1）计算试样截面面积 A（mm^2）；

（2）针对上一小节步骤 10 测试数据的线性部分，计算斜率确定水流流速 q（mL/min），即 $\delta Q/\delta t$（mL/min）。典型的试验数据及流速计算参见图 21.14；

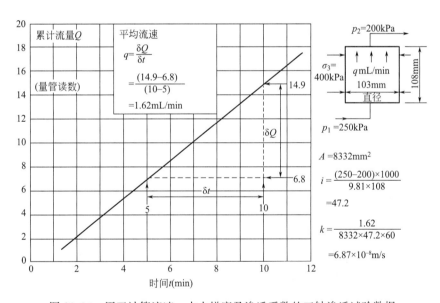

图 21.14　用于计算流速、水力梯度及渗透系数的三轴渗透试验数据

（3）如果水流流速相对较小，水管内壁及接头处的水头损失可以忽略不计，试样两端压差等于（p_1-p_2）。但是，如果水头损失校准（第 18.3.7 节）表明水管内壁的水头损失是压差的重要部分，则必需将测得的压差减去水头损失（第 18.4.6 节）。从校准曲线中［图 18.21（b）］可以读取总的管线内水头损失 p_c，进而压差计算为 $\Delta p=(p_1-p_2)-p_c$；

（4）试样竖向渗透系数 k_v（m/s）可用第 2 卷第 10.3.2 节式（10.5）计算。

$$k = \frac{q}{60Ai} \, \text{m/s}$$

其中，A 为试样截面面积（mm^2）；i 为水力梯度；q 为流速（mL/min）。

1kPa 的压差等效于 $1/9.81\text{m}$ 的水头，即 102mm。平均水力梯度是指单位长度的水头差，即：

$$i = \frac{102}{L} \times \Delta p$$

其中，L 为试样长度（mm）。代入式（10.5）可得：

$$k = \frac{qL}{60A \times 102\Delta p} \qquad (21.22)$$

即：

$$k_v = \frac{1.63qL}{A \times \Delta p} \times 10^{-4} \, \text{m/s}$$

其中，$\Delta p = (p_1 - p_2) - p_c$。

如果试样长度约为 100mm，对任一直径，i 与 Δp 近似相等，即平均水力梯度在数值上约等于单位为 kPa 的压力差，式（21.22）变为：

$$k_v = \frac{q}{60A\Delta p} \qquad (21.23)$$

对于直径和长度均为 100mm 的试样可得：

$$k_v = \frac{q}{60 \times 7854 \times \Delta p} = \frac{2.08q}{\Delta p} \times 10^{-6} \, \text{m/s} \qquad (21.24)$$

计算的渗透系数取决于试验中施加的平均有效应力。

若有必要，可将获得的渗透系数 k_v 乘以考虑水流黏度的温度校正系数 R_t（第2卷图 14.18），校正为 20℃时对应的试样渗透系数。

8. 试验报告

试验报告需要包含以下内容：

（1）说明（如适用）试验是依据 BS 1377-6：1990：6 建议的恒定水头在三轴压力室内进行；

（2）土样标识、种类、条件，土样描述以及试样制备方法（参考第 21.2.1 节中描述）；

（3）说明所用试样为原状土或重塑土，若为重塑土，需要描述试样制备方法；

（4）试样的详细初始状态，包括尺寸、含水率、天然密度及干密度；

（5）饱和方法及相关细节；

（6）得到的孔隙水压力系数 B 值；

（7）固结阶段的数据，如第 21.2.1 节所述；

（8）最终密度及含水率；

（9）20℃下竖向渗透系数 k_v（m/s），精确到两位有效数字；

（10）试验中的平均有效应力；

（11）试样两端的压差及水力梯度。

试验报告如图 21.15 及图 21.16 所示。

第21章 三轴固结与渗透试验

<table>
<tr><td colspan="5" align="center">三轴试验测定渗透系数
依据常水头：BS 1377-6：1990：6</td></tr>
<tr><td>钻孔/试样编号</td><td colspan="2">BH109/5</td><td>日期</td><td>2012年3月17日</td></tr>
<tr><td>试样深度(m)</td><td colspan="2">3.00～3.50</td><td>土样深度(m)</td><td></td></tr>
<tr><td>试样细节</td><td colspan="2"></td><td>排水条件</td><td>两端排水</td></tr>
<tr><td>试样类型</td><td colspan="2">受扰动的土体</td><td>试样方向</td><td>未要求</td></tr>
<tr><td>试样描述</td><td colspan="2">黄褐色砂土</td><td>准备方法</td><td>经2.5kg锤头夯实</td></tr>
</table>

<table>
<tr><td rowspan="9">初始物理性
质指标</td><td>含水率</td><td>%</td><td>21</td></tr>
<tr><td>堆积密度</td><td>$10^3kg/m^3$</td><td>1.96</td></tr>
<tr><td>干密度</td><td>$10^3kg/m^3$</td><td>1.63</td></tr>
<tr><td>高度</td><td>mm</td><td>71.3</td></tr>
<tr><td>直径</td><td>mm</td><td>60.4</td></tr>
<tr><td>假定颗粒密度</td><td>$10^3kg/m^3$</td><td>2.70</td></tr>
<tr><td>饱和度</td><td>%</td><td>87</td></tr>
<tr><td>孔隙比</td><td></td><td>0.6521</td></tr>
<tr><td rowspan="8">渗透阶段</td><td>围压</td><td></td><td>800</td></tr>
<tr><td>底部压力</td><td>kPa</td><td>396</td></tr>
<tr><td>顶部压力</td><td>kPa</td><td>400</td></tr>
<tr><td>压差</td><td>kPa</td><td>4</td></tr>
<tr><td>平均有效应力</td><td>kPa</td><td>402</td></tr>
<tr><td>水的流向：竖直向下</td><td></td><td></td></tr>
<tr><td>流速</td><td>mL/min</td><td>2.61×10^{-1}</td></tr>
<tr><td rowspan="4">最终物理性
质指标</td><td>含水率</td><td>%</td><td>22</td></tr>
<tr><td>堆积密度</td><td>$10^3kg/m^3$</td><td>1.94</td></tr>
<tr><td>干密度</td><td>$10^3kg/m^3$</td><td>1.60</td></tr>
<tr><td>孔隙比</td><td></td><td>0.6916</td></tr>
<tr><td rowspan="6">饱和阶段
BS 1377-6：
5.4</td><td>方法：增加围压和反压</td><td></td><td></td></tr>
<tr><td>压力增量</td><td>kPa</td><td>50:100/10</td></tr>
<tr><td>压差</td><td>kPa</td><td>10</td></tr>
<tr><td>最终围压</td><td>kPa</td><td>800</td></tr>
<tr><td>最终孔隙水压力</td><td>kPa</td><td>778</td></tr>
<tr><td>最终孔隙水压力系数B</td><td></td><td>0.94</td></tr>
</table>

源于BS 1377
试验备注

<table>
<tr><td></td><td>记录</td><td>日期
2012年3月24日</td><td>复核</td><td>日期</td><td></td></tr>
<tr><td rowspan="3">地质调查试验有限公司</td><td rowspan="3">项目</td><td rowspan="3">Carnsville尾矿坝</td><td colspan="3">合同　　　SI/5021</td></tr>
<tr><td colspan="3">图表</td></tr>
<tr><td colspan="3">ES/8</td></tr>
</table>

图 21.15 包含试样数据及饱和阶段结果的典型三轴渗透试验报告

三轴试验测定渗透系数
常水头：BS 1377-8：1990：：6

钻孔/试样 编号	BH109/5	日期：	2012年3月17日
试样深度(m)	3.00～3.50	土样深度(m)：	

	围压	kPa	800
	反压	kPa	400
	有效围压	kPa	400
固结阶段 BS 1377-8 ：6	初始孔隙水压力	kPa	778
	最终孔隙水压力	kPa	401
	孔隙水压力消散比	%	100
	体积变化	%	2
	固结系数(各向同性)	m²/a	7669
	体积压缩系数(各向同性)	m²/MN	0.1

渗透阶段 BS 1377-6 ：6	试样两端压差	kPa	4
	有效围压	kPa	400
	持续时间	d	2
渗透系数k(m/s)			1.92×10^{-7}

图 21.16 包含固结及渗透试验阶段结果的典型三轴渗透试验报告（一）

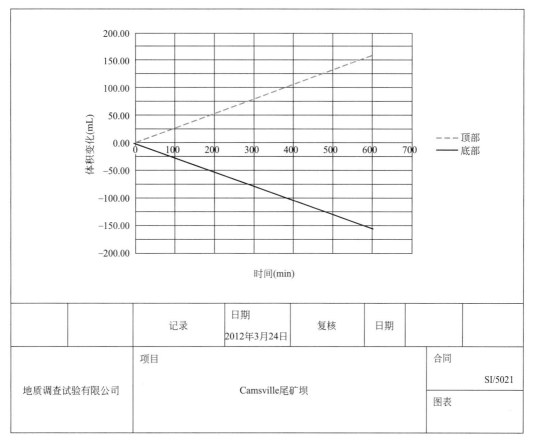

		记录	日期 2012年3月24日	复核	日期		
地质调查试验有限公司		项目 Camsville尾矿坝				合同 图表	SI/5021

图 21.16　包含固结及渗透试验阶段结果的典型三轴渗透试验报告（二）

21.4.2　加速渗透试验

1. 测试背景及频率

加速渗透试验是由 Weeks Laboratories 在 20 世纪 90 年代发明的，旨在满足垃圾填埋场运营商更快获得击实黏土垫层或复合垫层质量控制测试结果的需求。

英国环境局在 2003 年发布了一份研究报告（Murray，2003a），分析了该测试方法对第 21.4.1 节中所述 BS 规范测试的适用性。环境局还正式发布了该试验的适用步骤（Murray，2003b）。试验采用与 BS 试验相同的装置，不同之处在于饱和与固结过程结合在渗透试验过程中。

该试验方法已被环境局接纳用于质量控制测试，但是每个 BS 试验最多只能进行 5 次加速渗透试验，且不能用于工程设计。

2. 试验条件

（1）试验所用试样直径与高度均为 100mm，可以是重塑压实试样，也可以直接从取芯器中采样；

（2）试验中所用压力：顶部反压 p_1 为 300kPa，底部反压 p_2 为 425kPa，围压 σ_3

为 550kPa；

（3）水流自下而上；

（4）基本测试包括使用两个反压系统中的体变传感器对流量进行 4 次测量。如需测定试样体积和含水率的变化，则需要配备第三个体变传感器。需要注意的是，试验过程中测定体积和含水率变化容易出错，需要非常仔细地评估数据以获得有意义的结果。虽然不是加速渗透试验的常规要求，如果需要，试验过程应该包括体积和含水率误差修正的说明。

3. 试验前检查

同第 21.4.1 节中描述的 BS 试验步骤一致。

4. 试验装置

试验装置同第 21.4.1 节所述，若要测定试样体积和含水率，则需要第三个体变传感器。如果试验结束后需要确定 B 值，则需要一个底部压力传感器以测定孔隙水压力。

5. 试验步骤

（1）按上一小节试验步骤 2 施加顶部、底部压力及围压，同时保持反压阀关闭；

（2）打开（底部）注水阀，之后缓慢打开（顶部）排水阀。如果在打开管线阀门之前已经将体变传感器读数归零，则可能需要进行校正。这是因为该操作会大幅影响试样中水的吸收或排出，同时溶液中空气的释放也会影响体积变化的测量。试验开始时，体变传感器的读数可能会不断变化，甚至指示流量为负值；

（3）以合适的时间间隔观测记录流速，并绘制连续不间断的试验结果曲线，包括试验开始时可能为负值的流量。持续试验直到两个体变传感器读数与时间变化关系为线性且平行，这表明试样两端水流流速基本一致。达到稳定状态后应持续至少 2500min 以保证流量与时间关系为线性，并保证试样两端的流量与时间关系曲线平行。最大注水流速与最小排水流速的比值应低于 1.7；

（4）如果需要，以合适的时间间隔测定试样体积变化以绘制连续不间断的体积变化曲线；

（5）绘制每个体变传感器的累积流量 Q（mL）与时间 t（min）的关系曲线；

（6）如果需要，应进行足够的测量以确定试样体积、含水量和密度的变化，包括饱和度检查；

（7）如果需要，可以在试验完成后进行饱和度测试以确定 B 值。关闭注水阀和排水阀，孔隙水压力的变化低于每小时 1kPa 时，增加 100kPa 围压，观测孔隙水压力的变化直至其变化再次低于每小时 1kPa。

通过计算 $\delta u/\delta\sigma_3$，确定 B 值，其中 $\delta\sigma_3$ 为 100kPa，$\delta u = (u - 300)$ kPa。需要注意的是，可能无法实现 B 值高于 0.95。连续两次增加围压后 B 值保持不变并高于 0.90，即可判定试样已经饱和；

（8）必要时，记录饱和度检测过程中体变传感器的读数，并保证渗透试验过程中数据记录的连续性；

（9）记录试验结束时试样的尺寸。

6. 结果计算

（1）计算试样截面面积 A（mm^2）；

（2）基于累计流量图表，确定线性部分的平均斜率，即稳态状态下水流流速 q（mL/min）；

（3）确定压差（$p_1 - p_2$）及校准过程中得到的水头损失 p_c；

（4）试样渗透系数 k_v（m/s）根据下式计算：

$$k_v = \frac{1.63qL}{A(p_2 - p_1) - p_c} \times R_t \times 10^{-4}$$

其中，R_t 为考虑水流黏度的温度校正系数。

7. 试验报告

试验报告需包含以下内容：

（1）说明加速渗透试验是依据英国环境局公布的试验方法进行的，如有与试验步骤不同之处，需单独说明；

（2）所有结果均需校准，并且在允许的误差范围内；

（3）试样初始尺寸；

（4）可能影响渗透系数测量的试样初始状态及组构的说明；

（5）试样初始堆积密度、干密度及含水量；

（6）体变传感器的测量结果；

（7）20℃下的渗透系数 k_v（m/s），精确到两位有效数字；

（8）试验过程中的平均有效应力；

（9）试验中的水力梯度；

（10）根据工程师要求，按常规时间间隔记录试样体积、密度及含水率；

（11）试验结束时试样的最终尺寸；

（12）可能影响渗透系数测量的试样最终状态及组构的说明；

（13）试样最终堆积密度、干密度及含水率；

（14）根据工程师需要，记录饱和度检查结果；

（15）任何其他试验相关的信息或观察到的现象。

21.4.3　使用一个反压系统的三轴渗透试验

1. 原理

仅需要一个反压系统的试验步骤并没有涵盖在 BS 1377 标准中。若进行常水头试验，原理同第 21.4.1 节所述。当施加压力较小时，采用改进的试验步骤，与变水头试验原理相同。

2. 试验装置

如图 21.17 所示，如果试样排水口与连通大气的量管连接，可以只通过一个连接试样的恒压系统（在提供围压的系统之外）测量渗透系数。如果土的渗透系数足够高，允许向上流动的水引起试样孔隙中气泡发生迁移，则反压系统必需连接在装置底座，并允许顶部排水（图21.17a）。若首先通过施加反压实现试样饱和，则水流方向无关紧要，并且在断开与孔隙水压力系统的连接后，量管可以连接至图21.13中的a_1阀门。之后水流从上至下，如图21.17（b）所示。通过提升量管可以使排水压略高于大气压，从而水头高度高于试样的排水位置。每提升1m，水压就增加9.81kPa。

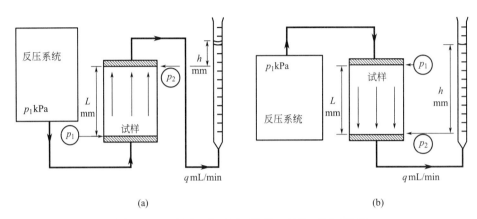

图21.17 采用一个反压系统的三轴渗透试验装置
（a）水流自下而上；（b）水流自上而下

当水力梯度超过1时，向上的水流会引起土体失稳或管涌，尤其是在无黏性土中。向下的水流是保持试样稳定的条件，因而通常是首选方案。

在低压条件下，空气或气泡很可能从试样中逸出。若允许气泡从量管中逸出，则会影响其读数。可以通过使用装满水的空气收集器去除空气，如图21.5所示。连接疏水阀的管子应当向上倾斜，这样可以避免形成新的气穴。量管读数为试样中空气与水的总体积，该值应和注入水的体积相等。

3. 试验步骤

（1）低流速状态

若水流流速较低，试验步骤类似第21.4.1节所述，除了通过量管读数确定流量，还可以在注水管处布置一个体变传感器作对比。如果量管的位置能够逐渐降低，则其水位能够保持恒定在初始水位，从而适用常水头条件。其中连接管应足够长以允许该操作。

所用符号同第21.4.1节所述。水力梯度i可以通过式（21.25）计算（不计管线内水头损失）：

$$i = \frac{102p_1 - h}{L} \tag{21.25}$$

若量管中水柱对应的水头高度较小（比如低于$5\% \ p_1$），则按下式近似计算水力梯度：

$$i = \frac{102p_1}{L}$$

流速 q（mL/min）通过量管读数随时间变化曲线求得，如第 21.4.1 节所述。若上述近似成立，则渗透系数 k_v（m/s）可以通过下式计算：

$$k_v = \frac{qL}{60A \times 102 p_1} = \frac{qL}{6120 A p_1} \text{m/s} \tag{21.26}$$

（2）高流速状态

若水流流速较高，试验中总流量超出了量管量程，则应使用类似第 2 卷图 10.23 所示的溢流装置。从而排水口水位保持恒定，通过量筒收集的水量计算流量。在此过程中应记录累计流量，从而可以通过图表法确定稳态状态下水流流速（图 21.14）。如有必要，应对管线内水头损失进行修正。

（3）变水头试验

如果注水压并没有远大于量管中水头提供的排水压，并且没有使用恒定水位的溢流装置，则随着量管中水位升高，排水压的变化可能会很明显（图 21.18a）。这种情况类似变水头试验（第 2 卷第 10.7 节），根据第 10.3.6 节的式（10.15），渗透系数计算公式修正如下：

$$k = 3.84 \left[\frac{aL}{At} \log_{10} \left(\frac{102 p_1 - h_0}{102 p_1 - h_f} \right) \times 10^{-5} \right] \text{m/s} \tag{21.27}$$

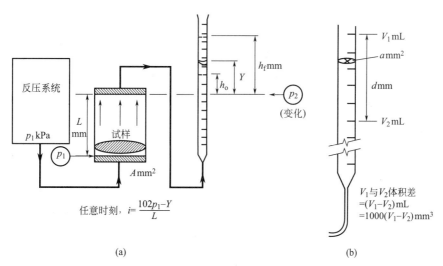

图 21.18 变水头状态下三轴渗透试验
（a）压力与水力梯度；（b）用于确定量管截面面积的读数

其中，a 为量管的截面面积（mm^2），$a = \frac{v_1 - v_2}{d} \times 1000 \text{mm}^2$；$h_0$（mm）为初始状态量管内水位与试样流出口的水头差；h_f（mm）为 t 时刻对应的水头差；t 为所持续的时间；L，A，和 p_1 同上节步骤（1）所述。

仅在量管水位造成的排水压高于注水压的 1.1 倍时才可使用式（21.27），也就是 $9.81h/1000 > 0.1 p_1$，即 $h > 10 p_1$。

例如，注水压 p_1 为 100kPa，则在应用此修正之前，水头高度 h 最高可达 1 m，精度在 10% 以内。

21.4.4 使用两个量管的三轴渗透试验

1. 原理与试验装置

如图 21.19 所示，中等渗透性土的渗透系数可以通过装有两个量管的简化三轴试验测定。若试样不饱和，排水管段应设有气穴。试验开始时可能有必要对试样排水口（顶部）进行仔细的局部抽真空以移除气泡，否则可能会发生积聚并阻碍渗流。

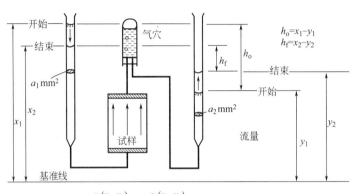

$$t\text{时刻的流量}=Q\text{mL}=\frac{a_1(x_1-x_2)}{1000}=\frac{a_2(y_2-y_1)}{1000}$$

$$t\text{时刻的水头变化}=(h_\mathrm{o}-h_\mathrm{f})\text{mm}$$

$$\text{等效“竖管”截面面积}=\frac{1000Q}{(h_\mathrm{o}-h_\mathrm{f})}\text{mm}^2$$

图 21.19 使用两个量管的三轴渗透试验装置示意（附计算公式）

2. 变水头方法

测定两个量管的初始水位差记为 h_o（mm），$t\min$ 后渗流达到稳态并测得两管水位差记为 h_f（mm）。对于变水头试验，可通过第 2 卷第 10.3.6 节所述式（10.5）计算渗透系数，修正如下：

$$k = 3.84 \left[\frac{1000QL}{(h_\mathrm{o}-h_\mathrm{f})At} \log_{10}\left(\frac{h_\mathrm{o}}{h_\mathrm{f}}\right) \times 10^{-5} \right] \text{m/s} \tag{21.28}$$

其中，Q 为 $t\min$ 内量管测定或者通过试样的流量（mL）；L、A 在之前的章节已经说明。

式（10.15）中竖管的截面面积 a，在此处等价于 $1000Q/(h_\mathrm{o}-h_\mathrm{f})\text{mm}^2$。

3. 常水头方法

若使用较长的柔性管连接量管和三轴压力室，则可以通过提升注水量管和降低排水量管维持两边水位稳定。从而试验在恒定的水头高度 h_o 下进行，水力梯度为 $h_\mathrm{o}/L_\mathrm{o}$。

如果平均流速为 q，可通过第 2 卷第 10.3.2 节式（10.5）计算渗透系数（其中 $i=h_\mathrm{o}/L_\mathrm{o}$）：

$$k = \frac{qL}{60Ah_\mathrm{o}} \text{m/s} \tag{21.29}$$

21.4.5　非常小流速的测量

下面的方法基于雷米（Remy，1973）描述的步骤，当水流流速太小而无法满足常规方法的要求时，可以采用该方法测定非常小的渗透系数。该方法利用了压力传感器的体积变化特性。

1. 试验装置

如图 21.20 所示，压力传感器与三轴压力室底座连接。孔隙水压力系统必需采用合适的办法排出空气，所有的阀门、接头、管线都必需检查以保证其完全不渗漏。系统加压并关闭阀门 a、a_1 后，压力传感器在数小时内不应有明显的压力损失。

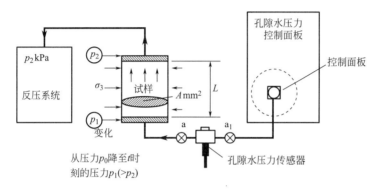

图 21.20　使用压力传感器进行极小渗透系数测定的装置示意
（必需保证孔隙水压力管路中没有空气和渗漏）

2. 试验步骤

依照常规方法在顶部施加反压进行试样饱和，直至 B 值接近 1，固结至设定的有效应力达到平衡状态。随后增加试样底部压力使其高于反压值，并使试样两端的水力梯度合理。此过程可能需要增加 100kPa 甚至更高的压力。之后关闭阀门 a_1，同时以常规的时间间隔记录孔隙水压力传感器的读数，进而绘制孔隙水压力与时间关系的曲线，如图 21.21 所示。

3. 计算

时间间隔为 t（min），试样底部压力从 p_0（kPa）降至 p_f（kPa），通过试样水的体积可以通过压力传感器的变形特性计算，记为 α（mm^3/kPa），这与变水头渗透仪中截面面积为 a（$a = \alpha/102mm^2$）的竖管等效。从而可以用第 10.3.6 节中式（10.15）按变水头方法计算渗透系数：

$$k = \left[3.84\,\frac{\alpha L}{102At}\log_{10}\left(\frac{p_0 - p_2}{p_f - p_2}\right) \times 10^{-5}\right] \text{m/s} \tag{21.30}$$

举例，假设一个较"软"的传感器的 α 值为 10^{-2} mm^3/kPa，上述公式变为：

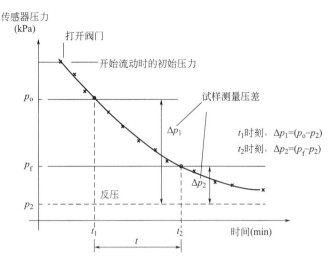

图 21.21　用于确定土体极小渗透系数的孔隙水压力与时间的关系曲线

$$k = \left[3.84 \frac{L}{At} \log_{10} \left(\frac{p_0 - p_2}{p_f - p_2} \right) \times 10^{-9} \right] \text{ m/s} \qquad (21.31)$$

4. 毛细管法

毛细管法是由曼彻斯特大学研发（Wilkinson，1968）的一种在恒定水头下精确测定较长时间内较小流速的试验方法。如图 21.22 所示，试样两端的注水和排水压力系统各包含一个长度为 1 m 的精密孔径厚壁玻璃管（内径 1.5mm），水平安装在操作台上方。排气后，通过毛细管将单个小气泡引入，该毛细管可通过螺杆控制面板连通空气。安装在毛细管旁的刻度尺可以测量气泡的流动速度，从而确定水流流速。当两毛细管内实际流速相等时，可以判定已达到稳态。若刻度以 mm³ 或 mL 标记，则可以直接观测流速（mm/min），1m 的长度代表 1.767mL。

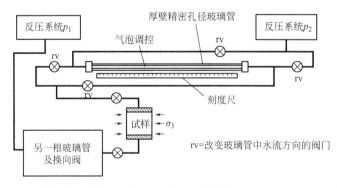

图 21.22　测量较小流速的恒定水头渗透试验装置（未显示注水端毛细管）

图 21.22 中所示的阀门和连接管道，可以在测试过程中使气泡的运动方向在需要时反转。管线内部必需彻底清洁，确保完全不含油脂和其他可能阻碍水流动的污染物。

参考文献

ASTM Designation D 5084-11 (2011). *Standard Test Method for Measurement of Hydraulic Conductivity of Porous Materials Using a Flexible Wall Permeameter*. American Society for Testing and Materials, Philadelphia.

Bjerrum, L. and Huder, J. (1957). Measurement of the permeability of compacted clays. *Proceedings of the 4th International Conference on Soil Mechanics and Foundation Engineering, London. Butterworths*. Vol. 1, p. 6-8.

Davis, E. H. and Poulos, H. G. (1968). The use of elastic theory for settlement prediction under three-dimensional conditions. *Géotechnique*, Vol. 18(1), p. 67.

Lo, K. Y. (1960). Correspondence. *Géotechnique*, Vol. 10(1), p. 36.

Murray, E. J. (2003a). Validation of the accelerated permeability test as an alternative to the British Standard permeability test. *R&D Project Technical Report No. P*1-398/*TR*/1. Environment Agency, Bristol.

Murray, E. J. (2003b). Procedure for the determination of the permeability of clayey soils in a triaxial cell using the accelerated permeability test. *R D Technical Report P*1-398/*TR*/2. Environment Agency, Bristol.

Remy, J. P. (1973). The measurement of small permeabilities in the laboratory. Technical Note. *Géotechnique*, Vol. 23(3), p. 454.

Rowe, P. W. (1959). Measurement of the coeffi cient of consolidation of lacustrine clay. *Géotechnique*, Vol. 9(3), p. 107.

Schiffman, R. L., Chen, A. T. F. and Jordan, J. C. (1969). An analysis of consolidation theories. *J. Soil Mech. Foundation Div. ASCE*, Vol. 95(SM1), p. 285-312.

Wilkinson, W. B. (1968). Permeability and consolidation measurements in clay soils. *PhD Thesis*, Manchester University.

第 22 章
液压固结仪和渗透试验

本章主译：刘凯文（西南交通大学）、林沛元（中山大学）、陈征（海南大学）

22.1　Rowe 型固结仪

22.1.1　引言

本章描述的液压固结仪，通常称为 Rowe 型固结仪，是由曼彻斯特大学 P. W. Rowe（Rowe 和 Barden，1966）教授研发的。其目的是在对低渗透性土（包括非均匀沉积物）进行固结试验时，克服常规侧限压缩仪（在第 2 卷第 14 章中描述）的大多数缺点。

与常规侧限压缩仪的杠杆式重力加载不同，Rowe 型固结仪通过作用在柔性膜上的水压来实现液压加载。这种设计使仪器能够测试大直径（商用仪器中直径可达 254mm 即 10in）试样，并且允许大的沉降变形。最重要的是可以在固结试验过程中控制排水和测量孔隙水压力。Rowe 型固结仪有 2 种不同的排水条件（垂直或水平），并且可以对试样施加反压。

在 Rowe 型固结仪中，通过液压对试样施加应力，穿过试样的隔膜是可伸缩波纹管，也可以使用其他类型的隔膜，例如滚动密封型，其试验原理和方法是相同的。

Rowe（1968）详细阐述了这种类型的固结仪的优点，以及其应用上的一些说明，并在第 22.1.3 节中做了总结。同时在第十二届朗肯讲座（Rowe，1972）（第 22.1.8 节）中进一步展示了其他应用，特别是关于非均质土"组构"效应的应用。

在第 22.1.2～22.1.8 节中概述了固结仪的起源、发展、辅助设备、优点、用途和应用。与试验数据分析相关的理论知识在第 22.2 节中进行了阐述。

用于试验、制备试样和组装仪器的设备在第 22.3～22.5 节中进行了描述。第 22.6 节中首先详细描述了最常见的固结试验类型，即包括测量孔隙水压力的竖向排水试验，也称为"基本"试验。随后介绍了其他类型的固结试验，并解释相关的曲线拟合程序。而渗透性试验则见第 22.7 节。

这里描述的固结和渗透试验步骤通常如 BS 1377-6：1990：3 和 4 所述。Rowe 型固结仪也可用于多种类型的连续加载固结试验，但这些不在本书进行介绍。

22.1.2　历史概要

Rowe 型固结仪的发展概述如下。

1. 隔膜加载

Rowe（1954）描述了一种利用隔膜加载原理对砂土进行侧限压缩试验的装置。在扁平的柔性膜上对直径为 10in 的试样施加气压。目前，Rowe 型固结仪的设计采用了一个波纹隔膜，允许试样发生大的沉降变形（Rowe 和 Barden，1966）。

根据曼彻斯特大学的设计建造直径为 3in、6in、10in 和 20in 的仪器，所有仪器都配有用于测量孔隙水压力的压力传感器。直径为 3in 的仪器于 1966 年开始商业化，随后在 1967 年，尺寸为 10in 和 6in 的仪器也开始商业化。而尺寸为 20in 的仪器仅用于研究目的。

使用液压加载的固结仪由伦敦帝国理工学院的毕肖普，格林和斯金纳（Green 和 Skinner）独立设计（Simons 和 Beng，1969），用于测试直径为 3in 和 4in 的试样，并提供了孔隙水压力的测量，且可提供反压。

巴登（1974）描述了一种改进的 10in Rowe 型固结仪，使气压作用于丁基橡胶的平膜上，其中涉及"干土"（即土中孔隙全部由气体填充的土）的固结。

曼彻斯特大学的后续开发是使用相同的隔膜加载原理构建了 $500mm^2$ 和 $1m^2$ 的固结仪，用于固结离心机试验之前的大尺寸制样。

2. 孔隙水压力测量

在固结试验中测量孔隙水压力的早期尝试仅限于美国的研究试验。在引入毕肖普和亨克尔于 1957 年开发的孔隙水压力测量仪器之后，英国提出在三轴仪中对直径为 100mm 的试样进行固结并对其孔隙水压力进行测量，此视为既定流程。

莱昂纳茨和吉罗（Leonards 和 Giraul，1961）使用手动控制的汞—水孔隙水压力装置，在直径为 112mm 的常规固结仪中进行孔隙水压力测量。惠瑟姆等人（Whitman，1961）将电压力传感器应用于孔隙水压力的测量中，从而极大地推动了孔隙水压力测量的发展。他们描述了该设备的优点，并研究了系统的合理性和响应时间。随后改进了孔隙水压力传感器和相关的监测系统，并使其适应土的测试要求，使 Rowe 和巴登能够从一开始就将其安装到仪器上。

3. 水平排水

固结期间沿水平（径向）方向的排水首先在使用滤纸侧向排水的三轴仪中进行，如毕肖普和亨克尔（1957）所述（第 21.2.2 节）。Rowe（1959）使用这种方法对湖相黏土进行研究表明，即使将滤纸条连续安装在试样周围，也不能对此类土形成有效的排水效果。在直径为 4in 的三轴黏土试样径向排水试验中，埃斯卡里奥和乌列尔（Escario 和 Uriel，1961）用了一层 5mm 厚的云母砂做替代，得出了相似的且令人满意的结论。麦金利（McKinlay，1961）则将试样放在多孔不锈钢环中，用于标准固结仪的径向排水测试。

Rowe 和巴登（1966）使用的 Vyon 多孔塑料片作为外围排水管效果很好，其渗透性高于淤泥。通常 1.5mm 的厚度便可以满足排水要求。

Rowe（1959）提出了在常规的固结仪中向中心砂井径向排水的方式。Rowe 和希尔兹（Rowe 和 Shields，1965）在试验中，使用多孔陶瓷片代替水平排水层，对直径为 3in、6in 和 10in 的试样进行固结，径向向内排水到干净的细砂排水沟。希尔兹和 Rowe（1965）指出，砂井直径不超过试样直径的 5% 对试样的可压缩性几乎没有影响，用于形成排水通道的薄壁芯轴也几乎不会对土造成干扰。辛格和阿塔（Singh 和 Hattab，1979）描述了几种形成 Rowe 型固结试验的中心排水管芯轴的方法。

4. 侧壁摩擦

莱昂纳茨和吉罗（1961）研究了常规固结仪中侧壁摩擦的影响。他们发现，仪器壁上的聚四氟乙烯涂层几乎消除了该类型仪器中高于某一临界值的荷载摩擦。并发现使用有机硅油脂同样有效，现将其普遍用于 Rowe 型固结仪中。

5. 曲线拟合

水平径向排水固结分析需要将太沙基理论扩展到此类条件下。拜伦（Barron，1947）提出了排水井径向排水的理论解，麦金利（1961）给出了径向向外排放到连续的外围排水管的理论解。这些研究结果在第 22.2.3 节中进行了解释，并为第 22.6.6 节中给出的曲线拟合程序提供了依据。

22.1.3　Rowe 型固结仪的优点

Rowe 型固结仪与常规的固结仪相比具有许多优点。主要的提升之处是：液压加载系统、控制设施、测量孔隙水压力的能力以及测试大直径试样的能力。这些改进特征的优点如下所述。其中一些要点在第 22.1.8 节中进行了扩充。

1. 液压加载系统

（1）与传统的固结式压力机相比，试样不易受到杠杆加载系统放大振动的影响。

（2）即使对于大尺寸试样，也可以轻松施加高达 1000kPa 的压力。

（3）承受压力时加载系统变形所需的修正可以忽略不计，除非是非常坚硬的土。

2. 控制设施

（1）可以控制试样的排水，并且可以对试样施加几种不同的排水条件。

（2）控制排水使得能够在不排水条件下对试样施加荷载，从而允许孔隙水压力充分积聚。因此，开始时的瞬时沉降可以与固结沉降分开测量，固结沉降仅在排水管线打开时开始计量。

（3）可以随时准确测量孔隙水压力并立即显示出来。孔隙水压力的读数可以确定主固结阶段开始和结束的时间。

（4）可以测量从试样中排出的水量以及表面沉降。

（5）在开始固结之前，可以通过增加反压，直到获得接近 1.0 的 B 值，或通过控制施加的有效应力，使试样饱和。

（6）试验可以在升高的反压下进行，这可以确保充分饱和的条件，提供快速的孔隙水压力响应，并确保可靠的时间关系（Lowe 等，1964）。

（7）可以通过在表面上施加均匀的压力（"自由应变"）或通过刚性压盘施加一个均匀沉降（"等应变"）来对试样进行施压。通过柔性隔膜的自由应变荷载允许各个土层达到其自身的平衡状态。

（8）可以很容易实现对荷载的控制，包括低压下的初始荷载。

3. 大尺寸试样

（1）大尺寸试样的试验相比于小尺寸试样的常规一维固结仪试验，提供了更可靠的沉降分析数据（实际上是三维问题）。

（2）大尺寸试样（即直径 150mm 和厚 50mm，或者更大）的试验比常规固结仪试验（McGown 等，1974）具有更高且更可靠的 c_v 值，特别是在低应力下。据报道，预测和观测到的沉降速率具有很好的一致性（Lo 等，1976）。其中一部分原因可能是由于较大试样中结构黏度的影响相对较小，与下面将提到的组构效果完全不同。

（3）大尺寸试样的使用可以在固结过程中考虑土的宏观结构（组构）的影响，从而能够对固结速率进行实际估算（Rowe，1968；1972）。一个常见的例子是分层沉积。

（4）与小尺寸试样相比，大尺寸试样所受的微观组构干扰明显较小。过多干扰会影响 $e/\log p$，并且往往会模糊应力历史的影响；受影响的 $e/\log p$ 图给出了较低的预固结压力和超固结压力的比值，并在低应力下提供了较高的 m_v 值。对高质量大直径试样的试验可以最大限度地减少这些缺点。

（5）大尺寸试样可以在已知的应力条件下，并在考虑土组构的影响下，对垂直和水平渗透系数进行可靠的测量。

（6）直径为 250mm 的仪器内，中部可以安装排水管，以便对土中的排水井进行实际评估。

22.1.4　仪器和附属设备说明

1. 设计

Rowe 型固结仪的三种尺寸，是由英国的商业测试实验室在 Rowe 教授开发的直径为 3in、6in 和 10in 的基础上开发的。在本章中，通过直径为 75mm、150mm 和 250mm 的取整公制等效值来引用它们，图 17.7（第 17.2.4 节）中显示了直径为 75mm 的典型仪器。表 22.1 给出了确切的尺寸以及其他相关尺寸。目前，可以在英国购买 Rowe 型固结仪，来测试直径为 50～100mm 的试样。

Rowe 型固结仪的尺寸　　　　　　　　　　　　　　　　　　表 22.1

公称直径	3in(75mm)		4in(100mm)	6in(150mm)		10in(250mm)	
试样直径							
精准等效值	76.2		99.6	152.4		254	
新系列		75.7			151.4		252.3
试样面积(mm^2)	4560	4500	7791	18241	18000	50671	50000
推荐试样高度(mm)	30		35/40 *	50		90	
试样体积(基于推荐高度)(cm^3)	136.8	135	312	912.2	900	4560.4	4500

* 有些实验室可以测试 35mm 和 40mm 高度的试样。

以下主要介绍直径为 250mm 的仪器，其主要特征如图 22.1 所示。其他尺寸原则上相似，主要区别在于构造细节，如下所述。

仪器本身由三部分组成：固结仪主体，顶盖和底座。在早期的商业设计中，仪器主体是由铝青铜加工而成，底座由钢制成，顶盖由铝合金制成。三种不同的金属与土样中具有化学腐蚀性的液体，有时会由于化学反应和电解效应而引起严重腐蚀。所以将铝合金用于上述设计的三部分中，经过适当处理消除孔隙，并在基底和侧面粘贴光滑的塑料衬里。

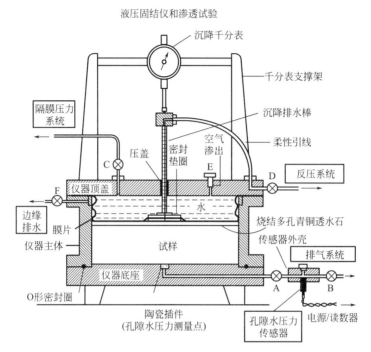

图 22.1 250mm 直径 Rowe 型液压固结仪的主要特征

2. 仪器组成

仪器的两端各有一个法兰，带有螺栓孔，用于固定底座和顶盖（图 22.2a）。在 75mm 和某些 150mm 的仪器压力室上没有法兰，但是仪器主体通过长的连接螺栓固定在底座和顶盖之间，如图 22.2（b）所示。法兰设计可以在需要时将两个仪器用螺栓固定在一起。垫圈安装在螺栓头和螺母下面，上端的凹槽，称为边缘排水口，有一个通向阀门的出口（图 22.1 中的阀门 F），但这种设计通常不出现在较小的仪器压力室中。固结仪的内表面必需光滑并且没有点蚀或其他不规则特征，这可以通过塑料材料粘合衬垫来实现。

仪器顶盖配有天然或合成橡胶制成的卷曲柔性波纹管（隔膜），其外边缘可以在仪器顶盖和上部法兰之间起到密封作用。隔膜通过顶部的水压将均布荷载传递到下方的试样（图 22.1）。黄铜或铝合金空心轴穿过盖子中心的低摩擦密封处。空心轴的下端穿过隔膜的中心，并由两个金属垫圈密封。其上端通过柔性管连接到安装在顶盖边缘的排水阀 D。中心轴的上端空隙为测量沉降的千分表的砧座提供了一个轴承，并用螺栓固定在顶盖上的支架组件刚性支撑。盖子还装有一个入口阀门 C，一个放气螺栓 E，其中入口阀用于连接恒定水压系统，该系统可以将垂直荷载施加到试样上。

仪器底座配有一个凹槽，用于将容器下方的法兰通过 O 形密封圈进行密封。底座的中心是一个小的圆形凹槽，其中含有粘合在适当位置的多孔瓷片或塑料插件。这是连接电

第22章 液压固结仪和渗透试验

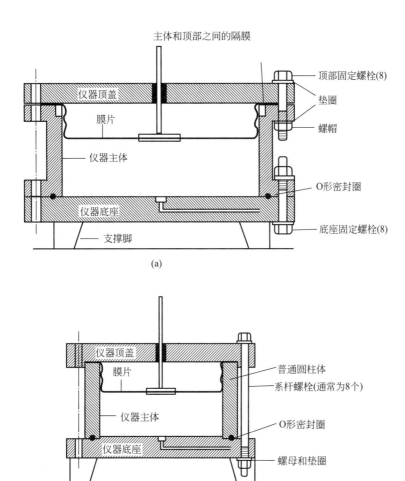

图 22.2 Rowe 型固结仪的设备细节
(a) 直径 250mm；(b) 75mm，直径约 150mm

压力传感器和阀门 B 的主要的孔隙水压力测量点，并通向外边缘的阀门 A（图 22.1）。在直径为 250mm 的仪器室中，距离中心 70mm（仪器室半径 R 的 0.55 倍）、25mm（0.1R）和 114mm（0.9R）的距离处提供三个额外的孔隙水压力测量点。在不使用时，它们的连接端口用底座边缘上的塞子进行密封。底座位于三个金属支撑脚上。

3. 附属设备

仪器附属设备通常会和仪器一起提供或作为备件，如下所述：

将烧结青铜透水石放置在隔膜正下方的试样顶部，用来收集固结过程中从试样垂直排出的水并将其导入中心轴的排水出口。直径为 75mm 的透水石通常被认为是"刚性"的，但较大尺寸的透水石便具有一定的柔韧性（BS 1377 中未提及此类透水石）。

刚性圆形加载板，带中央排水孔，可插入、可拆卸提升手柄，当需要施加"等应变"荷载时，将其安装在透水石的顶部。

Vyon 多孔塑料顶盖厚 3mm，为试样顶面提供柔韧性和均匀的加载压力，以实现"自

273

由应变"（均匀应力）条件。

多孔 Vyon 板材，1.5mm 厚，用于形成外围排水管。

千分表，用于测量垂直沉降。

孔隙水压力测量点的备用多孔插件。

备用 O 形密封圈，用于底座密封。

备用隔膜。

法兰密封圈，用于将两个容器连接在一起（第 22.4.2 节）。

表 22.2 总结了透水石和其他排水介质的典型特性。

Rowe 型固结仪排水介质的特性　　　　　　　　　　　　　　　　　　表 22.2

材料	典型细节	典型渗透系数
烧结青铜透水石	3mm 厚	0.77×10^{-6} m/s
柔性多孔塑料透水石		
顶盖	3mm 厚	4×10^{-10} m/s
外围排水管	1.5mm 厚	
中央排水砂井	冲洗过的细砂 90～300μm	2×10^{-4} m/s 不少于测试试样渗透系数的 3×10^4 倍，取 10^6 倍更优

*吉布森和谢福德（Gibson 和 Shefford，1968）。

4. 辅助设备

进行试验所需的其他设备在第 22.1.5 节和第 22.1.6 节详细说明。这些设备的规格与用于三轴试验的规格相同，如第 17 章所述，以及第 19.2.1 节中提及的。

22.1.5　仪器仪表

下面将描述使用 Rowe 型固结仪进行固结试验时［第 22.1.7（a）节］，手动记录数据所需的基本仪器。

使用千分表或线性位移传感器来测量试样中心的垂直沉降，安装步骤如第 22.1.4 节所述。对于直径较小的仪器，可以选用量程为 10mm，精确度为 0.002mm 的仪表测量，但对直径为 250mm，预期沉降较大的试样来说，优选量程为 50mm，精度为 0.01mm 的千分表。

通过阀 D（图 22.1）排水，并将水引至反压管线上的滴定管或体变计（第 22.1.6 节）。

试样底部中心的孔隙水压力通过安装在排气块（通常为黄铜）中的校准电子压力传感器进行测量，该排气块连接到仪器底座的阀 A（图 22.1）。另一个阀 B 连接到排气和冲洗系统（见下文）。

施加在试样上的垂直应力通过与阀 C 连接到隔膜压力系统上的压力表或压力传感器进行测量（见下文）。

在"基本"固结测试期间，以适当的间隔观察并记录以下测量结果：隔膜压力、反压、孔隙水压力、垂直沉降量、排出水量、时间。

22.1.6　辅助设备

1. 每项试验所需的设备

Rowe 型固结仪中进行的每个试验都需要以下设备。在图 22.3 中标示了最常见试验装置的典型总体布置。

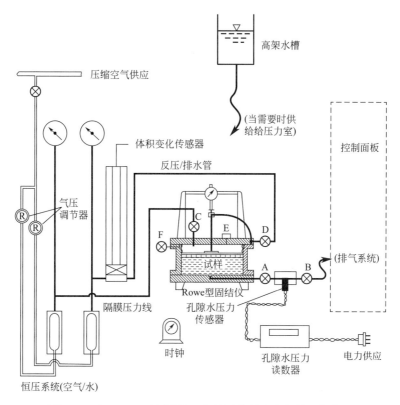

图 22.3　与 Rowe 型固结仪一起使用的辅助设备的一般布置

（1）两个独立控制的压力系统，最大压力可达 1000kPa，一个用于加载隔膜，另一个用于提供反压。压力系统可以使用机动油水或机动空气-水系统（第 17.3 节），空气-水系统由于可用的容量大，通常更适用。每个压力系统应包括一个适合"试验"等级的校准压力表或校准压力传感器，该压力表需靠近仪器的水位线，精度为 5kPa 或 10kPa。

（2）反压管线上校准体积变化的指示器为可逆双管并联型，容量与试样的大小有关；或校准的体积变化传感器（第 17.5.6 节）。

（3）电源和电子数据记录仪（第 17.6.2 节）。

（4）定时器，精度为 1s。

（5）经校准的温度计，精度为 0.5℃。

（6）阀门和连接管的类型与第 19.2.1 节中提到的三轴设备相同。

（7）需要以下材料和消耗品：硅脂（要求取决于试验类型）、1.5mm 和 3mm 厚（要求取决于试验类型）的 Vyon 多孔塑料板和乳胶橡胶板（要求取决于试验类型）。

（8）对于渗透试验，需要第三个压力系统［除上述第（1）项外］。

2. 预试验检查所需的设备

在试验之前，需要以下设备来组装仪器，检查系统。一组设备可以用于多套仪器的检查。

（1）孔隙水压力板，如第 17.5.5 节（图 17.10）所述，用于冲洗、除气和换能器校准。

（2）真空排水系统（第 2 卷第 10 章）和配水管道。

（3）真空泵和管道设施。

（4）高位蓄水池，如渗透性常水头水箱（第 10 章），其水位可以调整。

（5）扳手，用于夹紧螺栓和螺母（需要两个）。

（6）密封件和夹具，用于封堵孔隙水压力点。

（7）浸入式水箱，在装配时用于盛放固结仪。

3. 试样准备和测量所需的设备

以下是原状土的制备和测量所需的设备。详见第 22.4.1 节。

（1）挤压机用于将活塞管中原状土样直接喷射到仪器中。如第 22.4.1 节（图 22.14）所述，可以调整大型压缩荷载框架以挤出大直径试样。含有有机物质的饱和土最好在水下压出（图 22.16）。

（2）采用适当直径的桩靴，将试样修剪至所需直径。每种尺寸的仪器都需要两种直径的桩靴，一种对应于仪器直径，另一种尺寸略小的用于侧向排水试验的试样（第 22.5.3 节）。

（3）标准实验室的小型工具和设备，用于切割和修剪原状试样。

（4）测量和称重试样的设备（要有足够高的容量，用于仪器中大尺寸试样的测量）。

（5）含水率测量仪器。

（6）用于确定颗粒密度的装置。

（7）用于形成垂直排水孔的芯轴和导向夹具（用于仅向中心径向排水的试验）。详细信息，包括使用方法，见第 22.5.4 节。

22.1.7 试验类型

1. 试样类别

可以在 Rowe 型固结仪中对以下类别的试样进行试验。

（1）原状土，可以从采样管中挤出，也可以从土样中手工修剪。

（2）重塑土，从浆液里提取并在仪器中预固结。

（3）压实土，在仪器内通过静态压缩或动态压实制备。

（4）像原状土一样在其他地方重新制作或压实试样，然后修剪并转移到仪器里。

关于以上类别的试样准备详见第 22.4 节。

2. 固结试验的设计

在 4 种不同的排水条件下，可以对上述任何类型的试样进行连续加载固结试验，每种试样可以承受两种类型的加载（"自由应变"或"等应变"），并给出 8 种不同类型的试验。8 种可能的排水和加载配置如图 22.4（a）～（h）所示。实际上，并不会使用所有组合。此处所示的试验类型名称（a）～（h）在本章中保持不变。分析方法和曲线拟合程序根

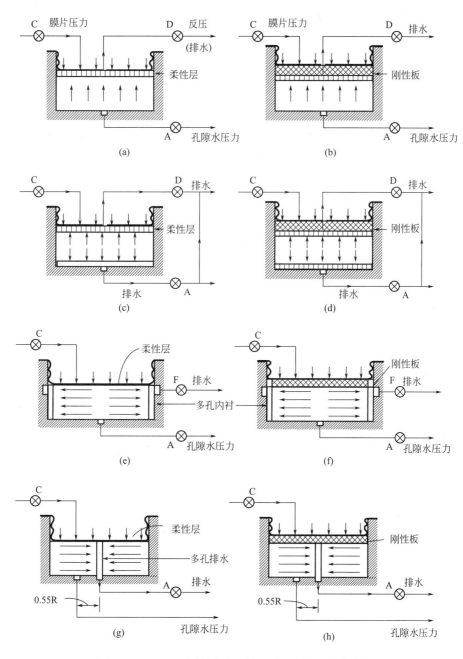

图 22.4　Rowe 型固结仪中固结试验的排水和加载条件

（a）（c）（e）（g）"自由应变"荷载；（b）（d）（f）（h）"等应变"荷载

据试验类型而有所不同，在第 22.2.3 节中进行了解释。

（a）自由应变，垂直单向排水。在柔性表面荷载作用下（均匀压力分布，即"自由应变"荷载）（图 22.4a），仅在试样的顶面垂直排水（单向排水），并在底座中心测量孔隙水压力。这是 Rowe 型固结仪中最常见的试验类型，这里描述的试验是基本试验。

（b）等应变，垂直单向排水。如（a）所述，但在刚性加载板下，需保持试样表面为平面，即加载"等应变"荷载条件（图 22.4b）。

（c）自由应变，垂直双向排水。在不测量孔隙水压力的情况下，同时对试样的顶部和底部表面进行垂直排水（双向排水），并加载"自由应变"荷载（图 22.4c）。

（d）等应变，垂直双向排水。如（c）所述，在刚性板下加载"等应变"荷载（图 22.4d）。

（e）自由应变，水平向外排水。将顶部和底部密封，水平（径向）排水到周边的透水边界，并测量底座中心的孔隙水压力；加载"自由应变"荷载（图 22.4e）。

（f）等应变，水平向外排水。如（e）所述，在加载"等应变"荷载下进行（图 22.4f）。

（g）自由应变，水平向内排水。在"自由应变"荷载下，水平（径向）排水到中心轴的排水井处。在底座距离中心 $0.55R$ 的距离处测量孔隙水压力（其中 R 是仪器的半径）；如果需要，可以另外使用其他偏心孔隙水压力测量点（图 22.4g）。

（h）等应变，水平向内排水。如（g）所述，在"等应变"荷载下进行加载（图 22.4h）。

3. 渗透性试验的设计

在已知垂直有效应力情况下，不管是用于单独试验还是经过固结试验的试样都可用于直接测量渗透系数。4 种不同类型的试验设计如下，流动条件如图 22.5 所示。

（1）水流垂直向上的渗透性试验（图 22.5a）。

（2）水流垂直向下的渗透性试验（图 22.5b）。

（3）渗透性试验，水平径向向外流至先前的外围排水层（图 22.5c）。

（4）渗透性试验，水平沿径向向内流到中央排水井（图 22.5d）。

渗透性试验通常在"等应变"荷载下进行，以保持均匀的试样厚度，但这并不妨碍对经过"自由应变"固结试验的试样进行渗透系数测量。

垂直流动试验的渗透系数计算与普通渗透试验相似，但径向流动试验需要不同的公式计算（第 22.2.7 节和第 22.7.3 节）。

4. 连续加载固结试验

Rowe 型固结仪可用于连续或单个增量加载的不同类型的"快速"固结试验。这些试验超出了本书的范围。

22.1.8 应用

1. 土的组构

如第 22.1.3 节所述，直径为 150mm 和 250mm 的仪器允许测试大尺寸试样，包括被称为"土的组构"的具有代表性结构特征的原状土样。Rowe（1968）发现，直径为 250mm 的试样进行的试验与实测的现场结果对比，比传统的固结仪试验具有更好的一

第 22 章　液压固结仪和渗透试验

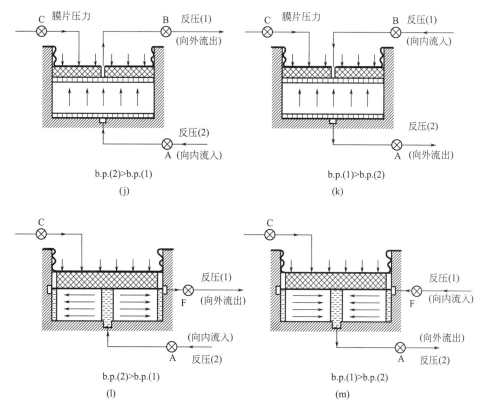

图 22.5　Rowe 型固结仪渗透性试验的流动条件

（j）和（k）垂直流动；（l）径向向外流动；（m）径向向内流动

致性。

"土的组构"一词涉及土成分的局部变化，以及诸如节理和裂隙等不连续性，这些不连续性可能对工程特性有很大影响。在这里，遵从 Rowe（1972）的定义，"土的组构"涉及尺寸、形状、固体颗粒排列、有机物含量和孔隙，特别是在含有不同粒径的地层。层状、片状、变形或含裂隙的黏土，以及有可能提供渗透路径的有机物等夹杂物，都是比较常见的有着显著组构的土的类型。

在这些类型的土中，组构是影响整个土体排水性能的主要因素，并因此影响固结（或膨胀）特性。例如，在 10m 或更厚的低渗透性黏土中，添加厚度仅为 0.1mm，间隔为 3m 的相对可渗透淤泥层，便可极大增强排水能力和沉积物的沉降速率（Rowe，1968）。开始采样时必需先仔细检查整个厚度（例如，在软冲积沉积物中使用连续活塞，Mostap 或 Delft 采样程序），然后在选定位置仔细采样，以获得具有代表性的试样。随后需对大尺寸试样进行测试，因为小尺寸试样不能充分代表组构。

对于这些试验中必不可少的大直径的原状土样，可以通过使用特殊活塞取样设备从软黏土中获得，该设备带有内径约 160mm 或 260mm 的试样管，或从基坑、试验坑、壕沟中进行手工取样。

2. 试验的意义

虽然大直径试样的取样和试验成本相比于较小的常规试样的取样和试验高几倍，但是单位体积土样试验的成本要低很多倍。此外，几个大型试样的试验结果比大量常规试样试验结果的总和更可靠。

3. 常见应用

大型 Rowe 型固结仪提供的设施和控制程度能够进行许多工程应用相关的试验，其中最常见的总结如下。第（1）～（4）项在第 22.1.7 节做了更详细地介绍。

（1）采用垂直排水（单向或双向）或水平排水（径向向外或径向向内）进行固结。

（2）测量垂直或水平方向的渗透系数。

（3）选择"自由应变"或"等应变"的加载条件。

（4）排水井模拟及垂直排水沟最佳间距的估算。

（5）固结天然的或人造的最初以泥浆形式沉积的土，以研究新沉积物的特性。（例如在咸水湖中的"尾矿"沉积物）。

（6）固结已经泥化的超固结黏土，以获得用于其他试验的固结试样。

（7）施加循环荷载并观察随后的孔隙水压力响应。

（8）观察液化试验中孔隙水压力的瞬时峰值读数。

（9）在受控的连续可变荷载下进行固结。

本书不涉及第（7）～（9）项。

为达到研究目的，直径小（75mm）的 Rowe 型固结仪可从直径为 100mm 的常规原状试样管中制备试样。这种尺寸也适用于完整、均匀的黏土。也可以使用与较大仪器相同的压力控制和孔隙水压力测量仪器，但有效压力应高于 50kPa。

4. 试验类型选择

试验类型的选择取决于具体的条件和要求。以下内容给出了一般性意见。

（1）对于 C_v 的测定，最常见的试验类型是在上表面进行排水并在底部进行孔隙水压力测量。通常优先选择"自由应变"荷载（图 22.4a），因为在试样中心测量到的沉降不受器壁摩擦力的限制。

（2）施加"等应变"荷载的垂直排水试验（图 22.4b）与常规固结仪试验非常相似，沉降读数与排水线路中的体积变化量直接相关。两次测量皆代表"平均"固结。

（3）为测定 C_h，优先选用"自由应变"荷载并向周边进行水平排水（图 22.4e），同时在底部的中心处测量孔隙水压力。

（4）为模拟排水井，通常在"等应变"荷载下进行向中心排水的试验（图 22.4h），并测量距离底部中心 $0.55R$ 的孔隙水压力。

（5）对水平排水的固结试验，在理论上向外流动的速度比向内流向中央排水井的速度快 9 倍。

（6）然而，在刚性加载表面下的径向排水可能导致固结后试样直径不均匀，特别是在浆料中固结试样。排水开始时，周围的孔隙水压力迅速下降，有效应力增加，使土的外部刚度大于其余部分。随后在荷载增量下，该环面支撑总应力的比例增加，并逐渐变硬，而中间部分则更加柔软。因此，"等应变"荷载下的径向排水与垂直排水获得的最终试样是不同的。

（7）通常在"等应变"荷载下进行垂直或水平排水的渗透试验，以保持试样厚度均匀。

22.2　理论

22.2.1　研究内容

太沙基固结理论及其在标准固结仪固结试验（本节称为固结试验）中的应用已在第 2 卷第 14 章中详细介绍。关于不同条件下 Rowe 型固结试验所对应的固结理论将在本节详细讨论。本节重点是应用曲线拟合程序对试验曲线进行处理以确定土体固结系数。此外，本节还对其他内容进行了简要的介绍，并且给出了相关参考文献以供深入阅读。

固结试验相关的计算内容大部分与第 2 卷相似，将在第 22.6.6 节中详细叙述。

22.2.2　固结系数

1. 竖向排水

在 Rowe 型固结仪的土体竖向双面排水固结试验［试验（c）和（d）］中，排水条件与传统固结试验相同。试验中若给出沉降或体积变化数据，便可确定固结系数 c_v，且方法亦与传统固结试验相同。在 Rowe 型固结仪的竖向单面排水固结试验［试验（a）和（b）］中，固结基本原理与双面排水相同，但排水路径 h 却由 $H/2$（H 为试样高度）变为 H。

2. 水平向排水

对于水平向层流排水固结，一般情况下水平向固结系数 c_h 较竖向固结系数 c_v 大很多倍。在 Rowe 固结试验（e）～（h）中，渗流并非层流（流线相互平行）而是径向流动（轴对称）。对于径向向外排水（图 22.4e，f），土体固结系数为 c_{ro}；而对于径向向内排水（图 22.4g，h），土体固结系数为 c_{ri}。

1964 年，Rowe 通过理论研究揭示了层状黏土中水平向固结系数 c_h 与竖向固结系数 c_v 间的数学关系。研究表明，水平向固结系数 c_h 由沉积土体的几何特性及内部结构决定，证实了 Rowe（1959）早期关于湖相黏土固结的研究。同时也解释了竖井地基设计与 c_h-c_v 间数学关系的相关性。当透水层间距约小于径向排水路径的 $1/10$ 时，径向固结系数 c_{ro} 及 c_{ri} 近似等于水平向固结系数 c_h。

3. 曲线分析

从固结试验的每个阶段都可以得到沉降、体积以及孔隙水压力随时间变化的曲线，这些曲线一般为对数或幂函数形式。根据所绘曲线图来确定主固结达到 50% 或 90% 固结度所对应的时间（t_{50} 或 t_{90}），以此乘以相应系数来计算试样固结系数。

相比于沉降和体积变化曲线，最好采用孔隙水压力消散曲线，这是由于孔隙水压力消散起始点定义明确且 t_{50} 或 t_{90} 可通过曲线直接读取。因为孔隙水压力消散曲线中间部分与理论曲线最为吻合，所以 t_{50} 的选取相对较为合适。

4. 计算要素

计算固结系数的主要要素为：

（1）边界条件（自由应变或等应变）；

（2）排水类型（竖向、径向向内或径向向外）；

（3）相关测量的位置。

前两项较为明确，而第三项对曲线拟合的影响则需要深入考虑。

沉降和体积变化总体而言由试样变形控制，且分析取决于试样的整体平均特性。有些曲线拟合的方法可根据上述测量手段确定，具体视试验条件而定。另一方面，孔隙水压力测量与测点的具体条件相关。对竖向和径向向外排水，通常测点选在试样底部中心处，对径向向内排水，测点选在距离中心指定半径处。所得的孔隙水压力消散曲线无须进行曲线拟合。然而，在使用公式计算 c_v 和 c_{ro}（或 c_{ri}）时，不仅要区分测量的类型，还要根据试验条件选择相应的倍乘系数。需要指出的是，不同工况下固结系数的计算皆需要相应的倍乘系数。

相关数据总结在表 22.3 中，其中固结位置一列主要分为平均沉降、体积变化量和孔隙水压力测量点（例如，试样底部中心处）。根据这些理论值，得到了适用于试验数据的倍乘系数，如下所述。部分工况将在第 22.6.6 节阐述，倍乘系数整理在表 22.5 中。

22.2.3 曲线拟合

1. 主要内容

针对图 22.4 中给出的 8 种不同试验条件，分别描述沉降或体积变化量随时间变化的图形所使用的曲线拟合方法，其中常使用幂函数（通常为平方根）法并提供 t_{50} 或 t_{90} 的值。

下文亦包括对孔隙水压力消散曲线的拟合。孔隙水压力消散比（百分比）曲线通常对时间取对数作图，以便直接从图表中获取 t_{50} 值。

2. 竖向单面排水（图 22.4a、b）

Rowe 固结和普通固结试验的固结控制方程完全相同。沉降或体积变化量随时间变化图的使用方法也相同（无论是"自由应变"还是"等应变"加载）。固结度随时间因数 T_v（对数时间坐标）变化曲线如图 22.6 中曲线 A 所示（第 2 卷图 14.7 和图 14.8 为时间因数 $\sqrt{T_v}$ 曲线）。理论时间因数 T_{50} 或 T_{90} 的取值分别以固结度达到 50% 和 90% 为准。如第 2 卷图 14.10 和图 14.11 所示，当采用固结度随时间因数平方根变化曲线来拟合时，t_{90} 值所对应的斜率为 1.15。

Rowe 固结试验-曲线拟合数据

表 22.3

试验类型	排水方向	边界应变	固结测量位置	理论时间函数 T_{50}	理论时间函数 T_{90}	时间函数	幂级数曲线坡度因子	采用的测量数据	固结系数 $(\mathrm{m^2/a})$
(a)和(b)	竖向单面排水	自由应变和等应变	平均值 底部中心值	0.197 (T_v) 0.379	0.848 1.031	$t^{0.5}$	1.15	ΔV 或 ΔH^* p. w. p.	$c_\mathrm{v}=0.526\dfrac{T_\mathrm{v}H^2}{t}$
(c)和(d)	竖向双面排水	自由应变和等应变	平均值	0.197 (T_v)	0.848	$t^{0.5}$	1.15	ΔV 或 ΔH^*	$c_\mathrm{v}=0.131\dfrac{T_\mathrm{v}H^2}{t}$
(e)	径向向外排水	自由应变	平均值	0.0632 (T_ro)	0.335	$t^{0.465}$	1.22	ΔV	$c_\mathrm{ro}=0.131\dfrac{T_\mathrm{ro}D^2}{t}$
(f)		等应变	底部中心值 平均值	0.200 0.0866 (T_ro)	0.479 0.288	$t^{0.5}$	1.17	p. w. p. ΔV 或 ΔH	$c_\mathrm{ro}=0.131\dfrac{T_\mathrm{ro}D^2}{t}$
(g)	径向向内排水†	自由应变	底部中心值 $r=0.55R$ 平均值	0.173 0.771 (T_ri)	0.374 2.631	$t^{0.5}$	1.17	ΔV	$c_\mathrm{ri}=0.131\dfrac{T_\mathrm{ri}D^2}{t}$
(h)		等应变	$r=0.55R$ 平均值	0.765 0.781 0.778 (T_ri)	2.625 2.695 2.592	$t^{0.5}$	1.17	p. w. p. ΔV 或 ΔH p. w. p.	$c_\mathrm{ri}=0.131\dfrac{T_\mathrm{ri}D^2}{t}$

† 井径比 1/20

* ΔH 仅用于等应变

T_v，T_ro，T_ri=理论时间因数

t=时间 (min)

D=试样直径 (mm)

H=试样高度 (mm)

图 22.6 中的曲线 B 显示了试样底部中心处孔隙水压力随时间因数的变化曲线。时间因数 T_{50} 和 T_{90} 的取值分别为 0.379 和 1.031。这些时间因数与竖向排水固结的孔隙水压力消散曲线结合使用。

上述所有因数均适用于"自由应变"和"等应变"荷载（表 22.3）。

无论采用哪种类型的曲线图，对单面排水最大排水路径的长度 h 等于试样在任何时刻的平均高度 H。c_v 值可由下列任一公式计算得出：

$$c_v = \frac{T_{50} H^2}{t_{50}}\tag{22.1}$$

或

$$c_v = \frac{T_{90} H^2}{t_{90}}\tag{22.2}$$

具体选用式（22.1）还是式（22.2）则根据计算所采用的固结度（50% 或 90%）决定。在这些方程中，H 值的单位为 mm，时间 t_{50} 和 t_{90} 的单位为 min，因此固结系数 c_v 的单位为 mm²/min。若将单位转化为 mm²/a，则式（22.1）变为：

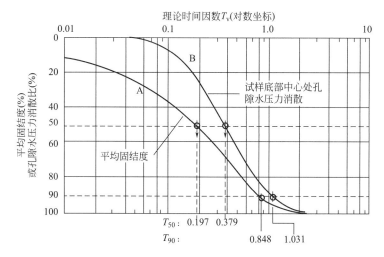

图 22.6 两种测量方法下竖向排水平均固结度随理论时间因数变化的曲线

$$c_v = \frac{T_{50} \left(\dfrac{H}{1000}\right)^2}{60 t_{50} / 31.56 \times 10^6}$$

即

$$c_v = \frac{0.526 T_{50} H^2}{t_{50}}\tag{22.3}$$

以试样底部中心处孔隙水压力曲线为例，表 22.3 中的固结系数计算公式为：

$$c_v = \frac{0.526 \times 0.379 H^2}{t_{50}} = \frac{0.2 H^2}{t_{50}}\tag{22.4}$$

类似的，式（22.2）则变为：

$$c_v = \frac{0.54 H^2}{t_{90}}$$

3. 竖向双面排水（图 22.4c、d）

双面排水情况下，除了最大排水路径 h 变为 $H/2$ 以外，其余参数及方法的应用与单面排水相同。式（22.3）则转化为：

$$c_v = \frac{0.131 T_{50} H^2}{t_{50}} \tag{22.5}$$

双面排水情况下，孔隙水压力无法测量，因此仅能采用平均沉降或体积变化量。在使用式（22.5）时，理论时间因数 T_{50} 和 T_{90} 的取值与单面排水情况下的相同，详细可参见表 22.3。

双面排水情况下，双面排水所对应的理论时间因数 T_{50}（表 22.3 第三行）为 0.197。代入式（22.5），得：

$$c_v = \frac{0.131 \times 0.197 H^2}{t_{50}} = \frac{0.026 H^2}{t_{50}} \tag{22.6}$$

这与第 2 卷第 14.3.8 节中相同排水条件下标准固结试验所采用的计算式（14.15）相同。

4. 径向向外排水——等应变加载（图 22.4f）

图 22.7 给出了平均固结度随理论时间因数平方根 $\sqrt{T_{ro}}$ 的变化关系。图中线性段延长线对应 90% 固结度的时间因数 T_{90} 的斜率为 1.17。采用与固结试验相同的构造方法，斜率调整为 1.17，同时根据试验中取得的沉降或体积随时间平方根的变化曲线来确定时间因数 $\sqrt{T_{90}}$ 的取值，而 $\sqrt{T_{50}}$ 取值则通过插值法确定。

根据图 22.7，理论时间因数取值为：

$$\sqrt{T_{50}} = 0.294 \Rightarrow T_{50} = 0.0866$$

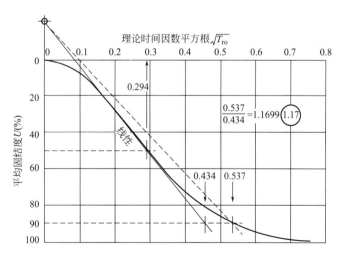

图 22.7　等应变加载条件下径向向外排水工况的平均固结度随理论时间因数平方根变化的曲线

$$\sqrt{T_{90}} = 0.537 \Rightarrow T_{90} = 0.288$$

固结系数 c_{ro} 可通过与式（22.3）相似的下式求出

$$c_{\mathrm{ro}} = \frac{0.526 T_{50} R^2}{t_{50}}\ \mathrm{m^2/a}$$

式中，R 为试样半径（mm）。将上式替换为关于直径 D（mm）的表达式：

$$c_{\mathrm{ro}} = \frac{0.131 T_{50} D^2}{t_{50}}\ \mathrm{m^2/a} \tag{22.7}$$

对应于试样底部中心位置测量的孔隙水压力消散曲线，其相应的理论时间因数为：

$$T_{50} = 0.173$$
$$T_{90} = 0.374$$

上述数值详见表 22.3。

5. 径向向外排水—自由应变加载（图 22.4e）

对于此类型排水工况，沉降随时间平方根（$t^{0.5}$）变化曲线在固结初期不满足线性关系。然而，麦金利（Mckinglay，1961）研究表明，沉降随时间的 0.465 幂次方在固结初期呈近似线性关系，并通过固结试验印证了这一结论的准确性。

图 22.8 给出了固结度随理论时间因数 $T^{0.465}$ 的变化曲线。图中线性段延长线所对应 90% 固结度的理论时间因数的斜率为 1.22，此斜率可用于试验所得沉降或体积变化随 $t^{0.465}$ 的变化曲线以获取 t_{90}。

蒂雷尔（Tyrell，1969）针对图 22.8 给出了 1.25 的斜率。通过对数据的研究，学者们更倾向于麦金利的斜率，但两者的微小差异并没有太多的实际意义。

根据麦金利沉降关系（图 22.8），可得出如下的理论时间因数：

$$T_{50} = (0.277)^{1/0.465} = 0.0632$$
$$T_{90} = (0.601)^{1/0.465} = 0.335$$

对应于试样底部中心位置测量的孔隙水压力消散曲线，其相应的理论时间因数为：

$$T_{50} = 0.200$$
$$T_{90} = 0.479$$

数据汇总详见表 22.3。式（22.7）可用于计算 c_{ro}，示例如第 22.6.6 节所述。

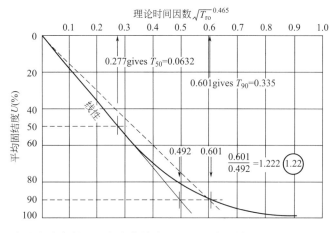

图 22.8　自由应变加载条件下径向向外排水工况的平均固结度随理论时间因数变化的曲线

6. 径向向内排水（图 22.4g、h）

基于太沙基假定，拜伦（Barron，1947）提出了竖井地基径向排水固结理论。在此基础上，希尔兹（Shields，1963）进行了竖井径向排水固结试验，研究结果表明：在"等应变"加载下，始终存在一个半径 r 值，使得此处的超静孔隙水压力等于径向平均值。该半径取决于试样直径 D 与排水井直径 d 的比值。如果 $D/d=20$，则半径 $r=0.55R$，其中 R 为试样半径（$D/2$）。因此，若直径为 0.5in（12.7mm）的竖井打设在影响范围为直径 10in（254mm）的土体中，则距竖井中心 5.5in（140mm）处测得的孔隙水压力将可以代表试样的径向平均孔隙水压力。

"自由应变"加载条件下，直径比为 20 的理论时间因数平方根与平均固结度的关系如图 22.9 中的实线所示。图中曲线中间部分近似为直线，斜率约为 1.17。

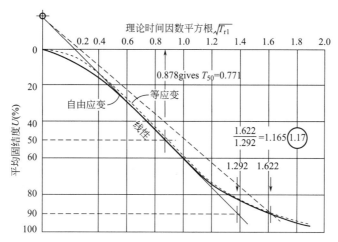

图 22.9 "自由应变"及"等应变"加载条件下径向向内排水工况的平均
固结度随理论时间因数平方根变化的曲线

图 22.9 中的虚线表示的是"等应变"加载工况。但由于两条理论曲线（"等应变"和"自由应变"）非常接近，从工程实际出发，"自由应变"曲线对于这两种加载条件皆适用。理论时间因数近似为：

$$T_{50}=(0.878)^2=0.771$$

$$T_{90}=(1.622)^2=2.631$$

这些值及"等应变"的近似值包含在表 22.3 中。

图 22.10 给出了理论时间因数 T_{50} 和 T_{90} 随 D/d 变化的关系曲线。

固结系数由下式计算：

$$c_{ri}=\frac{0.131D^2T_{50}}{t_{50}}\,\mathrm{m^2/a} \tag{22.8}$$

22.2.4 荷载增量

在传统固结仪试验中，荷载增量（Δp）通常等于已施加荷载（p），即施加单位荷载比 $\Delta p/p=1$（第 2 卷第 14.8.2 节）。

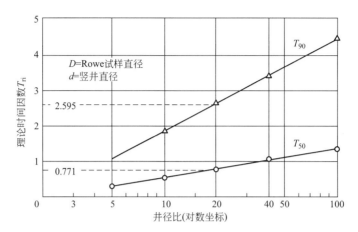

图 22.10　径向向内排水工况的理论时间因数与直径比 D/d 关系的曲线

另一种加载方式是通过加载使荷载比满足 $p'_1/p'_0=2$，其中 p'_0 和 p'_1 分别是加载前后试样的有效应力。

对正常固结黏土，西蒙斯和本（Simons 和 Beng，1969）通过液压固结试验研究发现，超静孔隙水压力的消散速率（以及相应的 c_v 值）取决于荷载比。他们建议：室内试验中，荷载比应采用与工程现场相似的值，而不是标准值。

此外，对于以水平排水为主的层状黏土，其固结系数 c_h 在室内试验中受结构黏度（造成次压缩的"蠕变"效应）的影响，但在工程现场却不受影响（Berry 和 Wilkinson，1969）。这种效应在小压力增量比的情况下较为明显，因此，建议室内试验所采用的荷载比不小于 1。

通过大量 Rowe 型固结仪的固结试验发现，除特殊情况外，试验中采用单位荷载比（即 $\Delta p/p=1$）更能与实际工程保持一致。如果针对现场条件而采用不同的加载方式，则应保持恒定的压力增量比，以获得更加准确有效的固结系数。

22.2.5　涂抹效应

贝里和威尔金森（Berry 和 Wilkinson，1969）研究了黏土中临近多孔塑料排水板的涂抹效应。当可压缩土体向相对固定的多孔材料移动时便会产生挤压从而引起涂抹，尤其是在层状土中，涂抹区会阻碍渗透性较大的地层排水，这导致涂抹区的固结系数 c_h 明显低于原状土。贝里和威尔金森（1969）针对测量值提出了修正曲线。

若砂井打设后处于松散状态，使其与土体同步沉降，则砂井周围的涂抹效果相对较小。贝里和威尔金森（1969）也给出了砂井的修正曲线。

22.2.6　次固结

在 Rowe 型固结试验中，孔隙水压力消散使得平均固结度 U 达到 100％ 的时间即为主固结完成的时间。随后，次固结的影响变得明显，且次固结系数 C_α 可通过试验求得（第 2 卷，第 14.3.13 节）。

贝里和波斯基特（Berry 和 Poskitt，1972）对重塑的未定形泥炭进行了 Rowe 型固结试验，并对次固结系数进行了研究（第 2 卷第 14.7.1 节）。霍布斯（Hobbs，1986）详细讨论了泥炭的次固结变形。

22.2.7　径向渗透系数

圆柱试样径向向内渗透试验示意图如图 22.11（a）所示。下文理论分析中所使用的符号介绍如下：

（1）试样直径：$D = 2r_2$；

（2）中心井径：$d = 2r_1$；

（3）试样高度：H；

（4）径向边界到中心井的渗流量：$q = Q/t$；

（5）任意半径 r 处的水头：h；

（6）任意半径 r 处的渗透速度：v；

（7）土的渗透系数（径向）：k_r（待定）。

轴对称的径向流动条件与第 2 卷第 10 章中提到的层流流动条件不同，因为渗透速度朝着中心增加。然而，达西定律可以应用于薄环形试样，如图 22.11（b）所示，渗流速度为 q 且与半径无关。

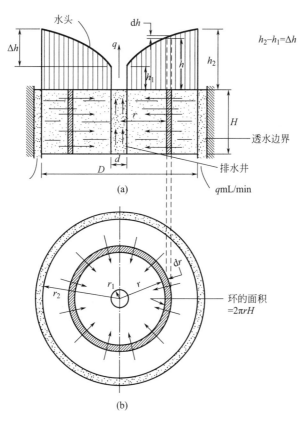

图 22.11　径向渗透性试验

（a）试样及压力的分布示意；（b）环状单元俯视图

由式（10.4）达西定律可知：

$$q = Aki$$

对于半径为 r 的环形：

$$A = 2\pi rH$$

$$i = \frac{\mathrm{d}h}{\mathrm{d}r}$$

因此，

$$q = 2\pi rHk_r\frac{\mathrm{d}h}{\mathrm{d}r} \tag{22.9}$$

整理上式，得：

$$k_r\mathrm{d}h = \frac{q}{2\pi H}\frac{\mathrm{d}r}{r}$$

对其从 $r = r_1$ 到 $r = r_2$ 进行积分，得：

$$k_r(h_2 - h_1) = \frac{q}{2\pi h}\ln\left(\frac{r_2}{r_1}\right) \tag{22.10}$$

水头差 $\Delta h = h_2 - h_1$，可以用以下关系式表示为压力差 Δp，即：

$$\Delta p = \Delta h\rho\mathrm{g} = (h_2 - h_1)\rho\mathrm{g}$$

将上式带入式（22.10），得：

$$k_r = \left(\frac{q\rho\mathrm{g}}{2\pi H\Delta p}\right)\ln\left(\frac{r_2}{r_1}\right)$$

常用单位主要包括：q（mL/min）；H 和 h（mm）；k（m/s）；ρ（Mg/m³）（例如水的密度 $\rho = 1\mathrm{Mg/m^3}$）；Δp（kN/m²）；g（$9.81\mathrm{m/s^2}$）。

半径由直径代替，例如 $r_1 = d/2$，$r_2 = D/2$（mm）。

因此，有：

$$k_r = \frac{\dfrac{q}{60\times10^6}\times1000\times9.81}{2\pi\dfrac{H}{1000}\times\Delta p\times1000}\ln\left(\frac{D}{d}\right)$$

即

$$k_r = \frac{0.26q}{H\Delta p}\ln\left(\frac{D}{d}\right)\times10^{-4} \tag{22.11}$$

式（22.11）也适用于径向向外渗流情况，它可用于计算第 22.7.3 节中所描述的试验的渗透系数。

22.2.8 竖向渗透系数

竖向渗透系数 k_v 的计算是基于第 21.3.1 节中的公式，该公式适用于类似条件下的三轴试样：

$$k_v = \frac{qL}{60A\times102\Delta p} \tag{21.22}$$

式中，q 为平均渗流速度（mL/min）；L 为试样长度（mm）；A 为试样横截面面积（mm²）；

Δp 为试样的压差（kPa）。在这种情况下

$$\Delta p = (p_1 - p_2) - p_c$$

其中，p_c 是渗流量 q 由于管线水头损失引起的压力差；长度 L 等于试样高度 H。因此，

$$k_v = \frac{qH}{60A\left[(p_1 - p_2) - p_c\right] \times 102}$$

即

$$k_v = \frac{1.63qH}{A\left[(p_1 - p_2) - p_c\right]} \times 10^{-4} \tag{22.12}$$

该式与 BS 1377-6：1990 中：4.9.1.4 所给出的公式相似。

22.3　设备准备

22.3.1　概述

在第一次使用 Rowe 型固结仪之前，需按照第 18 章第 18.3.3～18.3.7 节进行预测量与校正。应进行压力试验，检查阀门、密封件、隔膜和主轴衬套是否存在泄漏。

在准备固结试验仪器时，首要应该检查所有必要的设备、组件和工具是否齐备。这些仪器组件的介绍见第 22.1.4～22.1.6 节。另外，还需保证足够的除气水。

第 22.3.2 节和第 22.3.4 节总结了在开始固结试样之前 Rowe 型固结仪的准备和检查程序。这些程序适用于类型（a）固结试验（图 22.4a），其相应的固结仪系统配置如图 22.3 所示。应当指出，该原则亦适用于图 22.4 和图 22.5 所示的采用不同仪器和系统配置的其他类型固结试验。

在对固结仪内部的孔隙水压力和排水线路进行连接并排气之前（第 22.3.4 节），应按照第 17 章第 17.8.2～17.8.5 节所述检查并准备好压力系统本身及其辅助设备。在三轴试验中，保证孔隙水压力测量系统的真空度且无泄漏是至关重要的。

22.3.2　固结仪组件

固结仪压力室的主体部分、基底以及顶盖等组件需保持干燥和干净。隔膜或 O 形环的边缘或法兰应完好无损，以便形成良好的密封。底座中的 O 形环密封圈应处于良好状态，并正确装入其凹槽中。压力室和 O 形密封圈可以涂一层硅脂，但切勿沾上灰尘。所有紧固螺栓、螺母和垫圈应使用扳手安装。

检查所有阀门连接端口中是否存在阻塞物、土颗粒以及是否受到腐蚀。

确保隔膜无泄漏、扭结或薄弱区域，并牢固地连接到排水轴上（图 22.1 中的沉降排水杆）。检查主轴是否在其量程范围内自由移动。

确保底座中的多孔插件牢固地插入其凹槽中，并且没有空隙。

将孔隙水压力传感器外壳块从底部的孔隙水压力测点连接到出口上的阀门 A（图 22.12），必要时可在螺纹上使用 PTFE 胶带以确保防水连接。传感器需通过防水接头安装在模块中，且其隔膜应位于最上端。

暂未使用的所有陶瓷插件的连接端口应完全充满除气水，并用防水的堵头密封。

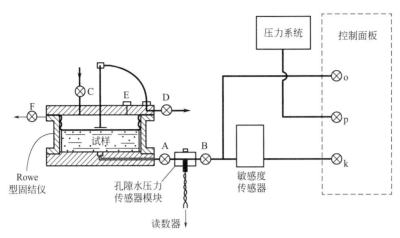

图 22.12　Rowe 型固结仪孔隙水压力系统装置的冲洗与检查

22.3.3　排水介质

烧结铜质透水石在使用前应在蒸馏水中煮沸至少 10min 以除去空气，然后浸没在除气水中备用。

试验结束后，应立即用自来水清洗并用天然鬃毛或尼龙刷（切勿使用钢丝刷）清除附着的土。当透水石被堵塞并且无法通过煮沸清除时，应将其更换。如果滴落到饱和透水石面上的水不易通过，则废弃该透水石。

同上所述，陶瓷插入件也应在使用前煮沸，并在堵塞时及时进行更换。

对于多孔塑料材料，无论用作外围排水还是用于顶部或底部排水，均应煮沸至少 30min。该材料应仅使用一次，然后丢弃。多孔塑料材料光滑的一面应放置在与土样接触的地方，任何一面都不应涂油脂。对于径向向外排水的试验［图 22.4 中的试验类型（e），（f）或图 22.5 中的（c），（d）试验类型］，多孔衬垫应按照第 22.5.3 节中的说明安装在侧壁上。

用于中央排水井的砂土应在蒸馏水中煮沸除气，在气密容器中冷却并保持浸没。

22.3.4　孔隙水压力测量系统

1. 检查需求

一般在试样底部测量孔隙水压力，排水通常被（无论是从顶部，外围还是中央井）引至反压系统。孔隙水压力测量系统必需完全没有空气，且必需对反压系统进行排气，这两点非常重要。下文所述的系统检查和排气过程与用于三轴试验系统（第 18.3 节）的过程类似，并且可以通过使用手动压力控制缸来操作。Rowe 型固结仪压力系统的检查程序参见 BS 1377-6：1990：3.2.6。检查分为两类，如下所述。

（1）全面检查，适用以下情形之一者：①系统引入新设备或部件时；②系统的某个部件已被拆除、拆卸、停运或维修；③两次检查间隔应不超过 3 个月。

（2）常规检查，在开始每个试验之前均应进行。

下面引用的阀门编号与图 22.1、图 22.3 和图 22.12 对应。初始时所有阀门都应是关闭状态。

应直接从除气设备或高位水箱中获得大量的新鲜除气水用于冲洗。

一种比目测检查因泄漏引起水流运动的更好的方法是在冲洗水源和阀门 B 之间连接一个灵敏的体积变化传感器。如果使用了此传感器,则将其连接到控制面板上的阀门 k(图 17.10)。该设备与阀门 o 单独连接,以避开冲洗系统时受到影响。建议的系统布置如图 22.12 所示。

2. 全面检查

(1) 将冲洗系统连接至传感器安装阀 B(图 22.12),确保接头牢固,且不引入空气。在整个试验过程中,此连接应保持完好无损。

(2) 打开阀门 A 和阀门 B,并使用控制缸将新鲜除气水通过传感器安装块和压力室基座,然后从基座端口排出。持续该过程直到排出的水没有夹带空气或气泡为止,然后关闭阀门 B。这是为了确保系统充满除气水。

(3) 关闭阀门 A 并卸下孔隙水压力传感器安装块中的放气塞。

(4) 将软肥皂溶液注入泄放塞孔。如果使用皮下注射针头,请注意使其与传感器隔膜完全隔开。

(5) 打开阀门 B,使来自除气系统的水从放气孔流出。

(6) 持续注水并将放气塞放回传感器安装块中,避免积聚空气,使其水密。

(7) 短暂打开阀门 A,让除气水从孔隙水压力测量端口流出约 500mL,以确保除去安装块中的所有空气或含空气的水。

(8) 当水淹没孔隙水压力端口时,用一块橡胶和一个固定在适当位置的金属圆盘覆盖,以密封水而不会夹带空气。相关的布置如图 22.13 所示。

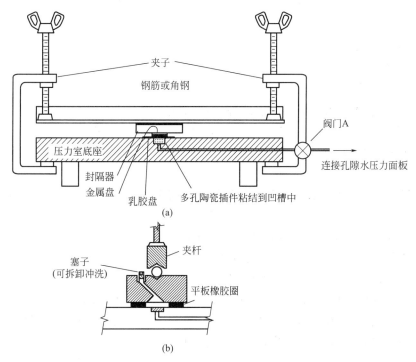

图 22.13　孔隙水压力测量点密封加压

(a) 夹紧装置;(b) 顶盖,以备冲洗(在曼彻斯特大学使用)

（9）将系统的压力提高到 700kPa，并将约 500mL 水通过孔隙水压力端口流出。

（10）保持系统加压状态到第二天或至少 12h，当读数稳定时，考虑连接管线的膨胀后，记录体积变化传感器（如果已安装在系统中）的读数。

（11）在此之后，记录传感器的读数（如果已安装），并仔细检查系统是否泄漏，尤其是在接头和连接处。若传感器读数变化，则可立即确认存在泄漏。发现任何泄漏应立即处理纠正，并重复上述检查。

（12）若系统确认无泄漏，则打开阀门 A 和阀门 B，并向压力室基座施加最大压力（与压力系统和传感器的限制一致）。

（13）关闭阀门 B 并记录孔隙水压力传感器的读数。

（14）如果 6h 之后压力读数保持恒定，则可以认为孔隙水压力连接处没有空气且没有泄漏。

（15）若压力读数降低，则表明系统存在缺陷：或存在泄漏，或存在空气溶于水。必需纠正该缺陷，且必需重复步骤（2）～（13），直到确认该系统没有残留空气和泄漏为止。

3. 常规检查

在放置好每个待测试样之前，应按照上述步骤（2）～（12）进行操作，以确保冲洗干净压力室基座连接中的所有残留土样，并且保证系统没有泄漏和残留的空气；之后，关闭阀门 B。

保持基座覆盖有除气水，直到准备好放置试样为止，以确保没有空气进入基座端口。

22.3.5　反压系统检查

1. 全面检查

（1）确保反压系统充满新鲜除气水。

（2）打开阀门 D，用新鲜除气水冲洗反压系统中的体积变化传感器和土样排水管线，直至除气水从排水杆底部流出。施加足够的压力以保持合理的流速。在此操作过程中，体积变化传感器应至少两次达到其最大量程。如有必要，用新鲜除气水补充系统中的水。

（3）持续上述过程直到没有新出现的气泡，表明系统基本上没有空气。如果气泡仍然存在，则体积变化传感器可能需要排气（请参阅下文）。

（4）将大小合适的水密塞牢固地插入排水杆的末端。

（5）在阀门 D 打开的情况下，将反压系统的压力提高到 750kPa，观察体积变化传感器并在稳定时（即在允许连接管线初期膨胀后）记录读数。

（6）保持系统加压状态至第二天或至少 12h，然后再次记录体积变化传感器的读数。

（7）取两个读数之间的差，并扣除由于管线的进一步膨胀而引起的体积变化。如果校正后的差值不超过 0.1mL，则可以认为该系统无泄漏且无空气，可以进行试验。

（8）如果校正后的差值超过 0.1mL，则需要对系统进行检查并纠正泄漏，直到达到上述要求。

2. 常规检查

在设置每个试样之前，按照上述步骤（1）～（3）进行操作，以确保排水管中没有空气和障碍物。关闭阀门 D。

将反压管线中的压力增加到 750kPa，5min 后记录体积变化传感器的读数。

保持系统处于加压状态，并按照上述步骤（6）～（8）确定传感器的体积变化。如果必要，执行补救措施，然后重新检查。

当需要水平排水时，上述检查程序也应用于冲洗和检查支路排水管。在这种情况下，使用阀门 F 代替阀门 D。

如果有必要从体积变化传感器中去除空气，应遵循第 19.3.3 节中给出的步骤，还应仔细参考制造商的说明。

最后，调整反压导管上的体积变化传感器（图 22.3），使液体界面接近其最大量程的一端，并确定水进入试样时读数的变化方向。该方向代表负的体积变化。至此，如第 22.4 节中所述，压力室准备工作完毕，可放置试样开展试验。

22.4　试样准备

22.4.1　制备原状试样

以下概述了大直径 Rowe 型固结仪（即 150mm 和 250mm 直径）的原状试样的制备。可以通过比较常规的方法（如第 9 章中所述）来制备直径为 75mm 的试样，但是针对较大的试样和仪器则需要特殊的步骤并需要对设备进行一些改装。本书提出了两种类型的原状土样制备方法，即从活塞土样中挤出和从块状土样中手动裁剪得出。

需要设计其他方法将原状土样转移到固结仪内，具体细节取决于当地条件和可用设备。

一旦将原状土样固定到固结仪中，任何类型的原状试样都可以采用第 22.4.2 节中给出的将仪器安装在其基座上的方法。

描述的程序与垂直单面排水固结试验的试样有关。第 22.5.2～22.5.5 节涵盖了需要进行其他类型试验的外围或基底排水试样的修整。

1. 活塞试样

如果可能的话，应将在活塞采样器中采集的原状试样挤出，修整至准确的直径，然后将其一次性推入固结仪中。如前所述，在没有专门设计用于直径为 250mm 试样挤出机的情况下，原作者设计了一种使用大型压缩机作为挤压机的方法，如下所述。总体布置如图 22.14 所示。

将管中试样的上表面裁修平整。把一个长约 50mm、与仪器内径相同的切割环用螺栓固定到固结仪的一个法兰上，并将其内表面（必需精确对准）用硅脂轻轻覆盖。另一个法兰用螺栓固定到延伸件上，该延伸件的内径略大于固结仪的内径，并且在侧面设有大尺寸的观察孔。延伸件延伸部分连接到由仪器十字头支撑的刚性板上。3 根坚固的杆悬挂在支撑板的环上，采样管悬挂在其中。采样管的切削刃在最上方并牢固安装在切削环下方约

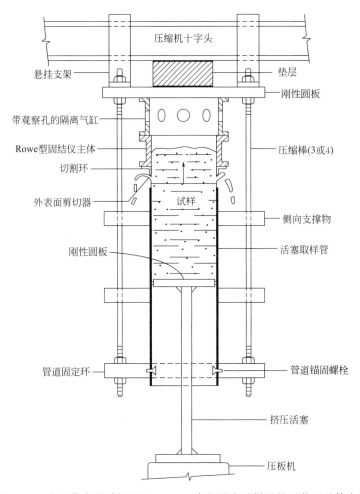

图 22.14　由原作者设计的用于 250mm 直径活塞试样的挤压装置总体布置

25mm 处。试样下端由一块刚性的圆形钢板支撑，该钢板放置在机器压板携带的垫层上。

当机器的压板稳定向上移动时，将试样从试管中推出，并通过切割环将外部 2～3mm 切去，使试样可以不受限制地进入固结仪。顶部垫片上的观察孔可让空气逸出，并可以在试样完全充满固结仪后观察试样表面状况。

当试样被挤压足够远时，会在切割环附近被切断。插入两把刮刀或一片金属或胶合板，将试样固定在适当的位置，防止其下垂变形。然后可以拆卸该组件，并将固结仪、切割环和隔离环作为一个整体卸下。

修剪试样的两端，使其与固结仪的法兰齐平。用适当厚度的圆柱垫片，将一定长度的土推出并切去，将试样高度降低至试验所需的高度，并在仪器中保留所需高度的试样（图 22.15）。可以使用黄铜刷轻划表面来减少其上表面涂抹的影响。如果土中含有砾石大小的颗粒，则修剪时应小心去除突出的颗粒，产生的空隙由裁剪后的细料来填充，重塑成与原状土相同密度的土样。辅料用于确定初始含水率和颗粒密度。

对于有机黏土，与空气接触时会迅速发生氧化，并释放出气泡，这会影响其渗透性，从而影响固结试验的结果。此外，在修剪试样过程中可能会吸入空气，从而降低饱和度。

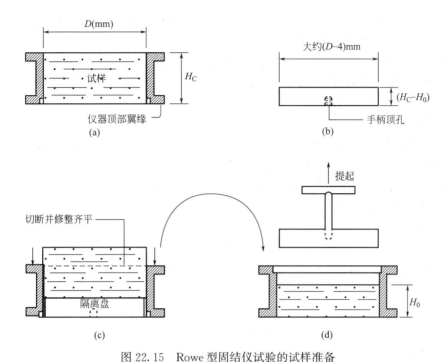

图 22.15　Rowe 型固结仪试验的试样准备

（a）将土样表面修整成与仪器两面齐平；（b）对隔离盘的要求；（c）通过向下推压固结

仪来置换试样；（d）在修整试样后将垫片移开并将仪器倒置

通过使用曼彻斯特大学设计的特殊水平挤压装置（原理如图 22.16 所示）。在水下将试样挤压到固结仪内可以将这些影响减小到最低。试样的最终修整以及仪器的组装也可以在水下进行。这种饱和土不太可能膨胀，但是任何膨胀都会吸收水而不是空气，因此试样是始终饱和的。

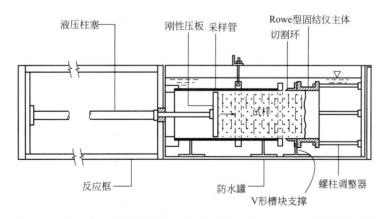

图 22.16　水下将有机土挤入 Rowe 型固结仪的布置（曼彻斯特大学方法）

2. 块状试样

可以使用第 11 章中所述的方法将原状块状试样手工修整后放入仪器（装有切割环）中，来制备未受干扰的 CBR 试验试样。对于软土，当土在刀刃修整前，仪器的重量可能会使其向下移动，但仪器的轴线必需保持垂直，以放在法兰顶部的水平仪测量为准。如上所述，最终将其修整到所需的高度。

可以使用类似的步骤从现场修剪的土样中取样。在将试样运送到实验室之前，应将试样完全充满固结仪，并修剪其端面，使之与大气隔离，并用刚性端板固定。

22.4.2　安装仪器底座

从固结仪顶部选取几个测量点，向下测量至试样表面，精度为 0.5mm，从而确定修剪后的试样（H_0）高度。称量试样及固结仪，精度在 0.1%以内。然后计算试样体积和初始堆积密度。如果已经从辅料中确定了初始含水率和颗粒密度，则干密度、初始孔隙率和饱和度也可以计算出来（第 2 卷第 14 章）。

按如下步骤将固结容器转移并固定至其底座。

（1）用一层薄的除气水覆盖排气的仪器底座。

（2）打开阀门 A 和阀门 B，将孔隙水压力传感器连接至除气的供水管线或水柱上，以避免突然加压过大造成损坏（图 22.12）。

（3）在固结仪底部法兰下方放置两个薄钢刮刀，当提起试样时与法兰齐平。将试样滑到仪器底部，不要夹带任何空气，然后取出刮刀。

（4）当固结仪与底座准确对齐时，向下按压仪器，使翼缘之间的间隙均匀减小，直到仪器固定在 O 形密封圈上密封（图 22.17）。固结仪向下移动几毫米，试样保持静止即可。

（5）安装带有垫圈的法兰固定螺栓和螺母，并按如下步骤将其拧紧：①用手拧紧所有螺母，并检查法兰之间的间隙是否完全相等；②使用两个尺寸正确的扳手，将两个位置相对的螺栓拧紧；③以同样的方式拧紧其余螺栓；④继续逐步拧紧相对的几对螺栓，直到将法兰紧紧拧在一起——对于有 9 个而不是 8 个螺栓的仪器，螺栓应以三个为一组组成等边三角形并逐渐拧紧（拧紧一个，错开两个），而不要成对拧紧；⑤确保金属法兰之间的间隙沿轴向均匀闭合。

（6）关闭阀门 B。用排气处溢出的水冲洗试样上方仪器顶部位置［第 22.5.1 节，步骤（1）］。

仪器顶部的组装以及各种类型试验的其他准备工作，在第 22.5 节中进行了介绍。

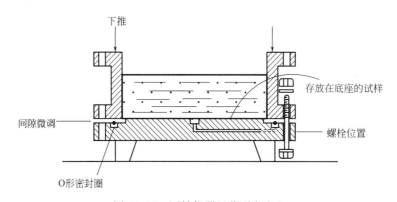

图 22.17　固结仪器组装到底座上

22.4.3　从泥浆中制备试样

完全饱和试样（通常是用于试验研究）可以由待测仪器中的泥浆制成。首先可以将黏土研磨成细粉，然后再与蒸馏水或去离子水混合成浆液。使用电动旋转混合器搅拌 2～3h 确保混合物均匀后，密封保存约 7d，使用前应将浆液充分摇匀。通常浆液的含水率为液限的两倍比较合适，并且其黏度值需要足够低，以便可以通过施加真空除去空气。然而，如果某些颗粒尺寸的分离明显，较低的含水率可能更好。

由于初始固结时浆液的体积变化会很大，所以需要将两个固结仪连接在一起，以便可以在开始时提供足够的容量。初始固结后，浆料的初始厚度约为试样厚度的两倍。

用螺栓将固结仪固定在其底部，并在仪器内部涂上硅脂。孔隙水压力连接应按照第 22.3.4 节中的描述进行排气，并且仪器底座上的阀门已关闭。

将浆料倒入仪器中，深度为 25～40mm。在连接真空和进水口的有机玻璃盖上涂抹油脂，并用螺栓将其固定到固结仪的法兰上，形成气密性密封。为承受全部大气压，盖子必需足够坚硬。如果尺寸合适，也可以使用真空干燥器盖。通过盖子抽真空，当空气排出时，浆液的表面会"沸腾"。

当"沸腾"几乎停止时，通过有机玻璃盖的另一个入口引入水，以覆盖试样。然后可以释放真空使盖子能够移开，并倒入另一层浆料。逐层重复该过程，直到所需厚度的浆料已沉积并除气为止。

最后一层除气后，撤去有机玻璃盖，先将试样表面铺平，再将饱和的烧结青铜透水石放在顶部，并将仪器加满除气水。如第 22.5.1 节所述，安装并拧紧隔膜和仪器顶部。打开阀门 A，记录初始孔隙水压力。

提高隔膜压力以提供较小的固结压力，比如 5kPa，孔隙水压力传感器应立即显示与该增加值相等的压力变化。阀门 D 处的排水口通向量筒，当阀门 D 打开时，试样将开始固结，可通过三组观测值监测固结过程：（1）收集的水量；（2）沉降量（用千分表测量）；（3）孔隙水压力变化值。

固结试验需每隔一段时间读数一次。当孔隙水压力降至初始值时，该固结阶段完成，可以根据需要实施下一阶段。另一种方法是，在较小的压力下进行一些初始固结，并将固结压力逐渐增加至所需值。一次施加过高的压力可能会导致透水石边缘的泥浆发生移位。

应连续观察沉降读数，以检查隔膜的运动。如果隔膜的延伸量已明显接近其工作范围的极限，则应终止固结，移除仪器顶部，以便可以在隔膜和试样上的透水石之间插入垫片。垫片应允许水从透水石自由流向隔膜中的排水管。同样，如果最初使用两个仪器，则在某个阶段可能有必要移除多余的一个仪器。

如果要向周边径向排水，则应首先按照第 22.5.3 节中的说明在仪器侧壁布设多孔塑料材料，内表面不能很润滑。如果将两个固结仪用螺栓固定在一起，则每个仪器都应配备相应内衬，以便在拆下延伸部分时便于分离［关于因径向排水固结而导致的不均匀性见第 22.1.8 节"试验类型选择"下的第（6）条］。

22.4.4　压实试样制备

当要在压实的试样上进行 Rowe 型固结仪固结试验时，可以采用静态压缩或动态压实的方法在仪器中制备试样，方法与在 CBR 模具中制备试样的方法类似，如第 2 卷第 11 章所述。

仪器底座应按照第 22.3.2 节中的说明进行准备，并用螺栓固定到固结仪上。当试件被压实时，阀门 A 应保持关闭，将孔隙水压力传感器连接到水柱上，使其与大气连通。由于压实会引起很高的瞬时孔隙水压力，所以此预防措施是为了防止传感器突然过载。振动也会损坏传感器，除非使用非常轻的振动器，否则应避免振动压实。

在压实土之前，应通过适当的筛网来清除土中大于试样高度 1/6 的所有颗粒。否则，土的制备应如第 2 卷第 11.6.2 节中所述，包括确定含水率。将准备好的试样称重，精确到 0.1％，盖上气密垫，并在开始试验之前保存至少 24h。

无论是静态还是动态压缩都可以将试样轻易压缩到指定密度，因为已知质量则只需填充指定的体积即可（第 2 卷第 11.6.3～11.6.6 节）。如果要使用特定的强度进行动态压实（例如，BS"轻型"压实，第 1 卷第 6 章），则要施加的击实次数取决于压实的土量（第 2 卷第 11.6.7 节）。下面给出了与常规仪器尺寸有关的计算。在所有仪器中，击实模式应类似于第 1 卷第 6.5.5 节中所述，首先压缩边缘，然后压缩中间，最后进行系统的整体压缩。

压实后，将顶面裁修平整。可以使用第 2 卷图 12.41 中所示的水平模板，其刚性特点足以使其充当修整工具。凸出的粗颗粒用手小心除去，用裁剪掉的细小材料代替除去的粗颗粒，并将其压实。

将所有切屑和未使用的物料返回到准备好的试样中，然后称重，通过差值确定仪器中的土样质量。并通过残留物中具有代表性的部分确定含水率。

按照第 22.4.2 节中的描述，从固结仪法兰处向下测量至修整表面来确定试样的高度（表 22.4）。

Rowe 型固结仪的压实数据　　　　　　　　　　　　　　　　表 22.4

	254	**252.3**	152.4	**151.4**	99.6	76.2	**75.7**
仪器直径 mm	254	**252.3**	152.4	**151.4**	99.6	76.2	**75.7**
面积 mm²	50,671	**50,000**	18,241	**18,000**	7791	4560	**4500**
试样高度 mm	90	**90**	50	**50**	35　　**40**	30	**30**
体积 cm³	4560	**4500**	912	**900**	312	137	**135**
压实度	'轻度'(2.5kg夯锤)	'重度'(4.5kg夯锤)	'轻度'(2.5kg夯锤)	'重度'(4.5kg夯锤)	'轻度'(2.5kg夯锤)	'重度'(4.5kg夯锤)	
每毫米击打总数高度	4.10 / **4.05**	6.84 / **6.75**	1.48 / **1.46**	2.46 / **2.43**	0.625　　1.05	(不适用)	
每层击实数以获得建议的试样高度							
2 层	185* / **182**	—	—	37* / 37*	—	11	**12**
3 层	123 / **122**	205* / **203***	25 / **24**	41* / **41***	7 / **8**	12	**14**
5 层	—	123 / **122**	—	25 / **24**	—	8	**8**

* 推荐程序。

加粗数字与固结仪的合理面积有关。

第22章　液压固结仪和渗透试验

在开始试验之前，用气密垫密封住试样并静置至少 24h，以使超静孔隙水压力消散。

1. 直径 250mm 的固结仪

假设仪器的直径为 252.3mm，则圆形面积＝（π/4）×252.3²＝50000mm²。

填筑 1L（10^6mm³）的高度（即 BS 击实筒的体积）＝10^6/50000＝20mm。

对于 BS "轻度"压实，土样需要 2.5kg 夯锤进行总共 27×3＝81 次击实。

对于 BS "重度"压实，使用 4.5kg 夯锤的击实次数为 25×5＝135 次。

如果试样在压力室中的压实高度为 $h$mm，则土的体积为（h/20）L，所需的击实总数为：

用于 BS "轻度"压实：

$$\frac{h}{20} \times 81 = 4.05h$$

用于 BS "重度"压实：

$$\frac{h}{20} \times 135 = 6.75h$$

对于 90mm 高的试样，所需的总击实次数分别为 365 次和 608 次。该尺寸试样的高度与直径比仅为 90：252.3＝0.357，相比之下

$$\frac{115.5}{105} = 1.10$$ 用于 BS 压实模具，$$\frac{127}{152} = 0.836$$ 用于 CBR 模具。

因此，在这种规格的仪器内需将土压实成较少的层数，建议对于"轻度"压实使用 2 层而不是 3 层，对于"重度"压实应使用 3 层而不是 5 层。

施加到最终高度为 90mm 的试样，每一层的击实次数为：

"轻度"压实：分 3 层，每层 122 次；分 2 层，每层 182 次。

"重度"压实：分 5 层，每层 122 次；分 3 层，每层 203 次。

表 22.4 中汇总了以上数据，以及 254mm（10in）直径仪器的相应数据。

2. 直径为 150mm 的固结仪

假设仪器的直径为 151.4mm，则圆形面积＝（π/4）×151.4²＝218000mm²

填筑 1L 的高度＝10^6/18000＝55.56mm。

因此，高度为 50mm 的试样中，土的体积几乎等于 BS 压实模具内土的体积。

试样高度为 $h$mm 的土的体积为（h/55.56）L，所需的击实总数为：

用于 BS "轻度"压实：

$$\frac{h}{55.56} \times 81 = 1.458h$$

用于 BS "重度"压实：

$$\frac{h}{55.56} \times 135 = 2.43h$$

对于 50mm 高的试样，所需的击实总数分别为 73 次和 122 次。

此类尺寸试样的高度与直径比为 50：151.4＝0.33，这与 250mm 的固结试样相似。如上所述，可以压实 2～3 层。

施加到最终高度为 50mm 的试样，每一层的击实次数为：

BS "轻度" 压实：分 3 层，每层 24 次；分 2 层，每层 37 次。

BS "重度" 压实：分 5 层，每层 24 次；分 3 层，每层 41 次。

表 22.4 中汇总了以上数据，以及直径为 152mm（6in）仪器的相应数据。

3. 直径为 100mm 的固结仪

假设仪器直径为 99.6mm，则圆形面积 ＝（π/ 4）×99.6^2＝7791mm^2。

填筑 1L 的高度 ＝10^6/7791＝128.4mm。

试样高度为 h mm 的土的体积为（h/128.4）L，所需的打击总数为：

用于 BS "轻度" 压实：

$$\frac{h}{128.4}\times 81 = 0.63h$$

用于 BS "重度" 压实：

$$\frac{h}{128.4}\times 135 = 1.05h$$

对于 40mm 高的试样，所需的击实总数为 25 次和 42 次，而对于 35mm 高的试样，所需的击实总数分别为 22 次和 37 次。

此类尺寸试样的高度与直径比为 35：99.6＝0.35，与仪器直径为 250mm 试样相似；或 40：99.6＝0.4，与仪器直径为 75mm 的试样相似。如上所述，压实 2~3 层是合理的。

施加到最终高度为 40mm 的试样，每一层的击实次数为：

BS "轻度" 压实：分 3 层，每层 8 次；分 2 层，每层 12 次。

BS "重度" 压实：共 5 层，每层 8 次；分 3 层，每层 14 次。

对 35 毫米高的试样：

BS "轻度" 压实：分 3 层，每层 7 次；分 2 层：每层 11 次。

BS "重度" 压实：分 5 层，每层 8 次；分 3 层，每层 12 次。

以上数据汇总于表 22.4 中。

可以采用的另一种方法是将试样在标准 Proctor 模具中压实并修整试样以适应仪器，如下所述用于 75mm 直径试样。

4. 直径为 75mm 的固结仪

假设仪器直径为 75.7mm，则圆形面积 ＝π/ 4×（75.7）^{2}＝4500mm^2。

对于典型的 30mm 高的试样，体积为（30×4500）/1000＝135cm^3＝0.135L。

75mm 试样的尺寸太小，无法用标准夯实机压实。首先应将土压实至 BS 击实筒内，然后将其挤压、修整成像原状试样一并送入仪器内。或者，可以使用小型压实机，例如哈佛压实机（第 1 卷第 6.5.10 节）将土直接压实到仪器中。应根据标准压实过程从校准检查试验中获得适当的击实次数。

22.5 固结仪组装与连接

以下各节将介绍 Rowe 型固结仪的组装以及 5 种不同类型试验的准备工作。这些步骤从第 22.4 节中描述的与土样类型有关的制备步骤的最后阶段开始。辅助设备应如第 22.3 节中所述预先准备好。组装操作应在水槽或大托盘上进行，以应对制备过程中不可避免的溅水。

22.5.1　竖向排水（单面）

以下步骤（1）～（13）用于固结试验。在固结试验中，垂直渗透从试样的顶面开始，在试样底部测量孔隙水压力［图 22.4 试验类型（a）］。在随后的部分中给出了某些细节上的调整，以适应其他类型的固结试验。

1. 一般试验步骤

（1）用除气水冲洗试样上方压力室顶部的空间（如果尚未进行的话）。如果试样遇水易膨胀，或在非饱和条件下进行试验，或零应力条件下其含水率变化敏感，则应省略此步骤（此类型土样的试验步骤另外叙述）。

（2）在水下将饱和的透水石放置在试样上，以防截留空气。对于"自由应变"试验，使用厚度为 3mm 的多孔塑料透水石。在直径为 250mm 的压力室中，烧结青铜透水石具有一定程度的柔韧性。对于"等向应变"试验，使用提手将上盖圆形钢板的烧结青铜透水石或多孔塑料透水石放置好，应避免板下空气滞留。中央排水孔必需保持敞开并与沉降杆排水孔对齐。确保透水石与压力室侧壁之间的四周空间匀称。滤纸不应插入土样和透水石之间。

（3）将接管的一段连接到阀门 F（图 22.1），并将另一端浸入盛有除气水的烧杯或量筒中。应首先向管中完全注满除气水，确保没有残留气泡。

（4）在压力室顶部使用三点支撑，使其水平，并在下方留有足够大的空隙以使连接至隔膜的沉降轴完全向下延伸（图 22.18）。压力室顶部应在其边缘附近支撑，从而使隔膜的法兰不受约束。使用连接到集管箱或水龙头的橡胶管，向隔膜注水约 1/3。打开阀门 C。

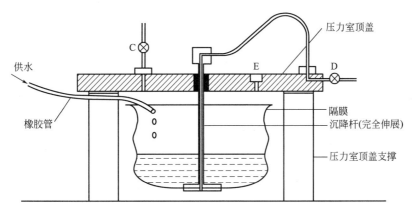

图 22.18　组装压力室顶盖前的隔膜准备

（5）在压力室的法兰外放置 3 个或 4 个大约 30mm 高的垫片。提起压力室顶部，使其保持水平，然后将其放到垫片上，使隔膜进入压力室内，并使其中的水淹没到法兰上（图 22.19）。将压力室顶部的螺栓孔与主体法兰上的螺栓孔对齐。

（6）通过导水管向隔膜内部注入更多的水直至充满，水的自重使隔膜下降，且其外围边缘紧贴压力室壁。如图 22.19 所示，通过插入刮刀刀片，检查压力室内是否完全充满水。膜片的整个延伸部分应位于压力室内，并且膜片外围边缘应完全平放在压力室法兰上，居中且不遮盖任何螺栓孔。

（7）握住压力室顶部，卸下支撑块，然后小心地将其放置在隔膜法兰上，避免夹带空气（图 22.20a）或引起褶皱或挤压（图 22.20b）。对准螺栓孔，准确就位后，顶部和主体之间的间隙应整齐均匀，并等于隔膜厚度（图 22.20c）。打开阀 F（图 22.19），使多余的水从隔膜下方流出。

（8）将法兰固定螺栓和螺母安装到垫圈上（图 22.20c）。按照第 22.4.2 节第 5 步所述，系统地拧紧螺栓，以将压力室主体螺栓固定到基座上。确保隔膜保持正确放置，并且确保金属法兰之间的间隙在整个圆周上保持恒定均匀。为了防止空气进入隔膜下方，可以在压力室完全浸入水箱的情况下安装压力室顶部［步骤（5）～（8）］。

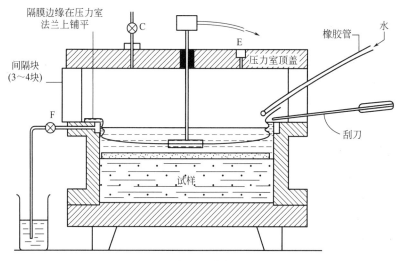

图 22.19　密封隔膜插入压力室

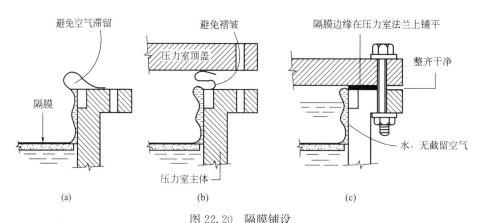

图 22.20　隔膜铺设

（a）避免空气滞留在法兰下方；（b）避免褶皱；（c）正确铺设隔膜

（9）打开阀门 D（图 22.1），并不断地向下按压沉降杆，直到隔膜牢固地固定在试样顶部的平板上。当不再有水流出时，关闭阀门 D。

（10）将阀门 C 连接至水箱，水箱距离试样上方约 1.5m。或者采用设定为 10～15kPa 的恒压给水系统。

（11）卸下排水螺栓 E，通过阀门 C 将水完全充满在隔膜上方。倾斜压力室，以便通过 E 排出剩余空气。为确保完全除去空气，将阀门 E 连接至真空器。随后更换排气螺栓时，保持阀 C 持续供水。

（12）保持水头在阀门 C 处，并且随着隔膜的膨胀，允许土样上方残留的多余水通过阀门 F 流出。打开阀门 D 一段时间，让隔膜下方的水流出。由于隔膜的褶皱压在压力室上而形成屏障，导致水从阀 F 中完全流出可能要花费一定的时间。如图 18.10（b）所示，可以通过在试样上方放置一层多孔塑料材料或插入一小段类似材料的"芯"来克服屏障效应。低渗透性的黏土试样不太可能在几秒钟内固结，在此期间多余的水会流失。但是，需要特别小心泥炭，其可能在几秒钟之内发生初始固结。

（13）当隔膜完全伸出时，关闭阀门 F。观察试样底部的孔隙水压力，当其达到恒定值时，将其记录为初始孔隙水压力 u_0。这对应于连接到阀门 C 的水头下方的初始压力 p_{d0}。如果从试样顶部到集管箱中水位的高度为 h mm，那么：

$$p_{d0} = \frac{h \times 9.81}{1000} = \frac{h}{102}$$

（14）将膜片恒压系统的导线连接到阀门 C，而不带入任何空气（图 22.21）。将压力系统设置为与先前连接的水头相同的压力。

（15）将反压系统的导线连接到阀门 D，不要带入任何空气。

现在该设备的布置如图 22.21 所示。试验步骤在第 22.6.2 节中描述。

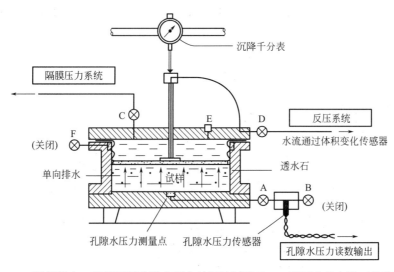

图 22.21　顶部排水、底部测量孔隙水压力的固结试验 Rowe 型压力室布置（基础试验）

2. 易膨胀土类

当试验的试样具有一定膨胀性时（包括已压实的材料），可以直接安装压力室顶部部位，而不需要先浸泡试样。可以通过一个陶瓷插件将水引入土样的底部，同时保持适当的隔膜压力以防止膨胀。隔膜后面的许多空气可以通过阀门 F 排出，并在拧紧顶盖后小心地施加吸力将其除去。在随后施加的反压作用下，任何残留的空气都将被迫溶于水。

在水渗入试样达到平衡之前，可以通过调节隔膜压力来保持试样的高度恒定，以此来测量试样的膨胀压力。这个过程可能比在固结仪中进行膨胀压力试验要花费更长的时间（第 2 卷第 14.6.1 节）。

22.5.2 竖向排水（双面）

对该类型试验，试样顶面和底面均发生排水，且固结过程中未测量孔隙水压力。多孔透水石放置在试样下面，并与固结阶段的顶部排水管线连接到相同的反压系统。

仪器设置和组装与第 22.4.2 节中给出的过程类似，但有以下不同：

步骤（1）：用水膜覆盖基座后，将饱和的烧结青铜或多孔塑料透水石放置于压力室基座上，不要夹带任何空气。

步骤（2）：保持阀门 A 关闭（图 22.22）。将一节完全充满水的管线一端连接到阀 A 的出口，另一端则浸入在充满水的烧杯中。

步骤（3）：当试样和压力室放置到适当的位置后，确保多孔透水石保持在压力室底部的中央。当压力室法兰向下固定在基座上时，由于透水石具有一定厚度，将使试样相对压力室向上移动。或者，如果试样坚硬，则可提前将试样向上移动特定位移。将压力室主体固定到基座上后，打开阀门 A 一小段时间，以使超静孔隙水压力消散。

试样厚度的确定必需考虑底部多孔透水石的厚度。

其余的组装操作与第 22.5.1 节的步骤（1）～（14）中所述的相同。

阀门 D 和阀门 A 的出口都通过一个体积变化传感器连接到相同的反压系统，该传感器测量从试样顶面和底面合计排出的总水量，如图 22.22 所示。阀门 F 在整个试验过程中保持关闭状态。

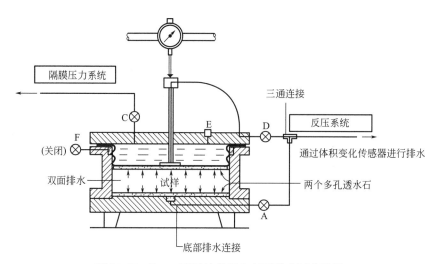

图 22.22 Rowe 型固结仪竖向双面排水试验设置

试验步骤见第 22.6.3 节。

22.5.3 径向周边排水

1. 常规准备

下面描述将多孔塑料周边排水管安装到 Rowe 压力室上的步骤。用于径向周边排水的原状土样的取样和制备与第 22.4.1 节中的相同，考虑到多孔塑料内衬的厚度，必需使用较小的修土环刀。修土环刀应干净、干燥，没有油脂，且应有明显标识，例如在其法兰上涂红色油漆。

由泥浆固结而成的重塑土样和压实土样的制备分别与第 22.4.3 节和第 22.4.4 节中给出的步骤相同。

2. 仪器安装

（1）切一条宽度等于压力室主体深度且比其内周长长约 20mm 的塑料条。使用锋利的刀片和金属直边将两端切成正方形。

（2）将塑料紧贴在压力室壁上，用锋利的铅笔标记重叠的末端（图 22.23）。

（3）将塑料材料放在一平面上，并在其外部以下 x 处（在图 22.23 中用 x 表示）标记另一条与第一条线完全平行（即与边缘成直角）的线：对 75mm 的压力室，x 为 1.5mm；对 150mm 的压力室，x 为 3mm；而对 250mm 的压力室，x 为 5mm。在这条线上进行整齐的正方形切割。

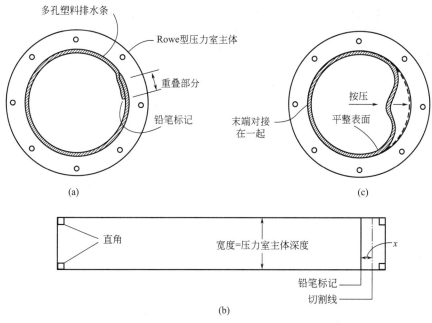

图 22.23　Rowe 型压力室多孔塑料内衬的安装

（a）初始装配和标记；（b）定位切割线；（c）安装完毕

（4）再次将塑料条装入压力室中，使光滑表面向内，修整的末端对接。多出的长度以环形对接的方式处理（图 22.23）。

（5）向外按压塑料环条，使其绷紧到压力室侧壁上。检查是否紧密贴合，没有间隙。

（6）在土样装入之前，移走多孔塑料透水石，将其放在沸水中饱和除气，然后放回压力室中。切勿在多孔塑料透水石的内表面上涂油脂，因为油脂会阻止排水。

3. 仪器组装

（1）按照第22.4节中所述的方法之一制备试样并将其放置在压力室中，必要时可用水覆盖。

（2）将不透水膜（例如，用于三轴试样的橡胶膜或塑料膜）通过水放置在试样上，而不会截留空气。对于"自由应变"试验，如果使用塑料材料，其应具有柔性。对于"等应变"试验，则用圆形钢板覆盖膜，并用提手将其降低到位，不要夹带空气，然后堵塞中心孔。

（3）如第22.5.1节步骤（1）～（14）所述，将压力室顶盖组装到主体上。阀门D和空心杆末端之间的连接管应充满除气水。阀门D暂未使用，保持关闭状态。

（4）将反压系统连接到阀门F，不要积聚任何空气。压力室连接如图22.24所示。

试验步骤见第22.6.4节。

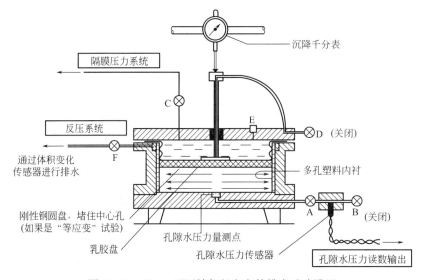

图 22.24　Rowe 型固结仪径向向外排水试验设置

22.5.4　径向中心排水

1. 常规准备

如第22.3.4节所述准备好压力室底座，不同之处在于距中心 $0.55R$ 处安装陶瓷插件来测量孔隙水压力。带有阀门 B 并与孔隙水压力面板连接的传感器与阀门 G 连接（图22.25）。反压系统（排水管）连接到阀门 A。应按照第22.3.4节中的说明，对连接到中心和 $0.55R$ 处的陶瓷插件的端口进行排气。与阀门 D 连接的部分不使用，但应充满除气水，并且阀门 D 和阀门 F 保持关闭状态。

按照第22.4节中的描述，准备好试样（原状、重塑或压实）并放置在压力室中。

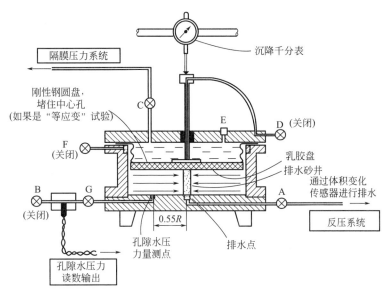

图 22.25　Rowe 型固结仪径向中心排水试验装置（孔隙水压力偏离中心测量）

2. 排水井

中央排水井的准备工作如下所述。孔径通常约为试样直径的 5%，即 250mm 压力室中排水井孔径为 12.5mm，150mm 压力室的为 7.5mm（75mm 的压力室通常不使用此步骤）。

（1）如图 22.26 所示，通过使用模板引导适当的顶杆在试样中心形成一个垂直孔。成孔的详细步骤取决于所用顶杆类型。可参见相关例子（Singh 和 Hattab，1979）。图 22.27 给出了 7 种顶杆类型，其使用方式概述如下。

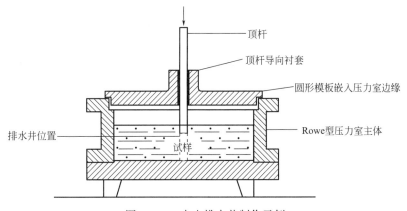

图 22.26　中央排水井制作示例

① 实心顶杆。实心顶杆通过插入挤土来成孔。顶杆上应装有排气通道以释放由于负压而形成的吸力，否则顶杆拔出时该吸力可能会导致局部塌陷，留下直径不均匀的孔。这种方法只在扰动较小时才适用。例如，在由泥浆复原而成的试样中。

② 空心杆。空心杆应一次向前推进直径一半的距离，然后旋转 90°并抽出以去除土芯。在渗透性好的土中，随着空心杆的推进，使水从孔隙水压力作用点的孔底向上流出可

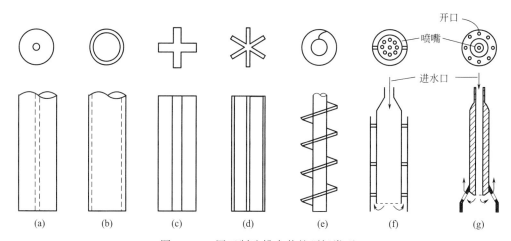

图 22.27 用于制造排水井的顶杆类型

（a）实心；（b）空心管状；（c）十字形；（d）星形；（e）螺旋钻；（f）双壁喷射；（g）荷兰式喷射

能是有利的。这种空心杆适用于大多数不含石质材料的土体类型（超软土除外）。

③ 十字形顶杆。应将十字形截面顶杆垂直推入整个土样深度，然后旋转 90°再拔出。

④ 星形顶杆。与十字形顶杆类似，除了顶杆旋转的角度等于连续刀片之间的角度（即所示类型的刀片夹角为 60°）外。如果存在纤维或石质材料，则不适合使用十字形和星形顶杆。

⑤ 螺旋顶杆。每次旋转时，螺旋顶杆的前进距离应小于螺旋螺距，然后抽出几次以清理干净残余土。这种类型顶杆适用于层状土。

⑥ 双壁型喷射和⑦荷兰式喷射顶杆。喷射过程中，所用的水流量应逐渐增加，直到顶杆在自重的作用下前进，而无须施加额外的力。喷射适用于无黏性的细颗粒土，但应格外注意。

（2）通过孔底部的多孔插件冲水，以冲洗残留物质，确保没有阻塞。如有必要，用真空管从孔中除去水。

（3）大约 2/3 的孔用除气水填充。用移液管将除气饱和砂稳定地放在水下的孔中，让砂粒自由下落约 10mm，使其落在已经沉积的砂上，获得松散的堆积状态。避免对砂粒的扰动，并避免放置后压力室抖动或振动，这可能会增加松散砂粒堆积体的密度。

（4）通过让水向下流过砂层并从阀门 A 排出，确认排水畅通。排水砂层的表面应与试样的顶部齐平。

3. 组装

（1）放置乳胶或类似的不透水性材料圆盘，覆盖土样的整个表面。

（2）对于"等应变"试验，将刚性圆形钢板放置在不透水盘上方的中央，并堵住排水孔。

（3）用水充满钢盘上方的压力室。

按照第 22.5.1 节第 3 阶段及以后所述，土样已完成准备工作，可以继续进行压力室的组装。压力室的连接如图 22.25 所示。

试验步骤见第 22.6.5 节。

22.5.5　渗透试验

可以在 Rowe 型压力室中的试样上进行垂直方向（向上或向下）有层流水流动，或者在水平方向（向内或向外）有径向水流动的渗透试验。下面概述每种试验类型所需的试样制备过程，详细信息可参考前面相关章节。如果已经安装了适当的排水设备，则可以在固结试验的加载阶段结束时开展渗透试验。

当进水口和出水口之间的压力差较小时，与使用单独的压力计读数相比，通过压差计或传感器能更精确地测量该压力差。压差计的连接如图 22.28 所示。

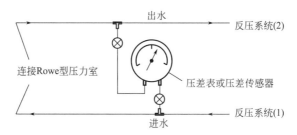

图 22.28　渗透试验压差表连接方法

如果流量较大，则必需考虑到连接管线和多孔板的水头损失，如第 18 章第 18.3.7 节所述。

1. 竖向渗透

竖向渗透试验的布置如图 22.29 所示。试样制备和压力室组装总结如下。

（1）将底部透水石安装在压力室基座上（第 22.5.2 节）。

（2）通过适当的方法将试样放置在压力室中（第 22.4 节）。

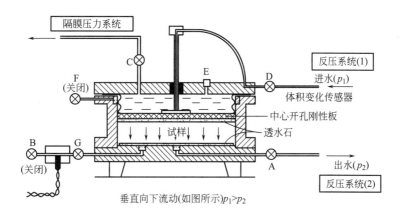

图 22.29　垂直向下流动渗透试验的 Rowe 型压力室连接布置（对垂直向上流动，则有 $p_2 > p_1$）

（3）将透水石和刚性板安装在试样顶部［第 22.5.1 节步骤（2）］。板上的孔必需与沉降杆排水口重合。

（4）组装压力室顶部［第 22.5.1 节步骤（3）～（13）］。

渗透试验需要三个独立控制的恒压系统，每个系统均具有校准的压力表。一个系统连接到阀门 C（图 22.29），对隔膜提供压力。剩下两个单独的反压系统，一个连接到阀门 D，另一个连接到阀门 A。每个系统都应包含一个体积变化传感器，如 BS 1377 所规定。但是，如果只有一个传感器可用，则应将其连接到进水管。如果已确认试样完全饱和，则试验可以得到令人满意的结果。

如果在开始试验之前对试样进行增量饱和，则可记录孔隙水压力读数，用于检查 B 值；否则，无须记录孔隙水压力读数。阀门 F 保持关闭状态。

进水口和出水口之间的压力差应与试样的垂直渗透性相适应，该压力差应通过试验确定，直到获得合理的流速为止。通常，水流是向下渗透的，但是如果需要，可利用反向压力使水流向上流动。如果试样在开始时就完全饱和，则无须维持高反压，可以用置于高处的储水器代替反压系统。储水器应配有溢流口以保持恒定水位。

试验步骤见第 22.7.2 节。

2. 横向渗透

水平（径向）渗透试验的布置如图 22.30 所示。试样制备和压力室组装总结如下。

（1）如第 22.5.3 节所述，在压力室中安装径向周边排水装置。

（2）在压力室中放置试样（第 22.4 节）。

（3）形成中央排水通道（第 22.5.4 节）。

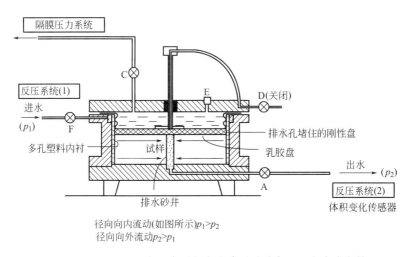

径向向内流动(如图所示)$p_1 > p_2$
径向向外流动$p_2 > p_1$

图 22.30　Rowe 型压力室水平径向流渗透试验布置（向内或向外）

（4）用不透水材料（例如乳胶）制成的圆盘覆盖试样，然后放置刚性盘堵住其中心孔。

（5）组装压力室顶部［第 22.5.1 节步骤（3）～（13）］。

组装需要三个独立控制的压力系统，每个压力系统都有一个经过校准的压力表。一个系统用于施加隔膜压力且与阀门 C 连接（图 22.30）。第二个压力系统连接到阀门 F，第三个压力系统连接到阀门 A。连接进水口的系统应装有一个体积变化传感器。不需要孔隙水压力读数，阀门 D 保持关闭状态。

根据阀门 B 处的压力是否小于阀门 F 处，可以用径向向内或径向向外的流动进行渗透试验。这两个压力之间的差值应与土的水平渗透性相适应，该压力差应通过反复试验确定，直到获得合理的流速为止。如果试样在开始时就完全饱和，则无须维持高反压，两条管线中压力较低者可以是置于高处的储水器，如上文对垂直渗透性的描述。

22.6　固结试验

22.6.1　引言

固结试验的步骤见第 22.6.2～第 22.6.5 节，其对应的 4 类排水条件见图 22.4。第 22.6.2 节详细描述了图 22.4（a）和图 22.4（b）所示的单面竖向排水试验，并作为"基础"试验，为其他不同排水条件的固结试验提供参考。所有 4 种排水类型的试验数据分析见第 22.6.6 节。

以下试验条件和要求应在试验时由工程师规定：

（1）试样尺寸；

（2）加载条件（"自由应变"或"等应变"）；

（3）排水条件；

（4）孔隙水压力测点位置（必要时）；

（5）试样是否需要饱和；若需要，应确定试样饱和的方法；

（6）是否计算孔隙比及绘制相关图形；

（7）有效压力增减顺序；

（8）每个主固结和膨胀阶段的终止标准；

（9）是否要求次固结特性。

22.6.2　竖向单面排水固结（BS 1377-6：1990：3.5）

1. 原理

竖向单面排水固结试验为 Rowe 型固结试验中最常见的类型。排水方向为顶面竖直向上，孔隙水压力的测点位于底座中心处。两种加载类型的试验原理如图 22.4（a）和图 22.4（b）所示。Rowe 型固结仪的总体布置如图 22.21 所示，辅助系统的连接如图 22.3 所示。典型试验装置的实物图见图 22.31。

首先根据第 22.4 节中给出的方法制备试样，然后按照第 22.5.1 节中的说明组装和连接固结仪。

试验分为以下 10 个阶段，从第 22.5.1 节的步骤（15）开始分别为：（1）准备阶段；（2）饱和阶段；（3）不排水加载阶段；（4）固结阶段；（5）进一步加压阶段；（6）卸载阶段；（7）结束

图 22.31　Rowe 型压力室和辅助设备装置

阶段；（8）装置拆除阶段；（9）图形绘制阶段；（10）计算阶段。

（1）准备阶段

① 在整个试验过程中，必需保证阀门 B 处于关闭状态，以便孔隙水压力传感器与冲洗系统分离（图 22.21）。

② 将竖直位移千分表设置在接近量程上限便于初始读数的位置，试样若需要饱和（见下文），可允许向上发生移动。将读数记为阀座压力 p_{d0} 下的零（基准）值。

③ 关闭阀门 D，设置反压为所需的初始值，该值通常不小于初始孔隙压力 u_0，或者若要施加饱和，则反压应比围压的第一级增量小 10kPa。

④ 稳定时记录体积变化传感器的初始读数。

⑤ 稳定时记录对应 p_{d0} 的初始孔隙水压力 u_0。

⑥ 根据隔膜校准数据（第 18.3.4 节），确定与隔膜压力 p_{d0} 相对应的施加在试样上的实际应力 p_0。

⑦ 若要求测定膨胀压力，则需要在试样的一端或两端输入除气水，并增加隔膜压力以保持位移千分表的读数恒定在初始值。该原理与第 2 卷第 14.6.1 节中固结仪试验测定膨胀力的原理相似。可施加反压，以促进试样饱和。当建立平衡时，施加的压力和反压（若有使用）之间的差值是防止膨胀所需的有效应力，并将其记录为膨胀力。

（2）饱和阶段

1）原理

试样饱和的原因和目的见第 19.6 节。饱和通常是由交替施加反压和隔膜压力增量来实现的，从而使试样中的孔隙水压力充分升高，以便孔隙中的所有气体能够溶解于水中。该步骤与三轴试验试样的饱和步骤类似［第 19.61 节方法（1）］，仅以隔膜压力代替压力室围压。试样饱和可能并不总是必要的，但对于从地下水位以上所取的原状土样和压实土样而言，通常是需要的。

饱和度与孔隙水压力比 δ_u/δ_s 有关，其中 Δu 为不排水条件下，孔隙水压力对竖向总应力增量 δ_s 的响应。该比值不能称为孔隙水压力系数 B，其定义与各向同性应力增量有关。当该比值达到 0.95 左右，试样通常认为完全饱和，但对有些孔隙水压力比无法达到 0.95 的试样，可采用较小值（第 15.6.5 节）。

隔膜压力增量通常为 50kPa 或 100kPa。每个"进水"阶段的反压通常比竖向应力小 10kPa。在大直径试样饱和期间，可能需要多次反转体积变化传感器。

2）反压增量饱和步骤

① 确保阀门 D 处于关闭状态，并将隔膜压力从初始阀座压力 p_{d0} 增至试样所需的第一级压力 p_1（通常增加 50kPa）。根据隔膜校准数据获得适当的隔膜压力。

② 记录稳定时的孔隙水压力 u_1，并根据式（22.13）计算孔隙水压力比 $\Delta u/\Delta\sigma$。

$$\frac{\Delta u}{\Delta \sigma} = \frac{u_1 - u_0}{p_1 - p_0} \tag{22.13}$$

③ 在阀门 D 保持关闭的条件下，将反压管线中的压力增至 $(p-10)$ kPa（假设 10kPa 为所需压差）。当体积变化传感器（v_1）达到稳定值时，记录其读数，以考虑连接管线膨胀。

④ 打开阀门 D，使反压施加于试样。观察孔隙水压力和体积变化传感器的读数，如有

必要，绘制其随时间的变化曲线，以确定何时达到平衡条件。该步骤可能花费较长的时间。

⑤ 当孔隙水压力几乎等于反压，且体积变化传感器显示水流已停止进入试样时，记录孔隙水压力（u_2）和体积变化传感器（v_2）的读数。体积变化传感器读数 v_1 和 v_2 之间的差值为加压过程中试样吸入水的体积。关闭阀门 D。

⑥ 如步骤①所示，增加隔膜压力，使试样上的压力进一步增加（如 50kPa）。观察孔隙水压力的变化，当达到平衡时，按步骤②计算 δ_u/δ_s 新值。

⑦ 重复步骤③~⑥，直至孔隙水压力比 δ_u/δ_s 达到 0.95 或依据土体类型而确定的表明试样饱和的其他值（请参阅第 15.6.5 节）。在前两个加压过程后，隔膜压力可增至 100kPa。

⑧ 汇总步骤⑤中体积变化传感器读数的差值，以计算试样所吸收水的总体积。该体积变化可与根据千分表测量的竖向位移所计算的膨胀体积进行比较。若原有孔隙中含有空气，前者通常大于后者。

3）抑制膨胀

如有必要，另一种试样饱和的方法为调节隔膜压力抑制膨胀的同时增加反压。为了检验饱和度，在增加隔膜压力以保持试样中恒定有效应力的同时，施加很小的反压增量。孔隙水压力传感器响应及时且读数等于施加的压力表明试样饱和基本完成。

（3）不排水加载阶段

① 在阀门 A 和阀门 C 打开，其他阀门关闭的条件下，记录孔隙水压力、隔膜压力和压力计的读数。

② 关闭阀门 C，并将隔膜压力系统中的压力设置为在第一阶段固结时试样所需的竖向应力值，同时考虑隔膜压力校准数据。

如果所需的总竖向应力以 σ 表示，相应的隔膜压力以 δ_p 修正（第 18.3.4 节），重新整理公式（18.3）获得要施加的隔膜压力（p_d）：

$$p_d = \sigma' + \delta_p$$

当试样上施加已知的反压 u_b 时，对于所需的有效应力 σ'，该方程变为：

$$p_d = \sigma' + u_b + \delta_p \tag{22.14}$$

③ 打开阀门 C，将压力输入隔膜的同时启动计时器，附加应力由孔隙水压力承担。

④ 短暂打开侧向排水阀 F（第 18.3.6 节），让多余的水从隔膜后面流进量筒。该过程持续时间不应超过 2s 或 3s，对于高渗透性土和泥炭土需格外注意排水时间。

⑤ 在适当的时间间隔内观察并记录孔隙水压力读数，以便绘制孔隙水压力随时间变化的曲线。若试样达到饱和，孔隙水压力增量最终应与施加在试样上的竖向压力增量几乎相等。

⑥ 当孔隙水压力稳定时，记录压力计的读数作为不排水加载阶段的最终读数。

（4）固结阶段

将计时器归零并记录零时刻的隔膜压力、反压、压力计和体积变化传感器的读数。

打开排水口（图 22.21 中的阀门 D）开始固结阶段的同时，启动计时器。之后，随着施加的应力从孔隙水传递到土"骨架"，水从试样中排出，使得有效应力增加，而施加的总竖向应力保持不变。在与常规固结仪试验（第 2 卷第 14.5.5 节表 14.11）相似的时间间隔内读取以下数据：竖向沉降；孔隙水压力；反压管线上的体积变化传感器以及隔膜压力（修正）。

如果固结持续时间超过 24h，则应在开始固结后的大约 28h 和 32h（表 14.11）记录进一步的读数，并在随后的几天中每天至少记录两次读数，早晚各一次。

当接近体积变化传感器的限值时，反转流向并记录反转瞬间的读数。

当孔隙水压力值降至与反压相等时，即超静孔隙水压力 100% 消散，理论上完成了主固结阶段。在大多数实际应用中，超静孔隙水压力消散 95% 即可。用 U % 表示孔隙水压力消散百分比，并由式（15.28）计算：

$$U = \frac{u_i - u}{u_i - u_b} \times 100\%$$

式中，u 为考虑时间的孔隙水压力；u_b 为排水时的反压；u_i 为固结阶段开始时的孔隙水压力。

对于低渗透性黏土的竖向排水，可能需要几天才能实现 95% 的孔隙水压力消散。然而，如果要计算出不排水孔隙水压力比，则有必要使主固结阶段的孔隙水压力尽可能地达到 100% 消散。固结期间，应绘制下文第（9）阶段所述的图形。

如果需要计算次固结系数 C_{sec}，则应在孔隙水压力 100% 消散后继续进行固结。这将有助于进一步读取沉降和体积变化的数据，直至沉降量随对数时间的变化曲线呈线性，且可以获得斜率（第 2 卷第 14.3.13 节）为止。

关闭排水管阀门 D，终止固结阶段。记录孔隙水压力、压力计和体积变化传感器的最终读数。

（5）进一步加压阶段

增加隔膜压力以给出下一个有效应力值，如上文第（3）阶段所述。如有必要，让多余的水从隔膜后面排出。在进入下一个固结阶段之前，应使孔隙水压力达到平衡，尤其是在前一阶段孔隙水压力未 100% 消散时。与常规的固结试验（第 22.2.4 节）一样，每个阶段的有效应力通常两倍施加，即压力增量等于已经施加的有效应力。

固结如第（4）阶段所述。对于随后的每一个压力增量，重复不排水加载和固结阶段。

至少经历 4 个加载阶段。加载范围应确保试验得出的孔隙比-压力对数曲线超过原位和沉降后有效应力的范围。

（6）卸载阶段

在最大要求应力对应的固结阶段结束时，记录最终读数之后，试样分步进行卸载。步骤遵循与上述相同的顺序。在每个卸载阶段，隔膜压力随着阀门 D 的关闭而降低（即在不排水条件下），因此孔隙水压力降低，直至达到稳定值。打开阀门 D，进入膨胀阶段（第（4）阶段的对应部分），该阶段的向上位移量、体积增加和孔隙水压力增大读数的读取方法与固结阶段相同。在进入下一阶段之前，应容许孔隙水压力在每个阶段结束时达到平衡。

卸载阶段（应力递减）的数量通常至少为加载阶段数量的一半，并应遵循恒定的卸载应力比。

（7）试验结束阶段

在最终卸载阶段，隔膜压力降低至初始阀座压力。达到平衡后，记录最终沉降、体积变化和孔隙水压力。

关闭阀门 A（图 22.21），打开阀门 C、阀门 D 和阀门 F，让多余的水溢出。

（8）装置拆除阶段

松开并取下压力室顶部，将其放在工作台支架上（图 22.18）。移除多孔板或刚性板和任何自由水，露出试样表面。用钢尺或读数为 0.5mm 的深度计，从横跨固结仪法兰的直边（图 22.32）向下测量两个或两个以上直径的表面。根据测量结果绘制试样的表面轮廓，可用于计算最终试样体积。

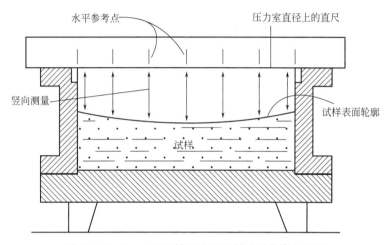

图 22.32　Rowe 型固结试验后试样表面轮廓的测定

从底座上取下压力室，并称取压力室中试样重量，精确至 0.1%。如有必要，使用推土装置将试样完整地从压力室中取出。切割至试样深度约 1/3 处，将试样沿直径分成两半，然后折断。从两个或多个点取有代表性的部分进行含水率测定。记录土体的描述特征，包括土体结构的细节和说明性草图以及彩图（若有要求）。留一半的切割试样进行风干，以揭示组构和可能影响试验行为的任何优先排水路径。通常在空气中暴露 24h 后最适合拍摄以上特征，在此期间，粉质土比黏土干燥速度更快，颜色也更浅，如图 22.33 所示。另一半试样用于称重并烘干，以测定总体含水率。

图 22.33　试验后 Rowe 型固结仪内试样的内部组构

存放前，固结仪组件应清洁并干燥，尤其是底座上的密封圈。多孔的铜制和瓷制圆盘及插件应当煮沸并刷洗；使用过的多孔塑料排水条应丢弃。连接口和阀门应冲洗干净，以除去任何土体颗粒。应刮除金属表面上外露的任何腐蚀衍生物，并使其表面光滑且稍微涂抹油脂。

（9）图形绘制阶段

在每个不排水加载阶段，绘制孔隙水压力与时间对数的关系曲线。

随着每个固结阶段的进行，根据观测数据绘制以下图形：

① 沉降量 ΔH（mm）与时间对数的关系曲线；

② 沉降量与时间平方根的关系曲线；

③ 体积变化 ΔV（mm³）与时间对数的关系曲线；

④ 体积变化与时间平方根的关系曲线；

⑤ 孔隙水压力消散（U ％）与时间对数的关系曲线。

在每个阶段，以上图形都应实时更新，以便监控试样主固结达到 100％ 的过程。其中标有星号的图形通常优先分析。

试验固结阶段的一组典型数据见图 22.34～图 22.36。如图 22.34 所示，可在同一时间基准上分别绘制 ΔH 和 ΔV 与时间对数的关系曲线。沉降和体积变化曲线均为累计绘制。对于每个加压阶段，孔隙水压力消散曲线的绘制范围为 0～100％。

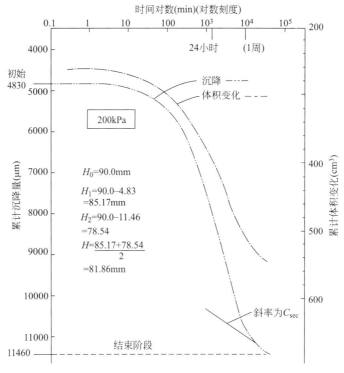

图 22.34　竖向排水固结试验一个阶段的图形数据示例：
沉降和体积变化与时间对数的关系曲线

如果孔隙水压力 100％ 消散，则表示主固结阶段结束。沉降-时间对数曲线上孔隙水压力 100％ 消散后的直线斜率为次固结系数 C_{sec}（第 14.3.13 节）。当孔隙水压力未测量或未达到 100％ 消散时，可按照第 22.6.6 节的说明估算 100％ 主固结点。

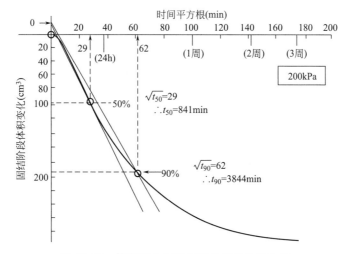

图 22.35　体积变化与时间平方根的关系曲线

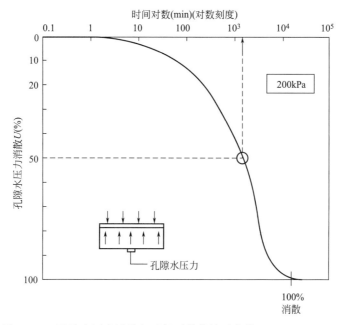

图 22.36　孔隙水压力消散与时间对数的关系曲线（$t_{50} = 1400\text{min}$）

（10）计算阶段

在每个排水加载或卸载阶段结束时，孔隙比的计算如第 22.6.6 节所述。在对数刻度上，绘制孔隙比随有效压力的变化曲线，得出 $e/\log p'$ 曲线。

固结系数 c_v、c_{ro} 或 c_{ri} 的计算如按第 22.6.6 节所述，并绘制固结系数随有效压力对数的变化曲线（与 $e/\log p'$ 曲线的坐标轴相同）。

22.6.3　竖向双面排水固结（BS 1377-6：1990：3.6）

竖向双面排水固结试验［图 22.4 中试验类型（c）和（d）］的步骤与竖向单面排水

固结试验步骤类似，但有以下修改：

（1）如图 22.22 所示，将透水石放置于试样的底部和顶部。

（2）如果试样在反压增量作用下达到饱和，辅助系统的初始连接如图 22.21 和图 22.3 所示，以实现第 22.6.2 节第（2）阶段所述的饱和步骤。

（3）试样饱和后，将孔隙水压力传感器与阀门 A 断开，与反压系统连接，阻止空气进入。

（4）阀门 D 的顶部排水管通过三通连接至同一反压系统，如图 22.22 所示。

（5）阀门 A 和阀门 D 在固结阶段开始时同时打开，在固结阶段结束时关闭。

（6）因为固结过程中未测量孔隙水压力，所以只有通过分析沉降-时间曲线，才能获得主固结沉降和 t_{50} 或 t_{90} 值。表 22.3 中（c）和（d）给出了合适的因数。

22.6.4　径向向外排水固结（BS 1377-6：1990：3.7）

图 22.4（e）（"自由应变"荷载）和图 22.4（f）（"等应变"荷载）分别阐述了径向向外排水固结试验原理。压力室和辅助设备的布置如图 22.24 所示。与竖向排水试验布置的具体不同之处如下：

（1）试样由多孔塑料制的排水层包裹；

（2）试样的上表面覆盖一层不透水膜；

（3）反压通过阀门 F 与压力室顶部的边缘排水体连接；

（4）顶部排水管未使用，阀门 D 保持关闭。

隔膜压力管和孔隙水压力与底座中心的连接方法和第 22.6.2 节所述的竖向单面排水固结试验相同。

按照第 22.3 节的说明准备好装置。试样的制备如第 22.4 节所述，同时考虑试样若为原状土样，则必需使用小型切割环对其进行修整，以保证周边排水层的厚度。压力室组装如第 22.5.3 节所述。

试样饱和（如适用）和试验步骤按照第 22.6.2 节的规定进行。试样若含有近似水平的薄层，则固结速度可能远快于相同条件下的竖向排水试验。饱和阶段必需有足够时间，以便试样饱和、孔隙水压力积聚延伸至层间黏土层中。

当采用"自由应变"时，需绘制特殊的沉降-时间关系曲线。其绘制细节以及两种荷载类型的近似曲线拟合系数见第 22.6.6 节。依据第 22.1.8 节"试验类型选择"中第（6）项给出的解释，"等应变"荷载作用下的径向排水固结试样内会产生不均匀性。

22.6.5　径向中心排水固结（BS 1377-6：1990：3.8）

图 22.4（g）和图 22.4（h）分别阐述了"自由应变"和"等应变"加载的原理。压力室和辅助设备的布置如图 22.25 所示。

与竖向排水试验（第 22.6.2 节）的具体不同之处如下所述：

（1）试样的上表面覆盖一层不透水膜。

（2）反压系统通过阀门 A 与底座中心连接（图 22.25）。

（3）孔隙水压力测点位于距中心 $0.55R$ 的多孔插件处（即 250mm 固结仪的 70mm 半径处）。孔隙压力传感器壳体与阀门 G 连接，阀门 G 代替该固结仪出口处的堵塞器

（图 22.25）。

（4）顶部排水管和边缘排水管未使用，阀门 D 和阀门 F 保持关闭。

（5）如果中心排水口和底孔的排水能力不足，可从中心排水口的顶端排水。在防渗膜上开中心孔，并在砂井上放置滤纸，防止土颗粒进入排水系统。阀门 D 的出口与阀门 A 的出口连接至同一反压系统，连接方式与图 22.22 中的方式类似。

（6）中心砂井按照第 22.5.4 节给出的方法制备。

按照第 22.3 节的说明准备好装置。试样饱和（如适用）和固结试验如第 22.6.2 节所述。如果试样含有水平薄层，固结速度可能比竖向排水快，尽管（理论上）比径向向外排水慢 9 倍（Berry 和 Wilkinson，1969）。在饱和过程中，饱和阶段必需允许足够时间，以便试样饱和、孔隙水压力积聚延伸至层间黏土层及孔隙水压力测点以外的区域。

22.6.6　固结试验数据分析和展示

1. 总则

Rowe 型固结仪试验所得参数与常规固结仪试验参数基本相同。包括试样基本物理参数、固结系数和体积压缩系数，以及有效应力和孔隙比之间的关系。然而，其中一些参数的推导方法不同于固结仪试验中采用的方法，尤其是固结系数 c_v 的推导，其不同排水和加载条件对应不同的曲线拟合步骤。

2. 试样基本物理参数

试样的初始和最终条件的计算方法与第 2 卷第 14.5.7 节中关于固结仪试样参数的计算方法相同。使用的符号如表 14.13 所示，主要符号如下：

体积（cm³）	V_0（初始）	V_f（最终）
密度（×10³kg/m³）	ρ（初始）	ρ_f（最终）
含水率（%）	w_0（初始）	w_f（最终）
干密度（×10³kg/m³）	ρ_D（初始）	ρ_{Df}（最终）
孔隙比	e_0（初始）	e_f（最终）
饱和度（%）	S_0（初始）	S_f（最终）

3. 孔隙比变化

采用第 14 章（第 14.3.9 节）的公式，根据初始孔隙比和试样高度的总体变化计算每个加载或卸载阶段结束时的孔隙比 e：

$$\Delta e = \frac{1+e_0}{H_0}\Delta H$$

和

$$e = e_0 - \Delta e$$

其中，Δe 和 ΔH 表示 e 和 H 的累计变化，见第 2 卷第 14.3.9 节和表 14.13。此计算仅适用于"等应变"加载条件，其中试样体积变化与竖直沉降成正比。

对于两种作用下的饱和试样，可通过测量试样排水量直接获得体积变化。采用上述的类似方程，根据测量的体积变化计算孔隙比变化：

$$\Delta e = \frac{1+e_0}{V_0} \Delta V \tag{22.15}$$

其中 ΔV 为从初始体积 V_0 开始的累计体积变化。

根据孔隙比［第 1 卷式（3.1）和图 3.2］的定义，土体颗粒体积 V_s 与土的体积 V_0 的关系如下：

$$V_s = \frac{V_0}{1+e} \tag{22.16}$$

其倒数形式为：

$$\frac{1}{V_s} = \frac{1+e}{V_0} \tag{22.17}$$

该项可由初始试样测量值计算，且孔隙比变化方程可写为：

$$\Delta e = \frac{\Delta V}{V_s} \tag{22.18}$$

按照第 14.5.7 节的阐释方法计算每个加载或卸载阶段的孔隙比增量变化，定义为 Δe。

$$\Delta e = e_1 - e_2$$

采用第 14.3.10 节中的公式（14.24）计算每个阶段的体积压缩系数 m_v：

$$m_v = -\frac{\delta_e}{\delta'_p} \times \frac{1000}{1+e_1}$$

或者采用下列公式，根据高度的变化（对于"等应变"加载）或体积的变化（对于"自由应变"加载）直接计算体积压缩系数 m_v：

$$m_v = \frac{\Delta H_2 - \Delta H_1}{H_0 - \Delta H_1} \times \frac{1000}{p'_2 - p'_1} \tag{22.19}$$

$$m_v = \frac{\Delta V_2 - \Delta V_1}{V_0 - \Delta V_1} \times \frac{1000}{p'_2 - p'_1} \tag{22.20}$$

以上公式中，下标 1 表示上一级加压结束时的值，下标 2 表示本级加压结束时的值。

4. 图形分析

用与沉降或体积变化、孔隙水压力消散的时间函数相关的图形确定每个加压阶段的固结系数。原则上步骤与固结仪固结试验的步骤相似，但采用的理论时间因数可能不同，并取决于边界条件（"自由应变"或"等应变"），排水类型（竖向或水平方向）以及相关测量的位置。

关于固结系数的讨论见第 22.2.2 节，每种试验条件和时间因数适用性的解释见第 22.2.3 节。BS 1377-6：1990：3.5.8.5.1 中给出了三种计算固结系数的经验分析方法。方法如下：（1）孔隙水压力消散曲线；（2）沉降或体积变化与时间对数的拟合曲线；（3）沉降或体积变化与时间平方根的拟合曲线。

以上步骤可评估孔隙水压力消散 50％时的时间（t_{50}）。

方法（1）基于特定点的孔隙水压力读数（大多数情况下为底座中心）。方法（2）和方法（3）取决于整个试样的"平均"行为，并要求对沉降或体积变化与时间（对数或幂次）的函数曲线进行经验分析（曲线拟合步骤）。方法（2）和方法（3）中的理论时间因数取决于排水类型和边界应变条件，且随着试验类型的不同而不同。由于 t_{50} 的值可从图中直接获得，故优选方法（1）。

以下内容给出了两种不同排水条件下的方法（1）、方法（2）和方法（3）的示例。

示例（1）：孔隙水压力消散曲线

根据孔隙水压力消散曲线（$U\%$ 与时间对数）可获得主固结 100% 完成的最终水平，即使孔隙水压力未完全消散。因此，可从孔隙水压力消散曲线中直接读取 t_{50} 的值，如图 22.36 中的示例所示。该步骤适用于有记录和绘制孔隙水压力读数的任何试验类型。

示例（2）：曲线拟合，竖向排水

竖向排水固结试验一个阶段的体积变化与时间平方根的关系曲线示例如图 22.35 所示。如标准固结仪试验所示，通过绘制沉降与时间平方根的关系曲线，可获得相似曲线。

根据表 22.3（第 22.2.3 节），单面或双面竖向排水的"斜率"为 1.15。因此，d_0 和 d_{90} 点的推导与第 2 卷第 14.5.6 节和图 14.31 中给出的推导相似。由于不排水荷载消除了初始垫层误差，故表示理论零固结点的 d_0 应与初始读数大致相同。点 d_{100} 由外推法得到，$\sqrt{t_{50}}$ 从图形直接读取，由此计算出 t_{50} 和 t_{90}（单位：min）。如下所述，t_{50} 和 t_{90} 皆可用于计算固结系数 c_v。

示例（3）：曲线拟合，径向排水

以下示例阐述了"自由应变"荷载作用下径向向外排水试验的一个阶段的曲线拟合方法。根据表 22.3，图 22.37 给出了体积变化随 $t^{0.465}$ 的变化曲线，斜率为 1.22，与之相对应的孔隙水压力消散曲线（孔隙水压力测点位于底座中心处）如图 22.38 所示。"平均"固结的相关理论曲线如图 22.8 所示（第 22.2.3 节）。

延长图 22.37 中的线性部分形成线 QA，与纵轴相交于 Q 点，即理论零固结点。QA 线横坐标扩大 1.22 倍得到 QB 线，与试验曲线相交于 C 点。C 的纵坐标表示 90% 的固结，横坐标为 35.8，即：

$$(t_{90})^{0.465} = 35.8$$

因此

$$t_{90} = 35.8^{1/0.465} = (35)^{2.15} = 2192 \text{min}$$

从图 22.37 可以看出，外推超过 90% 固结点的曲线以修正 100% 固结点，可获得 50% 固结点。

$$(t_{50})^{0.465} = 16.7$$

因此 $t_{50} = 426 \text{min}$。

另一种方法是采用基于中心孔隙水压力测量的 t_{50} 值。该值可从孔隙水压力消散曲线中直接读取，如图 22.38 所示，其 $t_{50} = 1250 \text{min}$。

采用该种方法导出的 t_{90} 和 t_{50} 可用于计算如下所述的 c_{ro}。

5. 固结系数

固结系数（c_v，c_{ro} 或 c_{ri}）由以下通用公式计算：

$$(c_v \text{ 或 } c_{ro} \text{ 或 } c_{ri}) = \frac{(\text{倍乘因数}) \times (H^2 \text{ 或 } D^2)}{(t_{50} \text{ 或 } t_{90})}$$

表 22.5 汇总了每种类型试验的相关倍乘因数，可根据表 22.3（第 22.2.2 节）中数据

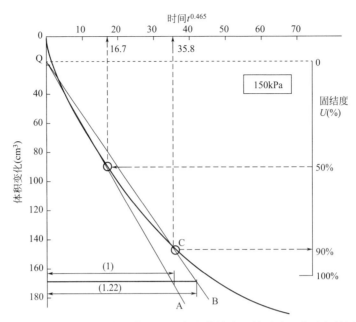

图 22.37 "自由应变"荷载作用下径向向外排水固结试验一个阶段的图形
数据示例；体积变化随 $t^{0.465}$ 的变化曲线

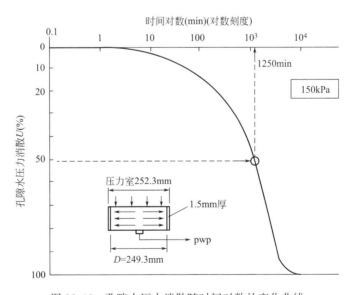

图 22.38 孔隙水压力消散随时间对数的变化曲线

推导，并由合适的理论时间因数（T_{50} 或 T_{90}）乘以 0.526 或 0.131（如表 22.3 右栏所示）计算所得，结果四舍五入保留两位小数。

例如，若采用竖向单面排水试验的体积变化或高度曲线（"平均"测量），则 t_{50} 对应的倍乘因数为：

$$0.197 \times 0.526 = 0.1036 （四舍五入保留两位小数为 0.10）$$

t_{90} 对应的倍乘因数为：

$$0.848 \times 0.526 = 0.4460（四舍五入保留两位小数为 0.45）$$

上述两个倍乘因数见表 22.5 的第一行。对于竖向排水，高度 $\overline{H}$ 为加载阶段试样的平均高度，即 $\overline{H} = 1/2(H_1 + H_2)$，其中 H_1 和 H_2 分别为加载阶段开始和结束时的试样高度。在"自由应变"试验中，H_1 和 H_2 为平均高度，其考虑了顶面形成的凹陷。

对于水平排水，直径 D 为试样自身直径，在径向向外排水固结试验中需考虑侧向排水管的厚度。如果采用中心排水管，表 22.5 给出的倍乘因数对应的有效直径比为 20。如果直径比与 20 有较大差异，则应采用从图 22.10 中获得的倍乘因数。

如果平均试样高度 H 或直径 D 以 mm 表示，时间 t_{50} 以 min 表示，则固结系数以 m^2/a 为单位。

若符合第 2 卷第 14.3.16 节中的规定，应当对所有情况下的温度进行校正。

以下给出了两个基于已有曲线拟合示例的算例。

（1）竖向单面排水

考虑荷载阶段的固结系数根据第 22.2.3 节中的式（22.3）计算：

$$c_v = 0.526 \frac{T_v \overline{H}^2}{t} m^2/a$$

固结系数计算倍乘因数　　　　　　　　　　　　　表 22.5

参考试验	排水方向	边界应变	固结点	倍乘因数 $\overline{H}^2/t_{50}$	$\overline{H}^2/t_{90}$	系数
(a) 和 (b)	竖向，单面	自由和等向	平均 中心	0.10 0.20	0.45	c_v
(c) 和 (d)	竖向，双面	自由和等向	平均	0.026	0.11	c_v
				倍乘因数 D^2/t_{50}	D^2/t_{90}	
(e)	径向向外	自由	平均 中心	0.0083 0.026	0.044	
(f)	径向向外	等向	平均 中心	0.011 0.023	0.038	c_{ro}
(g) 和 (h)	径向向内	自由和等向	平均 $r=0.55R$	0.10 0.10	0.34	c_{ro} c_{ri}

H 为试样平均高度（mm）；D 为直径（mm）

t_{50}，t_{90} 分别为孔隙水压力消散 50% 和 90% 时对应的时刻（min）。

表 22.5 中（a）~（d）的倍乘因数乘以 $\overline{H}^2/t_{50}$ 或 $\overline{H}^2/t_{90}$ 得到 c_v（m^2/a）。

表 22.5 中（e）~（h）的倍乘因数乘以 D^2/t_{50} 或 D^2/t_{90} 得到 c_{ro} 或 c_{ri}（m^2/a）。

采用图 22.34 和图 22.36 ［上文的示例（1）］ 中孔隙水压力消散曲线的数据：$t_{50} = 1400min$，$\overline{H} = 81.86mm$。

从表 22.25 中得知倍乘因数为 0.20，因此：

$$c_v = \frac{0.20 \times (81.86)^2}{1400} m^2/a = 0.95 m^2/a$$

采用图 22.35 ［上文的示例（2）］ 中体积变化曲线的数据：$t_{50} = 841min$。

相关倍乘因数为 0.10，因此：

$$c_v = \frac{0.10 \times (81.86)^2}{841} = 0.80 \mathrm{m}^2/\mathrm{a}$$

或者采用 $(t_{90})^{0.465}$（3884min），倍乘因数为 0.45，因此：

$$c_v = \frac{0.45 \times (81.86)^2}{3884} = 0.78 \mathrm{m}^2/\mathrm{a}$$

（2）水平（径向向外）排水，"自由应变"

考虑荷载阶段的固结系数由第 22.2.3 节中的式（22.7）计算。

$$c_{ro} = \frac{0.131 T_{ro} D^2}{t}$$

采用图 22.37［上文的示例（3）］中体积变化曲线的数据：

$$(t_{90})^{0.465} = 16.7$$

因此，$t_{50} = 426 \mathrm{min}$。

从表 22.25 中得知倍乘因数为 0.0083，且 $D = 252.3 - 3 = 249.3 \mathrm{mm}$，因此：

$$c_{ro} = \frac{0.0083 \times (249.3)^2}{426} = 1.21 \mathrm{m}^2/\mathrm{a}$$

或者采用 $(t_{90})^{0.465} = 35.8$ 给出的 $t_{90} = 2196 \mathrm{min}$。相关倍乘因数为 0.044，因此：

$$c_{ro} = \frac{0.044 \times (249.3)^2}{2196} = 1.24 \mathrm{m}^2/\mathrm{a}$$

采用图 22.38 中孔隙水压力消散曲线的数据：$t_{50} = 1250 \mathrm{min}$。相关倍乘因数为 0.026，因此：

$$c_{ro} = \frac{0.026 \times (249.3)^2}{1250} = 1.30 \mathrm{m}^2/\mathrm{a}$$

6. 报告结果（竖向排水试验）

一份完备的 Rowe 型竖向排水固结试验结果包括下文所述内容。结果报告应确认试验符合 BS 1377-6：1990：3.5 或 3.6（视情况而定）的规定。标有 * 的项目是对英国标准中第 3.5.9 条或第 3.6.9 条所列项目的补充。

（1）试样详情

① 试样标识、参考号、取样地点和深度；

② 试样类型；

③ 土体描述；

④ 试样制备的条件及质量评述；

⑤ 试样制备方法；

⑥ 制备过程中遇到的问题阐述。

（2）试样

① 初始尺寸；

② 初始含水率、密度、干密度；

③ 颗粒密度，是否为测定值或假定值；

④ 初始孔隙比和饱和度（若有要求）；

⑤ 加载类型（"自由应变"或"等应变"）；

⑥ 排水条件、排水方向和排水面；

⑦ 孔隙水压力测点位置或测点（如果相关）；

⑧ ＊分类试验数据（阿太堡界限；级配曲线）。

（3）饱和

① 膨胀压力（如有确定）；

② 外加压力增量和压差饱和法（若适用）；

③ 饱和过程试样进水量；

④ 饱和结束时的隔膜压力、孔隙水压力及孔隙水压力比 δ_u / δ_s。

（4）固结

每个加载阶段的列表数据为：有效隔膜压力和反压；加载阶段结束时的有效应力；不排水加载引起的沉降和孔隙水压力增量；加载阶段结束时的孔隙比和孔隙水压力消散百分比；体积压缩系数 m_v 和固结系数 c_v。

（5）固结系数确定方法

各固结阶段的图形：孔隙水压力消散百分比（％）与时间对数（若相关）的关系曲线；体积变化和沉降与时间对数或时间平方根的关系曲线；各固结或膨胀阶段结束时的孔隙比（或沉降）与有效应力（对数标度）关系曲线。

＊次固结系数 C_{sec}（若有要求）

（6）最终详情

① 最终密度和总体含水率；

② 试样内指定区域或土层的含水率（配识别草图）；

③ 阐述试样组构特征的彩图（若有要求）；

④ 取样深度处的地面原位总应力和有效应力（若已知）。

7. 报告结果（径向排水试验）

除了上述竖向排水试验结果外，径向排水试验还应包括以下细节。结果报告应确认试验符合 BS 1377-6：1990：3.7 或 3.8（视情况而定）的规定。标有 ＊ 的项目是对英国标准中第 3.7.9 条或第 3.8.9 条所列项目的补充。

① 侧向排水管材料及其厚度；

② ＊成井方法；

③ ＊排水管材料说明，包括级配曲线；

④ ＊排水管材料的铺设方法；

⑤ 固结系数 c_{ro} 或 c_{ri} 值及其测定方法；

⑥ 体积变化和沉降随时间 $t^{0.465}$ 的变化曲线（仅径向向外排水）。

22.7 渗透试验

22.7.1 引言

可以在已知有效应力和施加反压的情况下，在 Rowe 型固结仪中进行试样渗透系数的测定。水流方向可以是垂直的或水平的（径向向外或径向向内）。通常在"等应变"加载下进行这些试验，但在"等应变"或"自由应变"加载下的固结试验的某个阶段也可以测量渗透系数。试验方法在原理上与第21章中描述的三轴仪测试渗透性的方法相似，适用于中低渗透性的土。测试试样通常由原状土样制备，或者是由扰动土样再压实制成［第22.1.7节的类型（1）和类型（3）］。

该仪器由 Rowe 型固结仪及其附属设备、压力系统和仪表设备组成，与第 22.1.4～22.1.6 节中所述相同，并按第 22.3 节中的方法进行相关准备和检查。如第 18.3.7 节所述，应按照不同的流速对管道和连接处的水头损失进行校准。

如有必要，可以将两个或多个直径为 250mm 的固结仪用螺栓固定在一起，形成较大的渗透仪，可对颗粒粒径最大为 40mm 的颗粒状土样进行渗透测试（第 2 卷第 10.6.5 节）。

在进行试验时，工程师应指定以下试验条件和要求：

（1）试样尺寸；

（2）加载条件（"自由应变"或"等应变"）；

（3）排水条件和水流方向；

（4）进行每个渗透系数测量时的有效应力；

（5）是否要应用饱和度，若使用饱和度，应使用的方法；

（6）是否要计算孔隙率。

第 22.7.2 节和第 22.7.3 节中所述的试验在 BS1377：4：1990：4 中给出。

22.7.2 垂直渗透系数（BS 1377-6：1990：4.8.3）

1. 试验仪器

试验仪器和辅助设备的布置如图 22.29 所示（第 22.5.5 节）。用于孔隙水压力测量的陶瓷插件被一小片具有更高渗透系数的多孔塑料材料所代替。试验仪需要三个独立的恒定压力系统，一个用于施加垂直应力，另外两个安装在入口和出口管线上（每个系统都有体积变化传感器）。试样通过第 22.4 节中给出的一种方法来制备，并按照第 22.5.5 节中的说明进行安装。

2. 饱和度

如果要通过增加反压进行饱和，则应将孔隙水压力传感器外壳连接到阀门 G。无论测量孔隙水压力的陶瓷插件是否居中，底部的透水石都使得测得的孔隙水压力与底部区域的平均值有关。在饱和阶段，阀门 A 应保持关闭，水通过阀门 D 进入试样。

如第 22.5.1 节步骤（2）所述，对于仅具有中心孔隙水压力点的小型仪器，传感器壳体在饱和期间应连接到阀门 A。当达到饱和时，断开孔隙水压力壳体，并最好在水下将第二反压系统连接至阀门 A，以避免截留空气。

如果只有两个压力系统可用，则可以将试样的出口连接至高位水槽或高开口滴定管。反压系统在阀门 A 处连接入水口。最好在安装仪器盖之前，使水在较小的压力下从底部缓慢向上渗透，以便排出淤泥或砂质试样中包含的大部分空气。然后可以如第 22.4.3 节所述，通过施加真空荷载完全去除空气。但是，对于砂土，特别是在松砂条件下，此过程需谨慎应用，因为如果在加载之前将其淹没或通过真空除去空气，则颗粒状土样可能对扰动比较敏感或者造成坍塌。

3. 施加压力

如图 22.29 所示，在底部和顶部之间存在压差的情况下，水可以垂直流过试样，而在固结试验中，试样会受到来自隔膜压力的垂直应力作用。两个独立反压系统的端部各连接底部或顶部中的一处，使压差保持在恒定值，以提供所需的液压梯度。水流可以向上或向下流动，这取决于哪个方向压力更大。两种压力的平均值得出了试样内的平均孔隙水压力；隔膜压力与垂直应力之间的差值就是平均垂直有效应力。如果水流流向打开的滴定管，且滴定管中的自由水面保持与浸水的试样面相同，则出口压力为零。

如第 22.5.5 节所述（图 22.28），当入口和出口压力之间的差异较小时，最好使用差压表或传感器进行压力测量。

在以下部分所述的试验中，如 BS 1377 所述水流经试样向下流动。

4. 固结

如第 22.6.2 节所述，首先通过施加膜片荷载将试样分阶段或多阶段固结到所需的有效应力。固结应基本完成，即在开始渗透试验之前，超静孔隙水压力应至少消散 95%。

5. 常水头渗透试验过程

通过调节试样两端的压差提供适当的流速来进行试验。首先在入口和出口管上施加相等的压力，然后逐渐增加入口压力，但该压力不得超过隔膜压力，不断通过试验来确定引起流动所需的水力梯度。原状黏土通常比粉质和砂质土需要更高的水力梯度，可能需要 $i=20$ 的梯度才能实现可测量的流速。应小心增加入口压力，持续观察流量，以避免管涌和内部冲蚀，造成对土样的干扰。建议的最大水力梯度在第 21.4.1 节的步骤（6）中给出。表 22.6 给出了在每个公称直径推荐高度的试样上单位水力梯度（$i=1$）所需的压力差，以及对应于单位（1kPa）压力差的 i 值。

渗透系数测试数据（垂直渗流）　　　　　　　　　　　　　　　　表 22.6

试样公称直径(mm)	推荐试样高度(mm)	$i=1$ 的水力梯度压差	1kPa 压差的梯度 i
75	30	0.29	3.4
150	50	0.49	20.4
250	90	0.88	1.13
D	H	$H102$	$102H$

在试验过程中，读取入口和出口压力管线上的体变计读数，在规定时间间隔内观察，并绘制每个仪表的累积水流量 Q（mL）与经过时间 t（min）的图表。继续试验，直到两个图都是线性且平行为止。记录 Rowe 型固结仪附近的温度，精确度在 0.5℃ 以内。

关闭阀门 A 和阀门 D，便可停止试验。可以通过适当增加压力 p_1 和 p_2，在较低的有效应力下，进行附加试验。也可以提高隔膜压力或将反压降低至适当值后，通过进一步的固结（如第 22.6.2 节中所述），在更高的有效应力下进行附加试验。

如果仅使用一个反压系统，且出水口连接敞开的滴定管，则该滴定管可用于测量流量。为了使"常水头"有效，滴定管中水面的高度应保持恒定。如果出口连接到架高的大型供水源，则恒定水头假设有效，便可从入口压力管线中的体变计上读取测量流量的读数。

如果水流量超过约 20mL/min，在计算渗透系数之前则需要考虑在透水石、阀门和连接管线中产生的水头损失（第 18.5.3 节）。

6. 计算

垂直渗透系数的测量值 k_v（m/s）是根据以下公式计算得出的，该公式是根据 22.2.8 节得出的：

$$k_v = \frac{1.63qH}{A[(p_1 - p_2) - p_c]} \times 10^{-4}$$

其中，q 是通过试样的平均水流量（mL/min）；H 是试样的高度（mm）；A 是试样的截面面积（mm^2）；p_1 和 p_2 是入口和出口压力（kPa）；p_c 是流量 q 的系统压力损失（从校准图获得）。可以使用第 2 卷第 10.3.4 节中所述的校正因子将测得的渗透系数校正为 20℃时的等效值。

7. 报告结果

试验报告应确认试验是根据 BS 1377-6：1990：4 进行的。渗透系数保留为两个有效数字，并附有以下数据。＊表示英国标准第 4.10 条所列项目以外的项目。

（1）试样详情：

① 试样鉴定，参考编号，位置和深度；

② 试样类型；

③ 土样描述；

④ 试样条件和质量；

⑤ 试样制备方法；

⑥ 准备过程中遇到的困难；

（2）试样测试：

① 初始尺寸；

② 初始含水率，密度，干密度；

③ ＊测量或假定的颗粒密度；

④ ＊初始孔隙率和饱和度（如果需要）；

⑤ ＊荷载类型（"自由应变"或"等应变"）；

⑥ ＊分类试验数据（阿太堡界限；级配曲线）。

（3）饱和度：

① ＊溶胀压力（如果确定）；

② 饱和方法，带有施加的压力增量和压差（如果适用）；

③ 隔膜压力，孔隙水压力和饱和时 δ_u / δ_σ 的比值。

（4）固结：

① 固结阶段或相关阶段的相关数据，包括排水方向；

②﹡孔隙水压力消散百分比。

（5）渗透性：

① 水流方向（向上或向下）；

② 垂直渗透系数 k_v，并保留两位有效数字，必要时校正为 20℃；

③ 试验试样上施加的垂直应力以及试验过程中的平均孔隙水压力；

④ 试验期间入口和出口压力差或水力梯度。

8. 变水头渗透试验

当流经试样的流量很小时，可以使用变水头原理。试验过程与第 21 章中描述的在三轴仪中进行的变水头测试试验类似（第 21.4.4 节和第 21.4.5 节）。BS 1377 不包括此过程。如果使用变水头法，则渗透系数可从第 21.4.3 节的式（21.27）或从第 21.4.4 节的式（21.28）计算得出。报告结果如上所述。

22.7.3　水平渗透系数（BS 1377-6：1990：4.8.4）

如图 22.5（c）所示，水平渗透系数可以通过从中央排水井径向向外流到外围排水口的水量来计算，也可以如图 22.5（d）所示通过径向向内流动的水量来测量。通常采用"等应变"加载条件。

图 22.30（第 22.5.5 节）给出了两种测试仪器和辅助设备的布置。通常用于孔隙水压力测量的陶瓷插件被一小片具有更高渗透性的多孔塑料材料代替。根据第 22.4 节中给出的方法之一制备试样，并按照第 22.5.5 节中的说明进行设置。试样的顶部用防渗膜密封。对垂直渗透系数的测试，需要三个独立的恒压系统。一个反压系统连接到排水阀 F 的边缘处，一个连接到阀 A 处底部中央出口。阀 D 保持关闭状态。

1. 饱和

如果要通过增加反压进行饱和，需要评估饱和度，则首先应将孔隙水压力传感器外壳连接到阀门 A。在饱和期间，水通过阀门 F 从反压管线进入试样的周围。

当达到饱和时，断开孔隙水压力传感器壳体，最好在水下将第二个反压系统连接到阀门 A，以免截留空气。

2. 施加压力

图 22.30 所示布置允许水在中心和周边之间的压差作用下沿水平（高程）和径向（平面）流动，同时使试样承受来自隔膜压力的垂直应力。水的流动可以从中心向外，也可以从外围向内，这取决于两个反压系统中哪个设置为更大的压力值。由这两个压力的平均值可以得出试样中的平均孔隙水压力，由该值与隔膜压力引起的垂直应力之间的差值可得出平均垂直有效应力。

与垂直渗透系数的测量相同（第 22.7.2 节），最好使用压差计或传感器（第 22.5.5 节）获得两个反压之间的差值。

3. 固结

如第 22.6.4 节所述，通过向四周排水将试样固结至所需的有效应力。应至少达到

95％的孔隙水压力消散。

4. 试验步骤

通过逐渐增加入口压力（但应小于隔膜压力）来调节试样两端的压力差，从而提供适当的流量。除非流量很小，否则应按照第 18.5.3 节中所述对所测得的压差进行修正，校正连接处和透水石的水头损失。根据第 22.7.2 节中的累积流量与时间的关系图确定流量。

5. 计算和报告

根据第 22.2.7 节中的公式计算水平（径向）渗透系数：

$$k_{\mathrm{h}}=0.26\frac{q}{H \cdot \Delta p}\log_{\mathrm{e}}\left(\frac{D}{d}\right)\times10^{-4}\mathrm{m/s}$$

式中：q——测得的流量＝Q/t（mL/min）；

$\quad t$——时间（min）；

Δp——压差＝（p_1-p_2）－p_{c}（kPa）；

$\quad D$——试样直径（mm）；

$\quad d$——中央排水井的直径（mm）；

$\quad H$——试样高度（mm）。

可以使用校正因子（第 2 卷第 10.3.4 节）将测得的渗透系数校正为 20℃时的等效值。

除以下内容外，结果和测试数据的报告方法与垂直渗透系数测试（第 22.7.2 节）相同：

（1）报告水平渗透系数 k_{h}；

（2）流动方向报告为水平，具体是径向向内还是径向向外视情况而定；

（3）＊中央排水井的制作细节应包括其直径、方法；

（4）排水井的形成和所用的材料，包括级配曲线。

参考文献

Barden, L. (1974) Consolidation of clays compacted 'dry' and 'wet' of optimum moisture content. *Géotechnique* Vol. 24, No. 4, pp. 605-625.

Bishop, A. W. and Henkel, D. J. (1957) The measurement of soil properties in the triaxial test. (1st Edition). Edward Arnold, London (out of print).

Barron, R. A. (1947) Consolidation of fine-grained soils by drain wells. *Proc. Am. Soc. Civ. Eng.*, Vol. 73(6), p. 811.

Berry, P. L. and Poskitt, T. J. (1972) The consolidation of peat. *Géotechnique*, Vol. 22 (1), p. 27.

Berry, P. L. and Wilkinson, W. B. (1969) The radial consolidation of clay soils. *Géotechnique*, Vol. 19(2), p. 253.

Escario, V. and Uriel, S. (1961) Determining the coefficient of consolidation and horizontal permeability by radial drainage. In: *Proceedings of the 5th International Conference of*

Soil Mechanics & Foundation Engineering, *Dunod*, *Paris*. Vol. 1, pp. 83-87.

Gibson, R. E. and Shefford, G. C. (1968) The efficiency of horizontal drainage layers for accelerating consolidation of clay embankments. *Géotechnique*, Vol. 18(3), p. 327.

Hobbs, N. B. (1986) Mire morphology and the properties and behaviour of some British and foreign peats. *Q. J. Engin. Geol.*, Vol. 19(1), pp. 7-80.

Leonards, G. A. and Girault, P. (1961) A study of the one-dimensional consolidation test. *Proceedings of the 5th International Conference of Soil Mechanism & Foundation Engineering*, *Dunod*, *Paris*. Vol. 1, Paper 1/36, pp. 213-218.

Lo, K. Y., Bozozuk, M. and Law, K. T. (1976) Settlement analysis of the Gloucester test fill. *Can. Geotech. J.*, Vol. 13, p. 339.

Lowe, J., Zaccheo, P. F. and Feldman, H. S. (1964) Consolidation testing with back pressure. *J. Soil Mech. Foundation Div. ASCE*, Vol. 90, SM5, 69.

McGown, A., Barden, L., Lee, S. H. and Wilby, P. (1974) Sample disturbance in soft alluvial Clyde Estuary clay. *Can. Geotech. J.*, Vol. 11, p. 651.

McKinlay, D. G. (1961) A laboratory study of rates of consolidation in clays with particular reference to conditions of radial porewater drainage. *Proceedings of the 5th International Conference on Soil Mechanics & Foundation Engineering*, Vol. 1, Paper 1/38.

Dunod, Paris. Rowe, P. W. (1954) A stress-strain theory for cohesionless soil, with applications to earth pressure at rest and moving walls. *Géotechnique*, Vol. 4(2), p. 70.

Rowe, P. W. (1959) Measurement of the coefficient of consolidation of lacustrine clay. *Géotechnique*, Vol. 9(3), p. 107.

Rowe, P. W. (1964) The calculation of the consolidation rates of laminated, varved or layered clays, with particular reference to sand drains. *Géotechnique*, Vol. 14(4), p. 321.

Rowe, P. W. (1968) The influence of geological features of clay deposits on the design and performance of sand drains. *Proceedings of the ICE*. Supplementary Paper No. 7058S.

Rowe, P. W. (1972) The relevance of soil fabric to site investigation practice. Twelfth Rankine Lecture. *Géotechnique*, Vol. 22(2), p. 195.

Rowe, P. W. and Barden, L. (1966) A new consolidation cell. *Géotechnique*, Vol. 16(2), p. 162.

Rowe, P. W. and Shields, D. H. (1965) The measured horizontal coefficient of consolidation of laminated, layered or varved clays. In: *Proceedings of the 6th International Conference of Soil Mechanics & Foundation Engineering*, Vol. 1, Paper 2/44.

University of Toronto Press. Shields, D. H. (1963) The influence of vertical sand drains and natural stratificati on consolidation. *PhD Thesis*, University of Manchester.

Shields, D. H. (1976) Consolidation tests. Technical Note, *Géotechnique*, Vol. 26(1), p. 209.

Shields, D. H. and Rowe, P. W. (1965) A radial drainage oedometer for laminated clays. *J. Soil Mech. Foundation Div. ASCE*, Vol. 91, SM1, 15.

Simons, N. E. and Beng, T. S. (1969) A note on the one dimensional consolidation of saturated clays. Technical Note, *Géotechnique*, Vol. 19(1), p. 140.

Singh, G. and Hattab, T. N. (1979) A laboratory study of efficiency of sand drains in relationto methods of installation and spacing. *Géotechnique*, Vol. 29(4), p. 395.

Tyrrell, A. P. (1969) Consolidation properties of composite soil deposits. *PhD Thesis*, University of Manchester.

Whitman, R. V., Richardson, A. M. and Healy, K. A. (1961) Time lags in pore pressure measurements. *Proceedings of the 5th International Conference of Soil Mechanics and Foundation Engineering*, *Dunod*, *Paris*, Vol. 1, Paper 1/69, pp. 407-411.

附录 C
单位，符号，以及参考数据

本章主译：林沛元（中山大学）

C1 国际单位制

本卷中国际单位和前缀的使用规则同第 1、第 2 卷，具体参见第 2 卷附录中表 B1 和 B2。国际单位制与其他单位制之间的相互转换系数，参见第 2 卷附录总表 B3。

本卷中最常用的应力或者压强单位是千帕（kPa）；该单位表示千牛每平方米（kN/m^2）。对于高应力的情况，则采用兆帕（MPa）作为单位，表示兆牛每平方米（MN/m^2）。这与当前国际推荐的用法一致。

英文符号 表 C1

符号	测量变量	常规测量单位
A	孔隙水压力系数	—
A_f	破坏时的孔隙水压力系数	—
A^-	非饱和土的孔隙水压力系数	—
A_f^-	非饱和土的 A_f	—
A	试样截面面积	mm^2
A_0	试样初始截面面积	mm^2
A_c	固结后试样截面面积	mm^2
A	固结仪的截面面积	mm^2
A_s	接触面积	mm^2
a	活塞截面面积	mm^2
B	孔隙水压力系数	—
B	整体孔隙水压力系数	—
C_s	土骨架体积压缩系数	m^2/MN
C_w	孔隙水体积压缩系数	m^2/MN
CD	固结排水三轴试验	—
CU	固结不排水三轴试验	—
CCV	常体积固结三轴试验	—
CUP	测量试样中间高度孔隙水压力的固结不排水试验	—
C_R	测力环校正（平均值）	N/div
CSL	临界状态线	—

符号	测量变量	常规测量单位
C_{sec}	次固结系数	—
c'	基于有效应力法的黏聚力截距	kPa
c_d	排水试验测量的表观黏聚力	kPa
c_r'	残余强度条件的黏聚力截距	kPa
c_u	饱和土不排水抗剪强度	kPa
c_v	固结系数（竖向排水）	m^2/a
c_h	固结系数（横向排水）	m^2/a
c_{ri}	固结系数（径向向内排水）	m^2/a
c_{ro}	固结系数（径向向外排水）	m^2/a
c_{vi}	固结系数（等向排水）	m^2/a
D	试样直径	mm
D_0	初始试样直径	mm
D_{50}	平均粒径（50%的粒径小于该值）	mm
d	排水井直径	mm
ESP	有效应力路径	—
e	孔隙比	—
e_c	临界孔隙比或固结后孔隙比	—
e_f	最终孔隙比	—
e_s	饱和孔隙比	—
e_0	初始孔隙比	—
e_1	加荷开始时的孔隙比	—
e_2	加荷结束时的孔隙比	—
e	自然对数的底数	—
F	施加的力	N
F_0	初始荷载	N
F	安全系数	—
f（下标）	破坏状态	—
f	环刀衬套的摩擦力	N
f_{cv}	c_v 与 c_{vi} 之间的关联因子	—
f_s	三轴压缩试验中单滑移面因子	—
g	重力加速度	m/s^2
H	试样高度	mm
H_0	试样初始高度	mm
H_s	饱和后试样高度	mm
H	加载过程中试样的平均高度	mm
H	溶液于水中气体的亨利系数	—
h	地下静水水位深度	m
h	压缩试样高度或排水路径长度	mm

附录 C 单位，符号，以及参考数据

符号	测量变量	常规测量单位
h_0	量管或测压管中的初始水位线高度	mm
h_f	量管或测压管中的最终水位线高度	mm
h, h_1, h_2	水头	mm
i	水力梯度	—
I_L	液性指数	—
I_P	塑性指数	—
K	侧向有效应力比 (σ_h'/σ_v')	—
K_f	破坏时的侧向有效应力比	—
K_0	静止土压力系数	—
k	土的渗透系数	m/s
k_v	土的竖向渗透系数	m/s
k_h	土的横向渗透系数	m/s
k_D	透水石的渗透系数	m/s
L	试样长度	mm
L_0	试样初始长度	mm
L_c	试样固结后长度	mm
LL	液限	%
m	质量	g
m_0	试样初始质量	g
m_c	固结后试样质量	g
m_D	试样干质量	g
m_f	试样最终质量	g
m_s	饱和后试样质量	g
m_h	荷载支撑杆的质量	g
m'	施加于支撑杆上的额外质量	g
m_p	顶盖和活塞的质量	g
m_v	体积压缩系数（一维）	m²/MN
m_{vi}	体积压缩系数（各向同性）	m²/MN
m_w	顶盖和活塞浸没长度导致的位移变化量	g
max(下标)	最大值	—
min(下标)	最小值	—
NC	正常固结	—
n	孔隙率	—
OC	超固结	—
OCR	超固结比	—
P	施加荷载	N
P_0	初始荷载或抵抗围压作用的轴向力	N

符号	测量变量	常规测量单位
PL	塑限	
p	平均总主应力或净压力	kPa
p_a	大气压力	kPa
p_b	反压	kPa
p_c	围压	kPa
p_c'	前期最大有效固结应力；各向同性固结应力	kPa
p_s'	各向同性膨胀应力	kPa
p_t	总轴向应力	kPa
p_0'	当前平均有效应力	kPa
p_1，p_2，等	施加压力或总应力或进水和排水压强等	kPa
p_1'，p_2'，等	施加的有效应力等	kPa
$[p_0]$	初始绝对压强	kPa
p	应力路径参数（$1/3(\sigma_1 + \sigma_2 + \sigma_3)$）	kPa
p'	应力路径参数（$1/3(\sigma_1' + \sigma_2' + \sigma_3')$）	kPa
p_d	作用在隔板上的压力	kPa
Q	施加的荷载；由活塞和顶盖质量产生的有效荷载	N
Q	累计水流量	ml
QU	快速不排水三轴压缩试验	—
q	水流流速	ml/min
q_m	实测流速	ml/min
q_f	破坏时最大偏应力	kPa
q_m	最大容许工作偏应力	kPa
q，q'	应力路径参数	kPa
q_0	破坏包络线在(p', q)应力路径上的截距	kPa
R	试验半径	Mm
R	测力环读数	divs
r	试样长度与直径比	—
r	应变率	%/min
r	半径	mm
r_1	排水井半径	mm
r_2	试样半径	mm
S	饱和度	%
S_0	初始饱和度	%
S_f	最终饱和度	%
s	应力路径参数 $1/2(\sigma_1 + \sigma_3)$	kPa
s'	应力路径参数 $1/2(\sigma_1' + \sigma_3')$	kPa
T	温度	℃

附录 C 单位，符号，以及参考数据

符号	测量变量	常规测量单位
T_v	竖向排水的理论时间因数	—
T_{vi}	径向向内排水的理论时间因数	—
T_{ro}	径向向外排水的理论时间因数	—
T_{50}	50%固结度对应的理论时间因数	—
T_{90}	90%固结度对应的理论时间因数	—
TSP	总应力路径	—
t_f, t_f'	最大剪应力	kPa
t, t'	应力路径参数 $1/2(\sigma_1 - \sigma_3)$	kPa
t_0	破坏包络线在应力路径(s', t)上的截距	kPa
t	时间	min
t_{50}	完成50%主固结所需要的时间	min
t_{90}	完成90%主固结所需要的时间	min
t_{100}	完成100%理论固结所需要的时间	min
t_f	理论上达到破坏所需时间	min
t	厚度	mm
U	孔隙水压力消散百分比	%
U_f	破坏时的孔隙水压力消散百分比	%
UU	不固结不排水三轴试验	—
UUP	测量试样中间高度孔隙水压力的不固结不排水三轴试验	—
u	孔隙水压力	kPa
u_1, u_2	孔隙水压力	kPa
u_b	施加于试样上的反压	kPa
u_c	孔隙水压力中由围压引起的部分	kPa
u_d	反压中由偏应力引起的部分	kPa
u_f	破坏时的孔隙水压力	kPa
u_i	初始孔隙水压力	kPa
u_s	饱和后的孔隙水压力	kPa
$\bar{u}$	平均孔隙水压力	kPa
u_d	排水面上的孔隙水压力	kPa
u_u	不排水面上的孔隙水压力	kPa
V	体积	cm³
V_0	试样初始体积	cm³
V_a	开始固结时试样的体积	cm³
V_c	固结结束时试样的体积	cm³
V_f	试样最终体积	cm³
V_s	饱和后试样的体积	cm³

续表

符号	测量变量	常规测量单位
V_w	水的体积	cm^3 or mL
v	水流速度	mm/s
w_0	初始含水率	%
w_c	固结后的含水率	%
w_f	最终含水率	%
w_L	液限	%
w_P	塑限	%
x	水平位移；轴向压缩或拉伸	mm
x'	应力路径参数 (σ_3')	kPa
x_0	破坏包络线在 (x', y) 应力路径图 x' 轴上的截距	kPa
y	轴向变形	mm
y	空气孔隙的等效高度	mm
y	应力路径参数 $(\sigma_1' - \sigma_3')$	kPa
y_0	破坏包络线在 (x', y) 应力路径图 y 轴上的截距	kPa
z	地表以下深度	m
z	总孔隙等效高度	mm

C2　符号

本卷中使用的符合汇总于表 C1（英文字母）和表 C2（希腊字母）。这两个表并不包含那些仅在特殊工程应用中出现且已在文中定义的符号。

希腊符号　　　　　　　　　　　　　　　　　　　　　　表 C2

符号	测量变量	常规测量单位
α	压力传感器刚度	mm^3/kPa
α	滑移面与水平方向的夹角	°
α	破坏包络线在 (x', y') 应力路径面上的斜率	°
β	竖向与侧向应力比 (σ_v / σ_h)	—
β	单滑移面的夹角	°
β	(x', y') 应力路径图上代表 ϕ_m' 的破坏包络线斜率	°
Γ	剪应变	rad
Δ	变化量（比如 $\Delta\sigma$）；累计变化量	—
Δp	应力差	kPa
ΔH	轴向变形	mm

附录 C 单位，符号，以及参考数据

符号	测量变量	常规测量单位
ΔV_p	活塞运动引起的体积变形量	cm^3
δ	增量变化量	—
δp_c	管线接头处的压力损失	kPa
$\delta V_1, \delta V_2,$ 等	压力室体积校正	cm^3
δp	隔膜压力校正	kPa
δu	超静孔隙水压力	kPa
δ	测力环千分表相对于零荷载的偏转	kPa
δ	(s, t) 应力路径图上表示 K_0 线的斜率	—
ε	应变	$\%$
ε_f	破坏时轴向应变	$\%$
ε_lim	极限轴向应变	$\%$
ε_s	三轴试验中滑移破坏开始时的轴向应变	$\%$
ε_v	体应变	—
ε_vs	剪切引起的体应变	—
$\varepsilon_1, \varepsilon_2, \varepsilon_3$	主应变	—
ε_h	侧向应变	—
η	与边界条件相关的压缩排水系数	—
η	在 (p', q) 应力路径图上破坏包络线斜率	°
θ	滑移面相对试样轴向的夹角	°
θ	在 (s', t) 应力路径图上破坏包络线斜率	°
θ_K	(s', t) 应力路径图上表示侧向应力系数 K 线的斜率	°
λ	与边界条件相关的排水系数	—
ρ	体密度	$10^3\,\mathrm{kg/m}^3$
ρ_0	初始试样密度	$10^3\,\mathrm{kg/m}^3$
ρ_D	干密度	$10^3\,\mathrm{kg/m}^3$
ρ_D0	初始干密度	$10^3\,\mathrm{kg/m}^3$
ρ_Dc	固结后的干密度	$10^3\,\mathrm{kg/m}^3$
ρ_s	颗粒密度	$10^3\,\mathrm{kg/m}^3$
ρ_sat	饱和密度	$10^3\,\mathrm{kg/m}^3$
ρ_w	水的密度	$10^3\,\mathrm{kg/m}^3$
σ	正应力	kPa
σ'	正有效应力	kPa
$\sigma_1, \sigma_2, \sigma_3$	主应力	kPa
$\sigma'_1, \sigma'_2, \sigma'_3$	主有效应力	kPa
$\sigma_\mathrm{v}, \sigma_\mathrm{h}$	垂直和水平应力	kPa

符号	测量变量	常规测量单位
σ'_v, σ'_h	垂直和水平的有效应力	kPa
σ_n	与破坏面垂直的应力	kPa
σ_1	轴向应力	kPa
σ_3, σ_c	围压	kPa
σ_{3max}	三轴压力室内的最大工作压力	kPa
$(\sigma_1-\sigma_3)$	偏应力	kPa
$(\sigma_1-\sigma_3)_f$	破坏时的偏应力	kPa
σ_{dr}	考虑侧向排水条件的偏应力校正	kPa
σ_{ds}	考虑侧向排水条件和单滑移面破坏的偏应力校正	kPa
σ_{mb}	橡胶膜鼓胀校正	kPa
σ_{ms}	橡胶膜滑移校正	kPa
τ	剪应力	kPa
τ_f, τ'_f	破坏面上的剪应力	kPa
ω	(σ'_3, σ'_1)应力路径上的破坏包络线斜率	°

C3　试验试样数据

本卷介绍试验中所需与试样相关的数据可见表 C3，主要包括试样面积、体积、质量等常规数据。

试样尺寸、面积、体积、质量　　　　　　　　**表 C3**

试验类型	直径		高度		面积(mm^2)	体积(cm^3)	近似质量
	(in)	(mm)	(mm)	(in)			
三轴剪切		35	70		962.1	67.35	140 g
	1.4	35.6	71.1	2.8	993.1	70.63	150 g
		38	76		1134	86.19	180 g
	1.5	38.1	76.2	3	1140	86.87	180 g
		50	100		1963	196.3	410 g
	2	50.8	101.6	4	2027	205.9	430 g
		70	140		3848	538.8	1.1kg
	2.8	71.1	142.2	5.6	3973	565.1	1.2kg
		100	200		7854	1571	3.3kg
	4	101.6	203.2	8	8107	1647	3.5kg
		105	210		8659	1818	3.8kg
		150	300		17671	5301	11kg
	6	152.4	304.8	12	18241	5560	12kg

附录 C 单位，符号，以及参考数据

试验类型	直径		高度		面积(mm²)	体积(cm³)	近似质量
	(in)	(mm)	(mm)	(in)			
三轴固结		70	70		3848	269.4	560 g
		100	100		7854	785.4	1.6kg
	4	101.6	101.6	4	8107	823.7	1.8kg
		105	105		8659	909.2	1.9kg
		150	150		17671	2651	5.6kg
	6	152.4	152.4	6	18241	2780	5.8kg
Rowe 型固结		75.7	30		4500	135.0	280 g
	3	76.2	30		4560	136.8	290 g
		151.4	50		18000	900	1.9kg
	6	152.4	50		18241	912	1.9kg
		252.3	90		50000	4500	9.4kg
	10	254	90		50671	4560	9.6kg

C4 其他数据

表 C4 总结了一些其他常用数据，以便快速查阅。

常用数据		表 C4
时间	1 天	$=1440$min
	1 周	$=10080$min
	1 个月（平均值）	$=43920$min
	1 年	$=525960$min
		$=31.56 \times 10^6$ s
流体压强	1kPa$=$1kN/m²	$=102$mm 水高
	1m 高水柱	$=9.807$kPa
	0℃时的标准大气压（1atm）	$=101.325$kPa
通用	圆周率	$\pi=3.142$
	自然对数的底数	$e=2.718$
	标准重力加速度	$g=9.807$m/s²

附录 D
测量不确定性的评估

本章主译：林沛元（中山大学）

1. 以下列出的步骤源于 UKAS 指南文件 M3003。该文件基于 ISO 170025：2005 中的《测量不确定性表征指南》。本附录简要介绍了测量不确定性的步骤；详细介绍可见上述原文献。

2. 如第 18 章所述，测量不确定性或者误差可分为两种，分别记为 A 型和 B 型。A 型不确定性可通过评估相关测量的可重复性来确定。B 型不确定性是通过任何方法量化的不确定性及系统误差。如 M3003 中所指出，这些计算可采用已知概率分布函数对应的标准差来表征。上述各个不确定性组成部分按有序方式组合，从而给出了相关置信区间内特定项的测量不确定性。

3. 需要确定和评估尽可能多的不确定因素。有些因素可能存在一定的内部相关性，应确定这种相关性对测量误差的影响。

通常情况下，测量不确定性由以下几个方面构成：

1）与测量读数相关的不确定性。任何情况下，读数误差都将占到最小测量精度的一半（近似刻度的分辨率或数字刻度的最小变化增量）。

2）仪器参考标准校正文件中的不确定性，包括长期稳定性，如测量精度是否随时间变化。

3）环境的影响，如温度、湿度等。

4）测量可重复性。

5）计算误差，如由于近似和假设引起的误差，曲线拟合或查找图表的误差，或舍入误差。

4. 不确定性中的 A 型组成部分可通过多次读数来获得测量的可重复性。计算读数的平均值和标准差，并根据下式估计平均值的标准差

$$s(\overline{q}) = \frac{s(q_\mathrm{k})}{\sqrt{n}}$$

式中，$s(q_\mathrm{k})$ 是 n 个结果的标准差。

5. 不确定性的术语用于表征结果的不确定性，其计算得出的结果等同于标准差。因此，输入参数 q_i 的标准不确定性可通过重复测量的方法得到，计算如下：

$$u(q_\mathrm{i}) = s(\overline{q})$$

上式计算方法要求最少进行 5 次测量。

6. 不确定性中的 B 型组成部分通过校准文件中的数据、先前的测量数据、经验或常识、可接受的物理常数值、制造商的规范或任何其他相关信息来评估。

当仅用于评估影响测量精度的整体上限和下限时，可以假定测量误差为矩形概率分布（即在该区间取值的可能性均等）。如果 a 是变化范围的一半，则标准差，即输入量 q_i 的标准不确定性由下式给出：

$$U\ (q_i)\ =\frac{q_i}{\sqrt{3}}$$

7. 对于输入不确定性，校正文件上引述的值即为"扩展不确定性"，那么标准不确定性可由下式计算得出：

$$u(q_i)=\frac{扩展不确定性}{k}$$

式中，k 是校准文件上对应于一定置信区间的覆盖因子。对于 95％置信区间的情况，k 可取值为 2。

8. 从输入量的不确定性中除以与假定概率分布相关的数字，可以得到不确定性每个组成部分的标准不确定性。常见的与概率分布相对应的除数如下：

正态，1；

输入正态，覆盖因子 k；

矩形，$\sqrt{3}$；

三角形，$\sqrt{6}$；U 形，$\sqrt{2}$。

在没有上限和下限以外信息的情况下，矩形分布是最保守的，可假定为系统组成部分的不确定性分布形式。

9. 在某些情况下，过程的输入量可能与输出量（y_i）的单位或比例不同，因此有必要引入灵敏度系数 c_i 来关联输出量（y_i）和输入量（x_i）。例如，以 μm 为单位的热膨胀传感器受摄氏温度变化控制。

10. 一旦以标准不确定性的形式确定了对应每个输入量的输出量，则通过取平方和算数平方根的方式对输出量不确定性进行组合，从而得到总体的标准不确定性 $u_c(y)$。将 $u_c(y)$ 乘以覆盖因子 k，得到扩展不确定性 U。覆盖因子的大小取决于所要求的置信区间，大多数情况下，覆盖因子可取为 2，其对应了 95％的置信区间。

11. 测量结果通常表示成 $y\pm U$，并作出如下说明：

"该扩展不确定性为标准不确定性与覆盖因子 $k＝\times\times$ 的乘积。对于 t 分布为 $v_{eff}＝YY$ 的有效自由度，其覆盖概率约为 95％。该不确定性的评估是根据 UKAS 要求进行的。"

12. 对于许多在实验室内进行的校准（例如，千分表、压力传感器、力传感器等），可提供描述一个数值范围而不是单个值的不确定性描述。

13. 如果测量某个范围内的值，则不确定性的某些来源本质上是绝对的（即独立于被测量者的值），而某些不确定性来源是相对的（例如，可以表示为百分比或多少个百万分之一）。

14. 描述一个范围内扩展不确定性的计算过程与单个值的计算基本相同。唯一不同的是需要针对绝对项和相对项单独进行不确定性评估。评估方法如下所述。

将结果分为绝对项和相对项，如下：

相对不确定性＝$\pm x$ppm（或％等）；

绝对不确定性＝$\pm y$ 个测量基本单位。

报告相对和绝对不确定性时应做以下陈述：

"所报告的两部分扩展不确定性中的任意一种均由标准不确定性乘以覆盖因子 $k＝2$ 得到，其代表了 95％的覆盖概率。该不确定性评估已根据 UKAS 要求进行。对于每个陈述的结果，在必要情况下，用户可根据需求以相对或绝对的方式组合正交求和以得到最终的不确定性。"

图 D.1 给出了针对相对和绝对不确定性的估算形式表。下面给出估算表说明和计算示例。

一系列值的不确定性计算工作表

项目	12mm千分表	温度	22.40	试验编号：	OED26/C

符号	不确定度来源	相对值 ±	绝对值 ±mm	概率分布	除数	C_i	相对标准不确定度（单位）	平方	绝对标准不确定度（单位：±mm）	平方	V_i或 Veff
L_s	滑尺的校准		0.00008	正态	2	1			0.00004	1.6×10⁻⁹	
L_d	连续校正间偏差		0.0001	矩形	1.73	1			0.00006	3.6×10⁻⁹	
L_{vx}	滑尺表面不规则性		0.000025	矩形	1.73	1			0.00001	2.1×10⁻¹⁰	
$a*\delta T*H$	滑尺热膨胀		2.76×10⁻⁴	矩形	1.73	1			0.000159	2.6×10⁻⁶	
L_{res}	千分表分辨率		0.001	矩形	1.73	1			0.000578	3.3×10⁻⁷	
L_r	千分表测量可重复性	0.000206	0.001069	正态	1.00	1.001	0.00021	4.2×10⁻⁶	0.00107	1.1×10⁻⁶	
	综合不确定性			正态			0.0002	平方和 4.2×10⁻⁶	0.0012	平方和	
	扩展不确定性			正态(k=2)			0.0004	4.2×10⁻⁶	0.0025	1.5×10⁻⁶	

A型不确定性 [可重复性>50%的综合不确定性?(是/否)] (是/否)
是——转至实验室主任
否——无需采取进一步措施
是

计算人员：	日期：
检查人员：	日期：

图 D.1 0~10mm 千分表的不确定性计算示例

机械千分表的不确定性估计方法和示例

1. 千分表在其操作范围内根据 UKAS 校准滑规进行校准，以 10 个等距的间隔进行校准，每次校准有五组读数。

2. 不确定性的组分可表示为：

$$U(L_x) = U(L_s) + U(L_d) + U(L_c) + U(L_{v(x)}) + \alpha \cdot \delta T \cdot H + U(L_{res}) + U(L_r)$$

式中，$U(L_s)$——块规校准文件得出的不确定性分量；

　　　　$U(L_d)$——块规连续校准间的偏差；

　　　　$U(L_c)$——由块规的弹性压缩得出的不确定性分量；

　$U(L_v(x))$——由于块规表面不规则而导致的不确定性分量；

　　　　　　α——块规的热膨胀系数；

　　　　　δT——校准文件上记录的温度与校准时记录的环境温度之差；

　　　　　　H——块规的高度；

　　　$U(L_{res})$——与千分表分辨率相关的不确定性；

　　　　$U(L_r)$——由千分表测量的可重复性导致的不确定性。

3. $U(L_s)$ 从校准文件中获得，如下所示（$k = 2$）：

10mm $U(L_s) = \pm 0.08\mu m$

$10 \sim 25$mm $U(L_s) = \pm 0.10\mu m$　30mm $U(L_s) = \pm 0.12\mu m$

60，70mm $U(L_s) = \pm 0.15\mu m$

80，90，100mm $U(L_s) = \pm 0.18\mu m$

4. 块规于 2005 年 5 月购买并校准。当前无法量化 $U(L_d)$，但是根据过去用于校准一组块规的经验，可将其确定为 $0.10\mu m$，并假定为矩形分布。

5. 假设来自 50mm 千分表的力为 1.2 N，表面积为 270×10^{-6} m²，钢的模量为 200 GPa，则 $U(L_c)$ 可以忽略不计。

6. 参考 M3003 中的示例，估计 $U(L_v(x))$ 为 $0.025\mu m$。

7. 根据制造商的证明，α 假定为 $11.5\mu m/m/℃$，且服从矩形分布。对于 10mm 规格的块规，$\alpha \cdot H = 11.5 \times 0.01\mu m/℃$，即 1.15×10^{-4} mm/℃。

8. 对于 10mm 的千分表，$U(L_{res})$ 为 0.5 分度，即 0.001mm。

9. 与读数可重复性相关的不确定性可计算为：

$$U(L_r) = s(\overline{L_r}) = \frac{s(L_r)}{\sqrt{n}} = \frac{s(L_r)}{\sqrt{5}}$$

式中，$s(\overline{L_r})$——均值的标准差；

　　　$s(L_r)$——使用千分表进行校准测量的标准差，n 是使用千分表进行校准测量的次数，在本例中 $n = 5$。

图 D.1 给出了千分表的不确定性预算和 $0 \sim 10$mm 千分表的测量不确定性估计。

参考文献

UKAS (2012)*M3003. The Expression of Uncertainty and Confidence in Measurement*，3_{rd}

edn. United Kingdom Accreditation Service, November.

BSI (2005) BS EN ISO 17025：2005. *General Requirements for the Competence of Testing and Calibration Laboratories*. British Standards Institution, London.

BIPM, IEC, IFCC, ISO, IUPAC, IUPAP, OIML, JCGM 100：2008. *Evaluation of Measurement Data-Guide to the Expression of Uncertainty in Measurement*, 1$_{st}$ edn, Joint Committee for Guides in Metrology, September.

索　引

351

索引

索引